U0161611

中国书籍学术之光文库

复杂性管窥

苗东升 | 著

中国书籍出版社
China Book Press

图书在版编目（CIP）数据

复杂性管窥/苗东升著.—北京：中国书籍出版社，2020.1

ISBN 978－7－5068－7217－1

Ⅰ.①复…　Ⅱ.①苗…　Ⅲ.①复杂性理论　Ⅳ.①N941.4

中国版本图书馆 CIP 数据核字（2019）第 000742 号

复杂性管窥

苗东升　著

责任编辑	李　新
责任印制	孙马飞　马　芝
封面设计	中联华文
出版发行	中国书籍出版社
地　　址	北京市丰台区三路居路 97 号（邮编：100073）
电　　话	（010）52257143（总编室）　　（010）52257140（发行部）
电子邮箱	eo@ chinabp. com. cn
经　　销	全国新华书店
印　　刷	三河市华东印刷有限公司
开　　本	710 毫米 × 1000 毫米　1/16
字　　数	363 千字
印　　张	21.5
版　　次	2020 年 1 月第 1 版　2020 年 1 月第 1 次印刷
书　　号	ISBN 978－7－5068－7217－1
定　　价	99.00 元

前　言

　　中国的系统科学和复杂性研究是在钱学森先生大力推动、指导、带领下起步和发展的，他是组织者，我是难以计数的自觉自愿的被组织者之一，他的学术思想和学术威望是组织力。在钱翁影响和带领下，经过15年跋山涉水，到1990年代中期，我对这一大新兴研究领域形成一些自己的认识和思路。

　　2001年从中国人民大学哲学系自然辩证法教研室退休后，受邀参加北京大学现代科学与哲学研究中心相关工作。岁月悠悠，转眼已经走入第十四个年头。这些年来，围绕复杂性问题一年两次学术活动，促使我为研讨会提供了26个报告，左勾右连地还写了其他一些有关复杂性的东西。本书原始材料大约一半取自2009年以来的有关文章（当然，收入本书时都按照全书框架做了修改补充），只有少数章节是全新的。对于不甘沉沦、总想干点事的我来说，这个平台真有点雪中送炭、干旱逢雨的味道，有学理和心理的双重价值。为表达衷心感谢之情，我要把本书献给北京大学现代科学与哲学研究中心。这十四年的合作奋斗是我学术生涯的重要组成部分，无法忘怀。衷心期望中心能够建设成中国复杂性研究的一个平台，我"孤微子"愿为之贡献绵薄之力。

　　五年前，我策划要写三本关于复杂性科学的书：《开来学于今——复杂性科学纵横论》是第一本，主要讲理论（遵照出版者意见，修订版改名为《复杂性科学研究》）。《复杂性管窥》是第二本，重在联系实际，从纯学术角度对复杂性做点分门别类的粗略考察；第三本从政治历史角度来写，主题在于论证"复杂性科学是建成社会主义的科学基础"，书名或可取为《复杂性科学与社会主义》。但第一本书经历的辛酸，主要是出版问题，让我一度有些心灰意懒，几经摇摆，最后还是决定履行诺言，开始整理本书。至于第三本，难度更大，前程渺茫，难以预料。既然计划赶不上变化，那现在就不必计划，到时候视情况和情绪再定吧。但鄙人对于那本书的主题深信不疑，我对复杂性科学的关注主要是出于这个信念。

如果从1948年Weaver的文章《科学与复杂性》算起，人类自觉进行的复杂性研究已有60多年的历史。上世纪最后20年算是复杂性科学的第一个发展高潮，学派林立，成果丰硕。《开来学于今》就是我学习这一阶段国内外研究成果的理论总结，包括我自己的一些独特体认。从世纪之交起，复杂性研究陷入低潮，全面走向"困惑"。辩证地看，这应该是新高潮的准备期。复杂性研究广阔无垠，有诸多不同侧面、领域、层次，各有数不清的课题，进一步探索的路径仍然看不分明。怎么办？中国复杂性科学的奠基人钱学森认为，唯一正确的做法是研究各种具体的开放复杂巨系统，一个一个地摸，积累知识，整理思路。本书就是作者本着钱翁这一指点多年摸索、思考的总结。

书中涉及面很广，作者在每一个领域都是外行。但我相信人类知识是一个整体，站在这个整体的高度，背靠这个领域的广度，从每个领域的门外观察它，只要方法得当，定能够看到一些门内人难以看到的东西，可以补内行之不足。毋庸讳言，即使从门外看，我的认识也很不全面，只能是蜻蜓点水式的考察。好在中华先人早已洞明个中事理，凝结为"管窥蠡测"的成语。在复杂性科学的初创期，要想做一次整体鸟瞰式的考察，只能是"管中窥豹，略见一斑"。复杂性研究相当于一群豹，豹数多而不详，一个领域就是一只豹，它们都全身布满花斑。从一群豹身上各窥一斑，有共性也有个性，整合起来，可以获得一些对豹的整体认识，也是一种整体涌现性吧。本书选择大小不等的10个领域，即10只大小不同的豹，每一章管窥一豹，略见那只豹的一斑，故书名曰《复杂性管窥》。这既是对复杂性的管窥，也是对复杂性研究的管窥。最后一章是余论，依据钱学森对毛泽东思想的一些论断，通过剖析毛泽东的复杂性理论，探究中国复杂性研究的思想渊源和进一步发展的途径。

本书的内容属于跨学科研究。由于还原论长期居主导地位，今人仍然看重领域研究，轻视甚至鄙视跨学科研究。我所在单位属于哲学界，但在那里本人从来申请不到研究课题，因为那里的权威们判定："他不是搞哲学的！"这30年来我自己实际研究的主要是系统科学及其哲学问题，但在系统科学界同样申请不到研究课题，因为那里的权威们判定："他是搞哲学的！"真可谓"猪八戒照镜子，里外不是人"。我是2000年由上海科技教育出版社出版的《系统科学》一书的策划者之一和作者之一，该书最初的提纲是我受车宏案教授委托拟定的，三次讨论、修正、向专家组汇报，我都是积极参与者。就字数论，那本书我写的分量最多。但也遭到意想不到的麻烦，作为该书执行副主编（事实上的主编）的车教授就曾受到责问："你怎么找一个搞哲学的！系统科学界没人了？"由于鄙人资格不够而给宏安兄带来的麻烦，一直令我心里不安，谨在此处向他表示深深的歉意，感谢他对我的多方照顾和保护。资格问题给我造成的压力，别人是很难理解的。本书出版还可能面临类似《开来学于今》的境遇，但死猪不怕开水烫，横下一条心，变压力为动力，车到山前再找路吧。

我知道，许多读者希望提供一些解决复杂问题的具体方法、程序、数学模型等。尽管本书重在联系实际，却全不涉及这些内容，仍然是阐释概念、整理思想。如此做出于两方面考虑：一是作者毫无实际应用的实践条件，也就没有相关的经验和知识积累，没有自己的独到体会，说不出个子丑寅卯来；二是鉴于复杂性科学发展的现状，自信进一步阐释概念、整理思想还是必要的。各尽所能，我还是做点纯学术性、理论性的工作吧。作为序的结束，献给读者一阕《长相思》，其实还是顺口溜：

复杂性，新战场，哲人学者费思量。还原分解难奏效，
综合集成指方向。
孤微子，不自量，退而不休忙又忙。管窥蠡测复杂性，
开拓新学献荧光。

孤微子 2013 年 12 月 15 日初识
2014 年 3 月 4 日审定

　　在我的学生闫宪春的热情努力下，知识产权出版社承接了本书稿的出版工作。车刚到山前，路就呈现在面前，令我欣慰。常说冷暖人间，看来暖还是多于冷，有希望。但书呆子百无一能，只会向小闫和出版社诸同志说一句"谢谢了！"作为不是报答的报答，我还是致力于学术研究吧。

孤微子2014 年 8 月 15 日补缺

目　录
CONTENTS

第 1 章　复杂性科学概览

作为全书导论，本章的任务是在分别管窥不同领域的复杂性之前，先对复杂性科学作一概略说明，指出本书着重宣示的观点。这里的基本思想跟《开来学于今》一脉相承，但也包括了 2010 年以来我对复杂性科学的一些新认识。

1.1　什么是复杂性

复杂性是复杂性科学最核心的概念，复杂性科学的所有其他概念都是为阐释和应对复杂性而提出的。我们从两个方面来界定此概念。

1.1.1　系统科学的复杂性定义

从国内外学术界看，人们往往离开系统、就复杂性谈复杂性。劳埃德在 1990 年代中期收集的 40 多个复杂性定义，如所谓同源复杂性、树形复杂性、随机复杂性等，就是这样的。这类定义局限性很大，依据它们无法说明什么是复杂性科学，无法揭示复杂性科学的方法论特点。例如，把复杂性定义为逻辑深度或热力学深度，复杂性科学就是关于逻辑深度或热力学深度的科学知识体系。这无助于理解复杂性科学，说不清楚它同逻辑深度与热力学深度的关系，无法说明两者是一门科学。把复杂性定义为随机性，等于把复杂性科学定义为随机性科学（统计科学），把统计方法作为复杂性科学的基本方法，显然不合适。

思考复杂性问题一定要同系统联系起来。钱学森说："复杂性离不开系统，只说复杂性不够，要用系统。"① 就是说，复杂性是一种系统属性，一种整体涌现性，研究复杂性要同一定的系统联系起来，运用系统观点、系统方法。但并非一切系统都具有复杂性，或者说并非所有系统都是复杂系统。复杂性只可能出现在同时具有下列属性的一类系统中。

1. 复杂系统都是开放的，封闭系统无复杂性可言，只有对环境开放的系统才可能有复杂性。系统与环境是互动互应的关系，在互动互应中，环境的复杂性必定反映到系统内部，影响其组分特性和结构模式，影响其整体的属性、功能、演化规律等。而系统内在的复杂性也会影响环境，导致环境发生相应变化，又会反过来影响系统自身。特别的，系统与环境互动互应的方式是系统结构的重要内容，系统须凭借自身复杂的结构去应对复杂的环境，并作用于环境。从发生学看，系统需要建立一定的结构（分系统、机制等）才能同环境正常而有效地互动互应。所以，对环境开放是系统复杂性的重要来源，开放性弱的系统复杂不到哪里去，系统开放性越强，复杂性也越强。

2. 复杂系统都有显著的内在异质性。系统即系多为一统，也就是多与一的对立统一。其中，多指组分，一指整体，系指整合、组织，整合或组织的方式和力度就是结构。不同组分可能同质，或质相近，这样的系统不复杂，因为把它们整合起来的方式不复杂，数量再多也不可能形成多样复杂的相互关系，处于热平衡态的气体系统就是典型。不同组分也可能异质性显著，这是系统产生复杂性的基本内在根源，因为把它们整合起来、协同行动、互动互应，并有效地应对环境，其方式和力度必定多种多样，差别显著，导致结构的复杂性，社会系统最为典型。概言之，组分异质性显著是系统复杂性的主要内在根源。

3. 系统组分的多少决定系统规模，规模也是影响系统简单或复杂的因素之一，称为规模效应。规模小的系统一般都复杂不到哪里去。俗话说，"大有大的难处"。规模增大将使系统的简单性"褪色"，规模大到巨型系统就可能出现真正的复杂性。故钱学森总是把复杂性与巨系统联系起来，小系统、中等系统、大系统都被他列为简单系统，都谈不上真正的复杂性。当然，规模巨大也只是产生复杂性的必要条件，规模巨大而组分异质性不显著者，属于简单巨系统。

4. 系统是具有层次结构的统一体，最简单的系统也有组分和整体两个层次，巨系统则必定出现微观与宏观的层次划分。这是规模这种量变导致的质变，是

---

① 钱学森. 钱学森书信（第 10 卷）[M]. 国防工业出版社，2007：258.

巨系统与大系统的显著区别。宏观层次一定涌现出微观层次没有的全新质性，但只有微观和宏观两个层次的系统还不怎么复杂，钱学森称为简单巨系统。复杂系统一定具有多层次结构，在最小组分与系统整体两个层次之间还有其他层次。结构的多层次是系统产生复杂性的又一个内在根源，不同层次之间的划分、联系、过渡显著增加了系统的结构复杂性，从低层次到高层次都会涌现出某种新质性。逐级发生不同质的涌现，系统整体必然复杂。

5. 系统的不同组分或要素之间、系统与环境之间的相互关系及相互作用，系统不同特征量之间的相互关系，可能是线性的，也可能是非线性的。组分异质性越显著，组分间相互关系的非线性越显著。组分的异质性显著，环境成分的异质性显著，系统与环境关系的非线性也显著。线性关系、线性相互作用产生不了复杂性，非线性关系、非线性相互作用才可能产生复杂性。线性系统都是简单的，只要维数相同，一切线性系统本质上是同一的。非线性系统才可能是复杂系统，即使同一维数的非线性系统，也有无穷多种性质不同的表现形式，是复杂性形成的重要根源，给系统的数学描述带来很大难度。

6. 状态不随时间改变的系统是静态的，谈不上复杂性。状态随时间改变的系统是动态的，自然科学称之为动力学系统，这样的系统才可能产生复杂性。所谓千变万化、日新月异、瞬息万变等，说的都是动态性产生的复杂现象。特别的，非线性和动力学特性共同作用最容易出现复杂性，复杂系统都是非线性动力学系统。

基于以上认识，钱学森给出系统科学的复杂性定义："所谓复杂性实际是开放的复杂巨系统的动力学，或开放的复杂巨系统学。"[①] 这在语言表述上有两个毛病。其一，动力学或复杂巨系统学是学科名称，不能用之于界定系统属性。其二，用"复杂"一词界定复杂性，有自我界定的逻辑毛病。不过，这两个毛病都是表面上的，易于消除。其一，钱学森所讲的"动力学"指的是动力学特性，"开放的复杂巨系统学"指的是开放复杂巨系统的特性，复杂性就是开放复杂巨系统的动力学特性。第二个毛病也可以消除，定义项中的"复杂"一词可依据上述 6 点来表述。钱翁实际说的是：所谓复杂性，就是开放的、巨型的、组分异质性显著的、多层次结构的、存在非线性相互作用的系统的动力学特性。或者说，把开放性、巨型性、显著的组分异质性、多层次性、非线性、动力学

---

① 钱学森书信（第 7 卷）［M］. 国防工业出版社，2007：200.

特性整合起来所涌现出来的系统特性，就是复杂性。这也可以称之为钱学森意义上的复杂性。

1.1.2　开放复杂巨系统简述

粗略地说，复杂性科学研究各种开放复杂巨系统，就与人的关系看，它们存在于客观世界的 5 大层次，即人脑、人体、社会、地理和整个宇宙，形成一种圈层嵌套结构：

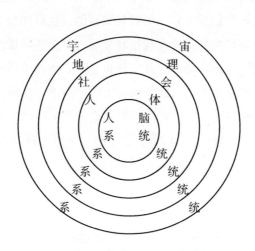

图 1 - 1　主要的开放复杂巨系统

以上是钱学森关于开放复杂巨系统的一种粗略分类，不可机械地理解。生物机体一般也属于开放复杂巨系统，尽管它们由于没有真正的意识要比人体系统简单些。社会系统的分系统，如经济、政治、文化等等，都是开放复杂巨系统；每个社会成员都是一个开放复杂巨系统，互联网也是开放复杂巨系统，社会系统的分系统中还有哪些属于开放复杂巨系统，尚需探讨。生态系统无疑是开放复杂巨系统，钱学森把它归属于地理系统，乃一家之言。整个宇宙系统尚有许多无法解释的奥秘，是否存在也属于开放复杂巨系统的宇宙分系统，现在无法判定。这些事实足以表明，开放复杂巨系统广泛存在，但未知领域还很多。

1.1.3　复杂性的哲学定义

在谈到文艺赏析的阅读心理复杂性时，毛泽东结合自身体会写道："所谓复杂，就是对立统一。"① 这句话就是复杂性的哲学定义，准确地说是辩证唯物主义的复杂性定义。中国古代诗词有豪放派与婉约派之分，构成文艺领域的一对矛盾。诗人毛泽东阅读心理偏好豪放派，也不拒斥婉约派，而矛盾的主要方面反复转化，形成其阅读心理的复杂性。他基于这个具体事例概括出上述哲学命题，可以称为毛泽东矛盾复杂性原理，是本书贯穿始终的一个基本思想。毛泽东的矛盾复杂性原理虽然是结合诗词赏析来表述的，更多的依据应该是他领导中国革命和建设的实践经验，是对《矛盾论》的进一步概括。

持相近看法的人有法国学者莫兰，他从哲学和文化学角度探索复杂性，形成一套有特色的思想，自称为"复杂思想论"，产生了世界范围的影响。莫兰的基本说法是："复杂性——联结相互斗争的概念"，② 复杂性原则"旨在把分离的东西联系起来"③。跟毛泽东的根本观点相通：对立面既相互斗争，又相互联结；既相互分离，又相互联系，因而复杂。科学家普利高津、托姆等人也有某些相近的认识，只是未从哲学上深究。哈肯的认识比他们要深刻些，他把协同学作为研究复杂性的理论，明确指出协同学领域"存在着许多对立统一的范畴"，告诫研究者既要"作一分为二的分析"④，也要在两个对立面之间"找到一个合成"⑤。这同毛泽东的看法本质上是一致的：既要一分为二，又要合二为一，所以复杂。

唯物辩证法认为一切事物都有两重性，都是两个矛盾方面的对立统一，两方面既相互否定，又相互肯定，既相互约束，又相互激励。用中医学的说法，二者互根互用，相生相克。但两方面如何既对立、又统一，具体表现方式、形态和力度千差万别。以 X 记对象事物，以 A 和非 A 记它所包含的两个对立面。可以粗略划分为两类矛盾：

（1）A 和非 A 一方过强，一方过弱，弱到可以忽略不计，完全以强的一方代表该事物。这叫作矛盾的单极化处理，就是把"两重性"简化为"单重性"，以两级中的某一极代表整个事物，则为简单事物。符号表示为：

---

① 陈晋主编. 毛泽东读书笔记解析（下）[M]. 广东人民出版社，1996：1321.

② 埃德加·莫兰. 复杂思想：自觉的科学 [M]. 陈一壮译，北京大学出版社，2001：151.

③ 埃德加·莫兰. 迷失的范式：人性研究 [M]. 陈一壮译，北京大学出版社，1999：151，73.

④ H. 哈肯. 协同学：理论与应用 [M]. 杨炳奕译，中国科学技术出版社，1990：11，6.

⑤ H. 哈肯. 协同学讲座 [M]. 宁村政等译，陕西科学技术出版社，1987：137.

若非 A 可以忽略不计，则可以简化表示为：

$$X = A \quad （简单事物）\qquad (1.1)$$

若 A 可以忽略不计，则可以简化表示为

$$X = 非 A \quad （简单事物）\qquad (1.2)$$

（2）A 与非 A 都不能忽略不计，不允许作单极化处理，不能以某一极代表整个事物，必须把对立统一当作对立统一对待，则为复杂事物。符号表示为：

$$X = A \vee 非 A \quad （复杂事物）\qquad (1.3)$$

从逻辑思维看，简单性科学仅须遵循形式逻辑，信奉的是非此即彼，能够把研究对象做单极化处理。由此形成了著名的简单性原则：要么 X 是 A，要么 X 是非 A，两者必居其一，而且只居其一。恩格斯早已指出："对于科学的小买卖，形而上学的范畴仍然是适用的。"① 这就是简单性科学。对于复杂性科学，形式逻辑远远不够，必须承认 X 既是 A，同时又是非 A。亦如恩格斯所说：复杂性科学需要"使固定的形而上学的差异互相过渡，除了'非此即彼'，又在适当的地方承认'亦此亦彼'，并且使对立互为中介"②。复杂性科学需要辩证逻辑，不允许把对立统一作单极化处理，必须承认亦此亦彼，把对立统一当成对立统一。简单事物（1.1）和（1.2）是非此即彼原则适用的地方，复杂事物（1.3）是必须承认亦此亦彼的地方。由此得

定义 所谓简单性就是非此即彼性，所谓复杂性就是亦此亦彼性。

考虑几个例子。

例1，稳定与不稳定。动力学系统都既有稳定因素，又有不稳定因素，稳定性与不稳定性的矛盾普遍存在。简单系统的吸引子是稳定不动点，或稳定周期解；但扰动总会使系统偏离吸引子，即总存在不稳定因素。由于小扰动只能引起小偏离，允许忽略不计，决定系统特性的是稳定因素，故称吸引子态为稳定态。这就是单极化处理，实际上稳态中有不稳定因素。若扰动过大，系统被迫离开原吸引子，进入向新吸引子的过渡过程，稳定因素便可以忽略不计，决定性的因素是不稳定性，故认为此时的系统失稳，但失稳的系统内含重新趋达稳态的因素。这也是单极化处理。混沌系统则不同，它是一种整体稳定与局部不稳定相统一的运动体制。混沌是系统在奇怪吸引子上的定常运动，从初态开始

① 马克思恩格斯选集（第三卷）[M]. 人民出版社，1972：536.
② 马克思恩格斯选集（第三卷）[M]. 人民出版社，1972：535.

的运动一定要趋达吸引子，只要进入吸引子，稳定性与不稳定性两者都不允许忽略不计，即不允许单极化处理。朱照宣把奇怪吸引子上的混沌运动描述为："形象一些说，局部不稳定而全局限制，于是'跑不掉'又'无处安身'，只能在被限制的范围内到处游荡。"① 他在另一处更形象地"进得去，出不来；出不去，又安定不下来。"一旦进入吸引子就再也出不来，表明系统整体稳定；在吸引子上永远安定不下来，轨道具有遍历性，表明系统局部不稳定。两个对立面稳定性与不稳定性如此不可分割地统一在一起，才造成混沌这种复杂运动。信奉还原论的科学家不相信存在既稳定又不稳定的吸引子，所以同混沌擦肩而过却发现不了混沌。

　　例 2，周期性与非周期性。通常所谓周期运动，如地球绕太阳运行是周期运动，实际上也存在摄动因素引起的非周期性，由于过弱而视作微扰，理论上允许单极化处理，视为周期运动，属于简单性科学研究的问题。简单动力学系统向稳定定态的过渡过程为非周期性的，但也有某些周期性因素，只是微弱到允许忽略不计，应当看成非周期运动。两者都允许单极化处理，属于简单性。对于复杂系统而言，矛盾的主要方面必须用其对立面来规定，两方面都不允许忽略。混沌就是这样的，它本质上是系统的一种非周期定态，但周期性也不允许忽略不计，混沌性必须用周期性来规定。著名的李 - 约克定理断言：周期 3 则混沌（李天岩形象地说：周期 3 则乱七八糟）。其含义为：无周期解的系统也无混沌，存在三点周期的系统必定存在混沌，周期性与非周期性不可分割地统一在同一系统中。顺便指出，不可把非周期定态理解为非周期确定性，它也是确定性与不确定性的对立统一。

　　例 3，有序和无序。动力学系统都是有序和无序的对立统一，但有的允许极化处理，有的则不允许。仪仗队给予人们阳刚雄健的美学韵味，来自它超常的有序性；但它并非绝对有序，只不过无序因素可以忽略不计（人们肉眼看不到）。街头骚乱的特征全在一个"乱"字上，却非绝对的无序，有序因素总是被人忽略，不存在有序和无序共存而造成的复杂性。两者都是单极化处理，属于科学的简化。就科学本身看，简单动力学系统的定常行为，如人体正常态的脉搏有序性，也是忽略无序（扰动）因素后得到的理论结论。而混沌系统之所以复杂，正在于有序因素和无序因素不可分割地统一在一起，哪一方都不允许忽

---

　　① 朱照宣. 混沌（非线性力学讲义第五章）［Z］. 北京大学力学系，1984 年 10 月印：9.

略。故混沌学家史蒂文斯说："猛烈的秩序是混乱，巨大的混乱是一种秩序。这两者是一回事。"还有人说："混沌是打扮成无序的有序"，"混沌是嵌在无序中的有序"①，等等。

例4，确定论与随机论。牛顿力学是确定论的，力学系统（如太阳系）实际存在的随机性允许被忽略。布朗粒子也有某种确定性，但起决定性作用的是随机运动，可以忽略确定性因素，用概率方法描述。两者都是简单系统，允许作单极化处理。混沌则不然，如自称"混沌传教士"的福特所说："混沌意味着决定论的随机性。"② 由于确定性与随机性被统一在同一系统中，故混沌的一种定义为：混沌是确定性系统的内在随机性。

从哲学上看，对立统一本身就是系统，系统都包含对立统一。现实存在的系统都包含着多种多样的对立统一，如多与一的对立统一，部分与整体的对立统一，开放性与封闭性的对立统一，状态与过程的对立统一，持存性与演化性的对立统一，稳定性与不稳定性的对立统一，确定性与不确定性的对立统一，自组织与他组织的对立统一，过去与未来的对立统一，等等，无穷无尽。允许单极化处理的是简单系统（如只考察持存性，不考虑演化性，或者相反），不允许单极化处理的是复杂系统（如必须同时考察持存性和演化性）。这里重点讨论以下三个对立统一，研究复杂系统特别需要考察它们。

（a）多与一、整体与部分的对立统一。多样性与统一性，整体与部分，是系统自身最基本的矛盾，影响甚至规定着系统的其他所有矛盾。抑此扬彼，只讲多样性，不讲统一性，系统将不成其为系统。抑彼扬此，只讲统一性，不讲多样性，系统将成为僵化的整体，最终退化为非系统。系统科学关注的中心是把握它的整体涌现性，而非部分之特性。但部分是整体的实在基础，整体涌现性首先由部分的质性、数量、相互关系来决定。这是系统论的第一块唯物主义基石。对于简单性科学研究的系统，尽管大量的对立统一都被单极化处理，却不允许对整体与部分这对矛盾作单极化处理，必须把部分与整体的对立统一当对立统一对待。只要是系统，就必须同时关注部分和整体，关注二者的对立统一。系统越复杂，部分与整体的关系也越复杂。

---

① 苗东升. 系统科学辩证法［M］. 山东教育出版社，1998：222.
② Foed, J.. Directions in classical chaos. In Directions in Chaos, Vol. 1, in Hao Bai－Lin（ed）

（b）开放性与封闭性的对立统一。此乃系统中仅次于部分与整体关系的另一对基本矛盾。对于系统现象而言，系统与环境，开放与封闭，内因与外因，三对矛盾范畴实际上说的是一回事，区别在于观察角度有所不同。系统论强调系统与环境互塑共生，系统的重要属性都是在跟环境长期反复互动互应中形成的，有鲜明的环境烙印。系统与环境的关系是系统论的第二块唯物主义基石，不可轻视。

从科学发展史看，简单性科学的基本精神是抑开放性而扬封闭性，此乃简单性科学之所以简单的内在根源，简化描述的基本途径。经典数学看重的是运算具有封闭性的系统，具有开放性的数学对象被视为不良结构。经典物理化学崇尚把研究对象视为封闭系统，主张放在所谓"纯净的"的状态下研究，因为它研究的是环境作用可以忽略的简单系统。系统论和自组织理论的建立揭露了它的局限性，证明开放性具有巨大的建设性作用，系统只有对环境开放才能出现自组织，才能避免走向"热寂"状态。科学从此开始辩证地认识系统的开放性与封闭性。但是，随着这些理论传入中国，特别是改革开放以来，不少中国学人又走向另一个极端：抑封闭性而扬开放性。他们以为开放性是绝对积极的、建设性的，封闭性是绝对消极的、破坏性的，鼓吹毫无保留地开放、彻底地开放。这在理论上是错误的，在实际上十分有害。封闭性是系统自我保护的质性和机制，"彻底开放"将使系统走向瓦解。有生命力的系统都是开放性与封闭性的某种复杂的对立统一体，两者都既有积极性、建设性，又有消极性、破坏性。封闭性过强或过弱，开放性过强或过弱，对系统都是不利的。只有将两方面适当地结合起来，相互激励，相互制约，扬各方之长，避各方之短，系统才能正常运行发展。而这一对矛盾的存在、演变、转化，给系统带来不可忽视的复杂性，把握复杂性必须辩证地把握这对矛盾。

另一方面，简单系统之所以简单，也在于它对环境的塑造作用简单、微弱；复杂系统之所以复杂，也在于它对环境的塑造作用强劲、多样、复杂。一个简单系统的消亡几乎不会引起环境任何值得注意的变化，一种复杂系统消亡必然引起环境发生显著变化，如社会系统与其地球生态环境。

（c）自组织与他组织的对立统一。系统的组分在不了解、不顾及整体目标的情况下，依据自己拥有的局域信息和自己的局域目标采取行动，呈现出相对于整体目标的自发性、局域性、盲目性，不同组分的行为相互间呈现出并行性、交互性、相干性，叫作系统的自组织性，或自组织因素。如果在适当条件下出现所谓"看不见的手"的宏观作用（放大机制、协调机制、稳定机制等），能够使不同组分协同动作，形成和维持一定的有序结构，或把一种结构改变为另一种结构，就叫作自组织过程，这样的事物就是自组织系统。

哲学地说，自我与他者互为存在前提。每个系统都有自己的他物，系统的环境就是其所有他物的总和。环境为系统提供生存资源和时空条件，同时也就具有对系统行为的规定和制约作用，环境中必有系统的合作者，也有竞争者（甚至敌对者），有些环境成分既为合作者，亦为竞争者。这一切都对系统形成重要的外在他组织作用，环境充当系统不可或缺的外在他组织者。复杂系统内部组分必定发生分化，分为组织者和被组织者，前者掌握驾驭整个系统的组织权力，对后者施行领导、管理、指挥作用，属于系统内在的他组织。

一切系统原则上都包含自组织因素与他组织因素，复杂系统则必须视为自组织与他组织的矛盾统一，两者的矛盾统一过程是造就系统复杂性的重要原因。这种对立统一表现在三方面。其一，只要是系统，整体对局部就有某种制约作用，即他组织作用。而局部总是按照自身的本性和规律存续运行的，其行为总有某种自发性、局域性、盲目性，而诸多组分的行为之间必然产生并行性、相干性，既合作，又竞争。这些就是构成系统自组织的因素，亦即系统的自组织性。用诗圣杜甫的说法，这叫作"欣欣物自私"：事物各自为自身的生存发展而努力，整个世界才欣欣向荣。其二，只要是多层次系统，高层次对低层次总有某种制约作用，即他组织作用；低层次则存在某种相对于高层次的盲目性、自发性、局域性，即自组织性。复杂系统都具有多层次结构，层次关系包含着自组织与他组织既对立又统一的关系，只有自组织因素与他组织因素实现了辩证统一，系统才能够健康地存续运行和顺利发展。其三，只要是系统，它就生存运行于一定的环境中，既有自身运行演化的自组织运动，又承受着外部环境施加的他组织作用，两者的矛盾统一决定着系统的结构、质性、状态、行为模式等。毛泽东诗云："万类霜天竞自由"，霜天是系统无权选择的外部环境，万类为环境中所有的系统和非系统，万类竞自由是自组织，霜天的约束是他组织，主客观的统一才能"主沉浮"。任何系统的生成、演变、发展都是自组织与他组织既对立又统一的过程，其中一方可以忽略不计的是简单系统；复杂系统必定是这两方面都不能忽略的系统，处理复杂系统一定要把握其中自组织与他组织之间复杂的相互关系。

早期的系统理论只盯着人为系统，即经营管理、领导指挥、自动控制，故只讲他组织，只讲整体用好局部、局部服从整体，这是一种形而上学，可称为他组织崇拜或迷信。自组织理论出现后，又有人认为自组织优越于他组织，甚至认为自组织完全是积极因素，他组织完全是消极因素，力求消除一切他组织。这也是一种形而上学，叫作自组织崇拜或迷信。两种偏向都不能把握复杂性。还有人认为他组织主要出现在人文社会领域，在自然界讲他组织没有意义。他们的根据是耗散结构论、协同学、超循环论这些自组织理论都来自自然科学，他组织概念在其中没有起作用的余地。这也是误解，误以为他组织都与人有关，无人便无他组织，其实不然。一事物与自己的他物相互作用，就是相互提供他组织力和他组织指令，互为他者就是互为他组织者。环境之所以为环境，就在于它对系统提供资源和空间、施加约束、甚至危害系统，这两方面都对系统产生一定的组织作用，都部分地包含着系统如何组织其部分的指令，系统只有善于趋利避害，才能发生适应环境的变化。如何获得资源和空间，如何承受约束，如何避免受到伤害，自组织必须从环境作用中"解读"出这样的"指令"。这叫作环境选择原理，环境是外在的选择者，系统是被选择者，环境选择作用就是他组织作用。普利高津、艾根等人把环境选择当成自组织原理，并不恰当。贝纳德流产生的六角形元胞与实验装置的几何特征密切相关，装置对流体的约束作用就是他组织作用，输入热能更是输入他组织力。固体激光器要产生激光，必须有外在激发能量，同时与它的两面反射镜密切相关，镜面迫使微粒流不断折返，是典型的他组织指令。在三种自组织理论中，协同学对自组织与他组织之间对立统一关系的理解最深刻、最全面、最自觉。支配原理是协同学的"三个硬核"之一，意指在系统自组织过程中，多种集体模式争夺全局主导权，只有当其中某一个获得支配权，成为系统的序参量，其余模式受到支配，自组织才算完成。支配力就是他组织力，支配与被支配是组织与被组织的关系，哈肯讲的就是自组织中有他组织，在自组织基础上产生出取得支配权（即他组织力）的序参量，系统整体才建立起有序结构，涌现出整体的属性和功能。哲学地说，整体的自组织须通过局部的他组织行为来开辟道路，不同局部为争夺全局主导权而竞争，直到其中某个模式取得支配地位，形成支配与被支配的格局，整个系统的自组织过程才算完成。

生物体的发育遵循基因的生物指令，属于生物的自组织，但也离不开环境约束这种他组织。两千年前的晏子已发现"橘生淮北为枳"，同样的树苗究竟长成橘子，还是长成枳子，基因（自组织）不能完全决定，地理环境的他组织指令也必不可少。宋代才女严蕊在不幸的人生中领悟了自组织与他组织的辩证关系，有诗云："花落花开自有时，总赖东君主。"或开或落是花的自组织，自有其时，不会由人摆布；但何时开、何时落也不完全是基因"说了算"，还有赖于花神东君这个他组织者做主。白居易诗云："人间四月芳菲尽，山寺桃花始盛开。"花开的尽与盛不完全取决于花的基因，还要看地势高低，即大自然（气候、山水等）的他组织力。总之，同人文社会系统一样，自然系统的生成和演化也是自组织与他组织相结合的结果，只是各有自己的特殊性。在客观世界的所有领域中，复杂系统的生长、存续、运行和演化，都是自组织与他组织复杂的矛盾统一过程，不允许作单极化处理。

　　自组织与他组织也相生相克。无论生或克，既可能是积极的建设性因素，也可能是消极甚至破坏性因素，一切依时间、地点和条件而转移。巨系统的活力来自基层（微观）组分的自发性行为，微观运动的自发性具有非常积极的意义，这一点随着自组织理论的传播而得到广泛认同。但自发性必定联系着盲目性，不能充分利用系统的整体信息，趋达系统目标靠的是随机碰撞，导致自组织运动难免要走很多弯路，间或还可能导致系统剧烈动荡，付出太多的代价，甚至使系统解体。自组织可能是产生和维护系统有序性的力量，也可能是破坏有序性的力量。如果掌控不当，自组织的自发性、盲目性就会转化为破坏性，"文化大革命"就是例证。自发自组织如果有他组织介入，充分收集、处理、利用有关系统整体的信息，从宏观层次上对微观组分的行为施加适当调控，至少作必要的诱导、规范，就可能克服盲目性，避免走弯路，确保系统稳定运行。他组织也有消极面。其一，组织者的自觉性可能违背客观规律，误将主观愿望当成客观规律，对系统施加错误的他组织作用。其二，他组织本应为系统的所有组分提供服务，其功能首先是培育、发展系统的自组织机能，保护、帮助、引导自组织，然后才是对自发自组织进行整合、集成、管理、调控，形成系统整体层次的认识和行动计划。然而，由于物欲和权力的诱惑，社会系统的他组织可能异化为追求权势的压迫者，扼杀社会的自组织机能，使社会失去活力。自然界的他组织也可能是破坏性的，造成自然灾害。总之，他组织须建立在自组织基础上，尊重、顺应自组织的大趋势，组织者须接受被组织者的监督制约，才能防止异化，防止他组织不作为，抑或乱作为。自组织是存在他组织的客观根据，但载舟之水也覆舟，自组织也可能成为反对、颠覆他组织的力量。只有实现二者的辩证统一，系统才能健康地存续发展。

不可把对立统一当成静态的死结构，应当看成动态的活结构，加以动态地把握。矛盾双方的平衡是相对的、暂时的，平衡受到扰动是绝对的，不时会发生平衡被打破，不时又走向远平衡态。不同性质的平衡态之间，不同性质的远平衡态之间，不时发生相互转化，是复杂系统之所以复杂的根源。

1.1.4 复杂性的分类

（1）可消除的复杂性。又分为两类，一类是作为事物表面现象的复杂性。一切尚未认识的事物都具有作为表面现象的复杂性，消除了这种复杂性才能够解决问题，这样的对象是披着复杂性外衣的简单系统。另一类是认知主体主观因素造成的复杂性，即人为复杂性。通常所谓"问题本来简单，你把它复杂化了"，说的就是这种复杂性。它原则上可以消除，也必须消除，但由于知识不足、思想方法不当等主观原因转化成人为的复杂性。

（2）不可消除的复杂性。这是研究对象固有的复杂性，规定事物本质的复杂性，无法消除，也不应该消除。因为消除了这种复杂性的对象就不再是本来的对象，得出的结论不反映客观实际。

（3）还有一种中间情形，即毛泽东所说："因为客观事变的发展还没有完全暴露其固有的性质，还没有将其面貌鲜明地摆在人们之前，使人们无从看出其整个的趋势和前途，因而无从决定自己的整套的方针和做法。"[①] 这种复杂性在认识过程早期阶段出现有必然性，并非人为造成的，在认识的一定阶段上无法消除，随着客观过程展开将变得可以消除。不可消除与可消除的对立统一，从不可消除到可消除，乃是一种特殊的矛盾复杂性。

（4）典型复杂性与亚复杂性。复杂性世界广阔无垠，大体分为腹地和边缘两部分。复杂性既有程度的不同，也有质地的不同。按照钱学森的意见，一类是还不够复杂的复杂性，如混沌、分形等被自然科学家视为空前复杂性的对象，其实"还是属于有路可寻的简单性问题"[②]，可以称为亚复杂性，处于复杂性世界的边缘。另一类是典型的复杂性，即 OCGS 的复杂性，目前还无路可循，只能用从定性到定量综合集成法来应对。后现代主义也认为混沌仍属于现代范式，

---

① 毛泽东，毛泽东选集（一卷本），人民出版社，1966，430。本书后面凡注明（一卷本，页数）的毛泽东言论，都出自此书。

② 钱学森，创建系统学，山西科学技术出版社，2001，223。本书后面注明的（《创建》，页数）的言论，都出自此书。

不足以描述真正的复杂动力学现象。

1.2　什么是复杂性科学

研究如何认识和处理复杂性的科学知识体系，称为复杂性科学。按照钱学森现代科学技术体系看，复杂性科学也应该具有三个层次、一架桥梁的结构模式：处理复杂性的工程技术，关于复杂性的技术科学，关于复杂性的基础科学，通向哲学的桥梁，即复杂性科学的哲学分论。目前还无法建立起这样的体系，但依据笔者对钱学森科学思想的理解，仅就他的方法论——复杂系统理论看，目前可以作这样的设想：

表 1-1　复杂系统科学的体系结构

哲学分论（桥梁）	复杂系统论
基础科学	开放复杂巨系统学
技术科学	开放复杂巨系统理论，事理学
工程技术	从定性到定量综合集成工程

若就复杂性研究总的实际情况看，复杂性科学的主要内容为以下三大块。

第一块：各个学科领域的复杂性研究，如力学复杂性研究、物理学复杂性研究、化学复杂性研究、生物学复杂性研究、经济学复杂性研究、地理科学复杂性研究等。

第二块：各种跨领域研究，如可持续发展研究、创新研究、和谐社会研究、城镇化研究、中国和平崛起的研究、建立新型大国关系的研究等。

第三块：复杂系统理论（复杂性科学的方法论）。今天能够上课堂讲的复杂性科学，基本就是复杂系统理论。主要有：

控制论（维纳，不是指现代控制理论）；

软系统方法论（切克兰德、阿科夫等）；

自组织理论：耗散结构论（普利高津），协同学（哈肯），超循环论（艾根）；

模糊学（札德）；

混沌学（洛仑兹、费鲍玻姆）；

分形学（曼德勃罗特）；

CAS 理论（圣塔菲）；

OCGS 理论（钱学森）；

复杂网络理论（瓦茨，巴莱巴斯）；

需要指出，简单性科学与复杂性科学之间的界限并非截然分明，两者之间有交叠，如下表所示。即使非交叠部分，也应该有较简单与最简单、较复杂与最复杂的区别。

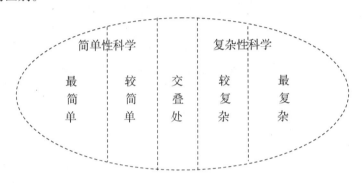

图1-2 简单性科学与复杂性科学的分野

客观世界既有简单事物，也有复杂事物，从简单到复杂是逐步过渡的。或者说，所谓复杂事物的复杂性，有等级和程度的不同。从发达国家看，复杂性科学是在简单性科学发展中孕育和产生的，它从拓展经典科学的应用范围起步，逐渐显示出它的实际发展已超出原来科学的范围，正在开辟一种全新的科学领域。所以，它在创建初期的研究对象必定是、也只能是那些比较复杂、但并非很复杂的事物，所建立的理论算不上复杂性科学的核心部分。例如，混沌是动力学迄今遇到的最复杂的现象，混沌学属于复杂性科学，格莱克《混沌——诞生于混沌边缘的新科学》一书被许多人当作复杂性科学问世的标志。但后来发现，混沌还是比较简单的复杂现象。又如在物理学领域，普利高津认为耗散结构代表客观世界的"最低复杂性"①，他的《从混沌到有序》也被当作复杂性科学产生的标志。但他所研究的毕竟只是最小复杂性，难以用来描述人体、社会等复杂性。从研究简单性到研究比较简单的复杂性，再到研究典型的复杂性，

---

① 伊·普利高津，伊·斯唐热. 从混沌到有序［M］. 曾庆宏、沈小峰译，上海译文出版社，1987：50，355.

如此循序渐进符合科学发展规律。所以，复杂性科学第一个发展高潮取得的成果，还属于简单性科学与复杂性科学交界地带。对于这样的复杂性研究，富矿区近乎挖掘殆尽，采掘开始进入贫矿区。复杂性科学的未来发展，将进入那些典型的复杂性事物，亦即钱学森所说的开放复杂巨系统，21 世纪中期或将进入高潮。

1.3　从简单性科学到复杂性科学

复杂性科学对科学本身带来的重大变革，至少有以下两方面。

1.3.1　科学世界图景的变革

在科学发展史上，新型科学取代既有科学的主导地位，意味着基本科学思想的改变，给出新的科学世界图景。我们曾经从 10 个方面对两种科学世界图景做过比较对照①，综合言之，归结为对"世界究竟是简单的、还是复杂的"这一问题的两种回答：

表 1-2　两种科学之不同

简单性科学	复杂性科学
世界本质上是简单的，复杂性是人的认识局限性施加于对象世界的伪装，世界存在一个基本的层次，只要把对象还原到那个层次，就可以把一切复杂性都转化为简单性。	世界是简单性与复杂性的矛盾统一，并沿着复杂性不断增加的方向演化，不存在一个可以把一切复杂性都转化为简单性来处理的物质层次，复杂性是世界自身固有的特性。

1.3.2　对"问题解"的新诠释

科学上需要解答、但尚未解答的论题，亦即存有疑问、尚未找到答案的论题，称为科学问题。科学研究就是科学地提出问题，科学地陈述问题，科学地解决问题（问题求解）。科学哲学认为，科学的发现、发明、创造始于问题，然后是寻求问题的解。公式表示为：

①　苗东升. 开来学于今：复杂性科学纵横论［M］. 光明日报出版社，2009：157.

$$\text{科学研究 = 提出问题 + 求解问题} \tag{1.4}$$

波普尔把科学问题区分为 P_1 和 P_2，揭示了问题求解过程的逻辑结构，给出科学发展规律性的公式化表述①：

$$\text{问题（}P_1\text{）→猜想（假设）→论证（证伪）→新的问题（}P_2\text{）} \tag{1.5}$$

此公式被视为科学哲学在 20 世纪的重大发现，风靡世界，国内也有大批粉丝。但波普尔的理论是依据简单性科学的发展史概括出来的，属于对科学发展规律性的一种简化描述；如果用之于复杂性科学，需要做出重要修正。我们就问题和问题解作如下讨论。

1. 什么是科学问题。软系统的发现和软系统方法论（复杂系统理论的重要学派）的提出使人们认识到，这个问题很不简单。简单性科学的问题必须而且能够精确地表述。以 u_t 记系统的现时状态，u_∞ 记系统的目的态（吸引子）。对硬系统来说，u_t 和 u_∞ 都可以精确确定，问题求解就是消除 u_t 和 u_∞ 之间的差距 $u_\infty - u_t$，可以给出精确描述。但对于软系统而言，u_t 和 u_∞ 都不能精确定义，问题求解也不能精确表述，出现了所谓乱题、堆题等。

2. 问题解。提出问题是为了获得问题解。什么是问题解？在简单性科学中这似乎是不言自明的，对于复杂性科学却成为必须认真对待的问题。关于解的存在性，解的各种品性（如解的唯一性），是科学研究的重要哲学问题。这些问题在简单性科学中都有明确含义，复杂性科学的兴起却使这些问题有了不同理解，含义不那么明确肯定，也就是复杂化了，须给出新的诠释。这也是科学哲学需要研究的新问题。

3. 解的存在性。在解的各种品性中，存在性是第一位的，首先要回答的是问题有解或无解。简单性科学的问题要么有解（可解性），要么无解（不可解性），明确肯定，二者必居其一，也只居其一。因为简单性科学最终把现实问题转化为逻辑问题、数学问题，从形式逻辑看，一个问题要么可解，要么不可解，非此即彼。科学发展史表明，逻辑上确实存在可解的或不可解的问题，后者常常具有重要的科学和哲学意义。复杂性科学面对的是社会现场实践提出来的问题，不能完全归结为逻辑问题、数学问题。辩证唯物主义认为，凡是现实生活提出的问题都是需要解决的问题，原则上也是能够解决的问题，完全不能解决

---

① 卡尔·波普尔. 客观知识——一个进化论的研究［M］. 舒伟光等译，上海译文出版社，1987：175.

的问题没有现实意义。对于复杂性科学而言，解的存在性问题也变得复杂了，首先要确定你要的是什么样的解（解的品性）。像简单性科学那样明确肯定的解，复杂性科学一般是不存在的，不能要求作非此即彼的回答。

4. 解的唯一性。简单性科学的问题可能存在唯一解，唯一解在理论上最彻底；复杂性科学一般不存在唯一解，存在非唯一解（多解性）是常态，同一个问题存在多个解，各有长短，大同小异；不可能找到这样一种解，它集各家之长，又去各家之短。

5. 解的精确性、定量化。简单性科学的问题解能够定量化，存在精确解，问题求解就是要获得精确的定量解（误差可控）。所谓可解性问题，就是存在精确定量解的问题。复杂性科学的问题也力求获得定量解，但一般不存在精确解，近似解才是常态；复杂性科学既追求定量解，也承认定性解，定性定量相结合是常态。

6. 解的优化。简单性科学的问题一般存在最优解，追求最优解，问题解的科学性表现为解的最优性。在应用科学层次上，简单性科学的理论都是最优化理论。复杂性科学的问题原则上不存在最优解，实际存在的是较优解或更优解，有实际意义的是追求司马贺所提出的令人满意解。近年来常常听到这样的说法：没有最优，只有更优。这符合复杂性科学的原理，或可称为更优化原理。

概括地说，人类现实生活中存在各种各样的问题解，形成如下的解序列：

$$被迫接受解 \rightarrow 可以接受解 \rightarrow 令人满意解 \rightarrow 最优解 \qquad (1.6)$$

能够得到最优解的必定是简单性问题，复杂性科学的问题与此有原则的不同。对于复杂性问题，多数情形是以可以接受解来收场的，甚至会以被迫接受解了事，如中英南京条约、中日马关条约之类。只有在某些特殊情况下，主观与客观、时间与空间条件的机缘巧合，复杂性问题事实上被简化了，可能有最优解；而且往往是稍纵即逝，必须紧紧抓住。一般情况下能够得到令人满意解就是"抽得上上签"，这也需要求助于科学技术才能够实际得到。或者说，对于复杂性科学而言，理论上能够提供的是令人满意解，实践上力求获得满意解，准备接受可以接受解，力求避免被迫接受解。

7. 简单性科学的问题存在理论解，即数学模型解。从基本科学原理出发建立数学模型，把非数学问题转化为数学问题，再按照数学原理求解，不需要诉诸经验。复杂性科学的问题求解一定要利用经验，不存在纯理论解：建立数学模型需要提出经验性假设（王寿云），求解过程"每一步都离不开实践经验的

'形象'"（钱学森）①。

8. 简单性科学的问题能够从理论上彻底解决，求解过程无试错性。复杂性科学问题的解决一般具有相对性，不可祈求像简单性科学那样的"绝对解"，不要奢求彻底解决。求解过程一般都有试错性（尤其在过程早期），或多或少都会留有遗憾，难免有后遗症；解决问题的同时也造成新的问题，有待后来纠错。由于思路错误而不仅没有解决问题，反而使人陷入困境，甚至成为灾难，这种情况也不罕见。那些当时看来彻底、完满的解，实际上只是问题被抑制而成为隐性存在，时间足够久以后就会发现原本存在大问题。在复杂性领域要允许前人试错，理解前人的选择，不要全盘否定，一概推倒重来，尤其不要把前人的错误当作罪行去斥责，而要把自己与前人看成接力关系，把前人的失败教训当作财富。美国人说："我们乐意把失败视为一种学习经历，而不是耻辱的象征。"② 这是对待复杂性问题唯一正确的态度。中国要实现和平崛起，必须学习美国人的这种思想和态度，不要再以丑化自己的前行者为能事。以丑化前人的试错来获取自己行为的合法性，如此行事既不道德，又是危险的。

9. 复杂问题有限求解。一个复杂性问题得到解决是相对而言的，这叫作问题求解的相对性。建筑科学家吴良镛提出"复杂问题有限求解"命题，揭示了复杂问题求解相对性的一个重要表现：复杂问题求解的有限性。所谓有限性也是相对性，包括时间的有限性、空间的有限性、目标的有限性、手段的有限、代价的有限等。吴先生以城镇化问题为例指出：在空间上，"所谓'复杂问题有限求解'，即以现实问题为导向，化错综复杂问题为有限关键问题，寻找在相关系统的一些层次中求解的途径"；"在时间上，将问题的讨论集中在有限时间段内，确定一定时间内的工作重点与目标"③。"五年计划"就是时间维上有限求解的一种模式，既以有限的五年来确定具体目标和实行方案，又胸有全局、全过程，通过一系列前行后续的五年计划去追求逐步生成社会主义建设的整体目标。

---

① 钱学森. 钱学森书信集（第 6 卷）［M］. 国防工业出版社，2007：366.
② 加里·夏皮罗. 中国能在创新方面赶超美国吗？［N］. 参考消息，2012 年 7 月 13 日，第 16 版。
③ 吴良镛，论新型城镇化与人居环境建设（讨论稿）。

1.4　复杂性科学的方法论

　　从笛卡尔、牛顿以来，科学界把简化描述对象作为科学方法论的基本原则，称为简单性法则，或简单性原则。复杂性研究兴起后，如何认识这一原则出现分歧。数百年来科学界坚信不疑的这个原则，普利高津称之为"现实世界简单性原则"，建立在这样一个未曾言明的假设上："相信在某个层次上世界是简单的"，只要把研究对象还原（分析）到那个层次，一切复杂性都可以消除。换个说法，科学界数百年来秉持着这样一个未曾论证的"自然概念"："它消除复杂性并把复杂性约化为某个隐藏着的世界的简单性"①。基于这一判断，总结复杂性研究数十年的实践经验，普利高津提出"结束现实世界简单性原则"的口号②，实际上揭示了复杂性科学方法论的基本原则。受此启示，依据对复杂性科学的理解，笔者提出："放弃把复杂性约化为简单性来处理的传统做法，提倡把复杂性当作复杂性来处理的新思维。"③ 今天来看，对于这个方法论原则怀疑者还大有人在，故有必要再做点论证。

　　1. 基于科学史的论证。科学方法论的最高原则是实事求是，按照事物的本来面目研究事物，说明事物。从简单性与复杂性这个维度看：简单性科学要求把简单事物当作简单事物对待，反对人为地复杂化；复杂性科学要求把复杂事物当作复杂事物对待，反对人为地简单化。两者都正确，又都不是普适原理。把简单系统人为地复杂化，把复杂系统人为地简单化，都属于不实事求是，是反科学的。所谓把复杂性当成复杂性，是一个总的原则，有种种不同的表现形式：

- 把开放性当作开放性，不要试图把一切开放系统都简化为封闭系统；
- 把非平衡态当作非平衡态，不要试图把一切非平衡态都简化为平衡态；
- 把不可逆性当作不可逆性，不要试图把一切不可逆性都简化为可逆性；
- 把非线性当作非线性，不要试图把一切非线性都简化为线性；

---

① 伊·普利高津，伊·斯唐热. 从混沌到有序［M］. 上海译文出版社，1987：40，41.
② I·普利高津. 从存在到演化，自然杂志，1980（2）。
③ 苗东升. 系统科学原理［M］. 中国人民大学出版社，1990：666.

- 把模糊性当作模糊性，不要试图把一切模糊性都简化为精确性；
- 把软系统当作软系统，不要试图把一切软系统都简化为硬系统；
- 把混沌当作混沌，不要试图把一切非周期性都简化为周期性；
- 把分形当作分形，不要试图把一切复杂图形都简化为整形（规整图形）。

上述认识绝非单纯理论分析的结果，它们是科学发展历史经验的结晶，都有大量经验教训为依据。我们就其中的三项做点简略论证，其他论证留给有兴趣的读者。

（1）把非平衡当作非平衡。简单性科学偏爱平衡态，总是把有序性、稳定性同平衡态"捆绑"在一起。因为它误以为非平衡都源于扰动因素，不可能是系统的稳定定态，因而不可能是系统的功能态。由于这种偏见，大量复杂的自然现象，许多在实验室观察到的奇异现象，如贝纳德流等，得不到科学的解释。物理现象的研究因而长期滞留于平衡态物理学，碰到非平衡现象，总是力图简化为平衡态。直到 20 世纪 30 年代，物理学才开始系统地探讨非平衡态的物理现象。特别是普利高津的工作，揭示出非平衡也可能是有序之源，远离热平衡态才可能出现耗散结构这种比较复杂的稳定定态，代表一种较平衡态更高级的有序性。从此，科学界才自觉到偏爱平衡态是错误的，应该把非平衡态当作非平衡态。物理学由此而开始了复杂性研究，第一项成果就是建立耗散结构论。

（2）把非线性当作非线性。简单性科学的成功，在于创造出线性化加微扰的方法，从理论和实践上解决了它的基本问题。如此巨大的成功也使科学界形成一种系统化的方法论思想：把非线性一概视为消极因素，甚至是有害因素，只要碰到非线性系统，总想把它线性化，用线性系统作模型来解决问题。但对于非线性系统的大范围问题，特别是本质非线性问题，如非光滑性、突变、临界慢化等，线性化不仅无效，而且把系统的本质特性给"化"掉了。为什么经济学名家不计其数，而每一次重大经济危机都没有人预见到？原因与经济学嗜好把经济系统线性化不无关系，线性化把经济危机的发生根源化掉了。更有说服力的是发现混沌。在物理学史上，法拉第、范德坡、杜芬等科学家早就碰到过混沌运动，由于线性化思维作怪，他们都不相信那是系统固有的定态行为，不予理睬。真正发现耗散混沌的第一人是日本年轻学子上田皖亮，他在研究杜芬方程时发现一种前所未见的复杂运动，命名为非周期定态，揭示出混沌运动的一个重要特点。他的博导是日本著名物理学家，不接受这个新概念，讽刺为"孤芳自赏的非周期定态"，否定了这一重大发现。美国人洛仑兹稍后独立发现类似现象，也遇到传统观点的否定，但他顶住压力，坚持公布了他的发现。洛仑兹是气象学家，他把一个用 7 阶微分方程描述的系统简化为 3 阶，但保留了系统的非线性，结果观察到混沌运动，成为耗散混沌公认的发现者。这一事实告诉人们，只有把非线性当作非线性才可能发现混沌，因为线性系统本质上不可能出现混沌。

（3）把模糊性当作模糊性。无论客观世界还是主观世界，都普遍存在模糊性，即事物类属的不分明性。几百年来，人们遇到模糊性时总是采取"一刀切"的办法，把模糊性简化为精确性来处理。如此处理在不少情况下能够令人满意地解决问题，久而久之，形成一种科学思想，札德称之为"精确性崇拜"："尊重精确、严格和定量的东西，蔑视模糊、不严格和定性的东西。"① 这就是不承认模糊性的客观性，不把模糊事物当作模糊事物来认识和处理。不过，随着复杂系统问题越来越多地摆在科学技术面前，人们逐渐认识到，传统做法越来越不能正确处理现实世界的模糊性问题。札德发现："系统之复杂排除了对其运行过程进行精确计算的可能，故对其运行状况的任何重要判断实质上必须是模糊的，且模糊程度随系统复杂程度的增加而增加。"（同上，20）就是说，对于复杂系统，必须把模糊性当成模糊性，切忌作"一刀切"的精确化处理。札德为此建立模糊集合论，给出一套把模糊性当成模糊性处理的方法。

2. 基于系统科学的论证。简单性科学的方法论是还原论，复杂性科学的方法论是系统论，这一认识已被复杂性科学家基本接受。其实，把复杂性当作复杂性原本是系统论的原则；否认这一原则的系统论，实际上已蜕变为非系统论。把还原论作为科学方法论的主干，须同时满足三个前提：一是对象系统有足够的可分性，二是部分为简单事物，三是有办法从对部分的描述过渡到对整体的描述。数百年来，科学界以为这三点普遍成立，其实不然。今天科学界开始认识到，满足这三点的是简单性科学，不满足的就是复杂性科学。

（1）系统的可分性。哲学地讲，一切事物都有某种可分性，但不同事物的可分性差别很大。真正的复杂系统，它的可分性极其有限。对于这一类事物，分析方法尽管还是必要的，却不再是决定性的，决定性的是整体把握。

（2）部分的简单性。通过分解为部分能够把整体的复杂性消除掉，只是简

---

① 　L. A. Zadeh. 模糊集与模糊信息粒理论［M］. 阮达、黄崇福译，北京师范大学出版社，2000：85.

单系统具有的特性，复杂系统则不行。例如分形，部分与整体具有同样的或相近的复杂性，把系统分解为部分不会消除复杂性，还原论的前提不存在了。

（3）从描述部分过渡到描述整体的可能性。系统的复杂性是一种整体涌现性，分解为部分的目的是通过描述部分去获得对整体的描述，以把握系统的整体涌现性。这样做的前提是能够从描述部分过渡到描述整体。简单性科学的对象满足这个要求。如钱学森所说，简单系统可以用直接综合法从描述部分过渡到描述整体，简单巨系统可以用统计综合法从描述部分过渡到描述整体。对于复杂巨系统，直接综合法和统计综合法都无济于事，目前尚无可行的数学方法，只有用从定性到定性综合集成法。还原到微观是为了描述宏观整体，既然无法从微观描述过渡到宏观描述，还原方法便失去效用。

3. 基于科学哲学（方法论）的论证。中国科学界主流至今仍然认为："简单性原则对于复杂性研究也是重要的"，解决复杂性问题的过程是"从复杂到简单"。更极端的看法是："在任何情形下追求简单性都是第一位的。"有人常常提出这样的责问："难道复杂性科学就不需要简化描述吗?!"这里隐含着一种心理学焦虑，生怕全盘否定简单性原则。我的回答是，复杂性科学也需要简化，奥卡姆剃刀普遍适用，科学描述拒绝冗余，能够不用的词语、符号都应该抛弃。古代史学家已经悟得："简之时义大矣哉!"（刘知几，《叙事》）但简化 ≠ 简单化。简单化就是过度简化，英语为 oversimplify。科学技术需要 simplify，不需要 oversimplify。过犹不及，过度简化意味着造成人为的复杂性，使问题更难解决。任何一种理论描述都要简化描述对象，这一点没有疑义。问题是在复杂性研究中，是否允许把复杂系统转变为简单系统，然后按照简单系统的一套理论和方法去处理？我的回答是否定的。复杂性问题也有简化描述，但不是一概消除复杂性，把对象转化为简单系统；而是区分非本质复杂性和本质复杂性，消除前者，突出后者，科学地把握对象固有的本质复杂性。从哲学上说，毛泽东所谓抓主要矛盾和主要矛盾方面，就是对复杂性问题做简化处理的普遍原则，钱学森给以明确的支持。

在某次香山科学会议上，有学者为了说明科学方法就是"从复杂到简单"，举的一个例子是游击战的战略战术。游击战本来是复杂系统，毛泽东把它的作战指导原则概括为 18 个字："你打你的，我打我的，打得赢就打，打不赢就走。"他们认为这就实现了"从复杂到简单"，我却以为此乃误解。不妨一问：何谓从复杂到简单？欲解决一个大家公认的复杂性问题，无疑需要一个过程。

在过程的起点上，我们面对的是复杂性，这没有疑问。如果解决问题的过程是从复杂到简单，那就意味着一旦找到解决办法，特别是问题解决后，复杂性就变成简单性，复杂系统就变成简单系统。这可能吗？如果答案是肯定的，那就意味着我们又回到简单性科学的方法论。对复杂问题做出高度简练的概括，让人们易懂好记，并不意味着问题不再复杂、转化为简单性了。就游击战而言，如何判断打得赢还是打不赢，如何把可能的打得赢转变为事实上打得赢，打起来之后却发现打不赢时如何才能"走得了"，等等，都是货真价实的复杂性问题，并不由于有了这 18 字箴言就变成简单问题了。

任何真正复杂的问题，即使你有了解决办法，即使你把它解决了，它仍然是复杂问题，并非转化为简单性问题才得以解决的。当年和平解放北平是一个十分复杂的问题，最终获得解决并非由于把它转化为简单问题后才成功的；即使今天回头看去，它仍然是个复杂问题。同样，中国和平崛起是复杂巨系统的行为过程，面对着数不胜数的不能化为简单性的复杂问题。台湾的回归，钓鱼岛问题的解决，冲破美国对中国的围堵，防止腐败，等等，都是中国现在和今后一段时间面对的复杂性问题。决不可寄希望于先把这些问题转化为简单系统去处理，而是始终坚持把它作为复杂系统，把复杂性当作复杂性去对待，谨防把复杂问题作简单化。在此过程中，只要你把它当成简单系统去处理，你就会弄出乱子来，增加人为的复杂性，问题将变得更难解决。

复杂性科学创建时期的重要工作是研究混沌、分形等问题，按照生成论观点建立了精确的数学理论，证明这类复杂性是由简单性生成的。崔东明对此给出科学哲学的概括，扩展了科学的简单性原则，并提出一个新概念"探元论"。现有科学哲学概念几乎都是西方人提出的。提出新概念需要理论勇气，崔博士有此勇气，他的文章是中国科学哲学的一项重要收获，应予充分肯定。作者说得对："经典科学理解的简单与复杂是构成论意义下的构成与被构成的关系"，混沌等研究"语境中的简单与复杂则是生成论意义下的生成与被生成的关系"①。他由此区分了还原论的简单性原则和生成论的简单性原则。这是中国科学哲学界少见的思想创新。不过，混沌、分形属于亚复杂性，能够由简单的生成元和生成规则通过反复迭代这种简单操作来生成，生成过程中复杂性只有量的积累，没有质的突变，可以称为"探元论"的简化规则。这基本上是还原论

---

① 崔东明. 论复杂性科学的简单性原则［J］. 系统科学学报，2013 年第 1 期.

科学简单性原则的线性延伸，仅仅适用于亚复杂性，不能任意推广。崔文把它推广到全部复杂性领域，判定所有复杂系统都适用，因而断言这是"统一简单与复杂的新途径——'复杂'由'简单'构成。复杂的世界是由简单的规则生成的"。这个总结论是我不能同意的。复杂性领域的腹地是钱学森所说的开放复杂巨系统，不存在简单的生成元和生成规则，"探元论"的简化规则用不上。这类系统不可能从简单的生成元开始，应用简单的生成规则，通过反复迭代而产生出来。它们的生成过程中经历许多突变、中断，异质系统的"入侵"、交叉，等等，极为复杂，是混沌运动无法比拟的。例如，中国反对腐败现象的斗争是复杂性问题，不可能用基于生成论的简单性原则找到解决办法。所以，就整体而言，不存在复杂性科学的简单性原则，应该提倡的倒是复杂性科学的"切忌简单化"原则（《创建》，381）。

善于画竹的郑板桥把画竹的诀窍诗意地概括为："冗繁去尽留清瘦。"冗繁是复杂现象，却是掩盖竹子艺术形象的非本质复杂性。去冗繁就是简化，简化掉那些非本质的、需要消除的复杂性。而清瘦性不是简单性，清瘦化绝非简单化，不是把竹子转化为简单事物（系统），而是要突显出竹子那清瘦而高洁的本质品性。要把竹子的清瘦艺术地反映出来难度很大，在此处必定会真正碰到画竹的复杂性。竹子的清瘦决不简单，"去冗繁"是一种相当复杂难办的操作。"君看萧萧只数叶，满堂风雨不胜寒"（李东阳）的艺术效果，不可能靠还原方法或"探元论"方法来实现，需要整体地把握，运用非逻辑思维。由此看来，复杂性科学的方法论，可以形象地概括为"冗繁去尽留清瘦"。中国文化主张"以简驭繁"，讲的也是整体地简化对象，整体地把握繁难复杂的事物，而不是在还原论基础上的简化描述，不能纳入西方科学讲的简单性原则。

作为方法论，这里顺便说一句：学习复杂性科学必须掌握两个概念群。一个是以系统为核心的概念群，另一个是以信息为核心的概念群。吃透这两个概念群的本质，大有利于你区分本质的复杂性与非本质的复杂性。

1.5 复杂性科学在科学发展史上的地位

欲判断复杂性科学在科学史上的地位，需要找到科学学和科学哲学的根据，主要是关于科学转型演化的理论。

1. 科学转型论。一切从历史中产生出来的系统，都在历史长河中发生或快或慢的演变，这就是系统的演化性、历史性。科学作为整体也是一个不断演化的系统，既有量变，也有质变，特别重要的是科学的基本形态或模式的演变，即转型演化。研究科学系统基本形态的演化，揭示转型演化的原因、方式、方向、规律等，如此形成的知识体系叫做科学转型论。库恩的科学革命论考察的对象是一个个具体科学领域的演化现象，一般都有明确的起点（革命爆发时间）。科学转型论考察的是科学作为系统的整体，强调的是科学系统形态变化的本质性、根本性和过程性，转型演化是一个长期过程，每次转型演化都历经百年以上；同时也考察它如何在之前的非转型演化中作量的积累，以及累进性的准备。

科学系统迄今为止所呈现的历史形态有三种，对后两种学界有不同的表达方式：古代科学，经典科学（现代科学、还原论科学、简单性科学），新兴科学（后现代科学、系统论科学、复杂性科学）。科学的第一次转型演化是从古代科学到西方近现代科学。从文化上说，它是欧洲文艺复兴的结果；从社会实践上说，它是工业革命和资本主义发展的产物。20 世纪中叶以来，如普利高津所说："我们正在目睹一种科学的诞生，这种科学不再局限于理想化和简单化情形，而是反映现实世界的复杂性。"①

对于目前正在进行的（第二次）转型演化，有以下几种表述：从经典科学转变为新型科学；从现代科学转变为后现代科学；从"祛魅"的科学转变为"返魅"的科学（后现代主义的表述）；从还原论科学转变为系统论科学；从简单性科学转变为复杂性科学。这些不同说法大体是等价的。经典与新型这两个词太笼统，历史上凡属早已形成、曾经占据主导地位、正在或已经过时的东西，都可以称为经典的；但一种经典之前可能还有比它更为经典、被它取代了的东西。历史上凡属于正在形成之中、尚未成熟的东西都是新兴的，但将来还会有更新的东西取而代之。现代科学与后现代科学的关系也类似，后现代科学总有一天会成为现代科学，同时也就有了相对于那种现代科学的后现代科学，而今天的现代科学将变为那时的前现代科学。这几种说法的科学性都不足。只有揭示每一种形态的具体历史内涵，才能给出科学的命名。同此二者相比，倒把现代科学称为祛魅的科学，把新型科学称为返魅的科学有某种合理性，因为它揭

———————————

① 伊·普利高津，确定性的终结，湛敏译，上海科技教育出版社，1998，6。

示了这次转型演化推陈与出新的具体内涵；附魅→祛魅→返魅，构成一个完整的否定之否定。更准确地说，近现代科学是还原论科学，科研的主攻方向是向深层次挖掘，目标是揭示更深层次的还原释放性，解释微观世界的奥秘；同时以低层次属性阐释高层次属性，以微观知识阐释宏观知识。新型科学是系统论（涌现论）科学，主攻方向是把握对象的整体涌现特性，揭示那些随着层次提升而涌现出来的宇宙奥秘，特别是宏观世界和宇观世界的整体涌现性。最后一种说法是从研究对象来划分，只要能够给简单性和复杂性以确切界定，这种称谓具有更大的概括性。把 400 多年来的科学称为简单性科学，因为它的基本信念是认定世界本质上是简单的，复杂的研究对象都可以约化为简单系统。把新型科学称为复杂性科学，因为它的基本信念是认定世界本质上是复杂的，科学研究的对象中除了一小部分外，都无法转化为简单系统，必须把复杂系统当复杂系统对待。本书赞同后两种提法，并以下图表示：

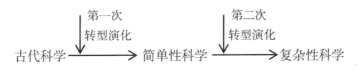

图 1-3　科学系统的转型演化

不可把复杂性科学简称为复杂科学。中文的复杂是形容词，复杂性是名词，学科命名需用名词，"复杂科学"的中文含义是"复杂的科学"，不宜作为一种知识体系的名称。

2. 复杂性科学在科学发展史上的地位。存在三种基本说法，即关于复杂性科学新颖性的三种表述。它新在哪里？

说法一：复杂性科学是一门新学科。评论：不对，不是一门，而是一系列新学科。

说法二：复杂性科学是一个新的学科群。评论：有道理，但说得很不到位，不仅仅是新的学科群。

说法三：复杂性科学是科学系统的一种新的历史形态。评论：这一说法才说透了复杂性科学新颖性之所在。以往 500 年在科学系统中居主导地位的历史形态是简单性科学。从 20 世纪中叶起，居主导地位的科学形态开始发生变化，正在兴起的复杂性科学将成为科学系统的主导形态，目前正处于这种转型演化过程中。复杂性科学的兴起并不意味着取消简单性科学，而是取代它的主导地位。我们用下表说明两种科学形态的基本区别。

表1-3　两种不同科学形态的比较

形态 ＼ 维度	现代科学（简单性科学）	新型科学（复杂性科学）
研究对象	简单性	复杂性
知识论	分科的学问	夸科的学问
宇宙观	机械论	有机论
认识论	反映论	映构论
方法论	还原论	涌现论
逻辑工具	标准逻辑	非标准逻辑
实践基础	实验室实验	社会现场实践
思维方式	分析思维	系统思维
社会属性	西方的科学	世界的科学
	工业-机械文明的科学基础	信息-生态文明的科学基础
	资本主义的科学基础	社会主义的科学基础

拙著《开来学于今》一书对上表有较系统的讨论，此处只对最后一栏再做点简要说明。

（1）简单性科学是在欧洲产生和成长起来的，美国在20世纪跃升为领头羊，成为货真价实的西方科学。在欧美之外，只有日本在这种科学的晚期做出一些值得称道的贡献，且应用这种科学改变了本国的历史地位。复杂性科学虽然也首先孕育和产生于西方，但深层次的推动力是世界系统化、全球一体化、社会信息化、环境生态化的世界历史潮流，它不再完全由西方世界主导。非西方世界在复杂性研究的初期就加入进来，成为重要力量，涌现出在本土成长起来的著名学者和学派，这在科学史上前所未有。几十年来的发展日益表明，只有集全世界的力量才能使复杂性科学真正建立起来，走向成熟。所以说，复杂性科学是世界的科学。

（2）无论是欧美，还是日本，简单性科学都充当了建成资本主义、争夺世界霸权的智力武器。或者说，对于创造支撑资本主义制度的生产力，简单性科学是足够使用的智力武器。历史表明，有了这样的生产力，就足以建立与之相适应的生产关系，以至相应的上层建筑。而社会主义迄今为止的历史却表明，简单性科学的成果对社会主义建设也是有用的，却是远远不够的，在简单性科学的基础上不可能建成社会主义。用历史大尺度看，资本主义只能使少数国家富起来，在富国内部只能使少数人富起来，比较而言是相对简单的事。社会主义的历史任务是在世界范围使所有国家都富起来，在各国内部使全体人民共同富裕，为最终消灭阶级创造条件，显然是远比建成资本主义复杂的事。社会主义的智力武器包含了简单性科学的全部成果，却不能只限于这种科学，它的主体部分尚未建立起来。历史发展到今天，人们越来越鲜明地看出，建成社会主义必须有新的科学形态，这就是复杂性科学。

（3）从文化上看，简单性科学服务于工业－机械文明，历史地证明了一切前工业文明的落后性。中国传统文化的本质特性注定了，它自身不可能产生出这种形态的科学。另一方面，工业－机械文明从娘胎里带来的严重负面效应，即资源匮乏、环境污染、生态破坏、战争不断、社会混乱、道德沦丧等，又暴露了简单性科学的消极作用。工业－机械文明正在历史地成为过时的东西，必须以新兴的信息－生态文明取而代之。而信息－生态文明不可能以简单性科学为其智力基础，只有复杂性科学才能真正使社会信息化，环境生态化，世界和谐化，人类平等化，社会能够持续发展。资本主义可以通过一门心思搞工业化而建成，因而是相对简单的；社会主义建设必须既搞工业化、又搞去工业化、后工业化，毕其功于一役，面对一种特殊的矛盾复杂性。社会主义力量如果在取得政权后也像西方国家那样一门心思搞工业化，就会在不知不觉中把自己化为资本主义力量。而解决之道，从科学文化层面看，只能寄希望于发展复杂性科学。至于资本主义国家，复杂性科学在那里发生发展，其历史任务是对其社会进行改良，使之完善化，以增大它的持存性。历史地看，其实质是使发达资本主义社会发生去资本主义化，即逐步弱化它的资本主义色彩，增加它的社会主义色彩，最终也是为过渡到社会主义、最终过渡到共产主义服务的。这是一种不以资本主义国家主观愿望为转移的自发自组织运动。总而言之，复杂性科学本质上是社会主义的科学文化。

第2章　社会复杂性管窥

本书后面考察的领域都与人类社会密切相关，所有人都承认社会是复杂系统，钱学森更把社会看成特殊的开放复杂巨系统。有鉴于此，在管窥具体领域的复杂性之前，我们先对社会复杂性做一总的考察，虽为"总"，仍然只是"管窥"。

2.1　人——社会细胞的矛盾复杂性

社会是由人构成的，人是社会系统的最小组分，即具有社会性的最小独立存在。人也是系统，但其组分不再是社会系统的组分，因为它们不具有社会性。故讨论社会系统应该从讨论人开始；讨论社会复杂性应该从讨论人的复杂性开始。一般系统论已提出"一切系统中最复杂的系统——人"的命题①。钱学森进一步说，一个"人就是一个开放的复杂巨系统"（《创建》，36）。人的复杂性表现在三方面。其一，人是高维系统，至少有躯体、情感、认知、意志和行为5个维度，具有高维性带来的复杂性。俗话说，人是万物之灵，灵就灵在有情感、思想、意志，支配着人的行为，致使其复杂性居万物之首。其二，人具有开放复杂巨系统的所有基本特征。其三，人极具毛泽东所说的矛盾复杂性，包含种种对立统一：人既是物质的存在，又是精神的存在；既是生理的存在，又是心理的存在；既是个体的存在，又是社会的存在；既是实时的存在，又是虚时

---

① 冯·贝塔朗菲，A·拉威奥莱特. 人的系统观［M］. 张志伟等译，华夏出版社，1989：1.

（非实时）的存在，等等。可以说，客观存在的各种对立统一，人皆有之。限于篇幅，本节只对下述几种对立统一略加剖析。

（1）自我与他者的对立统一。在个人作为系统从无到有地产生之前，他或她原本是"娘身上的一块肉"，自我还没有确立。一旦呱呱坠地、割断脐带，就开始了确立自我的过程，也就是区分自我与他者的过程。自我跟他者区分的过程，也是借他者塑造自我的过程，没有他者便无法塑造自我。父母是自我最初、最切近的他者，接着是兄弟姐妹、儿时伙伴、学校老师、同学等，以及非人的各种环境事物。个人的社会属性、知识结构、心理特征、文化个性等，都是在同他者的对比、交往、互助、争执中获得的，没有他者就没有自我，认识自我需要认识他者，认识他者需要比对、反思自我。随着发育成长，他者越来越多，越来越异样，越来越丰富复杂。自我在同他者的比对、交往、互助、争执中不断表现自己，利用他者塑造自己，自我、自我与他者的关系也就变得越来越丰富、多样、复杂。自我不限于个人，而是通过不断把某些非自我、但与自我有特殊关联的他者扩展进来形成新的较大自我：我的家庭，我的故乡，我的学校，我的党派，我的民族，我的国家，等等，形成小我、大我、更大的大我相嵌套的层次结构。如果不久的将来发现其他星球上的类人存在物时，将会有"我的星球"的概念。总之，自我中有他者，他者中有自我。生命过程就是自我同他者交往互动的过程，人生的成功在既善于坚守自我的特质，又善于利用他者塑造自我。一旦没有能力同他者交往，个人的生命也就结束了。

（2）自主性与他主性（依赖性）的对立统一。所谓他主性，指的是自我对自身之外的他者、特别是对他人的依赖性。毛泽东说："人类同时是自然界和社会的奴隶，又是它们的主人。"（《选读》，846）人类整体如此，个人也如此。莫兰说："我们是自主的，又是被他物拥有的。"① 人天生具有自主性，又天生具有他主性，缺少哪一方面都不成其为有血有肉的人。一方面，"自主性靠依赖性来滋养"（莫兰，同上）。初生婴儿从娘胎里仅仅带来可能的自主性，尚无现实的自主性，现实的自主性要靠他主性来培育、呵护、逼迫。个人的自主性永远是相对的、不完全的，长大成人后仍然有依赖性，终生都需要靠依赖性来滋养自己，也就被众多的他者所拥有。个人被家庭成员拥有，也被朋友、同学、同事拥有，职工被单位拥有，党员被政党拥有，国民被国家拥有，等等。没有

① 埃德加·莫兰. 复杂性思想导论［M］. 陈一壮译, 华东师范大学出版社, 2008：67.

这些"被拥有",人就蜕变为狼孩式有人形而无人心的非人;由于拥有者的多样性、异质性,"被拥有"必定给自我带来难以言说的复杂性。自主性与他主性的矛盾还有另一面,他主性仅仅因为自主性才获得其存在的意义,有自主才会有他主,自主性不足就会像扶不起来的阿斗那样,使诸葛亮"枉费了意悬悬半世心"。总之,人既要卓然自立,又要合群从众,要把这两方面结合得好,实在是一件复杂的事。

(3) 利我与利他、为私与为公的对立统一。人首先要自立,靠自己的努力去争取自己生存、发展的条件和资源,在外部环境中趋利避害。自己的事靠自己办,自己的困难靠自己克服。这就叫作利我,即杜甫说的"欣欣物自私",或毛泽东说的"自力更生"。但自我是在包括数不清的他人在内的环境中生存发展的,利我就难免与他人争利,由此出现了利他与害他的矛盾。社会复杂性与利我-利他这对矛盾密切相关。作为生物学存在的人天然具有利我与利他两种因素,动物祖先已如此。一方面,社会性、文化性可能培育为公心,竞争可以催生合作;另方面,私有制制度性地产生自私心;两者构成一种极为深刻尖锐的矛盾复杂性。30多年来"个人利益最大化"原则在神州大地泛滥,导致个人主义、自私自利之心恶性膨胀,出现种种令人不齿的罪恶行为是不可避免的,大大增加了社会的人为复杂性。社会历史的进步迟早要消除这个思想毒瘤,一个脱离了低级趣味的人利我而绝不祸害他人,乐于向他人让利。追求共同富裕的社会主义才能产生雷锋精神,将大大减少社会由利我和利他这对矛盾造成的复杂性。生产资料公有制迟早要取代私有制,根源就在于此。

(4) 理性与非理性的对立统一。人是理性的存在物,思想、理论、逻辑、道德等给人以理性;人又总有非理性的一面,自发性、盲目性、感情用事、情绪失控、不合逻辑等是非理性的表现。人永远是理性与非理性的矛盾共存体,缺少哪一方都不是真正的人。中国文化重才情,情本质上是非理性的,才也有理性之才与非理性之才的区分。人类一向崇尚理性,贬抑非理性,这是片面的。人既需要理性,也需要非理性;无论理性或者非理性,都既可能导致好的后果,也可能导致坏的后果。理性训练过度的人写不出好小说,科学上的重大突破离不开非理性建功立业。理性与非理性的关系是复杂多样的,自以为理性的行为可能最终被证明是非理性的,非理性的应急行为可能带来超出理性预期的效果。由此缘故,文艺家讲究无理而妙。西方经济学推崇理性人假设,把追求个人利益最大化作为理性的集中表现,实质是对理性的糟蹋。把剥削阶级尔虞我诈、损人利己的兽性美化为最高理性去鼓吹，这本身就是人类要消除的非理性。现代经济学提出所谓有限理性、不完全理性等概念，是对这种谬误的纠正，从一个侧面反映出人们对理性复杂性的新认识。

（5）主动性与被动性、自觉性与自发性的对立统一。人是具有自觉能动性的存在物，自觉能动性首先表现为行为的主动性。但任何行为都发生在一定的环境中，而环境是不以行动者主观意志为转移的客观存在，这就使任何主动行为中都有被动因素，即对未曾意识到的环境作用的被动回应性行为。许多行为是在部分被动、甚至完全被动的情形下开始的。这两种情形都需要主体努力把被动转化为主动，必然遇到主动与被动对立统一产生的复杂性。主动性联系着行为的自觉性，自觉性表现为目的性和计划性。但自觉行为或多或少都包含自发因素，目的性行为或多或少含有非目的性成分，计划往往赶不上变化。有些自以为目标明确的主动行动，行动起来后才发现其实是盲动。主动性意味着不断把自发性转变为自觉性，把被动转变为主动。自发性绝非完全消极的因素，它常常联系着未被行为主体意识到的自组织发展趋势，能够暴露有意识目的性的偏差或错误，尽早认识他方是明智之举。主动性与被动性、自觉性与自发性两对矛盾常常交织在一起，成为人类社会复杂性的成因之一。

（6）实时性与虚时性的对立统一。真实的人生是现在时，即实时性的存在和活动。但现在是从过去走过来的，未来是从现在走过去的，过去和未来交叠而成现在。所以，人的实时性存在中包含虚时性的存在，即已经过去的存在和未来可能的存在。过去已经过去，好汉不提当年勇。但过去的人和事或美好，或痛苦，总有些留在现时的记忆和习惯中，挥之不去，影响着当下的生活，既可能是过好当下生活的财富，也可能是当下不堪承受的包袱，心灵上仍然生活在过去。走不出过去的阴影不能正常生活，忘记过去又意味着背叛，这是人生无法回避的矛盾，不知给人生带来多少难以处理的复杂性。未来尚未到来，但当下的社会已具有某些未来社会的种子或胚芽，提供了设想或梦想未来的依据，必然对当下产生影响。"古今如梦，何曾梦觉，但有旧欢新怨。"（苏轼）人生是醒与梦的对立统一，醒中有梦，梦中有醒，做梦是人的虚时性存在。人活着必有新怨旧欢，也有旧怨新欢，它们使人不能完全梦觉。何况人生也需要梦想，需要设想未来，梦想中的未来美好生活为现时生活提供了强大动力。用时髦的说法，人需要放飞梦想。但人不能老是生活在梦境中，梦想代替不了现实。缺少梦想，当一天和尚撞一天钟，及至大难临头不知如何是好；梦想过多，把不能实现的期盼作为当下奋斗的目标，以至碰得头破血流：这两种极端都源于不能正确对待实时和虚时、醒和梦这种矛盾造成的复杂性。

复杂性是事物或世界系统化的产物。社会把巨量的、充满各种各样对立统一的个人整合为系统，将会产生怎样的复杂性，难以想象。

2.2　社会是开放的特殊复杂巨系统

本节标题是钱学森复杂系统理论的核心命题之一。他在 1990 年代放弃继续研究系统学，转向研究社会复杂性，就主要瞩目于这"特殊"两字。"为什么要加上'特殊'一词？因为社会的行为都有人参与，而人不简单，人的行为不是简单的条件反射，他有思维，要思考，然后作出判断，这是一个非常复杂的过程，所以我们称它是一个特殊复杂巨系统。"（《创建》，28）晚年的钱翁试图回答这样一些问题：社会的复杂性特殊在哪里？根源是什么？如何把握？如何应对？钱翁关注的中心是中国社会的复杂性问题，本节则关注其中那些具有普遍意义的方面。笔者依据自己的体会，对钱翁有关社会复杂性之特殊性的言论做点梳理、评析、论证，自然也渗入自己的体认。

（1）社会系统特殊的多样性。大自然创造的生态系统，其多样性令古往今来的人们惊愕不已，今天的人们谈论多样性就是从生态系统开始的，并且以其为蓝本。人类在大自然约束下创造出来的社会系统，其多样性不亚于生态系统，且具有迥然不同的特点。仅就文化看，宗教的多样性，语言的多样性，生活方式的多样性，习俗的多样性，礼仪的多样性，等等，数不胜数，同生态多样性相比，可谓别有洞天。

（2）社会系统特殊的内在异质性。系统复杂性的内在根源，首先在于系统的异质性，特别是基层组分的异质性，即钱学森喜欢讲的"花色品种多"。在现实存在的系统中，内在异质性之发达没有超过社会系统的。在微观层次上，人类个体的差异性极其发达，俗谓"一母所生，秉性不同"，或谓"百人百性"，13 亿中国人有 13 亿不同的秉性，60 亿地球人有 60 亿不同的秉性。而秉性的内涵又是多种多样的。人的社会性有多方面的表现，经济性、政治性、文化性、心理特性等等，每一种的表现又千差万别。仅就文化人看，各有自己独特的文心、文胆、文风、文骨、文气等，文化创造最讲究个性。中国是诗的国度，无论豪放派，还是婉约派，没有两个是近似相同的。把如此秉性不同的巨量成员整合为社会系统，其内在异质性之发达可想而知，没有什么系统可以跟它相提并论。

（3）社会系统特殊的高维性。多样性常常导致系统的多维性。动态系统理论表明，维度增加往往伴随着系统复杂性的显著增加，甚至是质的提升。例如，2 维连续动力学系统没有混沌，增加 1 维就会出现混沌。社会无疑是高维系统，究竟有多少维却没有定论，似乎也无法定论。就一般社会生活看，有经济、政治、文化三大维度，而每一维作为系统又都是高维的，由多个一级分系统构成，但很难准确划分它们的维度。文化系统就从来没有人给出维度划分。阶级社会都是多维系统，不同阶级可以看作不同维度的代表。在多民族国家中，不同民族是否代表不同的维度？地域、行政区划能否看成不同维度？在研究自然系统中得心应手的维度分析，在社会系统研究中似乎显得不再那么有效，模糊性显著，至少是不知如何应对，但又不可或缺。这无疑也是社会系统特殊复杂性的表现。

（4）社会系统特殊的开放复杂性。开放性反映系统与其环境的关系，归根到底指的是系统与环境之间的物质、能量、信息交换，但交换的具体内容、方式、强度千差万别，所产生的后果、效应也千差万别。现有的各种系统理论所讲的开放性都过分简单，据之无法认识社会系统对外开放的特殊复杂性。社会系统对自然界的开放并不限于从自然界索取资源和向自然界排泄废物，实际表现形形色色，难以穷尽。例如，自然灾害表现的是社会对大自然的开放性，地理特征造成的地缘政治条件反映社会政治分系统对地理环境的开放性，自然环境造就的民族文化特色表现的是文化对自然界的开放性，旅游业兴旺反映人的心理世界对大自然的开放性，等等。更复杂的是一个社会系统（通常指某个国家的社会，也指国内各种层次的社会分系统）对其他社会系统的开放性，不仅有物资、基金、人才、技术的流动，还有思想文化方面的开放。这后一方面无形无象、无边无际，科学技术的现有手段无法驾驭。这种开放性的一个本质特征是具有社会性，单纯用物质、能量、信息的交换无法揭示其丰富的内涵。全球化、信息化更使不同社会之间的开放性空前发达，相互交换的数量之巨，速度之快，来势之猛，简单性科学不能表达其万分之一。此外，系统对外开放须通过边界来实施，开放的复杂性还表现在系统边界的复杂性上，现有系统理论尚未考虑系统边界的复杂性。复杂系统边界的主要功能有四类，封闭功能，开放功能，感应功能，调控功能，都具有两重性，既可能有利于系统，也可能有害于系统。为了趋利避害，如何利用、保护、建设边界属于复杂性问题，现有系统理论鲜有与此相关的内容，倒是中医对人体系统的边界复杂性有深刻的理解①，有助于理解社会系统边界复杂性的特殊之处。

（5）社会系统特殊的结构复杂性。系统组分之间相互联系、相互作用、互动互应的方式、框架和力度，称为系统的结构。就形式方面看，分析系统结构主要是分系统的划分（横向划分）和层次的划分（纵向划分），多层次系统则有不同层次的分系统，纵横交错，常常纠缠不清。系统的多样性也表现为分系统多、层次多，复杂系统一定是跨层次结构的，而且不同分系统之间、不同层次之间往往界限不清，彼中有此，此中有彼。在这方面，社会系统居所有复杂系统之冠，欲给出较为完整的层次划分和分系统划分的框架，把家庭、学校、企业，机关、政党、群众团体、非政府组织、宗教机构、黑社会等全部有序地囊括其中，像神舟飞船总体结构图那样精准，至少现在无法做到。社会系统对其环境特殊复杂的开放性，也给它带来特殊的结构复杂性，不仅要设置各种各样专门管理对外开放的分系统，就是专管"内部事务"的社会分系统也或多或少要参与对外开放，甚至作为系统基础组分的个人也独立地参与对外开放，不可避免增加了社会的结构复杂性。社会系统结构复杂性之特殊，还在于它有意识形态这个独特的维度，渗透于所有层次、所有分系统的运行中，决定着分系统之间、层次之间相互关系的质性、方式和力度。特别的，私有制社会的阶级构成、阶级关系是社会结构最难把握的复杂性，阶级划分的复杂性往往令社会科学家知难而退，这在今天的中国尤其困难。试问，谁能够写出今天的《中国社会各阶级分析》？

（6）社会系统特殊的不确定性。人的社会生活时时、处处都存在偶然性，偶然相识，偶然得手，偶然失手，偶然发迹，等等，数不胜数。但社会生活的展开和延伸中包含着各种各样的迭代操作，许多偶然事件经过反复迭代而聚集为大数现象，形成随机不确定性，即外在随机性。社会系统时有混沌现象发生，如经济危机和重大政治事件导致的社会动乱，表明社会系统还具有内在随机性，而且相当独特而强劲。社会系统也是质与量的统一体，有质就有量；但大量的情形是有量的规定性，却无当量单位，不能精确度量，这就是模糊性。人认识

---

① 陆广莘研究员从医六十年纪念文集（内部资料），2007，49。

和处理问题需要分类，大多数事物属于没有明确界限的模糊对象。邮政体系被称为大系统，互联网被称为巨系统，大与巨的界限有模糊性，社会系统充满这类模糊性。语言作为人类存在的第二家园，它固有的歧义性、含混性表现在社会生活各方面，造成社会现象的种种含混性。社会生活还具有信息的不完全性，无论个人、家庭、企业，还是阶级、政党、国家，多半要在信息不完全的条件下进行决策。特别的，由于人具有智慧和心理活动等特殊秉性，赋予社会生活特有的不确定性。老子的"智慧出，有大伪"，孙子的"兵行诡道"，说的就是人们运用智慧有意造成的不确定性。

（7）社会系统特殊的不可预料性。确定性连通着可预见性，不确定性连通着不可预见性。"一局输赢料不真"，说的是源于偶然性的不可预见性。概率论研究的是随机性造成的不可预料性，只能给出具有统计确定性的预见。模糊性导致无法做出非此即彼的明确预见，只能给出一定可信度的预测。种种不确定性的汇聚、整合，形成社会系统特殊的不可预见性，是自然界的不可预料性无法比拟的，诚所谓"世事如棋局局新"，"世事茫茫难自料"。一个成功的人，一生要有不时面对意外事件发生的思想准备。但作为客观存在的社会系统必有其确定性的另一面，人类才能生存发展。社会是确定性与不确定性的对立统一，人类的社会生活就是在不确定性中寻找和把握相对的确定性。说社会系统具有不可预料性，不等于说社会系统没有可预料性，应当说社会是可预料性与不可预料性的对立统一。这既是社会特殊复杂性的表现，也是社会特殊复杂性的来源。

2.3　社会的网络复杂性

社会是由人组成的。马克思主义认为，人的本质是人的社会关系的总和。换个角度看，社会的本质是其所有成员相互关系的总和，社会的物质性设施、制度性存在不过是这种社会关系的中介或载体，是人在社会关系之网中创造出来的，其功能只有人们结成一定的社会关系去操作才能发挥出来。所以，社会复杂性归根结底是社会成员相互关系的复杂性。

社会关系是人与人、人群与人群在其漫长的生存活动中形成的，主要是经济关系、政治关系、思想文化关系。人又是生物学意义上的存在，血缘关系与非血缘关系、异性关系与同性关系、长幼关系、地缘关系等等，总是同经济的、政治的、文化的关系交织在一起，对这些社会活动发生影响。人的一生是一种非线性动态过程，有不同的人生发展阶段，在不同阶段中与不同的人建立不同的关系，隶属于不同的群体，过着不同的社会生活，受到社会系统的不同塑造，在社会演变中留下不同的印迹。人还是独立存在的个体，不同人的不同个性，个人自身的种种矛盾复杂性，都会在这些社会关系中打上个性的烙印。由此造成社会关系的差异性、独特性、多样性，产生特有的复杂性。民间有"个性决定命运"之说，反映人的个性通过影响社会关系而影响人生命运。

从形式结构看，人际社会关系可划分为条块结构（或塔式结构）和网络结构两类，彼此也构成一对矛盾。条块结构一般由权力主导的关系来构成，有严格的先后、上下、高低的划分，如领导与被领导，管理与被管理，指挥与被指挥，官与兵，官与民，长辈与晚辈，等等。在这些关系中，各关系方有明显的非对称性，或非交换性。条块之间往往是硬性的联系，主要呈链式结构或树式结构（多分枝而无环路），有较明显的线性结构特征。条块结构对社会系统的形成和维系是不可缺少的，代表社会系统中的他组织，是社会宏观有序性的必要保障。网络结构对于社会系统的形成、维持、演化、发展至关重要，存在形形色色、难以计数的网络才使社会成为一个联系紧密、拖不垮、打不烂的统一体，一个没有网络结构的社会是不可想象的。网络结构具有明显不同于条块结构的诸多特性，一个社会的发展水平很大程度上要看其网络化的水平，社会的结构复杂性主要来源于它的网络结构。

（1）社会网络的多样性。社会成员之间因各种各样的关系而形成网络。人一出生就处于特定的血缘网（亲戚网）之中，这是个人唯一没有任何选择余地的社会网络，即革命年代常说的"出身不能选择"。个人通过血缘网进入社会，接着就会逐步形成儿时伙伴网、同学网、同事网、同志网、同行网、同胞网，以及朋友网、熟人网，由社会职业而形成各种合作网、竞争网，还有间谍网，等等。即使"相逢开口笑，过后不思量"式交往，也会产生具有日后建立新网络关系的潜在可能性，因而是一种特殊的社会资源。每个人都同时属于多种网络，每一种网络都赋予其成员以特定的社会性。个人通过自己所在网络认识社会，获得生存技能和知识，把握机遇，再通过这些网络影响社会，建功立业。

（2）社会网络的情感性。社会网络主要由情感关系或利益关系构成。上述许多网络都带有一个"同"字，原因在于其成员之间必定具有同类之情（同胞之情、同学之情等），情感的联系在这类网络中起着关键作用。对个人来说，每一个这种网络都是一个大我，属于同一大我中的不同小我之间必有同类之情，同类之爱，也就会有同类之怨恨（一种特殊的情）。"同行是冤家"，说的也是一种情，同行之情，冤也是情。即使由利益关系结成的网络，人们之间反复交往就会产生交情，交而有感，感而生情。这类网络都是成员的利益共同体，同舟共济，仍然带一个"同"字，就会有一定的同类之情，危难之际尤显真情。中国文化把情分为七类，喜、怒、哀、惧、爱、恶、欲，都可能是维系社会网络的要素，七情六欲把个人组织在各种网络中，造就出网络之情的复杂性。网络结构中的情也会感染条块结构，使之带有情感色彩，如通常讲的老上级、老下级之情。畏惧或敬畏是情的一种，是把众人组织成为社会网络必不可少的要素。黑社会老大的狠毒，能够有力地阻止成员背叛。私有制社会必定是民怕官，只有在民众暴动的特殊时期才会有官怕民。社会主义本质上应该是官怕民，对人民群众抱着敬畏之心去做官。当然，民对官也应有尊重之情；官民亲如一家，真正做到官与民仅仅是职位不同，人格上完全平等，那才是大同世界。

（3）社会网络的价值流。构成社会网络的关系都有一定的可传递性，传递性的反复迭代形成连通性、流通性。网络中没有孤岛，任何成员（网络语言称为节点）至少同另一个成员有联系。网络的价值在于物质、能量、信息借助于它而在网络成员之间传递，形成网络中的物质流、能量流和信息流。网络的优劣首先在于连通性、流动性的强弱和优劣。社会网络中流动着物资、设备、资金、人才、知识、技术、产品、信息，以及思想、观念、情绪等，可以统称为价值流。价值有正负之分，有益于网络生存发展的为正价值流，有害于网络生存发展的为负价值流。正负价值可以在一定条件下相互转化，社会网络复杂性的产生与此深有关联。如疾病、谣言、恐慌情绪等的流动。网络对社会都可能产生不利的作用，即负价值，黑社会、恐怖组织之类的网络更是社会的毒瘤。又如，基金、成果、人才的评审网络原本是为推动科技、学术发展而建立的，腐败盛行时就会被某些特殊的人事网络把持，奉行"肥水不流网外田"的潜原则，转化为严重阻碍科技、学术发展的因素。君不见，有些大学的科研基金总是为那么几个人瓜分，其他人若不依附他们，甘当他们争名夺利的工具，便陷入零资源状态。腐败势力往往网络化，相互"联络有'亲'，一荣俱荣，一损俱损"，腐败的网络化是很可怕的。语言也有疾病，某些语病、冗余词常常借社会网络而传播，成为语言"流行病"。近年来，由于某些影视明星和记者的影响，

"然后"一词在许多中国大学生中已经失去时间副词的功能，变成为一个时髦词，在完全用不着的地方一再讲"然后"，有时候竟然每一句话之前都要加缀"然后"，而且大有进一步蔓延之虞。

（4）社会网络的非线性。网络结构中既有各种链结构、树结构，又通过各种环路这种非线性结构使它们交织起来。如交通网，纵横交错，四通八达，包含大大小小的网眼，网中有网，大网套小网。网络中节点的连通性是非均匀分布的，不同点有不同的度分布，差别有时很大。如演员合作网中的大腕与一般演员，科学家合作网中的科学大师与普通科学家。从拓扑学角度看，网络是典型的非线性结构，呈现出特有的非线性动力学特性。

（5）社会网络的自组织性。系统自组织的基础是其基本组分的行为自发性。组分不了解或不顾及系统整体目标而表现出来的自主性、主动性，就是自发性。自发性必定联系着盲目性，这并非说组分行为没有自己的目的性，而是说组分不了解或不顾及系统整体的目的性，从整体目标看，组分是盲目的行为主体。众多成员各自自发地行动，彼此必有并行性、相干性，或相互助益，或相互干扰，甚至相互竞争、相互冲突，整体上便显示出无序性。网络结构的特点之一在于成员大体上是平权的，行为自主性强，成员之间的大量联系是潜在的，整体对个体的约束力弱。从信息运作看，网络的特点为信息传递主要是横向的，成员之间大体是信息平权的；条块结构的信息传递则是纵向的，非平权的，关键是从上到下的指令信息。众多组分的自在性、自主性、自发性、盲目性、相干性、并行性、局域性，又是系统自组织的力量源泉，是滋养自组织的沃土。社会网络主要是社会系统自组织的产物，社会网络是社会系统自组织运动的主要承担者，网络组织越发达，社会的自组织性越强劲。当然，社会网络不可能完全没有他组织，自组织需要也必定会产生出某种他组织。如同学网中必有有威望的领袖人物，乐于也善于组织同学搞活动，才是有生命力的网络。一般来说，网络成员是非平权的，度指数大的成员都有一定的他组织力。有些社会网络具有威权结构，存在一言九鼎式的内部他组织者。

（6）社会网络的小世界性。所谓小世界现象，指的是"即使两个人之间没有共同的朋友，他们也仅仅被很少的几个中间人分隔开来"[1] 一个形象的说法

---

① 邓肯·J·瓦茨. 小小世界：有序与无序之间的网络动力学 [M]. 陈禹等译，中国人民大学出版社，2006：2.

叫作"六度分离原则"：任何两个社会成员至多通过长度为六的中间链即可联系起来。这不能不让人发出"这个世界真小"的感叹，由此得到小世界概念。小世界现象的产生全赖社会的网络结构，数不清的网络或明或暗地把所有人联络在一起，任何两个社会成员之间都存在数不清的可能连线，不过绝大多数连线通常是潜在的、隐性的，也许终身都不会被意识到的，不会变为真实的连线。连线的实际开通偶尔靠零概率的偶然事件，更多的要靠主体自觉的、科学的努力，也要靠优良的社会制度提供保障。

（7）社会网络的演化性。客观世界演化的表现形式之一，是其网络水平不断提高。从宇宙演化历史看，无生命世界已经有了网络，如水系网，但网络性极低。生命世界的网络性有了质的提高，动物机体中的某些网络，其系统性、有序性、复杂性胜于许多社会网络。但总体上说，社会系统的网络性最发达、最复杂，因为只有这种网络的构成、存续、演变中存在思想意识的作用，而且常常是决定性作用。社会的网络性也是历史地演化着的，随着经济、政治、文化的发展而发展。一种社会形态的基本特征可以从它的主要网络结构中看出来。远古社会主要靠血缘网维系。封建社会建立在小农经济（经济只有短程关联）的基础上，整个社会的网络联系不发达；但以宗法制度为基础的网络结构发展到最高水平，"联络有亲"的家族网络，特别是跟朝廷勾连着的大家族网络，如《红楼梦》中的四大家族，成为封建王朝的主要社会支撑，却也是封建王朝走向腐败的主要推手。资本主义社会的网络性空前提高，由市场经济在全社会范围建立起经济长程关联，为社会建立形形色色的网络联系奠定了经济基础。科技发达造成的交通、通信以及各种技术设施网络为社会网络化造就技术前提，生产网络、消费网络、利益分配网络、权力网络、文化网络、教育网络、防灾救灾网络，等等，应有尽有。但私有制神圣不可侵犯的法律保障，个人利益最大化的理念，使各种社会网络都不同程度地围绕一个"利"字旋转，成为这些网络维护社会不公平的根由。社会网络化的发展在呼唤社会主义，要求把围绕"利"字旋转的社会网络转变成围绕"情""义"旋转的网络。建立社会主义社会，实现向共产主义过渡，需要在网络建设上下功夫。但至今亦未引起人们的注意，社会主义社会的网络结构如何建设，是现今社会主义理论研究的一大空白。

2.4　社会的动态复杂性

　　静态系统谈不上复杂性，动态性是复杂性的成因之一，动态系统才可能产生真正的复杂性，圣吉称之为动态复杂性①。控制论是动态系统理论，维纳的奠基性著作被一些人视为复杂性科学的开创性著作确有道理，控制、反馈、信息成为复杂性研究的必要概念，得力于维纳的工作。但后来真正发展了的工程控制论，由它滥觞的现代控制理论，尽管对动态系统的研究极为成功，本质上仍然属于简单性科学，主体部分属于线性科学，线性动态系统无复杂性可言。钱学森在其名著《工程控制论》发表 32 年后认识到："系统的结构是受环境的影响在改变的，特别是复杂系统。复杂系统的结构不是一成不变的……大系统、巨系统与简单系统的一个根本的区别，即简单系统大概没有这样的情况，原来是怎么一个结构就是怎么一个结构。"（《创建》，12）钱翁这段话讲在 1986 年，处于他走向复杂性研究的前夜，尚未区分简单巨系统和复杂巨系统，他心目中的大系统、巨系统实际上等同于复杂系统，认识尚存混乱。但一个新思想是明确的：简单系统的结构不变，原来是怎么一个结构就是怎么一个结构。这是一个重要系统观点，揭示出结构变化与系统复杂性的深层联系。

　　钱翁上面一段话说的是一般复杂系统的一般情况，结构变化是基本特征之一。明确指出环境影响系统结构也是新观点，但导致结构变化的动因只提环境影响是不够的。实际上，复杂系统结构多变的动因通常首先来自系统内部的异质性，数量巨大、差异显著的组分之间相互作用复杂多样，系统结构不可能一成不变。如果再加上环境变化，特别是系统内外都处于显著变动时期，结构变化尤其突出。就结构变化看，不同复杂系统之间也有差别，社会系统的结构变化最大，所谓"特殊复杂"也特殊在这里。还有，动态系统理论通常讲的时间是动力学时间，不是现实生活中的时间，而人们观察社会运动是在真实的时间维中进行的，即社会历史所经历的时间。它有大小不同的无穷多种时间尺度，不同尺度上有不同的动力学运动，产生不同的动态复杂性。

---

① 彼得·圣吉. 第五项修炼［M］. 郭进隆译，上海三联书店，1999：77。原译为动态性复杂，但不合此处文意。

从同时性角度看，社会系统由深浅不同的多个层次构成，每个层次都是动态的，新事件层出不穷。日常生活属于社会系统的最表层，人类个体生老病死，婚丧嫁娶，择业失业，各种社会网络不断新陈代谢，等等，表明最表层的社会是动态的，也只能是动态的。在深一些的层次上，社会生活的各方面都在作为过程而展开，大大小小的社会运动，这样那样的社会思潮，或兴起，或衰落，"乱纷纷，你方唱罢我登场"，致使社会系统的状态随时间而不断变化，人们很容易感受到动态性产生的复杂性。中国封建社会两千多年中，社会深层的基本结构不变，但在政治结构的层面上，反复出现王朝更迭这种社会大动荡，多次出现异族入侵的大动荡，更不用说同一王朝中的各种政治事变，造就了复杂曲折的中国历史，种种复杂异常的动态过程难以用文字准确而详尽地表述出来。这里只是随意提及社会的三个层次，要对社会系统所有层次上的动态复杂性给以完整的论述，现在还做不到。

不论哪个层次的社会运动都是由前行后续的不同过程组成的集合体，每一个过程都是非线性的。一个过程的质变又划分为不同的部分质变，形成前行后续的不同阶段或分过程，也都是非线性的。相邻的不同过程之间，不同阶段之间，存在相互衔接、转换的问题，出现所谓"之交"现象，其动态复杂性显著大于"非之交"时期。加上人们对这种"之交"的不认识和不适应，行为主体的主观不符合客观，动态复杂性更显著。对于此种"之交"复杂性，毛泽东曾有这样的分析："现状和习惯往往容易把人们的头脑束缚得紧紧的……气候变化了，衣服必须随着变化。每年的春夏之交，夏秋之交，秋冬之交和冬春之交，各要变换一次衣服。但是人们往往在那'之交'不会变换衣服，要闹出些毛病来，这就是由于习惯的力量。"（一卷本，883）回顾我们个人一生中数不清的"之交"现象，观察现实世界已经发生和正在发生的"之交"现象，社会系统不同尺度上的不同动态复杂性便历历在目。

社会系统的最深层次是它的文明形态，我们把文明形态的质变称为社会系统的转型演化。其核心是系统最深层结构即社会根本制度的变革，包括经济的、政治的、文化的结构性变革，以及相应的世界观、人生观、价值观的根本变革。社会系统包含数不清的矛盾，极具毛泽东所说的矛盾复杂性。转型时期是社会矛盾全面而集中暴露的时期，既有的约束和秩序被打破，因暂时平衡而掩盖起来的矛盾显在化，矛盾双方争夺主导地位，社会便展现出前所未有的复杂性。就我国改革开放看，稳定与发展，效率与公平，民主与集中，等等，这些矛盾都以前所未有的尖锐方式表现出来。搞平均主义不行，两极分化也不行。贫穷不是社会主义，两极分化也不是社会主义。总以阶级斗争为纲不行，因为社会关系不全是阶级关系，阶级关系也不全是阶级斗争；不讲阶级斗争也不行，因为阶级斗争事实上没有停止过，还会存在很长时间。发展的前提是社会稳定，社会稳定人们才有心思谋发展；但发展、变革又包含着对稳定的否定，必要的变革才能够保社会长期稳定。转型过程中的社会必定被一再推向瓶颈，突破瓶颈社会才能进步，却也容易把社会推向动乱的边缘。如此这般的动态复杂性，30多年来的中国人都亲身体验过，并且还将继续体验。

　　社会转型期间动态复杂性的一种表现是，伴随新的改革会出现沉渣泛起。一种社会形态初步确立后，一些被判定已经消除的陈规陋习、丑恶现象、腐朽思想等，其实并未真正消除，只是受到沉重打击，为新建立的秩序所约束，被暂时屏蔽起来，变为隐性的存在。更新的变革意味着对既有秩序的削弱，以至否定；这些沉渣污秽便乘虚而起，死灰复燃，甚至改头换面，以改革创新的面貌出现，混淆视听。以 A 记现存事物，前 A 记历史上被 A 所取代事物的残渣余孽，后 A 记将要取代 A 的新事物，变革就是前 A、A、后 A 三者混杂存在的过程。不完善的新事物后 A 与死灰复燃的旧事物前 A 并存，有时前 A 似乎比后 A 更受欢迎，新生事物可能在腐朽事物面前暂时败下阵来。这也是一种矛盾复杂性，构成社会转型过程中一道不可避免的景观。

　　社会转型演化期间动态复杂性的另一种表现，是古人说的矫枉过正，如图 2-1 所示。人类社会是非线性动力学系统，从现有形态转变为新的形态，难免有处置不当之处，或过头，或不足，过犹不及，都是古人所说的"枉"。枉和正也是一对矛盾，社会变革极少有绕过"枉"而达"正"的直通车，求正而得枉是常态，通过矫枉才能到达正。这是无法绕过的非线性，大量历史事实表明，不过正不足以矫枉。社会发展不断要对过去造成的枉进行新的矫正，但系统及其环境中的非线性动力学因素常常使这种矫枉行为走过头。而过正就是新的枉，需要新的矫枉，还可能引发新的过正，起伏跌宕。五四运动的历史功用是矫传统文化之枉，结果出现了过正，引起对它的再矫枉，人们今天还或有感触。工业文明是对农业文明之落后面的矫枉，所造成的过正之巨、贻害之难以消除，今天的人们才开始有深切的体认。欲完全矫正工业文明之枉，再来一百年可能还不够。矫枉，过正，新的矫枉，新的过正，如此翻烧饼式的动态变化，是社会转型演化的正常现象。回顾20世纪以来中国的社会变迁，疾风暴雨，大起大落，惊心动魄，真有点像钱塘江上的弄潮儿，"梦觉尚犹寒"。

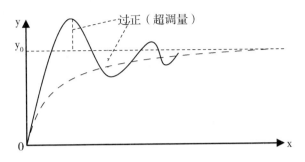

图2-1　社会系统演化中的矫枉过正

　　社会转型演化是大历史尺度的长期过程，一个人终身一般至多生活在其中的一两个分过程中。过程的长期性显著增加了未来的不可预见性。改造社会，创造历史，不可预见性尤其显著，需要有敢于失败的勇气。站在历史前头的先进分子常常以为自己已经找到全部真理，实际上他们找到的大多是不全面的真理，或阶段性真理。一旦变革进程超出那个部分或阶段，就会暴露出他们把复杂问题简单化的错误。新中国伟大的开创者们也如此，他们的奋斗和教训使钱学森得出结论："我们都曾经头脑简单过，曾经想用简单的方法来处理，但结果不行，碰了钉子。"（《创建》，29）因简单化而碰钉子，因碰钉子而加深对社会特殊复杂性的认识，一次次碰钉子，一次次更新认识，如此曲折前进，直到最后成功，是认识和改造社会这种特殊复杂巨系统的必由之路。对于这一规律，毛泽东早已用另一套语言给出精准的论述："斗争，失败，再斗争，再失败，再斗争，直至胜利——这就是人民的逻辑。"（一卷本，1490）这也是人类社会进步的逻辑，不可违抗。对于前人在探索未来中所犯的简单化错误，后人切忌嘲笑，更不可当作罪行去谴责，而应该充分尊重他们的探索，给以科学的总结。如果你不想做一个无所事事的庸人，你也要探索未来，也可能犯简单化的错误留给后人评说，难道你愿意他们把你的作为当成犯罪吗？

2.5　世界社会的复杂性

　　在汉语中，"社会"是一个现代词汇，但构成它的"社"字和"会"字古已有之，且含义明确，反映了创造汉字的先哲对于什么是社会已有相当深刻的认识。社字从土，表示人类群体或社会对土地的倚重，每一个具体的社会都是在一定土地上土生土长的，带有特定的乡土味、地域性。社的本意是土地神，"皇天后土"中的后土即土地神，在今日中国农村仍然广受祭祀。社字从示，突显祭祀在古代文化（尤其部落文化）中的重要性，有共同的祭祀才称得起社。会者，合也，人之相会聚也，也就是今人所谓对人群的整合、组织、管理，显示集体性。繁体会字从曾，表示经过会聚、整合而有所增益，或可猜想它反映出古人通过那时的社会生活已对系统整体涌现性有所意会——整体超越部分之和。社字和会字都有集体性这一义项，社与会整合而成社会一词，发生在中国社会从古代向现代的历史性转变中，显示国人对社会之系统性的新领悟：单用社或会都不足以表示社会的系统性。祭祀是人文文化的重要源头，古人创造的社字隐含着他们已经意识到：一定的社会是由共同的文化维系着的。在一定的土地上，由一定文化整合、维系而成的人类群体，就是一个社会系统。

人类社会是沿着群聚性不断提高的方向发展进化的。在人类脱离动物祖先之初，社会就是部落，一个部落的所有成员相互关系的总和构成一个社会，有其特定的整体性、系统性。不同部落长期交往、争斗、融合而出现国家后，一个国家所有成员相互关系的总和构成一个社会，整体性、集体性、系统性更为突出，中国文化尤其重视集体性。从那时以来，讲社会关系、社会问题基本是在一定国家范围内讲的。在漫长的古代社会中，不同国家之间虽然也有交往，但没有形成一定的整体性、系统性，不存在范围大于国家的社会，虽然已有不同国家间的交往，却没有国际社会的概念，更不会有世界社会的概念。

何谓世界？按照中国古人的理解，"世为迁流，界为方位"（楞严经）。"世"指世代相继的人间，亦称世间；"界"指上、下、左、右、前、后的空间边界。世界者，天底下、地面上有人类世代传承活动的空间范围。故诗人登高临远就会发出"登临出世界"的感叹（岑参），离开地面就意味着离开世界（升天），定居别的星球意味着成仙（如嫦娥）。儒家的社会政治哲学把治国和平天下并提，这"天下"一词大体也是同一意思，不过所指多限于中国周围的那片土地，即华夏大地。而意指地球上所有地方的世界，是一个由西方传入的现代词汇，凝结了西方列强数百年间开拓殖民地所积累的地理学和人类学知识。

但有世界的概念，不等于有世界社会的概念，因为世界在漫长的历史上一直以非系统方式存续着，还不成其为一个社会。资本主义兴起启动了世界系统化的历史进程，开始于14世纪，完成于19世纪末。如毛泽东所说："自从帝国主义这个怪物出世之后，世界的事情就联成一气了，要想割开也不可能了。"
（一卷本，156）系统化了的人类以整个地球为后土，会聚而整合为一个有机联
系、不可分割的整体，即世界系统。这是一个具有社会性的系统，又不同于一
国内部的社会，理应称为世界社会。马克思恩格斯已有世界社会的思想，他们
竭力推动的国际工人运动、民族解放运动，都是以世界社会为舞台而展开的社
会现象。20 世纪 30 年代，毛泽东已提出"全世界社会经济"的说法（一卷本，
466），自然也应有"全世界社会政治"的想法，反映了中华民族新的系统观。
但思想往往滞后于社会存在，语言表达又常常滞后于思想观念，一直到 20 世纪
90 年代钱学森才明确提出世界社会的概念，这是钱翁对社会科学的重要贡献。
这个概念的明确提出表明，中国社会，美国社会，欧洲社会，巴勒斯坦社会，
朝鲜社会，等等，都已成为世界社会的分系统，服从其整体演化规律，分享其
整体涌现性的正面效应，承受其整体涌现性的负面效应。从此讨论社会关系、
社会问题，局限于一个国家内部、仅仅把世界看成环境已远远不够了，重大问
题必须自觉地放在这个最大社会系统内，从它的整体上考察，方能说得清楚，
找到出路。

既然整个世界已成为一个社会，它就具有任何社会都有的特殊复杂性。既
然是在现代条件下形成的，它就具有现代社会特有的复杂性。既然是囊括所有
国家在内的社会，它就具备有别于国家范围内社会的特殊复杂性。其重要表现
如下。

（1）特殊的巨型性。规模是影响系统质性的一种因素，它给系统带来规模
效应，规模大是系统产生复杂性的现实原因之一。人类历史上有过各种不同规
模的社会系统，世界社会的规模之巨则是空前的，很可能也是绝后的，即社会
形态规模的增大已经到达极限。相对于通常讲的社会巨系统，世界社会是超级
巨系统。巨有巨的难处，难处是复杂性的一种后果，即复杂性带来的主观感受
和操作困难。超级规模必然带来超级的规模效应和超级的复杂性，不可套用以
往的社会概念来理解。今日大多数国家政府能够有效管理自己的国家，却无人
能够有效处理任何重大世界性问题，因为世界性问题要比国内问题复杂得多，
人类尚无必要的经验，尚未创造出一套有效管理全世界的理念、办法、机制，
留待未来的人类来解决。

（2）特殊发达的内在异质性。整个世界作为一个社会，必定具有以往讲的
社会所没有的内在差异，特别是国家之间的差异。钱学森这样说明世界社会的

内在差异性："国家政体不同，有资本主义，国家垄断资本主义，还有在资本主义制度以前的国家，但又有社会主义的中国等。国家又分发达国家与发展中国家，即'南'与'北'之分。是世界一体，又多级分割，矛盾斗争激烈。"（《创建》，80）钱翁是从大的方面来说的。如果说细致点，世界社会囊括了所有的国家，所有的民族，所有的现存社会制度，所有的宗教，所有的语言，所有的文化，所有的思潮，所有的主义，所有的社团，所有的历史遗产，所有的风俗习惯，等等。如此之多的不同成分整合在一个系统内，相生相克，互动互应，所造成的内在差异之发达是史无前例的，国家的内在差异无法与之相比拟。从马克思到毛泽东，马克思主义队伍对世界系统内在差异性的认识都很不够，行动上难免有简单化之嫌。

（3）特殊的结构复杂性。内在差异性发达的直接后果是系统结构的复杂化，新的组分、新的差异带来新的结构。特别的，国家间、地区间、国家集团间的关系成为世界社会系统结构的主要部分，具有显著不同于国内关系的内容，产生了国内社会系统没有的结构复杂性。请看今日中国的周边态势，一些国家为发展经济极力利用中国崛起的机遇，又为自身国家安全而相互勾连，极力把美国拉进来，阻挠中国崛起，地区外势力也乘机插一手，致使东亚、南亚的国际关系空前复杂化，进而影响整个世界社会的结构。

（4）特殊的网络复杂性。世界社会的形成出现了世界规模的物质流、能量流、资金流、人才流、知识流、技术流、信息流、谣言流、传染病流等，产生了各种世界范围的社会网络。世界性网络有其特殊的动力学特性，必定带来特殊的动态复杂性。特别是信息高新技术支撑的信息网络的出现，极大地提高了网络流动性，流量之巨，流速之快，流向之多，流动之频，前所未见。地球人类的相互联系空前加强，世界系统的社会性、整体性空前增大。在收获网络正效果的同时，网络负效应也迅速扩大，谣言、疾病、恐慌情绪、恐怖主义等也以前所未有的规模和速度在传播，孕育着各种风险，威胁着网络自身安全和整个世界的安全。霸权主义国家只讲自己的网络安全，不讲别人的网络安全，自己有最大的黑客势力，却攻击他国搞黑客行为。社会主义则追求共同安全，相互安全。

特殊的不可预料性。上述种种特殊的复杂性，必然造就世界社会特殊的不可预见性。简单巨系统尚可出现混沌这种不可预料的运动方式，更遑论新生未久的世界社会这个特殊复杂的超巨系统。回顾世界社会形成以来的一百多年中，两次世界大战的爆发，苏联出现打破资本主义的一统天下，小米加步枪的解放军打败八百万美式装备的国民党军队，核平衡下冷战结构的形成和解体，苏联解体，东欧剧变，2008年的金融危机，等等，都是出人意料的世界大事。阿拉伯之春如何进一步演变，美国重返东亚战略的最终后果，中国和平崛起将出现哪些波折，人类如何应对全球气候变化，等等，都是今天难以预料的事。世界社会的不确定性之大，风险之大，也是传统社会不能比拟的。

不算很复杂的混沌系统已经是可预见性与不可预见性的对立统一，特殊复杂的世界社会更是可预见性与不可预见性的对立统一，但必然趋达目的态这一点不容置疑。人类总是要通过不断收集新信息，不断摸索、试探，积累新经验，修正过去的认识，以获得对世界社会未来长远走向的正确预测。作为一个史无前例的超级巨系统，世界社会的形成必定有其特殊的历史使命。用科学语言讲，世界社会作为系统有其特殊的动力学吸引子——目的态，不达目的，系统决不罢休。这是一种怎样的吸引子，或目的态？钱学森依据马克思主义基本原理，给出一个高度概括的回答："当今世界的现实：世界已逐渐形成一个大社会了"；从此往后，整个人类的"历史是以世界社会形态培育世界大同，即共产主义"（《创建》，79、466）。历史已经证明，仅仅有西方资本主义社会不足以培育共产主义，更不用说仅仅有非西方社会。而业已形成的世界社会就不同了，特别是发展到20世纪末，人类的先进分子越来越看得清楚：面对一系列重大难题，地球人类要想不自我毁灭，而是共存共荣，就只有以新文明取代工业文明"。这是一个马克思主义的大命题，颇具新意、深意，又极具复杂性，有待马克思主义理论家给以展开论证。本书将从不同侧面给出作者的一些极初步的理解，作为对拙著《复杂性科学研究》第12章的补充说明。

2.6 世界社会的自组织与他组织

世界社会形成以来的一百多年中，大故迭起，惊心动魄，变化之急剧、深刻、曲折、复杂，前所未有。这种复杂性的根源和表现之一，在于世界社会这个巨系统复杂多样的自组织与他组织历史地相互交织。不同的主义、不同的社会力量虽然都只是这个巨系统的局部，却志在掌控巨系统的全局，奋勇争先，前赴后继，推行不同的理论、纲领、方案，竞相充当整体上支配世界社会的他组织者，即协同学讲的序参量——力求使自己成为具有支配地位的集体运动模式。他们都影响了世界社会的演变，在历史上留下各自的足迹；又都以自己的不足、挫折、失败表明其行为具有或大或小的自发性、盲目性、局限性，相互争斗又表现出并行性、交互性特点，在许多方面不符合这个复杂巨系统整体的自组织演化规律，最终都没有成为世界系统的序参量，造成目前的乱局。世界系统的未来仍然有难以计量的变数，自组织地趋达吸引子的必然趋势不可阻挡，但这种整体的自组织仍将通过系统不同组分各自的自觉行动，特别是那些力求成为世界系统之序参量的诸多局部他组织者的竞争与合作为自己开辟前进道路，仍然会呈现出自组织与他组织对立统一造就的复杂性。

　　社会从来是在自组织与他组织对立统一中演变发展的，儒家倡导经世致用、治国平天下，是古人对这一规律性的承认和应用，今天仍然适用。世界社会的形成，特别是发展到今天，"平天下"命题有了全新的历史内涵。这个"天下"不再局限于华夏大地，而是货真价实的普天之下，即整个地球。更为本质的是这个"平"字内涵发生重大嬗变，不再是封建专制式的平天下，而是寻找全新的模式来治理业已系统化的世界。但如何治理众说纷纭，本质上可归结为两条对立的道路。作为帝国主义时代之延续，美国及其追随者追求的是三个等级的"非平天下"：霸主美国独居最高级；它的盟友之间讲平等，居第二级；其余国家居最低级，如不听话，随时可能遭受盟主率领盟国的入侵，或者盟主"幕后操纵"下的入侵。国与国政治不平等的背后是利益分配的不公平，维护这种不平等和不公平少不了战争，天下就不会有和平。美国及其盟国一直在为实现此目标而竭尽全力，遏制中国崛起则是今天的重中之重。这是资本主义、帝国主义式的平天下，即美国人公开讲的美国统治下的一极世界，简称美国世界。另一方面，作为社会主义事业的延续，有马克思主义、列宁主义、毛泽东思想倡导的"平天下"，追求的是世界所有民族平等相处、公平交往的天下，消灭了战争的天下，即天下和平、天下公平、天下平等的三"平"世界。通过两大势力的反复较量，从不公平到公平，从不平等到平等，从不和平到和平，正是钱学森所谓以世界社会培育世界大同的历史过程。这无疑是一个充满未知数的复杂过程，未来还有哪些曲折无法预料。

　　系统内部的自组织与环境对系统的他组织也构成一对矛盾，是系统复杂性的又一个重要根源。世界社会整体上作为系统，它的环境是大自然，世界社会的自组织与自然环境对它的他组织构成一对矛盾，可能带来怎样的复杂性，是一个有重大理论和实践意义的问题。古人已深刻领悟了大自然对人类社会的他组织作用，承认人是被"天地"创造的，主张敬畏自然，法天则地，甚至听天由命。简单性科学的巨大成就，它的资本主义应用创造出巨大生产力，极大地推动了世界社会的进步。但也误导人类以为自己可以征服自然，无限制地掠夺自然，为所欲为，不再尊重自然界对人类的他组织作用。其结果，短短三百年就犯下致命的错误：只有少数国家实现了工业化、现代化，世界社会的自然环境已急剧恶化。世界社会今天面临的诸多难以应对的复杂性都与此休戚相关，迫使人类不得不重新认识自身与大自然、系统自组织与环境他组织的关系。马克思恩格斯生前已提出原则性的见解，明确警告人类每一次自以为是的成功都遭到大自然的报复。20世纪中后期兴起的生态主义、环保主义、后现代主义、后工业社会论等，都是人类对大自然向世界社会发布的他组织指令的新解读，复杂性科学则从科学角度提出最新的解读。大自然在告诫人类："我已经被你们弄得遍体鳞伤，如不改弦更张，改变生活方式和发展模式，约束极度膨胀的物欲，我将无法保障人类继续生存下去。"人类必须遵照这一他组织指令调整自己的行为模式。

解决之道何在？形势愈益明显，放弃资本主义的发展模式，走社会主义道路，追求可持续发展模式和全人类共同富裕，是最终的答案。正走在十字路口的中国亟须认真反思，重新评价西方社会的成功道路，下功夫探寻新的发展模式，切忌简单照搬西方模式。例如，西方国家创造的橄榄型社会模式被宣传为普适的最佳方案，实质上不过是私有制社会的理想模式，一种把财富占有不平等制度化的模式。它赢得不少中国人顶礼膜拜，力图效法。这又是把复杂问题简单化，势必带来难以应对的人为复杂性。从西方社会看，庞大的中产阶级与越来越少的极富阶级的矛盾越来越不可调和。从中国社会看，仅仅30年就出现惊人的两极分化，橄榄型社会遥不可及，却面临走向图钉型社会的危险：就人口论，富人是钉尖，穷人是钉盖；就财富论，富人是钉盖，穷人是钉尖；中产阶级则人口和财富都是那个细细的钉杆。继续走下去如何呢？我们有13亿人，如果建成橄榄型社会，12亿人过上美国中产阶级那样的生活，中国的自然资源够用吗？到21世纪末世界将有100亿人，如果90多亿人成为中产阶级，地球资源够用吗？答案只能是否定的：中国和世界大多数国家不可能建成橄榄型社会。老牌发达国家能够建成橄榄型社会，起先靠的是以战争手段占有全世界资源，接着是凭借实力建立起不平等的国际交往规则，不断从不发达国家掠夺负熵，不断把正熵强加给它们。这种便宜事不可能长久，随着后进国家的发展，国际关系不平等性的减弱，已经建成橄榄型社会的少数国家也要变，他们取得其社会成就的历史机缘正在消失。现在的发达国家将优势不再，其庞大的中产阶级已开始萎缩。西方社会精英中头脑清醒的人开始认识到，发达国家"这样的发展阶段已经开始了"①，如不改弦易辙，必将走向图钉型社会。美国出现的"占领华尔街运动"，1%与99%对立局面的形成，是一个重大历史警示：资本主义继续存在下去必定把世界引向毁灭，只有社会主义能够救人类。这也是适者生存。从本质上看，这正是以世界社会培育世界大同的过程：消除资本主义造成的弊病，创造可持续的发展模式，实现地球人类普遍的平等、公平、和平，就是向大同世界过渡！

---

① 弗兰西斯·福山，当代资本主义将面临何种命运，参考消息，2012 年 1 月 13 日，第 10 版。

第3章 经济复杂性管窥

本书欲管窥的 10 个学科领域都不属于自然科学，而属于人文社会科学，但也跟自然科学密切相关。复杂性现象主要存在于人文社会领域，这里面临的问题本质上都是复杂性问题，极少可能像自然科学那样执行简单性原则。其中颇具代表性的是经济研究。经济是社会生活的基础，经济复杂性是人类其他活动领域复杂性的客观物质基础，其他领域的复杂性是经济复杂性的某种曲折反映。故本章讨论经济问题，先用三节篇幅讨论经济学发展与复杂性科学的关系，然后才直接管窥经济复杂性，这些讨论也有助于了解什么是复杂性和复杂性科学。本书涉及的其他领域与复杂性科学的关系跟经济学相近，前三节的讨论大体都可以推广于所有人文社会领域。

3.1 经济研究是培育复杂性科学的温床

一切科学思想归根结底都来自社会实践，复杂性科学亦然。经济活动本质上属于复杂系统，因而是培育复杂性科学思想的重要土壤。科学整体作为系统，从简单性科学这种历史形态演变为复杂性科学这种历史形态，需要而且事实上经历了一系列观念和方法的转变。今天回头看去，这一进程中始终有来自经济研究的影响和推动。其表现是多方面的，我们仅就以下五点略加说明。

（1）从物理到事理。简单性科学是广义的物理学（自然科学），只研究物质关系和物质运动，不涉及人的因素起重要、甚至关键作用的事理现象。事理问题既要考虑物质关系和物质运动，也要考量人的情感、思想、决策、行为、人际关系、组织模式等，而人的决策和行动只能在社会关系网中进行，事理原则上属于复杂性范畴。从单纯物质观转向同时重视事理观，是科学转型演化必不可少的思想准备。这一转变始于20世纪初，在自然科学及相关技术取得巨大社会效益的激励下，人们试图把自然科学方法应用于事理问题，主要是经营管理问题（包括军事），逐步形成运筹学。运筹学是系统科学的重要分支，以追求投入最小化、收益最大化这一经济原则为宗旨，用数学方法描述和处理有限资源分配、目标搜索、设备更新之类事理现象，具有非常现实的经济意义。列昂惕夫（1973）、康托罗维奇（1975）都以运筹学的出色工作而获得诺贝尔经济学奖。但今天看来，运筹学能够有效解决的还是所谓硬系统、硬运筹之类事理问题，原则上仍然属于简单性科学。但它冲破单纯的物理观，开辟通向研究软系统、软运筹这类复杂事理问题的道路，是经济研究对复杂性研究的重要贡献。复杂性研究的软系统方法论就是从系统工程和运筹学中发展起来的。

（2）从天然性到人工性。人类行为、社会发展充满天然性与人工性的矛盾和统一。不考虑人工性，只从天然性角度研究客观世界的是简单性科学，从天然性与人工性对立统一角度研究客观世界的则是复杂性科学。"人工性问题之引人入胜，主要是当它关系到在复杂环境中生存的复杂系统的时候，人工性和复杂性这两个论题不可解脱地交织在一起。"① 在复杂性科学初步形成其理论框架的过程中，H. 西蒙（司马贺）是一个不可忽视的人物，他提出的有限理性、层次结构、人工性等是复杂性科学必不可少的概念，人工科学是复杂性科学的一部分。从其著作中可以看出，西蒙对复杂性研究的贡献都直接联系着经济学和智能科学，是对经济复杂性和智能复杂性长期观察和思考的结果，有限理性概念更是为修正传统经济学的完全理性假设而提出来的。

（3）从机械论到有机论。简单性科学遵奉的是机械论，一个突出的表现是把系统的组分看成死的物质分子、原子，或机器的元件。应对复杂性需要克服机械论，采取有机论观点。科学从机械论向有机论的转变有不同途径。就系统科学领域看，在对系统组分的认识上，一般系统论、控制论、耗散结构论、协同学等事实上都因袭机械论假设，不提组分的活性和个性，故用来描述复杂性的有效性不足。圣塔菲的 CAS 理论（复杂适应系统理论）引入经济学的 agent 概念，把系统组分看成具有主动性和学习能力的 agent，能够通过积累经验而相

---

① 司马贺. 人工科学：复杂性面面观 ［M］. 武夷山译，上海科技教育出版社，2004，第2版序.

互适应，进而适应更大的环境。CAS 理论认为，正是这种适应性造就了系统的复杂性，故它的许多概念、方法、模型都有明显的经济学背景。

（4）从还原论到系统论。从方法论看，简单性科学是还原论科学，强调把整体还原为部分去认识和解决问题；复杂性科学是系统论科学，强调从系统整体上认识和解决问题。科学的转型演化必定伴随着方法论的转变，需要重新接纳和张扬整体观念。贝塔朗菲最先认识到这一点，他说："我们被迫在一切知识领域中运用'整体'或'系统'概念来处理复杂性问题。"① 而从还原论到系统论的转变跟经济学的影响和推动密切相关。在一般系统论创始人中，博尔丁的地位仅次于贝塔朗菲，对现代科学从分析范式转向系统范式有独特贡献。博尔丁为经济学家，自称是"从经济学和社会科学"走向一般系统论的（同上，12），他提出的组织一般模式、层次划分图式、经济系统的生态特性和演化特性等思想，其灵感首先来自经济学，表明经济学是孕育整体论思想的重要土壤。当然，从经济学提炼系统思维的绝非博尔丁一人，而是几代人的接力赛。

（5）自组织观点。自组织理论为解释复杂性形成和演变的深层机制提供了理论根据。没有自组织理论，就不会有复杂性科学。自组织理论主要完成于普利高津、哈肯、艾根等人之手，但思想孕育跟经济学密切相关。斯密"看不见的手"概念是经济自组织最早最有力的表述，产生了深远影响。苏联中央集权式计划经济后期的停滞，西方发达国家战后经济的长足发展，催生了新自由主义经济学的产生。尽管它把市场的自组织功能绝对化，完全否定他组织的作用，十分片面，导致灾难性后果，却也有助于重新认识自组织对系统生成、存续、演化的建设性作用，这又是正面的影响。自组织观点在 1960 – 70 年代勃兴，耗散结构论、协同学等的形成与新自由主义经济理论兴起于同一时期，并非偶然。

此外，开放性、异质性、多样性、非线性、动态性、不确定性、目的性、竞争与合作等概念，对理解复杂性都是不可少的，它们的提出和深化都从经济学得到过启示。

---

① 冯·贝塔朗菲. 一般系统论［M］. 林康义、魏宏森等译，清华大学出版社，1987：2.

3.2　复杂性研究推动现代经济学发展

事物总是相互联系、相互作用的。逐步形成中的系统科学、信息科学、非线性科学、各种跨学科研究等，实质是在锻造新兴的复杂性科学，同时也在影响和滋养经济研究。既然经济运行本质上是复杂系统，复杂性研究所提出的新思路、新概念、新方法就会不可阻挡地进入经济学，成为经济理论创新不可或缺的思想源泉和概念工具。1980 年代以降，经济研究中引入复杂性科学的概念、观点和方法已成为时尚，国内外举行了难以计数的有关经济复杂性研究的活动，发表大量研究成果。国际上复杂性研究学派林立，都非常关注经济学复杂性问题，以不同的理念和方法解释经济复杂性，形成不同的经济学新流派（理论）。这里仅提及以下五方面。

（1）博弈论经济学。竞争是研究系统演化、自组织之类复杂现象必不可少的概念。研究策略性竞争，即关于博弈的科学理论，叫作博弈论，是系统科学的重要分支。现实世界的博弈行为不限于经济系统，但自从资本主义市场经济确立以来，经济竞争成为研究博弈现象最大推动力之一。冯·诺伊曼和奥斯卡·摩根斯顿的名著《博弈论和经济行为》被视为博弈论诞生的标志，该书的科学思想显然主要来自经济领域，接受了传统经济学的基本假设，它的基本概念局中人可以看成一类特殊的经济人。1950 年代以来，博弈论的发展跟经济学的关系更加密切，在相当程度上已成为经济学的一个分支，从多方面深入揭示了真实局中人固有的复杂性，不少人凭借博弈论获得诺贝尔经济学奖。相比之下，哈肯和艾克斯罗德关于合作与竞争的一般性研究倒显得受冷落了。

（2）报酬递增经济学。W. B. 阿瑟是 20 世纪后期非主流经济学的重要人物，其经济学思想发源于他对发展中国家人口经济问题的调研，以及在国际系统分析协会的工作经历。他的研究多方面受惠于正在形成中的复杂性科学，特别是普利高津关于系统演化和自组织的理论。阿瑟称自己的新经济学为报酬递增经济学，强调经济系统的正反馈，向主流经济学基于经济系统负反馈的均衡论发起挑战。1979 年他沿着简单性与复杂性的分野这样一个维度，从 7 个方面对新、旧经济学进行比较，下面列出其中的 4 条①，足以看出复杂性研究对其思想影响之深。报酬递增经济学属于把复杂性科学自觉引入经济研究的产物。

表 3 - 1　新、旧经济学比较

旧经济学	新经济学
• 建立在 19 世纪物理学之上（均衡、稳定、确定性动力学）	• 建立在生物学之上（结构、形态、自组织、生命循环）
• 一切都处于均衡状态，经济学不存在真正的动力学变化	• 经济永远处在时间的前缘，不断前进，结构时时在组合、衰败、发展
• 视经济研究对象为结构简单的事物	• 视经济研究对象具有潜在的复杂性
• 经济学就像物理学那样简单	• 经济学是高度复杂的科学

（3）混沌经济学。混沌指确定性系统的内在随机性，尽管学界有人认为它还算不上真正的复杂性，但毕竟是科学上迄今发现的最复杂的动力学体制。混沌的基本特征，如非周期定态、奇怪吸引子、初值敏感依赖性、长期行为不可预测性等，在现实经济运行中都可以发现。所以，混沌学的出现立即引起经济学界关注，纷纷以混沌学概念和方法描述经济复杂性。最早的工作可能在 1975 年，进入 80 年代有关工作迅速增加。普利高津学派、哈肯学派、微分动力学学派、圣塔菲学派等都尝试把混沌学与各自的理论结合起来，分析经济复杂性。由理查德·H. 戴等人（包括北大教授陈平）的 14 篇文章汇编成的《混沌经济学》一书，大体代表了应用混沌理论研究经济复杂性的成果②。

（4）演化经济学。马克思关于社会形态演化的理论逻辑地包含经济演化的思想，瓦尔拉斯、熊彼特、博尔丁等都承认经济系统的演化性。但作为一门经济学理论的演化经济学，出现于 20 世纪 70 - 80 年代，而系统演化的一般理论出现于 1960 - 70 年代，其间的思想渊源关系是清楚的。粗略地说，把经济运行作为一种演化系统来研究所建立的理论体系，就是演化经济学。在诸多著作中，最具代表性的有两个，一是纳尔逊和文特的《经济变迁的演化理论》（1982），二是霍奇逊的《演化与制度：论演化经济学和经济学的演化》（1999）。后者受复杂性科学的影响更明显，作者认定经济学是"处理复杂系统的科学"，承认

---

① 米歇尔·沃尔德罗普. 复杂：诞生于秩序与混沌边缘的科学［M］. 陈玲译，生活·读书·新知三联书店，36.（译文有所变动，参考了台湾齐若兰的译本。）

② 理查德·H. 戴等. 混沌经济学［M］. 傅琳等译，上海译文出版社，1996.

"演化"一词"有时又与'复杂性理论'相联系"①。在诸多复杂性理论中,除了早期的西蒙等人,他们更多的是受混沌理论和 CAS 理论的影响,把新奇性作为核心概念,重视隐喻的方法论意义,都同复杂性科学相一致。

(5)中国复杂性科学界的经济研究。开放复杂巨系统理论的形成与经济研究有深刻的联系,定性与定量相结合综合集成法的经验基础是经济学家马宾指导、710 所于景元等人完成的课题研究,由钱学森从理论上总结提炼而形成的。钱学森学派一向重视经济问题,作为其重要成员的方福康对经济复杂性作了持续多年的研究②。"支持宏观经济决策的人机结合综合集成研讨庭体系"的重大项目(1999-2003),包含一个经济系统复杂性研究的分项目,由方福康为首的研究集体承担。在简要总结国际经济复杂性研究的基础上,他们对宏观经济蕴含的模型分析、经济系统中的 J 结构、经济系统中的混沌和分维现象、多 agent系统和经济系统的涌现现象做了专题研究③。此外,国际上研究经济复杂性的各种流派都有中国学者作跟踪研究,举办了许多关于经济复杂性研究的学术活动。

此外,还有模糊经济学、非线性经济学、动态经济学等。可以说,复杂性科学的每一种新思想、新方法都会被用于探讨经济问题。

3.3 经济学前沿的发展趋势:把复杂性当成复杂性

上面所述都是直接应用复杂性科学成果研究经济现象的理论,迄今大多数尚未进入经济学主流。但认真观察即可发现,作为经济学主流的各种经济理论正在沿着经济学自身发展的逻辑走向复杂性研究,自觉性不断提高。一方面,经济系统是最复杂的客观事物,现实的经济运行越来越复杂化,经济的全球化显著加快了此一进程,经济学必须把握和反映这种发展趋势。另一方面,科学整体上正在从简单性科学这种历史形态转变为复杂性科学这种新的历史形态,

① 杰弗里·M·霍奇逊. 演化与制度:论演化经济学和经济学的演化 [M]. 任荣华等译, 中国人民大学出版社, 2007: 59, 128.

② 方福康. 复杂经济系统的演化分析 [M] //许国志主编的《系统研究》. 浙江教育出版 社, 1996.

③ 顾基发等. 综合集成方法体系与系统学研究 [M]. 科学出版社, 2007.

两者的方法论差别在于简单性科学力主把复杂性约化为简单性来处理,复杂性科学则强调把复杂性当成复杂性对待。在这种文化大环境中,经济学作为一种知识系统必定受到影响,自身也必然经历相应的转变。如果说传统经济学受自然科学影响,力求把复杂性约化为简单性来处理,那么,新的经济学必须转变方法论,自觉地克服对复杂事物作简单化处理的习惯,努力做到把复杂性当复杂性来对待。

传统经济学把复杂性约化为简单性的做法,首先表现在它的基本假设上,如完全理性假设、市场均衡假设、看不见的手假设等。经济学理论前沿各种流派,博弈论经济学、信息经济学、新经济增长理论、金融学前沿理论、行为经济学、实验经济学、心理经济学、公共选择理论、新制度经济学,① 都从一个或几个特定视角对完全理性假设提出挑战和修正,从而触及经济系统固有的复杂性。

所谓完全理性假设,核心或要害是把人类理性归结为追求个人利益最大化(在经济学中就是追求利润最大化)。由它派生出来的西方经济学的重要概念——经济人,是对人类经济活动主体的一种概念抽象。自由主义经济学讴歌的这种经济人,是私有制缔造者和捍卫者心目中的偶像,在最成功的资本家身上获得历史的最高表现。以科学的名义把追求利润最大化说成是人类理性的最高表现,其社会效果,如马克思所说,就是"把人们心中最激烈、最卑鄙、最恶劣的感情,把代表私人利益的复仇女神召唤到战场上来反对自由的科学研究"②,反对一切诚实的劳动。自由主义经济学,不论老的还是新的,对现实生活中活生生的经济人从理论上作了极度简单化,所炮制的经济人不仅歪曲了私有制出现之前的古代人类,对未来社会获得彻底解放的新人类之理性尤其是极大的歪曲,而且也越来越远离今日现实生活所需要的经济人。系统化了的地球人类的发展,后现代主义的文化哲学探讨,使西方学界也开始认识到,所谓完全理性和经济人的极端片面性越来越行不通,各种新的经济学理论从不同角度着手挑战完全理性假设,修改经济人形象,正视经济人的复杂性,从而走向复杂性研究。

(1)信息经济学。科学发展史表明,一个问题如果仅仅从物质运动、能量

---

① 胡希宁,步艳红. 前沿经济学理论要略 [M]. 研究出版社,2009.

② 马克思. 资本论(第一卷)[M]. 人民出版社,1975,第一版序.

转换的角度即可充分说明，它就是一个简单性问题；如果在物质运动、能量转换之外，还需要同时从信息运作的角度才能充分说明，它就很可能是一个复杂性问题。传统经济学本质上也是一门物质性科学，只讲经济系统中的物质运动，不提系统中的信息运作。这集中表现在经济人的完全理性假设事实上隐含着完全信息假设，相信价格凝结了市场的全部信息，经济人的信息能力具有对称性，都能够获得全部信息，且具有足够的信息处理能力。这是对经济系统极度简化的结果，从根本上消除了现实经济人固有的复杂性，也就消除了经济系统固有的复杂性。从信息运作角度看，现实经济人理性不完全性的表现，一是他在一般情况下不可能掌握全部信息，二是不具备无限的信息处理能力，三是同一经济活动中不同经济人的信息不对称。而信息不对称必然导致市场运行中的逆向选择和道德风险，这是经济系统复杂性产生的重要根源。信息经济学在经济学中明确引入信息不完全性假设和信息不对称假设，使经济人概念的内涵变得复杂丰富起来。

（2）心理经济学。经济行为的每个环节都受经济人心理因素的影响，如投资心理、交易心理、消费心理、纳税心理等。经济心理是经济人决策和行动不确定性和非理性的重要根源，因而也是经济复杂性的重要根源。完全理性假设不考虑经济人的心理因素，实质是否定心理不确定性和非理性给经济行为带来的复杂性。心理经济学把心理学原理和方法引入经济学，强调要关注现实经济人的心理因素，深化了对真实经济行为的认识，从一个角度体现了经济学开始把复杂性当作复杂性对待。不考虑心理因素的经济人完全是一种理论抽象，过度的简化描述，考虑心理因素的经济人才接近真实的经济人。不考虑经济心理的经济学是缺乏科学性的经济学，考虑经济心理的经济学是走向复杂性科学的经济学。

（3）实验经济学。在经济学中引入实验方法，是从研究手段方面应对经济复杂性的一种努力。表面看来，实验经济学的出现仅仅是经济研究手段的革新，与完全理性假设并不直接相关。其实不然，如果传统经济学的假设基本成立，就用不着进行经济行为的实验研究。正是由于实际的经济运行是复杂巨系统，不符合传统经济学的基本假设，才需要通过实验验证理论分析，做出必要的修正。经济实验的设计、操作和结果分析需要借助心理学、行为科学等成果，也是基于经济人不具有完全理性的认识。所以，实验经济学的产生发展是经济学作为系统，面对不可约化的复杂性所引起的适应性演化行为。

（4）新制度经济学。把制度作为经济运行的第四要素，用制度变迁解释经济发展和增长，是新制度经济学作为一个新经济理论的基本特征。这其实可以借鉴系统科学原理顺理成章地推导出来。较为复杂的系统的组分包含构材件和连接件（组织件）两类，后者的功能是把前一类组分连接、整合起来。在经济活动中，天然要素、技术、偏好是构材件，制度是连接件，依靠制度把前三者整合在一起，才能产生经济作为系统的整体涌现性，创造新的物质财富。引入制度要素，从三要素说到四要素说，如此处理已经增强了经济学应对复杂性的能力。此外，新制度经济学对经济人完全理性假设也提出明确的挑战，代之以另外三个假设：行为目的的双重性，理性的有限性，人具有机会主义倾向[1]。这样的经济人显然是复杂的，较接近于现实的经济人。

（5）行为经济学。如果说新制度经济学直接挑战的是制度缺失的传统经济分析，信息经济学直接挑战的是完全信息假设和信息对称性假设，那么，行为经济学直接挑战的是完全理性假设。任何系统的属性和特征都是在其行为过程中表现出来的，经济系统的复杂性也只能在经济行为中表现出来。完全理性假设决定了它所考察的是经济人理想的决策行为，即人应该怎样决策才是完全理性（实为完全自私）的，从而极大地消除了经济人的复杂性。行为经济学则引进心理学原理和方法，考察的是现实的经济人实际上如何决策，因而"更加接近于真实的'经济人'"（同上，152），即本身就是复杂系统的现实经济人。这是行为经济学对经济人概念的修正。

经济学前沿这些流派的共同点是：目标相同，都指向完全理性假设，试图做出修正；效果相同，都揭示出经济复杂性的某些表现形式，深化了对经济复杂性的理解。尽管它们并未使用复杂性这个概念，实际上都是着眼于应对复杂性来扩展经济理论。

3.4 经济系统的非线性动力学特性

为什么经济学与复杂性研究的关系如此密切？我们来做点学理性探讨。

现代科学告诉我们，一个系统的复杂性跟非线性特性、非线性关系密切相

---

[1] 胡希宁，步艳红. 前沿经济学理论要略 ［M］. 研究出版社，2009：242.

关，非线性产生复杂性。而这种非线性因素有两大来源。一是系统内部组分的异质性。若系统组分的质性相近，把它们整合起来的方式必然简单，组分间互动互应的方式一般呈现出线性特点，至多是弱非线性、非本质非线性。若组分异质性显著，多样而错综，杂七杂八，把它们整合起来的方式必然多样而复杂，组分间互动互应的方式必然呈现出非线性特点，而且常常是强非线性、本质非线性。二是环境成分的异质性。由于环境与系统互塑共生，如果环境的异质性显著，不同质的环境成分对系统产生不同的作用，环境组分之间的复杂关系在系统中引起不同的反映，势必使系统的结构、属性、功能、行为模式等都呈现出非线性特征。系统与环境反复互动互应，内外异质性相互影响、激励、整合、转化，也使得现实存在的系统都是非线性的。当然，非线性的表现形式和强弱程度千差万别，这本身也是系统复杂性的根源。所谓线性系统，不过是那些弱非线性系统的理论近似而已。

日常生活经验足以使人们看到，经济系统的内在异质性异常发达，人类社会的各种差异都会在经济系统中有所反映。特别的，不同阶级、阶层之间经济利益上的差异、矛盾、对立，其多样、尖锐和深刻，马克思主义早有深入分析，无须本书赘言。社会是开放系统，其政治的、科技的、文化的、历史的以及自然环境的异质性也多样而发达，同样会在经济系统中反映出来。这两方面相结合，决定了经济运行是非线性系统，而且是强非线性系统。经济又是极具流动性的系统，在时间流中整合了物质流（物资流、设备流、资金流、商品流）、人才流、信息流、知识流、技术流，信息流中还包含经济人有意或无意制造的假信息（噪声）。它们都在时间维中变动不居，变动的方式和力度千差万别，由此决定了系统的状态随时间而变动不居。一句话，经济运行是典型的动力学系统，而动力学因素、动力学特性是造就复杂性的另一个重要根由。

其实，经济学家历来就在同经济运行中各种各样的非线性和动态性现象（事实）打交道。翻开那些走红世界的经济学著作就会看到，描述经济现象的数学图形中几乎都是各种各样的曲线，如需求曲线、供给曲线、边际效用曲线、无差异曲线等。经济学的概念、原理都是用来解释经济运行中各种变化的，变动不居才需要给以科学的说明。即使系统的目标是某种平衡态，具体讨论的也是什么原因、以什么方式破坏了平衡，如何衡量其后果，如何达到新的平衡，等等。所以，不考虑非线性和动态性，就没有研究经济的必要。只不过由于对非线性和动态性长期缺乏科学的认识，没有适当的非线性动力学理论可以应用，经济学界长期未能自觉到经济运行是非线性动力学系统。然而由于自然科学巨大成功提供的榜样的影响，笛卡尔、牛顿等人制定的科学简单性原则也渐渐地进入经济学领域，经济学家力求把经济系统简化，特别是线性化、平衡化，建立线性模型，炮制出关于经济运行的各种线性理论、均衡理论。不少人由此而获得诺贝尔经济学奖，造成经济学在 20 世纪的虚假繁荣。复杂性科学的兴起开始从理论上戳穿这种假象，新一轮世界经济危机又提供了强有力的实践支持，经济学的线性理论、均衡理论迅速失去昔日的光环（当然并非完全无用），开始全面地引进非线性动力学的概念、原理和方法。这可能导致经济学的革命性变革。

线性系统本质上是同一的，非线性系统本质上是非同一的。非线性动力学特性的表现形式多种多样，难以计数。在数学上，非线性函数的表现形式原则上不可穷尽，仅幂函数就有无穷多种类型。非线性动力学讨论的各种典型现象，饱和，滞后，非线性增长，指数式放大，指数式衰减，等等，都不难在经济系统中找到。这里简略考察以下几种经济系统常见的非线性动力学现象。

（1）饱和型非线性。函数随自变量单调增加（或单调减小）而变化，其变化的速度逐渐减小，最终趋向于零，这种现象称为饱和，是常见的非线性动力学特性之一。如经济学讲的市场饱和、利润饱和等。"边际"被视为经济学的关键术语之一，所谓边际效用递减规律就是用饱和曲线表示的。总效用是消费量的函数，总效应随消费量增加而增加，但增加的速度不断减小，其极限为零。经过平滑化处理，就得到一条饱和曲线。对称地看，作为总效用增量的边际效用随着消费量的增加而减小，也是一种饱和现象。

（2）拐点型非线性。经济学认为经济系统中存在转折点、拐点，如刘易斯拐点，都属于非线性特性。刘易斯二元经济学模型存在两个转折点，称为刘易斯拐点。一个出现在非资本主义部门的增长停止时，另一个出现在资本主义与非资本主义部门的边际产品相等之时[①]。拐点原为数学概念，指函数的变化速度（一阶导数）从增大（或减小）变为减小（或增大）的转折点，标志是函数的二阶导数在拐点处为零。非线性系统的转折点多种多样，图 3–1 中 a、c 为数学意义上的拐点，b、d 为不动点，e、f 为尖点，还可能有别的形式。看来，刘

---

① 刘伟. 刘易斯拐点的再认识［J］. 理论月刊，2008 年第二期。向悦文博士为我复印了此文，特此致谢。

易斯拐点并非数学意义上的拐点，而是转折点，但毕竟是强非线性现象。

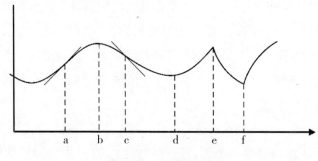

图 3 - 1　几类转折点

（3）回归式非线性。大范围看，经济系统的数量特性一般并非单调式变化（单调增长或单调减少），而是波动起伏式非线性函数。波动性中包含某种循环运动，如繁荣－萧条的循环，不足－过剩的循环，平衡－失衡的循环等，是经济运行中常见的非线性动力学现象，通常称为经济周期。马克思以前的经济学已经注意到这种特点，几百年来经济学家一直努力给以理论说明，提炼出经济周期的概念，还有所谓长波、短波等概念，形成一整套经济学理论。

以上几例都属于连续光滑变化的非线性动力学特性，同非光滑、特别是非连续函数相比较，未必都是强非线性。经济运行中存在大量需要用非光滑（上图的 e、f）、非连续函数表示的非线性现象，甚至可以说此类现象比比皆是。如所谓失灵特性，工程上称为死区，生理学称为不应期现象。一个系统如果有输入而没有输出，有激励而没有响应，有因而无果，就说该系统失灵了。线性系统不存在失灵现象，失灵属于一类本质非线性，完全不允许线性化处理。在经济运行中，市场可能失灵，计划可能失灵，政策可能失灵，甚至制度也可能失灵，表明它绝不是线性系统。又如经济学常讲的经济瓶颈、中等收入陷阱等，都是不允许线性化处理的非线性，搞不好可能导致灾难性后果。特别的，令经济学家谈虎色变的经济危机，更是把整个经济系统推向灾难深渊的非线性动力学现象，在资本主义制度下不存在消除它的可能性。

其实，即使用线性模型描述的动力学系统，实质上也存在非线性因素，其输入－输出关系（如投入－产出关系）必定是非线性函数（除非状态变量的导数是常数）。输入－输出为线性函数的系统不可能创造剩余价值，在现实经济生活中没有什么意义，向来不为经济学家关注。（剩余价值是经济关系中的非线性因素造成的整体涌现性，从"无"中生出来的"有"）所谓最优化理论面对的都是非线性系统，其功能特性存在极大值或极小值，才可能存在最优解，或者追求收益最大，或者追求代价（付出）最小。这是一种过犹不及型非线性（抛物线是其中最具代表性的几何形式），都可以用连续光滑的数学模型来描述。总之，在经济系统中，人们实际面对的都是非线性动力学现象，要处理的都是由非线性和动态性造就的系统特性，一般都属于复杂性问题。

结束本节之前，简单讨论一下动力学系统的回归性。由于牛顿力学没有认识到动力学系统可能存在非周期定态，把回归性与周期性等同起来，几百年来在科学界造成误解，直到确定性混沌被发现才纠正了这种错误认识。非线性动力学系统在时间维中展开后，其行程中存在一种反复回到过去出现过的某个状态（严格回归）或其附近（非严格回归）的现象，称为系统的回归性。混沌研究发现非周期定态才使人们认识到，周期性只是回归性的一种简单情形，特点是系统的定态是状态空间一条封闭曲线上所有点的集合，系统以一定的周期沿着这条曲线作循环运动。而非线性动力学系统还存在非周期的回归性，代表一种比较复杂的运动形式。下表是依据回归与否对动力学系统特性的一种完备分类。

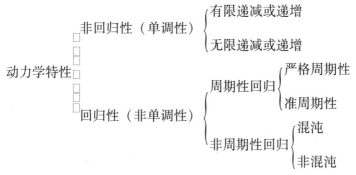

严格点讲，周期运动有两个特点，一是周而复始，不断回归；二是有确定的周期，周而可期，即按照一定的时间间隔反复不断地回到以往的状态，行程可预期，属于简单性科学研究的问题。数百年来，经济危机的反复出现并非真正的周期运动，因为它不仅周而难期（没有确定的周期），而且经济危机不是经济系统的稳定定态，繁荣－萧条的循环不是经济系统的吸引子。经济危机发生是经济系统失去稳定性的结果，克服危机、重回繁荣要经历一个非线性动力学过程，实际是非线性动力学系统的非周期式回归性，属于难以驾驭的复杂运动形式。就价值观而言，人类力求的是回归繁荣态，而非回归危机态。此外，非周期定态可能不限于混沌一种，经济危机似乎不是严格的混沌运动（经济不是

确定性系统，随机因素不可忽略，但经济危机似乎也是系统内在的随机性，是资本主义经济从娘胎里带来的疾病），以混沌学来解释它似乎不得要领，至今尚无适当的理论描述之。经济学习惯于讲经济危机的周期性，实际上周而无期，一次一个样，讲周期性没有多大实际意义，可能属于科学研究至今没有认识的一种非混沌式非周期性回归。

3.5　经济系统的自组织与他组织

经济是极富矛盾复杂性的系统，如效益与公平、短期利益与长期利益、实体经济与金融经济、经济的自组织与他组织等。在阶级社会中这些矛盾的深层根源是不同阶级经济利益的矛盾，在无阶级社会中它们以不同的内容和形式表现着，都有力地推动着经济系统的演变发展。本节只简略讨论自组织与他组织这对矛盾。

经济是人为的，也是为人的，人的自觉能动性必然出现在经济活动中，既可能产生经济的自组织，也可能产生经济的他组织。也就是说，经济系统的自组织和他组织都以人的自觉能动性为前提，在一定社会环境中作为对立面而生发出来。自组织与他组织作为一对矛盾，也是相对而言的，互为存在的前提。相对于系统自身而言，环境因素的强制性、能动性呈现为他组织；相对于外部环境而言，系统自身的适应性、能动性呈现为自组织。整体的能动性相对于部分呈现为他组织，部分的能动性相对于整体呈现为自组织。高层次的能动性相对于低层次呈现为他组织，低层次的能动性相对于高层次呈现为自组织。经济系统具有多层次、跨层次结构，每个层次上都既有自组织，又有他组织，且随着层次变化而相互转化：在这一层次上是自组织，在另一层次就是他组织。在微观层次上，他组织主要体现为经济人的自觉性和计划性，生产者是产品生产的他组织者，商家是商品流通的他组织者，管理者是企业系统的他组织者，等等。但人的自觉性和计划性是有限的，相对于宏观的经济运行，数目巨大的经济人由于不能充分掌握（甚至完全不掌握）系统的宏观整体信息，只依据自身的局域目标和掌握的局域信息采取行动，不了解、不顾及系统的整体目标，其活动必定有种种自发性、局域性，以及彼此之间行为的并行性、交互性、相干性，这种自发性、并行性、交互性、相干性汇集而成盲目性，必有不利于宏观整体目标的表现。相对于宏观经济而言，这就是经济系统的自组织因素，既是推动经济发展的强大内在动力，也会产生不利于宏观经济发展的消极作用。

微观层次上也存在自组织与他组织的矛盾。如果被管理者也是具有自觉能动性的主体，必定会产生超出管理者意图的自发性和盲目性，构成微观经济内在的自组织运动。若管理者不善于对待这种自组织性，就管理不好系统。早期的管理理论，如倡导工时定额的泰罗制，把工人当作机器，不重视也不能够发挥工人的积极性、主动性，束缚了系统组分层次的自组织性，历史表明它不是真正科学的管理。20世纪后期兴起的自组织管理理念，旨在把自组织思想引入管理，以期开发和利用职工的自发性，提出所谓自组织管理。毛泽东提倡的鞍钢宪法，让工人参与工厂管理，实行三结合，是为了在企业管理中把自组织与他组织结合起来。劳动者直接加工改造自然物的生产活动，加工者即他组织者，属于自组织因素可以忽略不计的典型他组织过程。但哲学地看，加工者须顺应劳动对象自身的本性和特征，后者也是一种自组织因素。事物（物理的和事理的）按照自身的本性和特征存在着、表现着、延续着、演变着，就是客观世界最基础的自组织因素。这也就是杜甫所说的"欣欣物自私"。这里讲的"自私"并非渗透着人伦意义的自私自利，而是说万物都执着地坚持表现着自己，维护着自己，延续着自己，改变着自己，导致客观世界欣欣向荣。

历史地看，人类一旦有了经济活动，就同时具有了经济的自组织和他组织两种因素，构成一对无法分离的矛盾对立面。不过，只有在商品经济形态下，经济系统作为自组织与他组织的矛盾统一体这种特点才变得鲜明起来。只有发展到在资本主义社会形态，商品经济才取得其最完整、最充分的表现。未来非商品经济取代商品经济后，经济的自组织与他组织如何运作，我们现在还无法想象，本节的讨论都限于商品经济的自组织与他组织。

只要是商品经济，经济系统基本的自组织机制就是市场，市场行为中充满了自发性。这种自发性赋予经济活动极为强劲的自组织性，使市场经济具有很大的自调整、自纠错、自稳定能力，使资源得以较为有效地配置。但商品的具体生产过程都是有计划、有管理的自觉活动，即他组织过程。所以说，市场的宏观自组织是以市场参与者的微观他组织为基础而存在的，整体的强劲自组织是以局部的强劲他组织为基础而产生和运行的。但若把市场看成纯粹的自组织，那也是错误的。对于市场的参与者（经济人）来说，市场整体上又是强劲的他组织者，市场走向引导经济人的行为，顺之者成，逆之者败。成功的经济人都是复杂适应性系统，懂得随行就市，善于根据市场的当前需求和未来走向来组织自己的经济活动，管理自己的下属，体现了 CAS 理论所说的适应性造就复杂性。30 多年来无数中国人下海经商，或成或败，敷演出一幕幕商战戏剧，使人们切身感受到对于经济人来说，自组织的市场经济施加着无情的他组织作用。

　　资本主义商品经济的自发性十分突出，常常被视为一种纯粹自组织的系统。亚当·斯密"看不见的手"的概念形象而深刻地揭示出市场经济的自组织机理。但也正是这种强大的自发性，导致资本主义经济反复地爆发经济危机，成为它不可克服的痼疾。马克思主义对资本主义经济危机的分析，其实也包括对经济复杂性的分析。这里要说的是，把资本主义国家的经济说成完全的自组织系统，似乎其成功在于完全排除了经济中的他组织，也不符合实际情形。资本主义社会强调法治，经济活动必须在法律范围内进行，法律、特别是作为根本大法的宪法对经济系统施加的就是他组织作用。这些国家的议会经常就一些经济问题进行辩论、斗争、表决，不时通过或否决某些有关经济的提案。这本身就是不同政治势力在争夺对国家宏观经济运行的他组织权，被通过的提案对其后的经济系统运行具有强劲的他组织作用。它们还设置了管理经济活动的种种机构，管理都是管理者对被管理者的他组织。如美联储是美国经济运行重要的他组织者，调整利率就是在改变他组织力的作用方向，对美国经济有不可小觑的作用，甚至影响世界经济的运行。不论大政府，还是小政府，既然是政府，就不会有权不用，而是要干预、调控经济。区别仅在于政府干预什么，向什么方向调控，调控的方式、方法、力度如何。次贷危机发生后美国政府推出的救市计划，欧共体为挽救希腊等国采取的举措，都是强劲的他组织。故资本主义经济也是自组织与他组织的某种矛盾统一体，本质的不同在于按照哪个阶级的根本利益来施行他组织。拿美国来说，从里根到小布什，再到奥巴马，政府从法律、政策、外交甚至军事上为金融垄断资产阶级服务，向有利于这个阶级的方向调控，导致财富迅速向只占人口 1% 的富人集中，引发了著名的"占领华尔街运动"。

　　马克思主义经济学批判资本主义经济的自发性，倡导经济活动的计划性，有巨大的历史合理性。因为这样的自发性不仅是导致资本主义经济危机的根源，更不能容忍的是它对人类未来生存发展的威胁越来越大。说什么市场能够自组织地实现资源配置最优化，实在是无稽之谈。资本主义经济具有不可抑制的自发性，短短几百年已经把地球人类推向资源匮乏、环境污染、生态破坏的危险边缘，为它自身的消亡创造着条件，跟它片面肯定自发性的思想理念密切相关。

但马克思主义把自发性视为纯粹的消极因素，没有看到它是系统自组织的必要前提，自发性对于系统的形成发展具有非常积极的建设性作用，也是一种不容忽视的片面性。这种理论的失误，加上斯大林对马克思主义理解的片面，对异常复杂的经济系统作出过度简单化的描述，把高度集中的计划经济作为苏联社会主义经济的基本模式，并一度被视为社会主义国家唯一可行的经济模式。实事求是地说，这既是一个历史性的错误，也是一种难以避免的历史局限性。苏联的经济制度诞生于疾风暴雨的革命中，又是在挫败世界资本帝国主义阵营武装干涉和经济封锁中得以巩固，对于赢得战争和战后经济恢复显示了巨大的优越性。其机理是国家能够集中力量办大事，最大限度地发挥他组织的优势，苏联前期和中期的历史为此提供了有力的证明。但对于和平时期的经济建设来说，这种经济模式严重压抑了经济巨系统微观层次的自发自组织性，束缚了经济人的自主性、积极性、创造性，削弱了市场在资源有效配置中的积极作用，经济系统整体上在不知不觉中逐渐趋于僵化。苏联后期经济的停滞为此提供了最沉痛的教训，是导致第一个社会主义国家解体的重要原因。但认识这一点需要社会主义建设有足够的实践经验，特别是挫折和失败的教训。斯大林犯了把社会主义经济简单化的错误，是导致新进步的历史代价，有重大积极意义。但全盘否定斯大林，否定苏联，是另一种把复杂问题简单化的错误。

总之，在商品经济条件下，不要市场不行，只要市场也不行；只要政府调控不行，不要政府调控也不行。必须把市场与计划适当结合起来，让两者相互激励，相互制约，用计划约束市场，防止市场自由过头而导致危机；用市场来约束计划，防止政府干预过头而导致僵化。经济学家陈平有言："如果你认为演化只有一种可能性，在计划经济中领导会考虑一切，民间的主动性就没有了；如果在市场经济中看不见的手会自动达到最优，那么游戏规则的制定、产业政策的协调也不用做了。这都不符合当代各国的历史经验。"① 他说的也是自组织与他组织的适当结合，轻视、废弃任一个都不行。但陈教授所谓"社会—经济秩序只有在自组织过程中方得维持"的说法有片面性，不论政治还是经济，优质的社会秩序的形成、维持、改进都需要自组织与他组织适当结合，或者说辩证统一。其中，自组织无疑是系统运行的基础，但若没有他组织的支持、协调、制约，仅仅依靠自组织，秩序的形成、维持、改进只能是一句空话。发展经济

① 陈平. 文明分岔、经济混沌和演化经动力学［M］. 北京大学出版社，2004：465.

同时需要自组织和他组织，你可以人为地把其中一方压制到最低程度，却不可能真正取消它，被压制的一方始终在发挥它的作用，并在暗中积聚能量，时机一旦成熟，就会突然爆发，把系统置于危险局面。

在邓小平领导下，中国从高度集中的计划经济转变为社会主义市场经济，使经济系统产生了新的矛盾复杂性，即社会主义与市场经济对立统一造成的复杂性。在社会主义市场经济条件下，自组织与他组织这对矛盾获得了历史性的新内涵：社会主义与市场经济的对立统一。社会主义初级阶段必须利用市场的自发性搞活经济，否则社会主义就无法在资本主义主导世界的大环境下生存发展。但市场的自发性内在地联系着资本主义，市场经济必定滋生资本主义，完全照搬新自由主义经济学搞市场经济，势必导致资本主义复辟。这就需要用社会主义管住市场，要警惕那种削弱甚至拒绝以社会主义去管理市场的做法。社会主义市场经济是从资本主义市场经济过渡到未来的非市场经济的必由之路，在社会主义市场经济的形态下逐步消除经济的资本主义成分，削弱私有制，就是世界社会从经济上培育大同世界的历史过程，我们要时刻铭记这个大方向。

3.6　关于中国经济学发展的一些想法

迄今为止，中国流行的经济理论都是从西方引进的，前30年主要是引进马克思主义经济理论和苏联经济理论，近30多年来则是全面引进西方资本主义国家的经济理论。这样做具有实时的、历史的合理性，初级阶段的社会主义只能在资本主义母体中成长，必须充分吮吸母乳。但历史的合理性也是历史的局限性，随着历史向前展开，时过境迁，迟早要转化为历史的不合理性，必须改弦更张。历史发展到现在，需有也可能建立中国自己的经济学理论，形成社会主义市场经济的理论体系。本节从五个方面谈一些门外之见。

（1）国际金融危机对主流经济学的挑战。这次从美国次贷危机到金融危机再到经济危机，事件的发生发展与新自由主义经济思潮泛滥直接相关，深刻暴露了它的偏执、谬误和危害。现行经济学无法预见这次危机的发生，不能简单归结为"许多聪明人集体洞察力的失败"①，而是现行主流经济学的失败。历史

---

① 新闻报道，"聪明人"的集体失察，参考消息，2009年7月28日，第4版。

在呼唤新的经济理论。从经济系统运行机制的表层看，危机形成在于里根、撒切尔以来的美英政府奉行新自由主义经济理论，对经济特别是金融系统缺乏应有的监管，这已是共识。从系统科学看，其深层机理在于任何复杂系统，包括经济系统，自身既是自组织的，又存在内部他组织，两者构成一种矛盾。如何对待这对矛盾，能否实现两者的辩证统一，后果截然不同。在商品经济条件下，经济自组织的机制主要是市场，经济他组织的机制主要是政府的计划与调控，两者的关系极为重要。鼓吹市场万能的新自由主义在 1970 年代重新勃起，并成为主导美英政府的意识形态，也有科学发展方面的原因。1960 – 70 年代勃兴的自组织理论，特别是普利高津的阐述，使人们重新认识自发性在系统演化中的建设性作用，有十分积极的科学意义。但同时也形成一种"自组织迷信"，轻视甚至否定他组织的建设性作用，给新自由主义提供了科学支持，至今还在中国学界居统治地位。这次经济危机证明，成熟的社会主义经济必须使市场的自组织和政府调控的他组织有机地统一起来，这只有在社会主义制度下才能真正做到。

从政治层面看，拿美国来说，它的政府是选举产生的，在选举中花了大钱的利益集团绝不允许政府无所作为，必然要求政府按照他们的利益大有作为。它们允许政府搞点小花招去欺骗广大选民，但大政方针必须符合他们的利益，特别是金融资本大亨。事实上，从里根到奥巴马的历届政府都从法律、政策、外交、甚至军事上为大资本（特别是金融资本）提供支持和保证，新自由主义经济学就是它们的理论依据。新自由主义只是口头上反对政府干预，绝不反对政府保护利益集团这种干预。所以，问题不在于要不要政府的他组织，而在于他组织干预什么，向什么方向调控，调控的方式、方法、力度如何，谁来监督、制约他们。可见，存在资本主义的他组织和社会主义的他组织之分，需要经济学给以科学的理论说明。

（2）"中国模式"对主流经济学的挑战。针对不发达国家如何发展而制定的华盛顿共识，是在经济全球化时代背景下以新自由主义经济学为理论依据，由西方炮制出来的"国际垄断资本的经济范式、政治纲领和文化宣言"①。它付诸实践 20 年，在世界范围造成极为严重的负面后果，在这次金融危机爆发前已经基本破产。这一事实极具理论意义，突显现行经济学的片面和谬误，无力解

---

① 廖言，新自由主义的神话走向破灭，光明日报，2009 年 6 月 9 日，第 10 版。

决新世纪的全球问题，必须有全新的思想理论，包括经济学思想。华盛顿共识的失败反衬出"北京共识"亦即"中国模式"的价值。中国社会经济持续30年的快速发展是人类历史上的奇迹，现有经济学不仅无法说明其机理，而且一再导出不同版本的"中国崩溃论"，也一次又一次地被证伪。相反，中国社会经济发展的初步成功恰好是在顶着国内外要求全面推行新自由主义的巨大压力下取得的。这是对新自由主思思潮的辛辣讽刺。成型的中国模式现在还远远谈不上，骄傲不得；中国模式已具备某些优质要素却是不争的事实，开始构成对西方经济学的严重挑战。从系统科学看，中国社会初步做到既能够发挥市场的自组织作用，又能够发挥政府调控的他组织作用，将两者较好地结合起来，乃是中国成功的秘诀之一。现行经济学无力给以科学解释，暴露了它的不科学，呼唤建立新的经济学。经济系统是在社会的、政治的、文化的甚至军事的环境中运行演化的，一定的经济发展模式是在一定的环境中塑造出来的。从经济系统的文化环境看，中国模式既有中国文化从孔夫子到孙中山、毛泽东的积累和传承，也有20世纪一系列革命运动铸就的新精神、新文化为依托，如长征精神、延安精神、大庆精神等，它的基本面同样不能用现有经济理论解释。

（3）探寻社会主义市场经济实践的理论表述。知识来源于社会实践，经济学新思想来源于经济发展的新实践。西方经济理论本质上是资本主义市场经济数百年实践的理论概括，这种市场经济已经熟透了，它所蕴藏的理论创新原材料基本挖掘殆尽，对经济理论的实质性创新不会再有重大作用。经济学前沿历史地转向探寻社会主义市场经济的理论表述。既然是市场经济，不论资本主义的还是社会主义的，必有共同的东西，即所谓中性机制。但也各自具有特殊的、相互对立的本质特征，包括运行机制，中性机制被镶嵌在这些非中性机制中。一切事物都内在地包含其矛盾对立面，资本主义市场经济必定内在地包含社会主义市场经济的诸多因素，经过批判地扬弃，即可用于建构社会主义市场经济。所以，对资本主义市场经济和西方市场社会主义理论和实践①的借鉴和批判，是构建社会主义市场经济必不可少的工作。但这样做远远不够。社会主义市场经济的科学理论是新事物，它的构建材料主要蕴藏于社会主义市场经济的实践中，社会主义市场经济的理论体系主要是对社会主义市场经济实践的概括。不可能一开始就试图建立统一完整的社会主义市场经济理论，要抓住能够从某个

---

① 余文烈，姜辉. 市场社会主义：历史、理论与模式［M］. 经济日报出版社，2008.

具体的特殊的角度反映经济运行机制的问题进行研究。例如，信息经济学抓住交易中的信息不对称做文章，形成特定的理论，我们可以从这里获得方法论启示。中国经济学家应当到社会主义市场经济的实践中寻找新问题，形成新假设，从一个个具体的特殊的角度揭示社会主义市场经济的运行机制，逐步形成新的经济学理论。

（4）新的经济学尤其需要克服还原论。经济研究也离不开还原方法，适当的还原分析能够把问题简化。经济人就是对经济现象进行还原分析而得到的概念，有学术意义。马克思把资本主义经济关系归结为商品关系来分析，也是一种还原方法。但经济学不应该以还原论为主导，因为还原论是简单性科学的方法论，而经济学属于复杂性科学，经济研究要还原方法而不要还原论。在新的经济学中居主导地位的应该是强调整体涌现性的系统论，重在把握经济系统的整体涌现性，并在把握整体涌现性的前提下搞还原分析。现行经济学的方法论渗透着浓厚的还原论，尤其是所谓新自由主义经济学各流派，把还原论全面深入地贯彻于经济学各方面，力图将宏观经济确立在微观经济基础上。这对经济理论的严密化、定量化确有贡献，但也把经济学引向片面追求数学化、线性化、形式化的轨道，仿佛经济学已经达到接近自然科学那样的精确性，令发展中国家的经济学界顶礼膜拜。这实际上是虚假的繁荣，带来很大弊病。西方经济学界对此已有理论批判，不能预测金融危机，不能解释"中国模式"，则是对它最有力的实践批判。

问题还在于，经济学还原论并非单纯的方法论，它跟世界观、政治意识形态有深层次联系，实际上是熊彼特所说的"方法论的个人主义"①。把原本是复杂巨系统的社会经济运动还原到个人，从学理上把个人贪欲这种本质上的非理性（兽性）打扮成理性，而且美化为完全理性，把个人主义作为社会整合的思想基础，是西方经济学的意识形态核心。它实质上是以"科学"的名义强行把完全理性的桂冠赋予从事资本主义投资、生产、分配、交易的经营管理者，以其利益最大化为准绳组织社会生活，因而最充分地体现了资产阶级的经济利益和政治理想。社会主义既追求个人充分自由和经济效益，也追求公平、正义、共同富裕，力求将两者恰当地结合起来。所以，社会主义的经济研究不能使用

---

① 杰弗里·M. 霍奇逊. 演化与制度 [M]. 任荣华等译，中国人民大学出版社，2007：134.

作为方法论个人主义的还原论,只能运用作为整体论与还原论辩证统一的系统论。

(5)向复杂性科学索取理论工具。从斯密、李嘉图以来,经济研究家就力图引进自然科学方法,马克思亦然。但他们能够应用的只有简单性科学,难免不自觉地把复杂的经济现象人为地简单化,此乃他们不可超越的历史局限性。20世纪以来,资本主义市场经济的理论表述以简单性科学为依据,偏爱平衡态和确定性,追求数学化、线性化、形式化,力求把复杂的经济系统约化为简单系统来描述。学术上是以此论证资本主义经济的科学性,弦外之音则是论证资本主义社会的永恒性。即使兰格等人的市场社会主义经济理论,其方法论也承袭这一套,他的经济控制论是线性系统理论。这既是历史条件的限制,也是资本主义经济的本性使然,华丽的科学外衣有助于掩盖其为资本主义剥削服务的本质。如果仍然以简单性科学的原理和方法研究社会主义市场经济,就不可能跳出现有经济学的窠臼。社会主义市场经济必须自觉地以复杂性科学为理论根据,将经济运行当作复杂系统,自觉地把复杂性当复杂性对待,系统地引进复杂性科学的概念、原理和方法。目前经济学主流不重视借鉴复杂性科学,有多方面的原因。就科学本身讲,一是复杂性科学还处在幼年时代,尚未给经济研究提供足够有效的武器,还不能充分说明经济运行的复杂现象;二是复杂性科学现有的概念、原理、方法主要是基于数理科学提炼出来、用艰深的数理语言表述的,经济学家接受起来有困难,欲有效地应用于经济研究,尚须作必要的创造性转换。

到社会主义市场经济的实践中寻找课题,在辩证唯物论指导下批判地吸收西方经济学理论成果,从复杂性科学借鉴概念、原理、方法,提出新的经济学假设,建立新的经济学学说,给社会主义市场经济的实践以理论说明,并依据这种实践经验检验和发展理论,这应该是未来经济学发展的正路。在这方面,中国经济学界显然大有可为。

(6)认识社会主义市场经济的特殊复杂性。作为一个完整概念,"社会主义市场经济"由两个义项合成,即社会主义和市场经济,二者缺一不可。它是社会主义思想和实践长期历史发展的新近产物。第一步从高度集中的计划经济向市场经济转变,基本上是照搬照抄西方特别是美国的做法。这在特定历史条件下确有其必要性,但大量资本主义的脏东西也随之而来,所谓新自由主义的货色充斥于今日中国经济学界,并影响到经济以外的各个领域。经过30多年的努力，市场经济在中国已经不可逆转地确立起来，而如何用社会主义去规范市场，建立真正的社会主义市场经济，从学术理论到实践经验都很缺乏。所以，中国的改革已经走到一个转折点，必须从理论上弄清什么是真正的社会主义市场经济，并全力付诸实践。这是典型的复杂性问题，是经济学前沿最重要的课题。反过来说，这也为复杂性科学的发展提供了绝佳机会。在这里，社会主义经济学既遇到极大的挑战，也适逢难得的发展机会，问题就看中国经济学界如何面对。经济复杂性研究也有助于复杂性科学的发展，但经济学目前的发展状况对于复杂性科学还不可能发挥它应有的推动作用。一句话，经济学与复杂性科学应该相互促进，共同发展。

社会主义市场经济的实践经验和理论研究将带来经济学前所未有的革命性变革：从线性经济学到非线性经济学，从还原论经济学到系统论经济学，从不可持续经济学到可持续经济学，从发财经济学到幸福经济学，等等。完成了这一系列变化的经济学，将有资格取资本主义经济学而代之。

3.7　世界社会的经济复杂性

推动世界系统化的根本动力是经济发展，世界范围的经济联系是维系世界系统的第一要素。世界之所以再也不能分割开来，原因首先在于经济上分割不开，世界系统化、经济全球化是一种不可逆过程。所以，从世界系统形成之日起，就出现了世界经济。最初的世界经济是垄断资本主义经济的一统天下，其复杂性与国内经济是同质的，前几节讨论了它的基本点。十月革命前资本主义经济一再出现危机，社会主义运动如火如荼，表明这个新生的世界社会系统正在从经济上培育世界大同。相应的科学理论探索始于马克思和恩格斯，资本主义推动世界系统化接近完成的大趋势给予他们全新的历史眼界，通过对资本主义经济的批判来构建社会主义经济的理论架构，使社会主义从空想变为科学。但资本主义心脏地区的工人运动并没有发展到夺取政权、剥夺剥夺者的程度，马克思和恩格斯没有机会亲手设计和试运行社会主义新经济的实践机会，未能看到取代资本主义的新经济制度的出现。这是他们无法摆脱的历史局限性，必然在他们的经济理论中有所表现。

自由资本主义向垄断资本主义的过渡，改变了世界社会培育大同世界的条件和方式。通过批判垄断资本主义而发展马克思主义经济理论的任务由列宁来承担，相应的制度设计者主要是列宁和斯大林。以社会主义经济取代资本主义经济是世界社会这个超级巨系统整体的自组织运动，却通过俄国布尔什维克党这个局部他组织者的自觉奋斗开辟了一条新道路，当然是一种历史性的尝试（具有试错性），这又一次显示出自组织与他组织的辩证关系。而社会主义经济首先在次发达的俄国出现，给世界社会的演化、世界社会培育世界大同提出新问题，造就新情况，对后来的巨大影响至今依然存在。这一点出乎马克思恩格斯的预料，表明他们关于大同世界的理论建构在经济上仍然有不符合实际的成分。

苏联问世创建了社会主义经济的最初形式，开启社会主义经济经受实践检验和自我发展的历程，也是经受世界社会培育、检验、选择的历史过程。计划经济在避免经济危机、打赢反侵略战争、集中力量搞工业化上显示了突出的优点，因而被后续的社会主义国家普遍采用。世界社会从此形成市场经济与计划经济并存和竞争这种全新局面，产生了新的经济复杂性，一种世界经济系统才具有的复杂性。世界社会系统对社会主义经济的培育是一个长期的复杂过程，建立大同世界的经济基础理应比建立资本主义经济基础复杂、曲折得多。由于缺乏必要的实践经验，加上简单性科学思想的误导，无论马克思还是列宁，都没有从理论上充分揭示这种复杂性，更没有给出相应的对策，只能靠后继者去摸索、试错，招致挫折或失败是不可避免的。这依然是自组织与他组织对立统一的历史过程，需要反复试错、积累经验教训、不断改进，失败了再干。最初创造的社会主义经济形式远不可能是完善的，只是提供了它自我发育、生长的起点，甚至是一种试错的方案。作为自组织与他组织对立统一的一种新形式，社会主义经济必定产生它特有的矛盾复杂性，过度集中的计划经济模式无法驾驭它。苏联模式70年运行到中后期逐渐暴露出弊病，面对勃兴的社会信息化、环境生态化新趋势，过度集中的计划经济走到不改革不能生存的关头，面临分叉点上的对称破缺选择。不幸的是苏联没有走上正确的改革之路，却出人预料地导致解体，这是社会主义者不愿看到的对称破缺选择。它表明无论就整个世界社会看，还是就社会主义国家看，整体的自发自组织存在不以人的主观意志为转移的客观规律；自觉的他组织最初取得的成功只是局部的、一定时期有效的，必定同时存在不符合客观规律的认识和行为，在人们视线之外自发地孕育着危机。他组织者往往要在成功之后再遭受挫折甚至失败，才能获得新觉悟，着手以新的自觉努力去把握客观规律。苏联解体成为世界社会主义运动自学习、自纠错所付出的沉痛代价，其历史作用不容轻视，马克思主义必须从这里引出正确结论。

新中国按照苏联模式建立自己的经济体系，既取得辉煌成就，又出现种种失误。毛泽东生前曾经认真反思过苏联模式，有所收获，但没有真正找到解决办法。中国在他身后走上改革之路，苏联解体更促使邓小平引导中国转向社会主义市场经济。这是世界经济发展史上一件大事，世界社会在经济上出现以市场经济为模式的整合，两种市场经济难分难解地交织在一起，标志着世界经济系统又一次发生结构性变化，经济复杂性获得新内涵。一方面，世界经济以市场模式走向统一，消除了两大阵营对立造成的"过复杂性"（借用博曼的概念，参见4.4节），是历史性的进步，有助于社会主义经济在世界社会系统之内充分吸收母体的营养以自我发育。另一方面，两种性质不同的市场经济共存和竞争，赋予世界经济系统一种特殊的内在异质性，新的内在异质性必然产生新的复杂性。特别的，社会主义市场经济在中国刚刚起步，远不成熟，又处于已运行数百年的资本主义市场经济重重包围中，最能感受到这种前所未有的经济复杂性。

无论垄断资本主义形成初期的一统天下，还是两大阵营对立的冷战结构，世界系统的超级巨大规模都没有给世界经济带来质的新特点。一旦形成统一的世界市场，出现两种市场经济并存、互动的结构，这个超巨系统的规模效应立即显示出来，规模巨大带来的复杂性随之显示出来。经济系统的基本要素在全球尺度上快速流动，使得市场经济固有的非线性、动态性被急剧放大，形成世界经济这个超巨系统特有的非线性动力学特性。非线性和动力学特性是系统产生复杂性最重要的内在根源，所谓异质性也是通过这种非线性动力学机制而发生作用的。这使得世界经济系统的复杂性显著地超过了国家内部非线性动力学因素造成的经济复杂性。部分出于历史的巧合，部分也是历史的必然，全球市场经济的出现正赶上社会信息化高潮的兴起，信息高新技术全面进入经济系统的运行，使信息的特殊复杂性迅速转化为经济复杂性。西方从垄断资本主义进一步转向金融资本主义，金融经济凌驾于实体经济之上，正在使世界经济系统产生国内经济系统不可能具有的复杂性。

中国走向社会主义市场经济标志着世界社会系统从经济上培育世界大同进入新阶段，总体形势既有相当有利的一面，又有非常严峻的一面，问题成堆，一系列挑战摆在面前，特别是国内外都有人妄图借机把中国拉向资本主义市场经济。但历史发展的总规律是走向大同世界，新的世界经济危机表明"资本主义体制因其自身的复杂性而陷入困境"①。近 200 年的历史表明，世界社会培育世界大同的过程绝非孕妇培育胎儿那样温暖、舒适、顺畅，而是社会主义在大风大浪中经受锻炼成长的过程，因为这种母体具有扼杀婴儿的本性。这是前所未有的复杂事业，更是前所未有的社会创新过程。社会主义在经济上取代资本主义的基本方式，可能不再是通过暴力革命剥夺剥夺者，而是通过跟资本主义的共存和竞争，创造可持续发展、公平正义、共同富裕的经济新模式，逼使资本主义的全部正能量发挥殆尽，负能量越聚越大，最终被人类压倒性多数所淘汰，也就是被历史淘汰。展望这一未来前景，它的复杂性立即呈现出来：社会主义经济的发展还会有哪些曲折？社会主义初级阶段需要市场经济，进入高级阶段后情形如何？大同世界应该有怎样的经济模式？没有人能够有把握地回答这些问题，但车到山前必有路，未来是属于社会主义的。

---

① 埃里克·贝纳姆，资本主义体制深陷困境，参考消息，2012 年 1 月 3 日，第 10 版。

第4章 政治复杂性管窥

有关人类政治活动的记载已有数千年之久,现代政治学的著作可谓汗牛充栋。但对于什么是政治,至今仍然众说纷纭,足见政治的复杂。为便于讨论,本章做这样的界定:政治是围绕社会权力的获取或丧失、权力分配、权力接受或拒止、权力运用、权力交接转移所发生的社会关系和社会行为,及其观念形态反映(政治学)。一切政治行为都是在充满复杂性的社会环境中施展的,成功的政治行为要善于利用和驾驭社会复杂性,更要驾驭好政治本身的复杂性。所以,政治研究属于典型的复杂性研究,政治学属于复杂性科学。

4.1 政治复杂性的根源

马克思主义的一个基本观点断言:政治是经济的集中表现。这个原理从根本上揭示了政治复杂性的来源:经济复杂性经过政治的集中表现而转化为(产生了)政治复杂性,它有两层含义。其一,政治复杂性归根结底来自经济复杂性,经济的复杂性必然要转化为政治的复杂性。在阶级社会中,不同阶级、不同阶层、不同利益集团有不同甚至对立的经济利益,它们之间复杂的经济关系都会以政治复杂性的形式集中表现出来。不同阶级、不同阶层、不同利益集团有不同的政治诉求,相互间发生复杂的互动和冲突,需要一定的妥协,达成相对的平衡,又不断打破平衡。在通常情况下,现实的政治主要是通过政治家们的言行和业绩表现出来的。但诚如毛泽东所说:"这政治是指阶级的政治,群众的政治,不是所谓少数政治家的政治。"(一卷本,868)政治家的政治行为和业绩是他所代表的阶级经济利益的集中表现,现实的政治首先是政治家们以保护

79

和扩展自己所代表的阶级、阶层、势力集团的经济利益为动机，表现为制造舆论、制定政策、付诸实施和相互角力的行为过程。对于这一论断，西方精英常常在口头上否定，同时在实际行动上反复验证之。本书动手写作时，正值美国新一届总统大选的冲刺阶段，两党都猛打中国牌，比赛谁对中国更狠，更善于遏制中国，以求从政治上为美国走出经济危机寻找出路。2012 年 9 月 29 日，为战胜罗姆尼，赢得连任，荣获诺贝尔和平奖的美国总统奥巴马不顾国际关系的常规，直接出面以国家安全为由封杀中国企业华为、中兴并购美国企业这种民间经济行为。这是以最高层政治决策干预纯经济活动的又一事例。

其二，政治对经济的"集中表现"是一种社会性、历史性的复杂操作，这种操作是由人以一定社会制度为平台进行的。作为操作者的人具有自觉的能动性，以及第 1 章所讲的种种矛盾复杂性，使此类操作过程具有强烈的人为性、为人性、创造性、主观性、权变性。凭借这种操作，人的主观能动性、人自身的矛盾复杂性都会通过对经济的集中表现而在政治中获得淋漓尽致的反映，产生出经济本身不具备的复杂性。美国引以傲世的两党制衡政治导致 2013 年政府停摆事件，是很好的表现。（1）所谓政治集中表现经济，所说的表现与被表现、集中与被集中，绝不是简单性科学讲的那种一一对应的单值函数关系，也不是一多对应的多值函数关系，而是中医讲的那种多多对应的互根互用、互动互应的关系，复杂到现代数学完全无法描述。（2）政治并不止于被动地表现或反映经济，它总是要能动地反作用于经济，或者为经济保驾护航，或者阻滞经济发展；既可能有正作为，又可能有负作为，也可能不作为。这种能动性给政治带来太多的不确定性，大体相同的经济基础，可以有显著不同的政治表现，对经济产生多种多样的反馈作用，且不是单一的反馈通道，而是复杂的反馈网络。（3）政治进程是非线性动态过程，既有渐进式演变，也有突发式演变，变化方式无穷无尽，为政治带来显著的不确定性。例如，一切重大政治事件都有出人意料之处，不断证明着非线性系统的行为具有不可预料性。又如，社会动荡时期的政治常常带有政治家鲜明的个人色彩，导致"人存政举，人亡政息"的局面。

政治学是特殊的智慧之学，也可能变为诡诈之学，诡诈是智慧的重要表现形式。比较而言，工程技术以至经济活动中更多的是计算，有明显的程序性、操作性；而政治行为更多的是算计，本质上是非程序性、非操作性的，要比计算复杂得多。老子所谓"智慧出，有大伪"，最充分地体现在政治中。做官须善于算计，算计就是谋略，为官不能太实诚。在阶级社会中，一个正直的官员害人之心不可有，防人之心却不可无。政治谋略仪态万千，大体分为阳谋和阴谋两种，形成台前政治与幕后政治的区别。只要是阶级社会，现实的政治就既有阳谋，也有阴谋，是二者的对立统一。人们通常赞阳谋而斥阴谋，未免把政治复杂性简单化了。在政治行为中，阳谋未必一定善，阴谋未必一定恶。弱小势力为取得和维护自己的正当利益而密谋策划，永远是正当的。美国在里根时代推行搞垮苏联的政治谋略，今日重返东亚、遏制中国的战略，都是阳谋，其用心险恶路人皆知。在现实生活中，公开利用权力"欺行霸市"的阳谋绝不少见。

在人类的各种社会行为中，政治行为或许最富有矛盾复杂性。经济系统的各种矛盾复杂性都会通过曲折的"集中表现"而呈现于政治领域，人自身的各种矛盾复杂性也会在人的政治活动中表现出来，尤其是在政治权谋、权术中的运用。政治系统自身的矛盾复杂性，常常借冲突与合作这对矛盾呈现出来。政治，"一方面，它与多样性和冲突的存在紧密联系，另一方面又与合作和集体行为的意愿颇有关联"①。英国政治学家海伍德的这段话，说的就是政治系统固有的一种矛盾复杂性。政治是原则性与灵活性的矛盾统一，既要坚持原则，又要寻求妥协，故有政治是妥协的艺术之说。妥协有其积极的一面，有妥协才有政治。毛泽东说得对："把让步看作纯消极的东西，不是马克思列宁主义所许可的。"（一卷本，525）但无原则的妥协是失败的政治，九一八事变时国民党政权的所作所为就是典型。既要维护本民族、本阶级、本阶层、本集团的根本利益，又要对别的民族、阶级、阶层、集团有适当的让步，求得某种平衡、和谐，至少是暂时的平衡、和谐，乃政治系统的正常状态。在阶级社会中，没有妥协的政治多半是社会（至少是政治对抗中的一方）进入病态的症候。妥协需要艺术，而艺术是复杂的，成功的政治都具有艺术的复杂性。故成功的政治家也是艺术家，政治家的成功需要艺术思维。

尽管政治归根结底由经济来决定，但它又具有相对的独立性，古今中外大量政治事件的发生没有直接的经济原因，而是政治家们的"窝里斗"。在阶级社会中，权力欲对某些人的吸引力不亚于财富欲，仅仅由权力欲驱动的政治事件不计其数。这类政治事件特别讲究权谋、权术，不仅大大增加了政治的矛盾复杂性，还必然反映在社会大众心理上，形成一系列相互对立的社会心理状态并

---

① 安德鲁·海伍德. 政治学（第二版）［M］. 张立鹏译，中国人民大学出版社，2006：26.

存的局面。有人这样描述政治复杂性导致的社会心理复杂性：政治，离我们太近，又太远；政治，太高深，又太直白；政治，太高尚，又太黑暗；政治，让人伟大，又让人渺小。① 现实的政治确实如此。就近代中国而言，谭嗣同、李大钊表现出献身政治的高尚，汪精卫、张国焘表现了投机政治的丑恶。

政治复杂性还有一个重要来源：政治生活本质上属于信息过程，信息运作的复杂性赋予政治复杂性特殊的内涵。经济活动也须臾离不开信息运作，但它本身是物质的获取、加工、流通、消费过程，信息运动是为物质运动服务的。政治生活中也有物质运动，但本质上是信息的获取、加工、流通、消费过程，物质运动是从属性因素，信息复杂性对政治的影响显著不同于它对经济的影响。历史上，谁掌握并善于使用信息，谁就享有政治权力，信息垄断导致政治垄断。因此，信息技术的创新必定带来政治模式的变革。文字的创造造就出一批识文断字的人，他们信息运作能力远大于不识字的人，也就获得了很大的政治能量，政治家几乎都来自他们。如果他们掌握政治权力，可能玩弄出种种精致的统治权术，争权夺利，欺压民众。如果他们在野，要么摇唇鼓舌，制造舆论，试图夺取政权；要么针砭时弊，为民请命，也可能搅得朝野不安。老子一定是掌握了大量这类材料，深悉掌握文字所带来的政治复杂性，故提倡"绝圣弃智"。西方国家近代以来能够产生出远比封建社会复杂丰富的资产阶级政治，没有工业文明创造的交通、通信等技术支撑是不可想象的。然而，同 20 世纪中期以降兴起的信息高新技术相比，这不过是小巫见大巫。以互联网为代表的信息高新技术"正在从根本上改变 21 世纪权力的性质，所有国家都处于这一变化之中，即便是最强大的政府都不可能像以往那样掌控政权"②。社会信息化对政治生活的影响之巨，参与政治生活的人数之多，政治权力分散化的压力之大，政治运作方式的灵便、多样，政治生活中自组织与他组织互动之频繁、深刻、强劲，都是半个世纪前难以想象的，政治复杂性由此获得新的内涵。各种邪恶势力无疑要利用它来危害世界，政治学应该研究如何防范、消除这种危害。但总的说来社会信息化对政治运作的历史作用是十分正面的，为广大人民群众全面参与政治生活准备了技术手段，建立真正的人民民主制度已不遥远。

迄今为止，人们谈论的都是私有制存在下的政治及其复杂性。一个很自然

---

① 燕继荣. 政治学十五讲［M］. 北京大学出版社，2004：序言.
② 约瑟夫·奈，信息革命与战争变革，参考消息，2013 年 2 月 19 日，第 10 版。

的问题是：消灭私有制以后的人类社会是否还有政治？如果有，是否仍然是复杂系统？不论是否存在阶级，经济都需要而且必定会以政治形式集中表现出来。孙中山有句名言：政治是管理众人之事。此话说得有点笼统。在阶级社会中，政治所管理的是阶级统治之事，即少数人如何统治多数人，讲"统治"比讲"管理"准确。消灭阶级之后，政治才是货真价实的管理众人之事。没有利益对立所产生的政治复杂性，必定有性质不同的另类复杂性，只是我们现在还难以具体想象。但有一点可以肯定，它仅仅属于管理的复杂性，而不再有统治的复杂性。要管理获得彻底解放、个性全面自由发展的巨量地球人，真正做到平等、公平、公正，绝非简单的事，只有那个时代的人才具有驾驭那种复杂性的智慧，今人无须杞人忧天。

4.2 政治复杂性的系统分析

政治是一种系统现象、系统行为，古人对此已有相当高明的理解。中文政治一词是由政和治整合而成的，分别代表政治作为系统的两个不同层面。"政"代表系统的文化哲学层面，指为政之道，或为政的基本理念、原则；"治"为系统的操作层面，即治理，讲究治理之术，包括技术、艺术和权术；合而谓之政治，以政治民，以政治国，以政治世。中华古人习惯于把政与治分开来讲，政与治合字成词是后来的事。但政治的主导因素是政，而非治，治从政出，以政监管治，以治落实政。中文政字的创造也颇能体现系统思想。其一，政字从正，政者正也，匡正也。中国文化的政治学思想特别强调政治伦理，褒正贬邪，提倡仁政，在文字创造中已奠定基础。其二，政字从支，意指以棍、鞭击打，表示政治离不开强力；整合在政字中，意指政治还须运用权柄，有强制性。由此生发出法家的政治思想，几千年来延绵不断。楷书偏旁以折文儿取代支，或许反映了儒家强调德治和仁政的思想源头。运用道德和权柄（政权）两手来治理社会，一手硬一手软，以维护、强化既有的社会、经济秩序，就是中国人理解的政治。不过，中国传统文化虽有丰富的政治学思想，却没有形成政治学这门学问。

主客二分的哲学理念深深地影响着西方政治思想，政治被视为由政治主体和政治客体形成的系统，主体为因，客体为果，以因控果，由果溯因，反映西方特色的系统思想，有鲜明的机械论。逻辑学不祧之祖亚里士多德也是政治学概念的提出者，看来并非偶然。政治要成为一门学问，必须讲究形式逻辑，重视学问的逻辑体系，精通政治学需要精通逻辑学，须有严密的逻辑性。由现代自然科学发展起来的科学思想，特别是它追求的确定性和精确性，给政治学以强烈的诱惑。法国物理学家安培曾经设想把自然科学的思想和方法引入国家管理，颇为诱人，但也仅仅是设想。使政治学科学化的追求在西方文化中有深厚的基础，但政治研究长期未能走向科学，原因在于：政治研究本质上属于复杂性范畴，还原论方法无济于事，形式逻辑对于政治学是必要而很不充分的。

直到系统科学、特别是控制论出现后，这种局面才开始改变。维纳的名著《控制论》（1948）已经考虑到这门新学科在社会系统中的应用。1950年代以降，由工程控制论滥觞的现代控制理论的发展如火如荼，在政治学界引起强烈反响，学人着手以控制论思想阐释政治活动的科学内涵。现代控制理论主要是为机器自动控制服务的，控制系统由控制器和受控对象两大部分构成，图4-1所示的开环控制系统为政治系统主客二分思想提供了一个绝佳的模型：政府是控制器，控制活动的主体；人民是受控对象，控制活动的客体。政府制定政策法规，去管控人民的行为，官与民、控制与被控制、因与果的界限分明，逻辑关系清晰。但官如何产生？政府的政策法规从何而来？人民的行为如何影响政府？官民关系如何？对于这些异常复杂的政治问题，开环控制无法回答。控制论引入的反馈概念，关于反馈控制的框图（闭环控制系统模型），启发了社会科学家。牛顿科学奉行的是因与果界限分明的因果观，因可以转化为果，果不能转化为因。但社会现象的一个突出特点是因果相互转化，在政治活动中尤其显著，而果转化为因的机理可以用信息反馈给出科学的解释，自然科学无此功效。所以，控制论的闭环控制系统，如图4-2所示，就成为阐明政治系统如何运作之内在机理的有用模型。有了这些理论武器，从1950年代起，政治学家便着手把控制论引入政治学，并不断取得成果。

1950年代以降的控制论沿着两个方向发展，主流是现代控制理论（有别于维纳的控制论），引入能控性、能观性、鲁棒性等十分诱人的概念，基于线性理论给控制系统以数学描述，其严密性和精确性不亚于自然科学，故成为科学前沿引人注目的热点之一。定性地看，能控性、能观性、鲁棒性、稳定性、快速性、过渡过程等，控制论的这些概念完全适用于政治系统。但事实证明，定量化的现代控制理论太简单，也仅仅适用于机器系统的自动控制，难以直接用来分析政治系统的运作。另一个方向是把控制论应用于社会生活的不同领域,如50 年代后期出现的系统动力学,是在社会问题研究中应用控制论的产物。创建者福瑞斯特以流体运动跟人文社会现象作类比,引入流量、流速等概念描述社会系统的运动演变,建立起一套独特的分析框架,在学界(包括政治学界)产生了不小的影响。

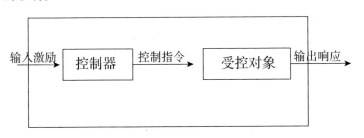

图 4-1 开环控制系统

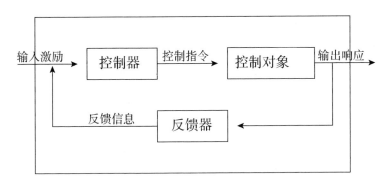

图 4-2 闭环控制系统

我们仅就美国政治学家戴维·伊斯顿的有关工作做点考察。伊斯顿应用控制论研究政治生活始于 1950 年代初,一直到 20 世纪末还在这片土地上耕耘,著作不断问世。他的理论体系在 1970 年代已基本形成,这 30 年间,系统科学和复杂性研究都有长足发展,其影响在伊斯顿的著作中获得鲜明的反映。伊斯顿政治科学思想的发展脉络,体现在他的三本著作中。1953 年出版的《政治系统》一书是这一领域的开山之作,早于钱学森的《工程控制论》,由之可以想见当时美欧政治学界追求科学化何等活跃。1965 年出版《政治分析的框架》,基本建立起他应用控制论和系统论研究政治问题的概念框架。1970 年代末出版的《政治生活的系统分析》更集他的研究工作之大成,据此书评析其政治科学理论大体足够了。应当指出,尽管伊斯顿的著作极少直接提及维纳,他的系统思想首先来自维纳自控制论是无疑的。伊斯顿显然受到福瑞斯特的影响，他的政治分析框架也使用流量、流速之类概念。

从 1950 年代起，伊斯顿就雄心勃勃地"决意用系统术语来说明政治生活"①，但不限于政治生活的局部问题，他的关注点集中在"一切政治系统所面临的最一般问题"，试图建立"一个论述政治生活中心过程的一般理论"（17页）。复杂性研究在 1970 年代开始走向高潮，这种形势显然影响到伊斯顿。在《政治生活的系统分析》一书中，他反复提到政治问题的复杂性，如说政治系统的"复杂结构"，政治生活的"复杂关系"，政治事件"复杂丰富的内容"，政治可以解释为"一系列复杂的过程"，等等，甚至提出"政治复杂性"概念（45页）。在 20 世纪末为此书写的中文版序言中，伊斯顿给 50 年代初提出的概念"政治系统"以这样的定义："系统分析构成了其通贯整个复杂结构的网络，这一网络是由若干机构及一个个行为模式所组成的，我们将其称为'政治系统'"。这一定义绝非无可挑剔之处，但至少两点体现出作者的学术思想在与时俱进。其一，点明政治系统结构复杂，他的理论重点就是揭示这种结构复杂性。其二，突出政治系统的网络性，或许他已注意到刚刚兴起的复杂网络理论。我们就此书对伊斯顿有关政治系统复杂性的理论做些评析。同主要服务于工程控制的控制论著作相比，由于直接面对政治系统的复杂性，《政治生活的系统分析》一书以下几点值得注意。

（1）关于环境。控制论处理的是开放系统，环境是不可或缺的概念。简单系统的简单性也在于对环境描述是简单的，可以笼统地归结为输入和输出，如图 4-1、4-2 所示，默认环境是给定的，无须做进一步的环境分析。政治系统的复杂性首先来其自经济的、文化的、社会的、自然的环境，无法用这两个图表示。伊斯顿绘制了图 4-3（原著 35 页），把政治系统的总体环境划分为社会内部环境和社会外部环境（这里讲的社会实际指的是国家）两部分，各包含若干分系统。环境对系统的作用形成环境影响流，即通常讲的输入。同经典控制论和现代控制理论相比，伊斯顿理解的环境概念显著复杂化了，只讲输入输出不够用，必须进行复杂的环境分析。顺便指出该图中的一个错误：政治系统方框图中箭头所指是信息顺馈（正馈），而非信息反馈。

---

① 戴维·伊斯顿. 政治生活的系统分析［M］. 王浦劬译，华夏出版社，1999：19. 本节所引只注明页数的伊斯顿言论均出自此书。

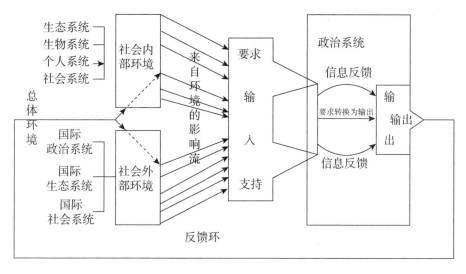

图4-3　政治系统的动力学反应模式

（2）关于输入。图4-4（原著37页）是伊斯顿高度简化了的政治系统框图，骨架还是控制论常用的输入-输出模型。但把图4-1和4-2中的输入激励区分为要求（工资、就业、福利等）和支持（投票、纳税、捐款等），显然是社会系统的特点。"要求"影响政治系统的目的态，"支持"提供政治活动的合法性，两者一起运作产生政治压力和动力。在控制论的一般著述中，不论定值控制、程序控制、随动控制或反馈控制，输入都是给定的，并不讨论输入如何形成的问题，故属于简单系统。政治系统不允许做这样的简化描述，总体环境对政治系统如何提出要求，提出怎样的要求，如何形成支持，提供怎样的支持，对政治系统都是至关紧要的，且异常复杂，从一般控制论著作中找不到答案。伊斯顿对这些问题给出他的分析论证，有助于我们了解政治的特殊复杂性。

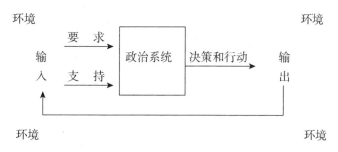

图4-4　政治系统的简化模型

（3）关于输出。控制的功能在于把输入转变为输出，按照设定的系统整体目标去控制对象。简单系统可以用数学来描述，无论传递函数，还是状态方程，都是定量化、精确化方法。政治系统太复杂，不可能做这样的处理，无法建立传递函数或状态方程。伊斯顿把政治系统的输出响应表述为决策和行动这种社会行为。他讨论了政治系统输出的三个方面：作为价值的权威性分配的输出，作为约束性决议和行动的输出，作为系统与环境之间交换的输出，都无法像工程系统那样做定量化、精确化描述。在政治系统中，政府当局是输出的制造者，通过复杂的操作把决策变为行动方案，去控制民众，进而影响下一步的要求和支持。故输出产生反馈，形成复杂的反馈环路。这些都有助于了解政治复杂性。

（4）政治系统的结构。政治既然是系统，就有其结构，结构在从输入到输出的转换中起决定性作用，讨论政治运作的机制必须厘清政治作为系统的结构，作结构分析。伊斯顿的工作主要是解决这个问题，构建政治系统的结构框架。他认为，从支持对象的角度看，政治系统主要由政治共同体、典则和政府当局三者构成，各设一章讨论这三方面。图4-5是伊斯顿构建的另一个模型，海伍德说他试图"用这个模型解释整个政治过程和主要政治行为者的功能"。（《政治学》，24页）把政府和人民作为施控和受控的两端，以守门者为中介联系起来，形成政治系统的结构主干。所谓守门者，主要是政党和利益集团，其核心功能是操控政治系统的输入内容，也会影响社会的公共认知。显然，这是按照西方现代政党政治的现实状况抽象出来的结构模型。海伍德评论曰："伊斯顿的模型更能有效解释政治系统如何与为何对民众压力做出反应，而对政治系统采取镇压与强制手段——在某种程度上所有政府都如此——的解释却存缺憾。"（同上）

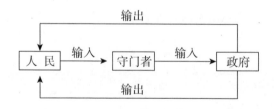

图4-5　政治系统

（5）政治研究的科学哲学。简单性科学在20世纪走向成熟、完善，表现之一是得到有力的哲学支持，建立起为其量身定做的科学哲学。它把简单性科学的基本特点当成科学必备的要素和秉性，被称为科学主义，在科学界产生广泛影响。有些大科学家往往也把这种科学哲学当成衡量研究工作是否科学的唯一尺度，把还原论当成普适的科学方法论，严重阻碍了复杂性研究。在这种科学文化氛围中，伊斯顿欲以系统科学为理论根据，把政治研究上升为科学，也不能不作科学哲学的考量。这就有可能把还原论引入对政治生活的系统分析中。可喜的是，伊斯顿对现行科学哲学的局限性有所认识，对它的许多绝对化的说法（如"所有的术语都一定是运算性的"）提出批评。他主张采用"新的科学哲学"，认为这种科学哲学"开始使整个科学事业具有了弹性和丰富的内容，并且使它摆脱了不切实际的逻辑而步入研究的实际领域"（中文版序）。这应该是复杂性研究的科学哲学，对于我们科学地把握政治复杂性，以及人文社会科学的各种复杂性，都是有益的。

对于理解政治系统的复杂性，伊斯顿的著作确有诸多启发，是对复杂性研究的一项贡献。但实事求是地说，对于科学地描述政治复杂性，建立真正科学的政治学，他的理论和模型远远不够。重要原因在于，他对政治生活的系统分析主要建立在控制论基础上，对系统论的了解不多、不深，尽管他依据政治系统的实际情况对控制理论作了一些扩展，仍然显得有太多的机械性，不利于把握政治复杂性。这里指出以下两点。

1. 政治是巨系统，不同部分之间，系统与环境之间，总是在实时地互动互应，远非西方科学和哲学讲的那种机械式因果关系。以输出反馈作为政府和人民之间关联的主要通道，须设置大量反馈环节，必然使信息反馈出现太大的时间滞后，还可能相互干扰。仅仅基于反馈通道的系统必定有太强的机械性，不是描述政治生活的理想模型。

2. 政治系统的重要功能是决策和行动，伊斯顿"把当局作为一个中心概念"（253页），这样做原则上是对的。但在他的模型中，尽管人民在形式上也被置入政治系统中，却被政党和利益集团这些守门者挡在政治决策的大门之外，只通过提出要求和提供支持而外在地影响决策，提供政治资金的利益集团及作为其代表的朝野政党、政客，才是输入转变为输出的决定性因素。作为第二种输出的行动直接关系到人民生活，但他们仅仅作为受控者存在于系统中，只能被动地参与行动，这些都是资本主义政治的真实写照。美国2013年的政府危机全是两派守门者在较劲，人民大众只能冷眼旁观，毫无干预的机会。

从系统科学角度看，政治系统构建和运行的优劣，关键在于自组织与他组织的关系如何。伊斯顿对此不甚了了，严重限制了他的学术眼界。

4.3　权力结构的复杂性

通常认为，系统的结构决定系统的功能。这个论断有片面性，容易让人忽视组分和环境对系统功能的作用。较为全面的论述应该是：组分、结构、环境共同决定系统的功能；在组分和环境给定的条件下，结构决定功能。把这个论断应用于政治系统，就是说在组分和环境给定的条件下，政治系统的结构决定它的功能。迄今为止的政治学理论都渗透着行为主义观点，着眼于系统功能来考察政治系统，故关于政治系统结构的论述处于核心地位。考察政治系统的复杂性首先要考察其系统结构的复杂性。

西方发达国家是现代政治学的发源地，也是当代政治学规范研究的重镇。我国政治学家景跃进评论说："无论从哪个方面看，海伍德教授的《政治学》都是一本非常精彩的政治学教科书"（《政治学》中文版序）。此书可视为西方政治学的代表作，全书共分五篇，前四篇都是以分析政治系统的结构为主撰写的。海氏以比较客观的态度评介政治学的不同流派，马克思主义政治学始终是关注点之一，甚至还引用毛泽东的观点，表达了一种学理上的尊重态度。作者也注意到政治系统的复杂性，但没有把政治研究同复杂性科学明确联系起来，基本坚守政治学的传统研究方法。尽管如此，该书对于从复杂性科学角度理解政治系统，把握政治系统的复杂性，还是有助益的。自觉地把政治研究与复杂性研究联系起来的努力，当推伊斯顿的著作。海伍德认为，伊斯顿的理论给出"政治分析中最有影响的模型之一"（《政治学》，23 页），应该是公允的评价。伊斯顿对政治生活所做的系统分析，也是围绕论述系统结构展开的，应该视为对政治复杂性研究的贡献。我们说他的分析还算不上复杂性科学，也着眼于他对政治系统结构的分析。

论述政治系统的结构，核心是分析它的权力结构。社会主义不可能从既有的资本主义权力结构模式中找到自己权力结构的现成模式，必须进行创造性建构，这无疑是一个长期而曲折的历史过程，极具复杂性。从学理上看，此乃复杂性科学和政治科学在 21 世纪面临的一项重大课题。苏联解体的沉痛历史教训，新中国的曲曲折折，今日腐败现象积重难返，都同没有解决好这个问题有关，不能不引起中国学者普遍的焦虑。潘德冰等人的《权力结构论》一书对此做出独到的探索①，有不可忽视的理论和实践意义，在国内首开这方面研究之先河尤其值得肯定。他们的核心概念是果结构，核心观点是以果结构取代树结构。引入数学思想，上升到形式化模型思考问题，这种思路有可取之处。但我对"果结构"这个术语持严重保留态度，认为它没有科学依据，不能准确表达作者想要表达的政治思想，可以说词不达意。在应邀为他们的大作写序时，我曾经提及此问题，未被作者接受。孔子曰：名不正，则言不顺。孔子命题道出学术理论研究的一个重要原则，不可违拗。本节的重点是剖析所谓果结构概念之得失，期盼获得名正言顺的效果。

《权力结构论》一书把封建社会的权力结构称为树结构是科学的，在政治研究中引入数学概念，应看作一个理论创新。封建社会的权力结构采取树式模型有历史的必然性、合理性，因为它的物质基础是小农经济，社会缺乏经济上的长程关联，基本社会成员是单门独户的小农，相互间的合作和竞争都很微弱，近乎"鸡犬之声相闻，老死不相往来"。政治活动实质是信息运作过程，强烈地依赖于信息量的多寡、信息运作的方式和效率。生活的艰辛极大地压抑了广大农民的政治意识，加上交通、通信极不发达，农民掌握的政治信息极为有限，近乎被排除于国家政治生活之外。这些社会历史特点决定了小农不能自己代表自己，"他们的代表一定要同时是他们的主宰，是高高站在他们上面的权威，是不受限制的政府权力……所以，归根结底，小农的政治影响表现为行政权支配社会"②。这就是所谓权力单向运作的树结构，数千年的历史表明，树式权力结构与封建制度相适应。苏联和新中国都采取树式权力结构，跟它们继承的社会历史传统和思想政治遗产有紧密联系，必须加以改革。但要说改革就是权力系统以果结构取代树结构，窃以为并无科学的和历史的根据。

首先是没有数学根据。作者明确提出，树概念是从图论这个数学分支引进的。图是一种集合上的二元关系，由一个点（称为节点）集合和一个边集合（边表示两点有联系）来规定，可以表示某些系统的形式结构。能够用图描述的系统有千差万别的具体表现，但在数学上无非链、环、树、网络四种基本形式，如下面几个图所示。最简单的图是链（开链）和环（又称为圈，无交叉的闭链）；较为复杂的是树，即没有圈、但有分支的连通图；最复杂的一类图是网络

---

① 潘德冰，颜鹏飞等. 权力结构论［M］. 中国国际文化出版社，2010.
② 马克思，马克思恩格斯选集（第1卷）［M］. 人民出版社，1995：693.

（简称网），链、环、树兼具。图论没有果概念，其他数学分支也没有这个概念。果概念和树概念没有数学上的联系，果与树没有数学的可比性。把数学概念和非数学概念作比较，或者把图论概念和非图论概念相比较，以描述社会系统兴衰替代的演化行为，这样做不合逻辑原则。

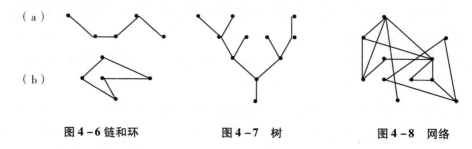

<table>
<tr><td>（a）</td><td></td><td></td><td></td></tr>
<tr><td>（b）</td><td></td><td></td><td></td></tr>
</table>

图4-6 链和环　　　　图4-7　树　　　　图4-8　网络

何谓果结构？潘德冰的定义是："果结构，就是指其中任何（有权力关系的）两点（即两个构成元素）之间的联结方式是从上至下与从下至上相结合的权力'双向运行'（即系统论中的闭合型联结方式）。"① 用点和联结方式（即边）来界定概念，显然是袭用图论的思想。作者意在取某些图的闭合性这种结构特征，本应该、也只能是环或网络，不知为什么命名为果。作者在定义中用了点这个概念，但从未说明果的点集合如何确定（如何把果离散化为点集合，一个果包含那些点），也没有说明两点之间连接方式"从上至下"和"从下至上"如何体现。果的上方在何处，下方又在何处？仿佛这些都是无须解释论证的自明之物。这在理论上是一个不容忽视的漏洞。

以果结构作为权力系统的结构模型，也没有系统科学的根据。果的确可以充当一类系统的结构模型，特征是由果核、果肉和果皮构成的三维嵌套结构，即壳层结构，三个层次是系统的三个一级分系统。如果降低一维，则是三个层次嵌套的二维圈层结构。这样的模型可以描述一类广泛存在的实际系统，却无法应用于描述权力结构。果作为系统，它的元素应是果的分子。如果以果分子为节点，分子之间连续排列，如何确定它的边集合？节点的特性（如节点总数、点的度分布等）、边的特性（如有向或无向、权重等）如何确定？作者们从未考虑过这类问题，按照他们的理论框架也无法展开讨论，因为果无法成为图论的研究对象（石榴之类多籽果更难以成为系统的结构模型）。强调权力结构中应该

① 潘德冰，颜鹏飞. 权力结构论［M］. 中国国际文化出版社，2010：24.

双向运行是正确的，但果结构作为概念无法表达这一思想。《权力结构论》及续作《中国模式：理想形态及改革路径》始终没有给出果结构一个形象的图表示，原因与此有关。

历史地看，资本主义社会通过市场经济确立了经济的长程关联（程长从全国范围到世界范围），大生产方式的创造，交通和通信的现代化，合作与竞争空前发达，这些特点不仅使资产阶级和所谓中产阶级具有高昂的政治意识，掌握了大量政治信息，就是工人阶级的政治意识和掌握的政治信息，也是历史上的农民不可比拟的。以分支为基本特点的树式权力系统显然无法适应这种社会，资本主义兴起和发展的历史实现了权力系统从树结构到另一种结构模式的转变，但不是从树结构到果结构，而是从树结构到某种特殊网络结构的转变（环结构过分简单）。资本主义取代封建主义所发生的历史变革，反映在权力结构上是从树结构到网结构，以网络中适当的圈结构为凭借，权力结构实现了"从上至下"和"从下至上"双向运行，但功能不可归于果结构。前面提到的政治学名著尽管没有使用这类概念，事实上隐含了现代资本主义权力系统具有一定的网结构特征。

同样道理，要说中国的政治改革以建立果结构为目标，也是言不达意，科学的说法也是从树结构向网结构演变。或许应该说树－网混合结构更确切，有树结构的成分便于提高决策效率，便于实现其集中；有网结构的成分便于提高民众的监督，有利于民主，两者要结合起来。当然，树－网结构的具体表现形式千差万别，决不能简单地仿效西方现有权力系统的网结构来建立社会主义中国的权力结构，描述社会主义权力结构的网络一定有不同于资本主义的特点，中国的社会主义权力结构还必定有民族的和历史的特点，这些都有待深入研究。此类研究需要有现代科学的方法，即系统科学、复杂性科学的方法，远不限于控制论方法。关键是民对官的监督网络，民众参政的网络，如何建立需要理论指导。

复杂系统都是自组织与他组织的某种对立统一，破坏了这种统一，一方独大，另一方萎缩，或者两者相互顶牛，系统运行必然不正常。社会是特殊复杂巨系统，无论经济或政治，都要重视自组织与他组织的辩证统一。上述伊斯顿、海伍德、潘德冰等人的理论之所以不能令人满意，一个重要原因在于没有从这个视角考察政治系统。对政治生活作系统分析，关键是分析政治系统中自组织与他组织的关系。政治系统的本质集中体现在自组织与他组织的分权和互动方式，如何处理两者之间的矛盾关系，不同的处理模式反映不同的社会制度，甚至反映不同的文明形态。

历史上，权力系统是作为政治他组织而出现的，其功能是引导、规范、约束、甚至压迫自发的政治自组织运动，政权机构是社会系统最关键的他组织者。在阶级社会中，政治生活的主导方面一般是代表统治阶级意志的政治他组织运用政权去组织、管理或统治被组织者，被组织者（统治阶级内部的被组织者，特别是被统治阶级）是矛盾的次要方面，后者或顺应、拥护他组织，或抵制、反抗他组织，总体上都属于政治系统的自组织因素。前资本主义的经济、政治、文化模式极度约束了被统治阶级的政治意识，自组织力微弱，他们的政治自组织性只有在难以生存时才会集中爆发出来，这就是奴隶起义和农民起义。与资产阶级的主观愿望相反，资本主义的经济、政治、文化模式事实上为被统治的工人阶级提供了历史上前所未有的展示政治自组织的可能，造就出工人运动、社会主义运动，延绵数百年。对于资本主义这个系统而言，社会主义运动历史地构成巨大压力，迫使它数百年来不断自我改革，终于形成当今这种资本主义自组织与他组织结合的模式。这确是一项重大社会成果，其重大历史后果是导致发达国家工人运动日渐式微，显著增大了资本主义制度的稳定性。不过，这种现象无法用果结构来解释，只有用自组织与他组织相结合的观点才能给以科学的理论解释。可惜，国内外学术界迄今尚未认识到这一点。高先生并未细究果结构何以能够具有自由、民主、法治、人权之类社会功能，把这些功能人为地赐予果结构。

人类从脱离动物祖先起，就存在政治上的自组织和他组织这对矛盾。国家这种社会他组织形式出现后，只要他组织者运用权柄治理被治理者，被治理者就被动地进入了政治运作过程，成为政治系统的基础成分，他们行为的自发性就是系统的自组织因素。这种社会事实在古代已获得观念形态的深刻反映。最突出的是老子，他倡导无为而治，意在抑制政治系统的他组织，杜绝他组织者的胡作非为。在老子看来，政治他组织与其乱作为，不如不作为，让臣民自发地、自然地生存发展是最理想的。这实质上是关于社会政治生活的自组织思想，受到现代自组织理论家的肯定。但老子也主张抑制社会系统的自组织，提倡"绝圣弃智"，推行愚民政策，属于其思想的消极面。孔子也有政治上自组织与他组织相结合的思想，其方案是劝导他组织者实行仁政、德治，劝导被组织的下层民众尊礼守法，推崇民怕官的政治文化，把民众的政治自组织行为定性为犯上作乱，严加挞伐。孔子还倡导愚民政策，宣扬"民可使由之，不可使知之"。这可以看作古代思想家对政治复杂性的体认和对策，成功的政治家需要软硬两手抓。

4.4　民主政治的复杂性

民主是政治理论和政治实践的重大问题，而且越来越重要。从学理上说，政治民主化的根本原因在于社会系统规模越来越大，结构越来越复杂，非线性、动力学效应越来越强烈，社会信息运作越来越丰富精致，只有民主政治才能应对这种复杂性。二战后的几十年中，西方学界对民主问题进行了大量理论探索和实践，试图引进科学方法的意向相当明显。其背后的推动力量正是西方社会出现向后工业、后现代社会转变的潮流，全球化迅速发展，社会空前复杂化，传统政治模式失灵，亟须新的理论探索。但控制论不是适当的工具，一般系统论也不行。在讨论把一般系统论应用于社会问题时，贝塔朗菲本人并没有涉及民主问题。究其原因，虽然他深知民主问题也是一种系统问题，用得上系统论的全套基本概念，但民主问题极其复杂，基于简单系统建立的系统论无济于事，基于生命现象建立的一般系统论也不够，最突出的不足是没有涉及自组织与他组织的关系。系统论应用中的一种倾向是只讲整体性、统一性，强调局部服从整体、整体用好局部，不谈整体还应该尊重和发挥局部的主体性，为局部服务好，尊重和用好局部的自发性。这是一种简单化倾向，必然导致压制民主。故后现代主义提出解构系统主义有一定合理性。贝氏本人也曾经提醒人们，要警惕系统论被极权主义所利用。研究民主问题的科学方法需到复杂系统理论中寻找。

20 世纪 70 年代前后，欧美学界已经注意到民主与复杂性的关系。例如，罗尔斯依据"多元主义的事实"构想他关于正义的政治概念，而多元性是复杂性固有的内涵之一。哈贝马斯明确使用复杂性概念，针对"不可避免的社会复杂性"讨论协商民主。90 年代是复杂性科学第一波的高峰期，它对研究民主政治产生了怎样的影响，可以从两本书中看出来。一本是 Danilo Zolo 的《民主与复杂性》（1992），明确把民主与复杂性联系起来，作为论证的主题。另一本是詹姆斯·博曼的《公共协商：多元主义、复杂性和民主》（1996），重点探讨协商民主与复杂性的关系。复杂性科学迄今并未给民主研究提供定量化方法，但思想启迪相当深刻。例如，博曼著作吸收了司马贺的有限理性概念，而司马贺是复杂性科学产生的推手之一。哈贝马斯把信息科学、特别是通信系统理论引入社会现象研究，提出公共交往理论，基于人类交往行为的信息论诠释讨论民主问题，也属于复杂性科学的研究路数。博曼著作吸收了哈贝马斯等人的研究成果，提出大量商榷性意见，都跟复杂性有关。博曼的书已译为中文①，我们据此对他的见解做点梳理和评析。

（1）讨论的前提：在现代社会中，复杂性是一种"显著的社会事实"，称为社会复杂性。讨论民主问题首先要承认这个社会事实，直面"不可避免的复杂性"，从客观事实出发。

（2）概念阐释：要区别社会复杂性和过复杂性，前者是复杂性的不可避免形式，后者是复杂性的可避免形式。复杂性的来源："社会复杂性是巨大的时空规模的社会过程的产物"，"过复杂性则是人们对社会过程失去控制的结果"（130页，笔者以为应该说是控制过度、控制不当造成的人为复杂性）。所谓过复杂性又分为两种，一是超复杂性，一是超理性（过多的政治意志）。"过多的理性是一种非理性"，超复杂性则是"使得任何公共决策成为不可能的一种复杂性"（133页）。

（3）争论的问题：复杂性与民主制度之间的关系是单向的，还是双向的？民主无法将社会组织为一个整体，抑或民主是社会应对复杂性的一种政治组织方式？协商民主是否同社会复杂性不相容？如何以民主制度驾驭复杂性？等等。

（4）受到批评的观点：复杂性内在地限制着民主；民主与复杂性之间的关系是单向的；社会复杂性挑战着任何形式的人民主权，等等。

协商民主是20世纪后期在西方社会走红的政治理论，始于对自由民主规范实践的批评，以限制选举民主可能导致的"多数暴政"。"协商民主，简单地说，就是公民通过自由而平等的对话、讨论、审议等方式，参与公共决策和政治生活。"（俞可平，协商民主译丛总序，载于博曼著作中译本）作为现代民主的一种新方式，博曼发现协商民主研究中存在"重大的裂痕"，协商民主是什么，它如何在真实的社会状况下发挥作用，这些问题并未说清楚。他决心弥补这一裂

---

① 詹姆斯·博曼. 协商民主：多元主义、复杂性与民主［M］. 黄相怀译，中央编译出版社，2006.

痕，回应协商民主的怀疑者，这些人断言存在复杂性这种"社会事实"使得协商民主无法实现。他从社会复杂性视角批评怀疑主义，阐释协商民主，见解颇为独到。我们无意深入考察协商民主，为更好地理解民主政治与复杂性的关系，加深对民主复杂性、政治复杂性、社会复杂性、一般复杂性的理解，这里列举他的一些观点供读者思考：

● "一个协商民主理论可以在考虑到多元主义和复杂性的情况下依然保证公民自治和主权的民主思想"；（13 页）

● "民主制度比非民主制度更能与复杂性相容"；（131 页）

● 民主制度"会保存复杂性"，"提升和促进了复杂性"，"超理性和超复杂性都是反民主的（抑制了有效的协商和损害了民主合法性）"，"过复杂性会带来反民主的后果"；（135 页）

● 协商民主"能够保持社会复杂性好的方面（比如自由和多元主义），并能克服复杂性带给民主的一些障碍（比如权力的膨胀和社会生活失去公共控制等）"；（145 页）

● "社会复杂性之'事实'并不是实现协商民主理想的不可逾越的障碍"，"民主和复杂性之间并不存在什么'必然的'冲突，民主可以保存而不是缩减复杂性"；（166 页）

● "为了保持民主性和对革新的开放性，复杂社会需要在开放的、动态的、多元的公共协商中进行制度学习"。（197 页）

1940 年代欧美社会开始勃兴的系统运动，给用科学方法研究民主问题营造了崭新的文化环境，强有力地影响着欧美学界。既然复杂性是系统的一种属性，民主又是政治系统的一种模式，讨论民主就不能不运用系统思想和系统方法，这在哈贝马斯等人和博曼的工作中都有明显表现。博曼事实上已具有社会是复杂巨系统的意念（现代社会的规模巨大和复杂被他当成政治系统必须面对的"社会事实"），认识到社会复杂性具有积极的和消极的两方面，体现出自觉的辩证思想。不过，坦率地说，西方学界在民主问题研究中运用系统科学，总体上不大得其要领，最缺乏的是关于自组织与他组织辩证统一的思想。不论是否自觉，讨论民主问题必须围绕自组织与他组织的关系来展开。西方学界没有他组织一词，他们的自组织概念基本属于自然科学范畴，很少用于思考社会问题。自组织一词在博曼书中出现过一次（导论），仅仅是顺便一提而已，没有涉及它与民主有什么联系。

宋人张载说得好："有象斯有对，对必反其为。"民主是相对于"官主"来说的，官主即政府主，政府由官员构成。"民主是个好东西"，这句风靡中国学界的名言，并不意味着官主一定是个"坏东西"。民主与官主这对矛盾是在人类政治生活中历史地形成的，二者缺一不成其为政治。群居的高等动物已萌发权力划分，产生猴王、虎王等权威，以保证群体的有序生存。作为社会动物的人类一开始就有管理者与被管理者的划分，由此逐步孕育出最初的政府，管理者是官，被管理者是民。这种官民分化是历史的必然和进步，无政府主义行不通，社会离不开政府这个他组织者。人类社会能够发展到现在的规模和水平，政府的作用不可小觑。而有他组织，必有自组织。人是政治动物，生存于社会中的人皆有政治意识和政治诉求，追求政治上的自由。广大被管理者常有自己并未意识到的政治诉求，但爱好自由的人性，自发的政治行为，由直接感受着官员的言行而产生的评价和回应，等等，构成社会政治系统最基本的自组织因素。政府尊重、顺应、引导这种自组织因素，使其发挥"正能量"，约束其消极面，避免产生"负能量"，社会才能正常运行。但长期的阶级社会使官员拥有绝对的权力，甚至掌握对民众的生杀大权，形成上令下行的树式权力结构，广大受统治的"民"被排除在正常的政治生活之外，自组织因素被压缩到可以忽略不计的程度，政治系统呈现他组织独大的局面，民主的作用等于零。一旦阶级矛盾激化到不可调和时，社会又走向另一种极端，民众的政治自组织力量以暴力形式表现出来，官主的作用降低到零，社会大乱，但最终稳定下来的胜利果实又被统治阶级篡夺。总体上说，古代社会的弊病是官主独大，没有真正的民主可言，政治文明水平低下，发展缓慢。深层次原因则是生产力低下，小农经济不可能出现强有力的经济自组织，也就不可能产生作为其集中表现的强有力的政治自组织，自组织与他组织这对矛盾事实上被历史作了单极化处理。

资本主义的兴起，强大的生产力和科学技术创造，市场经济的形成、发展，强劲地推动着民主政治的兴起和发展。最先是资产阶级向封建统治要民主，接着是工人阶级向资产阶级要民主，然后又有少数民族要民主，妇女要民主，移民要民主，等等，对统治阶级造成历史上前所未有的环境压力，迫使资本主义不断进行政治系统的改造，增加民主政治的成分。到20世纪中期以降，随着法西斯主义在欧美基本被清算，现代资本主义发展出一套比较成熟的民主政治理论，创造出政治系统中实现自组织与他组织相结合的一种可行模式，建立了可以傲视历史上曾经出现过的各种政治制度的政治制度，值得从学理上给出科学的总结。但也必须说，这也仅仅是历史上第一个自组织与他组织相协调的政治模式，不可避免存在阶级的、历史的局限性，生发出种种弊病。历史表明，这种政治民主足以保证少数发达国家资本主义制度的稳定存续运行，激励着不发达国家致力于民主化，却不可能移用于所有国家，不可能用它来实现整个世界社会的民主化。这也需要给以学理的考察，其方法论只能到复杂性科学中寻找。

讲民主政治，要思考和解决的基本问题有三个，都极具复杂性。

问题一：民是谁？仅就民主问题看，民应该指所有非官员的国民，官与民是国民集合中两个没有交集的子集合。但如此界定的民是一个内在差异巨大的社会群体，有民族、地域、文化、信仰、教育程度、职业、性别、年龄等差别，在阶级社会中所谓民还划分为不同的阶级、阶层，利益关系复杂多样，甚至有大量不是民的人（如奴隶）。由这样一个巨大而复杂的群体参与"主政"，其复杂性可想而知。从西方国家看，国民中哪些人可以享有政治权利，一直存在激烈争论，谁是"人民"有不同的解释，存在种种限制，民中享有实质性政治权利的是统治阶级中的非官员。经过数百年的斗争才逐步形成它们目前的民主局面，美国黑人和妇女获得选举权的艰难过程就很说明问题。只有在阶级消亡之后，此问题的复杂性才会消亡，一切人都享有同样的政治权利。

问题二：民"主"什么？这实质是政治生活中官与民的权力分配问题，核心是民拥有哪些政治权力。按照流行的说法，就是确定民是否具有选举权、协商权、参与决策权、监督权、知情权、话语权等，以及在多大程度上拥有这些权力。就其实质看，民可能有的政治权力归结为三种：在官员任免、政府组建或更换中，民有何权力？在政治决策中，民起什么作用？在政府运作过程中，民能否监督官员，监督的方式和范围如何？怎样处理这些问题，集中反映出政治有多复杂。即使在无阶级社会这个问题也是复杂的，在阶级社会中则具有特殊的复杂性。

问题三：民如何"主"？这实质是官主与民主如何互动，亦即官主与民主的关系问题。官、民关系的出现使社会系统产生了自组织与他组织这对矛盾。一般来说，民主是政治系统的自组织，官主是政治系统的他组织，二者原本应该是互为存在条件，互根互用，相生相克，分工合作，绝非西方因果观设想的那样简单。一个社会要正常运行，民主与官主缺一不可，问题是两者如何共存、互动、制约、整合。民主与官主各自的内涵、形式以及相互关系随着社会发展而演变，决定着政治生活的不同模式，二者的互动颇具复杂性。

不论作为意识形态，还是作为政治制度，民主都包含一系列对立统一，极具矛盾复杂性。选举民主与协商民主，直接民主与间接民主，实质民主与形式民主，大民主与小民主，多元主义与精英主义，等等，都是民主政治内在的对立统一。每一方都有积极作用，也都有消极作用，不容许作单极化处理。哲学地看，民主政治要求实现这些对立面的辩证统一，亦即官主与民主的辩证统一。在现实层面上，关键在于政治制度的设计，要建立一整套科学、有效、可行（可操作）的机制，把这些差异和对立面用制度形式统一起来。不论官主还是民主，都要"把权力关进制度的笼子里"，让两者按照制度机制相互促进、相互制约，激发它们的积极面，抑制它们的消极面，以产生正面的整体涌现性，避免产生危及社会稳定、有序和发展的负面整体涌现性。

资本主义政治制度的奥妙在于把形式民主与实质民主、间接民主与直接民主巧妙地割裂开来，扬前者而抑后者。这使复杂问题大大简化，便于操作，适应了人们普遍参与国家管理的社会心理需要。在社会的一定发展阶段上，在部分把握了历史机缘的国家中，这种做法获得历史性的成功，有其必然性。但弊病也越来越明显，强行向全世界推广造成的恶果越来越大。从更大的历史尺度上、着眼于地球人类的全体看，这样的民主本质上是资产阶级的统治艺术，既颇有创造性，又颇具欺骗性，被淘汰只是时间早晚的事。

真正的民主政治制度的科学构建，民主政治的健康运行，要害在于以健全的制度来保证民能够充分而正确地行使以下三方面权力。

其一，民如何参与政府的组建、更换。西方国家建立的两党制民主和选举民主，确有一定的科学依据，是由还原论科学发展起来的简单性原则和形式化方法在政治制度建设中的成功应用，显著简化了政治系统运作的复杂性。从系统科学看，这是非线性系统的双稳态体制，结构简单，操作性强，具有较强的稳定性。从逻辑哲学看，政治运作也是内容与形式的统一，只讲形式不行，不讲形式也不行。把选举议员和总统的权力形式上交给选民，一人一票，近乎绝对平权，民在形式上获得某种当家做主的成就感，至于什么人当选并非他们说了算。从心理学看，人有喜新厌旧的心理特征，厌烦政治人物的老面孔，希望定期改变，出现新人新政。这种社会心理现象是一种强劲的软力量，搞得好可赋予官主足够的合法性。其高明之处在于，以民主含量极其有限的形式民主获得执政的合法性，巧妙地把真正决定谁上台、谁下台的权力交给在幕后操盘的大财团，确保政府主要为他们服务，却打着代表全体人民的大旗。历史地看，这是资本主义制度设计者的高超统治艺术，一种政治欺骗术。卢梭 350 年前就指出：选民"相信他们自己是自由的，这可是大错特错了；他们只有在选举议员时，才是自由的；选举过后，人民不过是奴隶，等于零"（海伍德，17 页）。但假的真不了，尽管西方民众至今还蒙在鼓里，绝不可能永远受蒙蔽。社会主义民主制度的建构可以吸收其中的合理成分，承认形式民主的不可或缺性；却不能照搬这一套，必须作根本性的创新，要害是以制度形式把选举和协商恰当地结合起来，确保民在官员任免、政府组建和更换中发挥实质性作用，选出真正代表人民利益的官员。西方式选举主要是给长于演讲、善于作秀、精于抹黑对手的政客提供舞台，做不到真正利于大多数人的优胜劣汰。社会主义民主则应该秉承政府全心全意为人民服务的宗旨，经得起人民群众的监督审查，把真正优秀的人才推上执政位置。

其二，民如何参与政治决策。从控制论看，政治系统的主要功能是把环境向系统的输入转变为输出，形成指导政治行动的理论、方针、政策，简称为政治决策。政治决策的过程结构如何？图 4 - 3 和 4 - 5 给出伊斯顿基于控制论设计的方案，把人民群众关在决策的大门之外，他们仅仅是环境压力（伊斯顿模型图 4 - 4 中的"要求"）的创生者。这样的政治决策机制有意规避了民主政治中民的自组织与官的他组织相结合原则，决策成为官员独享的政治权力，即单纯的他组织决策。政治决策欲实现自组织与他组织的辩证统一，其思想资源主要应该到马克思主义中寻找，实践基础则是社会主义革命和建设。政治决策从萌发、形成到付诸实践的全过程是一种信息运作过程，需要用现代科学给以理论阐释。

毛泽东有一个重要的政治学观点，至今未引起政治学家关注。他认为，革命队伍中的政治主体包括人民群众、群众政治家、政治专门家三个层次，有点类似于伊斯顿的图 4 - 5，但没有守门者，群众政治家仍然是民，是沟通全体人民群众与政治专门家的桥梁。毛泽东说："革命的政治家们，懂得革命的政治科学或政治艺术的政治专门家们，他们只是千千万万群众政治家的领袖，他们的任务在于把群众政治家的意见集中起来，加以提炼，再使之回到群众中去，为群众所接受，所实践，而不是闭门造车，自作聪明，只此一家，别无分店的那种贵族式的所谓'政治家'，——这是无产阶级政治家同腐朽了的资产阶级政治家的原则区别。"（一卷本，868）就政治决策的全过程看，毛泽东认为起点是实践于基层的人民群众的政治生活，他们创造政治决策的原材料，经过群众政治家直接感受、汇集、粗加工，成为初级政治产品，再由政治专门家精加工为完成形态的政治产品。这是政治决策过程的前一半，叫作"从群众中集中起来"。如此形成的观念形态政治产品还需要再回到民众的实践中，把理论、方针、政策转变为具有操作性的具体行动方案、计划、程序，为群众所接受和实践，在实践中检验、修正、发展。这是全过程的后一半，叫作"到群众中坚持下去"。两者循环往复，就是毛泽东的民主决策原理，可用图4－9的框图作为模型。

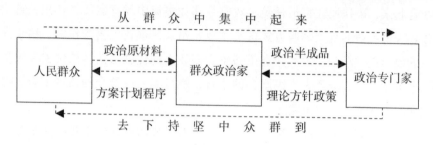

图4－9　毛泽东民主决策原理

　　历史唯物主义断言，人民群众是历史的创造者。反映在政治中，首先是尊重和发挥民在政治决策中的基础性作用和首创精神，官只是政治决策的加工者、集中者、组织实施者，故称为民主集中制。在做出重大决策时，毛泽东总要直接听听活动在实践第一线的工农兵的意见，这种做法能够把民主精神发挥到极致，应该充分肯定。图4－9只是一个极粗略的框架，重要的是建构一套完整的制度和有效易行的机制，来实行民主集中制，充分发挥民在政治决策中的作用。这是毛泽东的未竟事业，留待他的后继者来完成。

　　其三，民如何监督政府。原则上说，官应是从社会精英中选拔出来的，他们有从事政治活动的专业知识和积极性，属于毛泽东所说的政治专门家，本该是社会的财富。无论什么时代，数量巨大的民众个人的专业知识和政治才能总有差别，须择优录用，由他们具体运用权力进行管理，全民平权不足取。但掌握权力的他组织既可能正确作为，也可能不作为，还可能乱作为，需要民的监督、品评。既然权力是一种稀缺社会资源，必定产生强烈的诱惑力，官员可能利用手中权力谋私，导致他组织的异化、变质，出现腐败。所以，民主的一个更关键的环节是民对官的监督，而且是制度性的监督。早在延安时期，毛泽东在同黄炎培讨论民主问题时就提出："只有让人民起来监督，政府才不敢松懈；

只有人人起来负责,才不会人亡政息。"① 历史证明,无论从民主制度的建设和运行看,还是从民主制度的文化环境培育看,监督政府都是三种民主权利中最复杂、最关键的一环,也是有私心杂念的官员最不愿接受、往往极力抵制的民主权力,因而也最能反映民主政治的本质特征。在完美的民主制度中,民对官既有实时的、分散的、自发的监督,又有定期的、集中的、有组织的监督,使官在现实时空中无时无处不在民的监督下,没有任何贪污腐化的时空条件。而官员应该培育这样一种思想境界:把接受民众监督当成政治生活中天经地义的事,像学生期待老师阅卷打分那样对待民众的监督。这是一种高质量的民主,需要高水平的科学技术支撑,高水平文化环境的滋养。历史的必要性总是伴随着历史的可能性,互联网等信息高技术的出现,赛博空间的开辟,给民监督官提供了极为有力的技术手段。社会主义民主需要这种技术支撑,也只有社会主义能够充分利用这种技术手段于民主政治。

民主是需要管理的,而且要严格科学的管理,大民主尤其如此。放在整个政治系统中看,民主与法制也构成一对极其重要的矛盾,是民主复杂性的另一来源。一切事物都有两重性,民主也不全是"好东西",上述三种民主权力都应该受到必要的管理、约束,才能成为货真价实的"好东西"。特别的,大民主如果没有法制的严格约束,没有科学的管理,就会转化为具有巨大破坏力的社会动乱,引发暴行,必须禁止。但由此而一概否定大民主,以法律形式予以取消,也不对。社会主义政治建设必须把民主与法制辩证地统一起来,形成官怕民、民怕法、官执法、民督察这种生动活泼的政治局面。

社会主义要取代资本主义,必须搞好自身的结构建设和机能建设,使自己具有远胜于资本主义的自镇定、自纠错、自修复、自适应、自变革、自增长能力,才能够在全人类的历史性选择中击败对手,赢得竞争。表现在政治上,就是建立胜过资本主义的民主政治模式。这一过程也是世界社会系统对大同世界的培育,通过建设社会主义民主从政治上培育大同世界。这无疑需要一个不短的历史过程,其吸引子或目的态是货真价实的社会主义民主制度,其本质内涵在于把三种政治权力以制度形式有机地结合起来运转:(1)以制度保障民众既能经常性、实时性地监督政府,又能定期(比如五年一次)对政府进行有组织

---

① 尚丁. 两位政治家的促膝长谈——毛泽东与黄炎培 [M]. 毛泽东交往录,人民出版社,1991:31.

的、集中的审查、评论；（2）在此基础上，通过选举和协商相结合，定期实现政府的换届；（3）在这样的政府主导下，以科学的组织管理体制为平台，实行"从群众中集中起来，到群众中坚持下去"的民主决策。做到这三点，西方今天自夸的民主就显得格外相形见绌，全世界将会看到，真正惧怕民主的正是那些以帝国主义方式推行"民主制"的人们。

毛泽东对他所期望的社会政治局面做过这样的描述："有集中又有民主，又有纪律又有自由，又有统一意志，又有个人心情舒畅，生动活泼，那样一种政治局面。"① 这就是成熟的社会主义政治民主，它要求建立一整套能够科学地认识和驾驭政治复杂性的理论和制度。

4.5　地缘政治的复杂性

人类的一切活动都是依托地球这个空间环境展开的，地理位置、地理条件和地理特征的不同，直接影响经济、文化以及社会生活的各个方面，也就影响作为其集中表现的政治。一定的政治要为其经济基础服务，必须认识和利用它可能涉足的地球范围的地理因素，必然产生地缘政治观念，即对地理因素如何影响不同政治实体之间关系的认识。地缘政治思想古已有之，《孙子兵法》就有明显的表现。但只有在地球人类被资本主义殖民扩张连成一体、帝国主义争霸成为世界生活主题的 19 世纪末期，才出现了作为一门学问的地缘政治学。它首先诞生于在开拓殖民地过程中落后、但不服输的德国，又迅速走红于英、法、美这些老牌帝国主义国家，这绝非偶然。因为它以科学的名义为帝国主义列强重新划分势力范围寻找学理上的根据，提供行动方案的合理性和合法性，是历史进入帝国主义时代在学术理论上的一种反映，既散发着浓厚的资本帝国主义味道，但也包括一些科学认识。

在现实存在的所有系统中，有一类系统的特点是规模巨大、分系统联系松散、整体性比较弱，称为体系更为合理。地缘政治就是这样的系统，称世界地缘政治体系，优于称世界地缘政治系统。研究世界地缘政治体系的构成、特性、演变规律的是基础地缘政治学，研究国家或国家集团政治行为中如何利用地理

---

① 建国以来毛泽东文稿（10 卷），21。

条件的是应用地缘政治学，两者都是政治学与地理科学交叉的产物（也会涉及经济、文化、军事等学问）。地理系统和政治系统都是钱学森所说的开放复杂巨系统，地缘政治的复杂性归根到底来自地理系统和政治系统，两者的复杂性交互作用而升华为地缘政治的复杂性。由于诞生于世界系统化的完成期，服务于列强争霸世界，他们必须把世界作为整体来考虑，故地缘政治学一开始就有明确的整体观、系统观、全球观，主张把一国的地缘政治诉求放在整个世界范围来考察。难能可贵的是，其创始者之一的德国人拉策尔已经有了相当明确的整体涌现性观点①。这是地缘政治学具有一定科学性的表现。不过，早期的地缘政治学还只是一门学问，算不上严肃的科学，故最终沦落为纳粹的思想武器并非偶然。

作为一门现代科学的地缘政治学，即所谓新地缘政治学，始于1970年代。它的"新"不仅在于清算了纳粹思想，更在于：（1）它发生在世界政治版图正在孕育新的大变动时期；（2）它产生于科学整体上转型演化的历史时期，系统科学的产生为它提供了科学方法论，复杂性科学的兴起为它准备了新的学术文化环境。这一点可以从两本较新的著作中看得分明。帕克的《地缘政治学：过去、现在和未来》，发表于1998年，内容主要是地缘政治学简史和地缘政治要义综述。科恩的《地缘政治学：国际关系的地理学》，发表于2009年，被亨里克森誉为"一本最好的地缘政治学专著"。两书都撰写于复杂性研究成为世界科学前沿热点之后，必然受到复杂性科学的强烈影响。帕克反复提到"复杂的世界地缘政治格局"，"地缘政治形态的复杂性"，对地缘政治学"试图简化复杂的现实"提出批评②。科恩使用了"体系复杂性"概念，承认地缘政治体系越来越复杂，强调全球化"一般会带来一个更加复杂得多的地缘政治体系"，认为地缘政治学理论应当"适应地理环境动态的和复杂的性质"③，还引入大量复杂性科学提出的新概念。这表明，地缘政治学界已经意识到自己属于复杂性科学。地缘政治学诞生以来的一百年中，众说纷纭，学派林立，中心地带说与边缘地带说，海权说与陆权说，东方－西方说，南方－北方说，等等。这恰好反映出

① 帕克. 地缘政治学：过去、现在和未来［M］. 刘从德译，新华出版社，2003：23.
② 帕克. 地缘政治学：过去、现在和未来［M］. 刘从德译，新华出版社，2003：99，125，195.
③ 科恩. 地缘政治学：国际关系的地理学［M］. 严春松译，上海社会科学院出版社，2011：8，15.

地缘政治体系的复杂性。我们就五个方面做点考察。

（1）世界地缘政治体系的异质性。地缘政治有两大要素，地理环境和政治过程。按照科恩的理论，环境又分地理特征和地理模式。在世界政治格局不断变化下，不变的地理特征显示出不同的经济、文化、军事价值，从不同的政治形势去考量，便形成不同的地理模式。例如，同样是东亚这片地理空间，当年的中日之战，今天的中日角力，呈现出不同的地理政治模式。政治过程有两大角色，一是在国际层面活动的势力，二是影响国际行为的国内势力，二者互动互应使得地缘政治作为系统的组分形形色色，够得上钱学森所说的"花色品种多"，而且很难明确界定地缘政治单元，不同学派有不同的定义，给出不同的划分，表露了地缘政治体系的内在异质性。看看今日东亚的地缘政治态势即可明白这一点。

（2）世界地缘政治体系的层次结构。复杂系统都是多层次、跨层次的，典型的复杂系统有多少层次、层次间如何划分，往往说不清楚。地缘政治体系显然具有多层次、跨层次结构，但如何划分层次相当困难，至今没有共识。科恩划分为三大层次：地缘战略辖区为宏观层次，地缘政治区为中观层次，再低的地区属于微观层次。鉴于许多地区不能划归此三个层次，他又补充了破碎地带、压缩区、门户区、汇合区。这表明被誉为"天才著作"作者的科恩无法准确给出地缘政治体系的层次划分，他遇到了地缘政治体系特有的层次复杂性。

（3）世界地缘政治体系的动态性。科恩说："地理环境与政治过程都是动态的，每一方影响着另一方，又被另一方影响着。"（15页）两者互动造就了地缘政治体系的动态性，其中决定性的是政治的动态性。例如，钓鱼岛周围海域的地理特征未变，由于日本政府的购岛闹剧，又得到美国的暗中支持，极大地改变了东亚的地缘政治。问题还在于地缘政治的变化在加速进行，与以往相比，20世纪世界地缘政治版图的变迁速度更快，范围更大，内容更丰富。90年代以来，美国发动一系列战争都在改变着冷战后的世界地缘政治。关心时事的人们都看到，随着美国重返亚洲、围堵中国的战略行动展开，我国的地缘政治环境正在日新月异地变化着。量变导致质变。当美国围堵战略最终失效、中国和平崛起成功时，世界地缘政治体系必将发生新的重大质变，今天还难以预料。

（4）世界地缘政治体系的非线性特性。学界已经明确注意到地缘政治体系的动态性，却至今没有注意它的非线性特征。但文献中提到的动态现象，如阶段性演变，加速变化，等等，都是非线性动态系统才有的现象，不会出现在线性动态系统中。特别的，冷战地缘政治体系崩溃这样的巨大变动，更是强非线性、本质非线性系统才会有的动力学现象。所以，世界地缘政治体系实质上是非线性动力学系统，学界需要明确引进非线性观点，或者说曲折性观点。毛泽东提出"走着曲折道路的历史"的命题（一卷本，1034），世界地缘政治的历史就是曲折地走过来的，还将曲折地走下去。

（5）世界地缘政治体系的社会属性。由于地球人类是被资本帝国主义系统化了的，由此形成的地缘政治体系，以及它后来的一系列变种，都深深地打上了西方国家特有的民族的、阶级的、历史的印记。仅就中国来说，许多地缘政治难题，如中印边界线之争，中日钓鱼岛之争，南海之争，台湾迟迟不能回归祖国，都是资本帝国主义侵略、争霸造成的历史错误，至今仍在被他们利用来欺负中国。尽管从美国开始兴起的新地缘政治学消除了德国纳粹的标志，自我标榜为"美国基于国际正义的地缘政治学"，明眼人都看得出它是为美国争夺和维护霸权服务的，实在没有什么正义可言。从二战结束到今天，美国围绕钓鱼岛问题的一系列作为是最好的证明。所谓新地缘政治学，在1970至1980年代为美国与苏联争霸服务，1990年以后为美国独霸世界服务，今天则为遏制中国崛起、扭转美国业已开始的衰落服务。人们正在从今日的东亚政治舞台上目睹一种美国式纳粹，不过是通过安倍晋三的前台表演呈现出来的。

历史演变到今天，真正科学的地缘政治学应该以消除霸权主义、实现国际关系平等和公正、消灭战争、实现全人类可持续发展为目标，这就是社会主义的地缘政治学。由于历史的局限，加上社会主义自身不成熟，苏联没有致力于建立这样的地缘政治学，后期反而照搬西方地缘政治学为推行社会帝国主义政策服务，留下惨痛教训。建立社会主义地缘政治学的任务，历史地留给中国学术界。应该说，世界发展到今天，完成这个任务的历史条件已经具备。其一，世界一体化达到今天的程度，建立为全人类共同发展服务的地缘政治学已成为历史的必要。其二，地缘政治学一百多年的发展积累了丰富的知识，只要清除其为霸权主义服务的毒素，经过创造性的转化，都可为我所用。特别是所谓普遍主义的地缘政治学"挑战了两极观的冷战地缘政治学"（科恩，30页），着眼于全球经济发展，引入生态保护、环境保护的观点，倡导重建相互合作的全球体系，具有一定的社会主义思想要素。其三，复杂性科学的兴起正在为它创造必需的科学理论和方法。其四，新中国几十年和平外交成果，为之积累了一定的实践经验。其五，中国挫败美国围堵的崛起过程，正在提供建立、检验、修正、发展社会主义地缘政治学必需的实践基础。只要中国坚持社会主义的改革与和平崛起方针，自觉运用复杂性科学，勤于并善于作理论总结，社会主义地缘政治学一定能够建立起来。

中国人把西文 geopolitics 译为地缘政治学，我以为不仅颇为科学，而且富含人文精神，符合人类未来发展的需要。不同种族、民族、国家、地区的人类依一定的空间地理因素而发生关系或联系，本来是大自然赐予人类的"缘分"。汉语早有"人缘""地缘""天缘"等词，意即是人就有缘分，同在一个地球之上就是缘分，同在一个苍天之下就是缘分。地球人应该珍惜这种缘分，大自然造成的地缘关系本应该用于不同部分的人类和平友好地往来，相互取长补短，共同繁荣。但在私有制支撑的阶级社会，统治阶级却利用地缘关系谋取少数人、少数国家的一己私利，导演了无数的地缘政治悲剧，并随着资本主义时代走到登峰造极的地步。现在是避免这类悲剧发生、扭转历史方向的时候了，实践这种地缘政治的过程，就是自觉利用世界社会培育世界大同的过程。

4.6 世界社会的政治复杂性

地球人类系统化的完成，世界社会的出现，同时形成了世界经济，似乎也应该同时出现世界政治。海伍德就认为："全球化已经削弱并可能消除了'国内的'和'国外的'之间的差别"，"20 世纪见证了世界政治的出现"。（《政治学》，157 页）这一论断颇值得商榷。就经济看，全球化确实削弱了国内与国外的差别，显著增强了世界经济的系统性，却远未消除国内与国外的差别。经济尚且如此，更遑论政治，国内政治和国外政治的差别不仅没有消除，甚至没有明显的削弱。就西方国家而言，依然是国内一套，国外一套，盟国一种标准，非盟国又一种标准，决不含糊。美国在目前中日之争中的拙劣表演，赤裸裸地推行双重标准，是最典型的体现。一百多年来尽管相继发生了一系列重大政治事件，世界社会的政治生态一变再变，但政治全球化明显落后于经济全球化，严格意义上的世界政治并不存在，世界规模的政治活动越来越多，但明显缺乏系统性、整体性、有序性。故超越国家的政治活动至今仍然主要表现为国与国之间的政治互动，首先是双边关系，其次是多边关系，还有以美国为核心的各种军事同盟与其他国家之间的博弈，世界系统整体层次的政治安排微乎其微，构不成一个统一整体。

为论证他的观点，海伍德主张以理想主义、现实主义、多元主义和马克思主义的不同视角分别考察世界政治，具体论证时讲的却是国际政治，而非世界政治。这从反面说明，现在讨论世界政治没有多少实质性内容，构成世界范围政治生活基本内容的是经济全球化之后的国际政治，即不同国家间双边和多边政治关系的总和，明显地够不上称为世界政治。

造成这种状况的原因在于世界社会的特殊复杂性，特殊的非线性动力学特性，时间滞后是其突出表现之一。既然经济是基础，政治是上层建筑，在任何一种新社会形态的产生过程中，经济基础要获得足以集中表现它的政治形态，都需要一个复杂曲折的过程，世界范围政治上的整合比经济上的整合更复杂、曲折、困难，实际达到的效果也更差。世界社会作为系统的超巨大规模，空前复杂的结构，以及政治分歧的敏感性、尖锐性，经济一体化的水平不够高，加上世界经济获得足以集中表现它的政治形态存在很大的时间滞后，决定了现在仍然远未出现严格意义上的世界政治。或者说，世界社会形成以来世界范围政治生活的系统性还太弱，同世界经济的系统性不匹配，不足以形成相应的世界政治系统，大量急需研究和处理的问题还属于国际政治范畴，不属于世界政治范畴。

联合国的成立是从国际政治走向世界政治的一个重要驿站，也仅仅是一个中间站。70 年来它所组织的政治活动，要么是窃取联合国名号的帝国主义政治，如 1950 年代入侵朝鲜的所谓"联合国军"；要么至多可称为准世界政治，如有关全球气候问题的决议，没有世界政治系统必备的集中性、权威性。只要由帝国主义主导的结盟还能越过联合国兴风作浪，就不会有真正的世界政治，联合国基本上只是一个不同政治主张争论的讲台。但联合国毕竟提供了一个世界性的政治舞台，不同政治理念、政治诉求在此同台竞技，也是一个进步。

世界社会政治上的系统化落后于经济上的系统化，明显地表现在地缘政治与地缘经济的关系上。以今日中国为例，我们发展经济的贸易伙伴主要是美、欧、日和东南亚，抵制霸权主义的政治伙伴主要是同中国不接壤的第三世界国家。地缘政治空间与地缘经济空间不同一，反映了世界经济的发展与世界范围政治活动之间的复杂关系，其中一些难题正是西方殖民主义留下的祸根。这种不同一还要持续很长时期，因中国崛起造成的环境复杂性在现有强国崛起的历史过程中未曾见过，对中国既构成严重的挑战，也提供了以世界社会培育世界大同的历史机遇，问题在于我们是否善于把握。

国际政治的复杂性目前主要表现在国家间双边关系的复杂性，全球化、信息化又显著增加了这种复杂性。在现今世界上，国家关系之复杂莫过于中美关系。小布什第一任期间不承认这一点而吃了大亏，第二任便大讲中美关系的复杂性。今天的美国政治家都承认，中美关系是当今世界最复杂的双边关系。复杂在哪里？奥巴马总统第二任期对华态度的复杂性在于：一方面，美国重返亚洲政策的目的是构筑将中国包围起来的对华新军事战略；另一方面，美国还有不想与中国正面为敌的心理；同时也有经济方面的考虑，处于困境中的美国经济还需要中国助力。美国人对中美政治关系的矛盾复杂性更有切身体验。美国新闻界从这种复杂性中获得灵感，创造出一个新的英文词 frenemy，似可译为敌友人，或友敌人。日本学者对此的解读是："在经济方面，两国保持着良好关系，如同 friend（朋友），但在意识形态和军事方面却是 enemy（敌人）。"① 中美关系的这种复杂性在今后几十年都不会消失，但复杂性的具体内涵、表现方式和程度将不断变化，现在无法预料，切忌试图以简单办法处理两国关系。这也表明，谈论今天的国际政治，学界和舆论界已具备从复杂性视角看问题的自觉性。可惜许多有影响的中国学人不这样认识，总想让美国人来决定中国如何做，相信美国胜于相信马克思主义。

然而，既然世界社会业已形成，其经济基础必然要求有集中表现它的政治形态，以政治方式为世界经济的发展保驾护航，不可能一直停留在国际关系的层次上。由此构成世界社会内部一种不可抑制的政治自组织运动，一浪接一浪地向前推进。事实上，世界社会形成之日，建立世界政治的探索过程就启动了。这也是整体与局部、自发性与自觉性互动的过程，整体的自发自组织仍须通过局部势力自觉争夺整体他组织权的斗争为自己开辟道路，一百年来涌起多个波峰。第一波的主要角色正是推动世界系统化的帝国主义列强。他们从各自国家利益（世界系统的局部利益）出发去争夺和瓜分支配世界的政治权力，不顾及也不承认存在人类的整体利益和世界社会的整体目标，表现出这场自组织运动在世界系统整体层次上的自发性、盲目性，以及彼此行为的并行性、交互性、冲突性。政治手段不能解决，他们便诉诸战争，终于导致两次世界大战。帝国

---

① 日本《选择》月刊五月号文章：美中将再度靠拢，参考消息，2013 年 5 月 27 日，第 1版。

主义列强争霸既推动了世界政治生活的系统化趋势，又给它造成种种灾难性后果，其巨大影响超出他们的预料，又一次反映出政治领域自发性与自觉性、自组织与他组织互动关系的辩证性。这一进程的一个有正面历史意义的后果是，强化了世界社会在政治上的联系，有利于世界政治最终的建立。

苏联是在反对帝国主义争霸中诞生的，给处于形成过程早期的世界社会的政治生活注入全新的异质性。社会主义建设的初步成功又使苏联成为战胜法西斯的主力军，导致世界社会的政治生态发生显著变化，为世界政治系统的形成开拓出新前景，世界进步势力深受鼓舞。但自组织运动总有出人意料的展现，二战后形成两大阵营为争夺世界政治主导权的对立局面，一度被视为建立社会主义主导世界政治的进程从此开始，实际上反映出世界历史进程（包括世界社会主义运动）另类的自发性、盲目性，孕育着新的曲折性。令人遗憾的是，国际马克思主义队伍对这种自发性、曲折性毫无觉察。出乎苏联共产党自己以至全世界的预料，在不自觉的环境因素和历史因素这种外在他组织作用下，加上内部资本主义因素的自发积累，苏联选择的道路在不知不觉中把它引向社会帝国主义的邪路。从干涉兄弟党内政到干涉社会主义兄弟国家，再走到侵略阿富汗，不仅搞垮自己，也给社会主义带来大灾难。世界政治系统化过程的非线性动力学效应令历史学家惊讶不已，充分暴露了世界社会系统培育大同世界的复杂性、曲折性和长期性。这使得一些曾经的社会主义者的政治信仰严重动摇，怀疑大同世界可能是一种乌托邦，这种声音在今天的中国学术界不断响起。但也有正面的教训：社会主义国家既要敢于同帝国主义针锋相对地斗争，又不能参与争霸，通过争霸而战胜资本主义是不可能的。世界社会从政治上培育大同世界，要求社会主义国家自觉地与资本帝国主义划清界限，警惕社会帝国主义的诱惑，致力于以不争霸的政治理念和政治战略战胜霸权主义。

两极世界被美国独霸的一极世界取代，世界社会的政治生态又一次发生巨变。西方以为自己打赢了冷战，世界历史最终选择了他们，足以建立由美国支配的世界政治系统。但同样出乎美国及其盟友的预料，被奉承为标志着"历史终结"的所谓"美国领导的世界"也是假象，不过十年便暴露出它绝非世界社会需要的政治形态，不是世界政治系统的吸引子，历史不可能、也不允许终结于此。从巴尔干战争、海湾战争、阿富汗战争、伊拉克战争，到美国实施重返亚洲战略、遏制中国崛起，尽管不能说完全没有取得成功，更多的却是事与愿违，损人而不利己。新中国成立以后的美国是顺着帝国主义路径走过来的，冷战结束又把它推上世界唯一霸主的虎皮椅，它的帝国主义本性获得新的内涵。但帝国主义主导世界范围政治生活的历史时代已步入末期，人类历史上最强大帝国的美国已步入相对衰落的进程，借用曹雪芹的语言讲，尽管"外面的架子虽然没有很倒，内囊却也尽上来了"（《红楼梦》第二回），17 次政府"停摆"（内）和叙利亚问题的曲折（外）就是最新表现。另一方面，美国毕竟还是世界最强大的国家，霸主的美梦还没有醒，争霸的实力犹存。在二战以来纠集的大小盟友呼应下，美国力图继续操控世界政治，成为世界政治民主化的最大阻力，身处交锋最前沿的中国人正切身感受着这一点。美国未衰落到普通大国之前，国际社会仍然没有平等可言，世界政治就建立不起来。美国仍然是今后几十年世界政治的麻烦制造者，世界政治生活中分裂、对立仍然显著大于合作，政治的特殊复杂性再次展现在世人面前。

今日不发达世界的许多国家和地区颇像 20 世纪上半叶的中国，活跃在政治舞台上的一批政客善于窝里斗，它们秉持"宁赠友邦，勿与家奴"的殖民地心态，内战内行，外战外行，为谋取政治私利而甘心充当美国的代理人。尽管心知随时可能被后台老板换马，还是一心想紧抱霸主大腿，得势一时算一时。一些经过流血奋斗击败美国侵略的国家，今天也利令智昏，试图借美国围堵中国之机捞取某些好处，存在被美国最终拉下水的现实危险性。世界社会的现实状况表明，美国继续推行霸权主义还有其不容忽视的社会基础。只要这种基础没有大的削弱，世界政治也无法形成。

然而，世界社会演变到今天，和平与发展已成为不可阻挡的历史洪流，结盟称霸还可以得势于一时，但终究是历史的逆流，是最终消亡之前的挣扎。表现在政治领域，国际关系民主化趋势已成为历史的主流，继续阻止它不会很久了。系统的建构须从基础做起，基层组分之间的关系合理，基础结构坚实可靠，才能够建立合理可行的上层结构。世界政治作为世界社会的上层建筑，国与国关系是其基础性结构，国家不分大小一律平等，是实现国际民主唯一可靠的基础；国家间关系平等、友好，才可能建立世界范围的民主政治。社会主义力量要在世界社会的母体中培育大同世界，只能从带头建立平等、合作、互利、共赢的新型国际关系着手，特别是建立新型大国关系。只有世界大国都不追求霸权，才能够彼此平等交往，同时平等地对待小国、弱国。新中国几十年来就是这样做的，今天更成为高举国际民主大旗的主要旗手，致力于构建人类命运共同体。这是中国肩负的世界历史责任。

　　资本帝国主义在政治上有一个无法自动迈过的"坎"，就是世界民主化，因为帝国主义存在的前提是国际关系的不民主，维护霸权就是维护国际关系的不民主，国际关系民主化本质是去帝国主义化。为了保持霸权，他们需要不断地寻找和制造对手，消灭老对手，防止出现新对手。所以，国际民主和世界霸权是今后一段时间内世界政治生活的两面大旗，两条路线，两种行为模式，二者的竞争至少还会持续几十年。中国要有打持久战的准备。

　　但是，"风老鹰雏，雨肥梅子"（周邦彦），时间裹挟着社会历史的风雨，能够吹老一切过气的东西，肥壮一切新生的事物。世界系统化不断深入发展也是不断改造世界社会的过程，其巨大的历史作用在于两个方面：既能够逐步壮大世界民主化的历史趋势，又能够逐步磨掉霸权主义的牙齿，老化霸权主义的筋骨，搓掉霸权主义的锐气，推动越来越多的国家拒绝抱美国的大腿。美国是人类历史上最强大的帝国，也是最后一个帝国。与美国霸权精英们的主观愿望相反，他们要在21世纪继续维护和扩大霸权的过程，只能是进一步衰落的过程。当它越来越感到争霸乏力，做霸主的代价大到再也承受不起时，美国才会以较为平等的态度参与世界政治生活。到那时，国际关系民主化、建立世界政治系统的历史条件便真正具备了，就能够促使美国认识到，与其他国家平等相处比争霸更符合自己的利益。这也是世界社会从政治上培育世界大同的重要内容。世界系统一百多年的演变史让人们有理由相信，只要中国坚持社会主义道路，不犯原则性错误，坚持正确的战略战术，这种局面的出现是可以期待的。不论美国精英们今天多么不高兴，不论他们的霸权情结有多深、还能坚持多长时间，中美之间建立起平等大国关系的日子终究要到来。美国精英们，干吗一定要欺负别人呢？做朋友，平等相处，己所不欲，勿施于人，这样做更好嘛！

　　我们的结论是：国际关系的严重缺乏民主是世界政治尚未形成的主要标志，霸权主义的横行是世界政治无法形成的根本阻力。国际关系民主化实现之日，才是世界政治形成之时。这一过程尚需几十年，但不论还有多少曲折，国际关系民主化是不可阻挡的历史潮流。

第5章　军事复杂性管窥

人猿相揖别。只几个石头磨过，小儿时节。

铜铁炉中翻火焰，为问何时猜得？不过几千寒热。

人世难逢开口笑，上疆场彼此弯弓月。流遍了，郊原血。

毛泽东《读史·上阕》

短短56个字，诗意地描绘了惊天动地的人类史，尤其是战争史。如此高度浓缩时间的艺术手法，集中体现在"这一'揖'、一'磨'、一'翻'、一'猜'、一'弯'五字中。大学问、大道理，全然不以概念出之"①。诗人意在告诉我们：人类的"小儿时节"就有了军事活动，攻城略地、血流成河的战争既是残酷的、野蛮的，又是人类文明发展的重要推动力，战争史是文明史一个有机组成部分。历史上的战争既毁灭了无数文明成果，又极大地推动了文明的进步，战争的这种两重性显示出人类文明固有的矛盾复杂性。本章拟遵循毛泽东的这些观点来考察战争或军事的复杂性。

5.1　战争历来是复杂系统

战争是政治交往另一种手段的继续。克劳塞维茨的这个著名论断，早已被军事界普遍认可。还原论科学无法给它以科学的解释，无论还原到军人个体（兵、将、帅），或者还原到一件件武器，或者还原到一次次具体的战斗，都无法解释克劳塞维茨的论断。而复杂性科学为这个命题提供了学理依据。政治复

---

① 公木．毛泽东诗词鉴赏［M］．长春出版社，2001：296.

杂性集聚、发酵到一定程度，就会转化为无法再以政治方式解决的难题，甚至成为政治上的死结。如果客观态势不允许政治僵局长期维持下去，问题必须尽快解决，矛盾的一方或双方就会诉诸战争，力图以暴力手段简化、消除政治复杂性，使问题获得解决。简言之，军事是解决政治复杂性问题的一种极端方式。既然是政治手段的继续，政治复杂性势必以某种方式延伸、转化到军事领域，加上战争赖以进行的经济、社会、文化环境的复杂性，共同铸就了战争作为系统特有的复杂性。

在私有制条件下，暴力具有简化甚至消除以非暴力方式运行的复杂性的可能性：是否有理不重要，拳头硬者说了算。但这需要付出高昂代价，包括政治的、经济的、文化的、甚至社会心理的代价。如果一方获得天时、地利、人和，又采用正确的战略战术，战争赢得完胜，这种高昂代价是值得付出的，而且有可能以政治手段无法达到的彻底性解决问题。因为政治方式总要有所妥协，有妥协就会留有后遗症，有可能转化为战后新的政治复杂性。打胜了的战争确实能起到简化甚至消除政治复杂性的作用。但对于战败方，或零和博弈的局中人，甚至包括结盟博弈战胜方中的弱者来说，事情就不一样了。战败方得到的是被迫接受解，零和博弈局中人得到的是远离战前期望、但可以接受的解。对于他们来说，原来的政治复杂性只是部分地被消除，所遗留的那部分必然转化为战后的政治复杂性。中国是二战的战胜国之一，但远未获得同美苏平等的地位，国力不济，加上蒋介石政权听命于美国，采取过度的政治妥协，近百年来被帝国主义抢占的许多领土未能收回，这是造成目前我们同多个邻国存在领土纠纷的主要原因。由此形成的政治复杂性正在困扰着崛起的中国。特别的，随着钓鱼岛半个世纪前被美国非法而蛮横地转交给日本管理，由战争复杂性转化而来的战后政治复杂性正在迅速发酵，致使霸占了战胜国领土的战败国日本，60 多年后竟敢到联合国去闹，申言要诉诸国际法使侵占钓鱼岛合法化。而当年的战胜国美国却怂恿安倍政府的挑衅，再次显示了世界政治何等复杂，帝国主义多么无赖。

但不论如何，由某种政治复杂性演变而来的战争，即使可以打得赢，也是复杂系统。战争不仅延续着战前的政治复杂性，而且围绕组织战争而产生的各种军事活动被参战各方视为头等大事，动用全部国力以赴，势必把当时社会的种种复杂性都引入战争过程。没有胜算却打了起来的战争，更会给参战者带来种种意想不到的复杂性。孙子对此已有深刻认识，告诫后人："兵者，国之大事，死生之地，存亡之道，不可不察也。"（《孙子兵法·计篇》）180 年前的克劳塞维茨曾注意到"军队组织的庞大和复杂，影响使用军队的因素繁多"，"这样的军队所进行的战斗必然是组织多样，结构复杂"①。毛泽东说："中国的问题是复杂的，我们的脑子也要复杂一点"（一卷本，1158），这个命题是他对整个中国革命经验的概括，首先是对战争复杂性的概括。

战争复杂性究竟表现在哪里？从孙子到毛泽东，从克劳塞维茨到今天的西方军事家，都有所论述。从现代科学的角度看，可大体归纳为以下几点。

（1）开放性。战争是开放系统，对经济、政治、文化、地理环境等都开放。战争对经济和文化是开放的，战场上的较量以经济实力为基础，支撑战争的精神力量则来自政治和文化，经济实力弱的一方尤其需要充分发挥文化的作用。战争总是在一定地理环境中进行的，战役组织和战术应用强烈地依赖于地理环境。重要的还在于战争对政治的开放性，克劳塞维茨对此有精彩的论述：战争是"从政治因素和政治关系中产生的"（729 页），交战双方的"政治交往并不因战争而中断"（726 页），"确定战争主要路线和指导战争的最高观点不能是别的，只能是政治观点"（729 页），等等。资产阶级军事理论家能如此明确地批判单纯军事观点，难能可贵。毛泽东对政治在战争中的重大作用更有系统的论述。

（2）多维性。战争是多维系统，孙子对此已有清楚的认识。在指出战争"不可不察"之后，他立即提出要"经之以五事"，就是考察战争系统的五个维度道、天、地、将、法，兵家"以此知胜负"。知战争必须知其维度，这一认识完全符合现代科学。多维性是战争具有复杂性的重要根源，驾驭复杂性须掌握系统的全部维度。

（3）不确定性。不确定性有多种表现形式，如可能性、随机性（早年国人喜欢称为盖然性，或概然性）、模糊性、灰色性、信息不完全性等，在战争中都有显著的表现，被军事家研究最多的是偶然性和概然性。孙子颇为重视战争的不确定性，古人讲的兵贵神速、相机而动等，也反映他们对战争不确定性的把握和对策。克劳塞维茨有言："战争是充满偶然性的领域"（22 页），"战争是以可能性和概然性、幸运和不幸为基础的"（694 页），强调战争服从"概然性规

---

① 克劳塞维茨. 战争论［M］. 杨南芳等译，陕西人民出版社，2001：36. 本章所引只注明页数的克劳塞维茨论断都出自此书。

律"，指挥战争要"进行概然性的计算"。毛泽东认为："我们承认战争现象是较之任何别的社会现象更难捉摸，更少确实性，即更带所谓'盖然性'"（一卷本，480），对于如何在不确定性中把握确定性有许多精辟论述。

（4）非线性。战争是交战各方争夺主动性的互动互应过程，却不可能是线性地（按照固定比例）互动互应，进攻和防御，退却和反攻，反复争夺，等等，显然是战争行程中的非线性特征。战争系统的环境总是处在非线性的变化中，系统与环境的关系也处在非线性的变动中。这两方面合起来决定了一切战争都是非线性系统，而且是强非线性系。线性特性原则上只有一种，非线性特性原则上有无穷多种不同表现，大量反映在战争中。战争的突然爆发，战争过程的曲折，战场态势的逆转，几近被消灭又东山再起，弱者战胜强者，等等，都是强非线性在战争中的表现。双方处于胶着状态，属于瓶颈式非线性。所谓兵败如山倒，说的是战争系统的指数式增（胜方）减（败方）。总之，所谓非线性现象在战争中应有尽有。从孙子到毛泽东对此都有深刻认识，提出种种对策，只是没有这个词可资使用。孙子要求"知迂直之计"，毛泽东要求"准备走曲折的路"，就是今人讲的非线性思维。

（5）动态性。战争是你死我活的搏斗，交战双方都是具有自觉能动性的主体，从士兵到统帅，每个层次的不同组分都处于激烈、快速、频繁的互动互应中，一方的行动必定引起另一方猛烈的、往往出人意料的反行动，等等，就是战争的动态性。孙子的"兵无常势"命题通常被理解为强调战争的不确定性，我以为主要是讲战争的动态性，毛泽东称为战争的流动性。流动性或动态性包含不确定性，但不限于不确定性。战争的概然性常常表现为战争作为系统的涨落现象，是战争动态性的重要成因和表现。放在更大的时空尺度看，战争爆发是政治系统的原稳态失去稳定性的结果，战争则是系统试图重建政治稳态的动态过程，控制论称为过渡过程。一切过渡过程都具有丰富多彩的动力学特性，战争作为战前、战后两种政治稳态之间的流血式过渡，更是疾风暴雨、曲曲折折的过程，动态性显然比其他社会过程更突出。

5.2 战争作为系统的转型演化

战争作为一种从历史中产生出来的社会现象，古已有之，于今为烈。"人猿相揖别"之时，新生的人类对古猿既有所超越、抛弃，又有所承续、发展，包括保留和发展了动物祖先的某些兽性，如弱肉强食，暴力制胜。原始部落之间时有暴力冲突发生，那就是人类战争的雏形。战字从戈，戈代表武器，人类的争斗胜于动物祖先之处在于有技术支撑，会制造和使用武器，已包含着文明的成分。私有制出现导致"人世难逢开口笑，上疆场彼此弯弓月。流遍了，郊原血"。从此，暴力冲突成为一种解决社会矛盾的系统性人类行为方式，被称为战争。想想南京大屠杀血淋淋的画面，回忆儿时日寇扫荡时的恐怖经历，侵略者的兽性立即呈现在我的眼前。文明天然地包含着野蛮这个对立面，迄今的人类历史中有文明处就有郊原血流，这本身也是社会复杂性的根源。只有在消灭私有制之后，人类才能在这方面超越动物祖先，永远揖别战争复杂性。

　　同一切历史地产生出来的事物一样，战争也随着社会演进而演进。战争的式样，即交战双方如何打仗，主要取决于作战武器的形态。不同的武器有不同的打法，形成不同的军队组织方式和训练方式，需用不同的战略、战役、战术的理论和方法，以及不同的军事思维方式和军事哲学，这些都是战争的人文成分。所谓战争复杂性，更一般的讲是军事复杂性，不仅反映在战略、战役、战术的理论上，以及战争实践所有环节（空间维）和所有阶段（时间维）中，而且反映在关于军事建设、武器装备、军队编制、指挥系统组建、军队训练、后勤保障、军民关系等方面，以至军事思维、军事哲学。这一切的总和构成所谓战争形态，也随着历史发展而演变。所以，武器形态发生质的改变，必定导致战争形态的质变。从原有的形态转变为新的形态，叫作战争（军事）系统的转型演化。人类战争史已经出现过几次转型演化，目前正在经历新的转型演化，也是最后一次转型演化。

　　一定形态的武器是一定形态的生产技术的产物或表现。恩格斯有个著名论断："一旦技术上的进步可以用于军事目的并且已经用于军事目的，它们便立刻几乎强制地，而且往往是违反指挥官的意志而引起作战方式的改变，甚至变革。"[①] 这是历史唯物主义对战争形态与技术发展之关系的基本看法，揭示了战争系统转型演化的客观性、必然性、自组织性，以及它的动因。钱学森多次引用这段话，并加以发挥："武装斗争的方法和样式取决于社会生产力的发展，取

---

① 马克思、恩格斯. 马克思恩格斯军事文集［M］. 战士出版社，1981：16 - 17.

决于武器、技术和人员的组成。"① 受托夫勒《第三次浪潮》一书的启发，钱翁考察了历史上作战武器与战争模式的关系，指出历史上出现过五种不同的战争模式，构成五种不同的战争时代。他所说的战争模式②大体就是我们说的战争形态。把这些认识应用于现代社会，钱翁认为科学技术促使作战模式发生变化，核武器的影响最明显："战争变了，因为兵器、武器变了，社会也变了；今后是高技术武器时代。"③ 按照钱学森的划分，人类历史上战争系统的转型演化可简单地表示为下图：

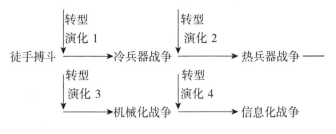

图 5 - 1　战争形态的演化

钱学森还指出，武器形态由社会产业形态来决定，每一种战争模式或战争形态都建立在一定的社会产业形态之上，分别由一定的产业革命促成。五种战争形态顺次对应于历史上前后相继发生的五次产业革命，每一次产业革命都创造出相应的技术形态，应用于那个时代的战争，成为那种战争形态的技术支撑。每一次战争形态的提升都建立在技术形态提升的基础上，战争形态的提升又反过来促进技术形态的完善和发展。

第一种战争形态的武器是木棍、石块等天然物，只需极简单的技术加工。用毛泽东的语言讲，不过是"磨石头"而已，技术因素（包括拳术）极低，毕竟已大于零，因而高明于动物祖先。但无论看整个文明史，还是看战争史，这个时期都属于人类的"小儿时节"。冷兵器战争由冶金铸造技术支撑，开启了"铜铁炉中翻火焰"的文明史，技术从此成为战争的一个不可忽视的因素，而且不断进步。热兵器战争增添了火药技术，武器的技术含量上了一个新台阶，杀伤敌人无须近身搏斗。技术开始成为构成战争力的重要因素，但战争远远达不到实现"技术化"的境界。直到机械化战争才把"铜铁炉中翻火焰"推上顶

① 糜振玉. 钱学森现代军事科学思想［M］. 科学出版社，2011：50.
② 钱学森. 钱学森书信集（第 9 卷）［M］. 国防工业出版社，2007：4.
③ 钱学森. 钱学森书信集（第 4 卷）［M］. 国防工业出版社，2007：489.

峰，极大地提高了技术因素在战争中的地位，战争终于达到"技术化"的境界。在技术化的物质基础上，战争形态的各种要素都发生了相应的变化。三个台阶总共"不过几千寒热"，战争的技术已提高到空前的水平，而信息化战争又把战争技术化提高到具有新质的水平，也是最高的水平。

毛泽东说过："'化'者，彻头彻尾彻里彻外之谓也。"（一卷本，842）在实证的和哲学的意义上讲，任何一种"化"都不可能达到彻底。毛泽东以文学的夸张语言揭示出这样一个规律性现象：任何一种"化"作为客观趋势都自发地力图做到彻头彻尾、彻里彻外，力求达到自身的"化境"，不相信有什么力量可以阻挡它的前进。这就是社会系统固有的自发自组织力，任何人为力量都不能阻止它。然而，正是在这种不可阻挡的化境追求过程中，取代自身的他物必然自发地孕育出来，达到一定程度后，系统的转型演化便历史地发生了，自身终于被他物所取代。中国传统文化有化生的概念，意即化而生。用系统论的语言解释：一种系统形态在自身追求化境的演变过程中，必然自发（自组织）地造就出取代它自己的新形态，旧形态充当了新形态的母体；孕育到足够的程度，人们对新形态有了自觉意识，就会转而自觉地努力培育新形态，即他组织地以新形态取代旧形态——这就是系统的转型演化。我们在战争形态每一次转型演化中都清楚地看到这一点。例如，机械化战争就是在热兵器战争形态的自我完善、扩展中孕育出来的。

本书关注的是目前正在进行的转型演化，考察信息化战争是如何从机械化战争的自我完善和扩展中自发地孕育产生出来的。机械化战争奠定于工业化基础上，核心技术是机械制造，19世纪以降又得力于电气技术，出现电气化的机械制造技术，并在20世纪获得急剧发展。随着坦克、飞机、航母、导弹等相继进入实战，战争有了全新的杀伤手段和空前的杀伤力，核武器和航天武器的发明更把战争的机械化推向顶峰。机械化战争是第一个技术化的战争形态，但其本征技术是机械制造技术，以及后起的电气技术。20世纪中期以降各种高新技术不断进入军事领域，最初完全是为了完善和扩展机械化战争，全然没有创造新战争形态的自觉意识。以电子计算机技术为例，最初的意图是实现火炮自动化（1946年问世的第一台计算机被用来计算火炮弹道），更是日后研制原子弹、卫星、航天飞机不可或缺的技术手段。但它的发明创造者，无论冯·诺依曼还是维纳，并未意识到围绕它会发展成一种信息高新技术群，并最终演化成信息化战争的核心技术。也就是说，信息化战争形态是在机械化战争形态内部、以改进机械化技术为目标而自发孕育出来的。创新者自觉（他组织）地追求的是对现有技术的改良性目标，却内含着他们并未意识到的革命性新目标，即新事物自组织发生发展的目标。

钱学森指出："一种新武器开始用于军事目的，并不意味着就找到了最有效的运用方法。"① 战争机械化所化的结果是作战武器越来越大型化、多样化（异质化）和复杂化，却未能同时找到最有效的运用方法。这一窘境迫使武器机械化的推手们逐渐意识到，能否有效管理和使用机械化武器以发挥其应有的效能，越来越成为决定军队实际战争力量的重要因素。解决这个矛盾又需要开发更新更有效的技术，首先是通信技术和自动化技术。通信技术当然是信息技术，自动化包括武器的精确化、隐形化、智能化等，核心也是信息技术。所以，20 世纪中期以来军事领域的一道亮丽的景观，是在发挥、改进和扩展机械化武器有效应用的目标下，孕育和发展出服务于战争的信息高技术。

在漫长的历史上，军事技术指的都是那些看得见摸得着的人造物——武器。进入 20 世纪后，随着机械化作战工具的多样化、大型化、精致化和复杂化，军事技术中一些异质的东西日趋明显，日显重要，但其本质特征一时难以确认。计算机硬件和软件概念的提出启示人们，一切技术原则上都有软硬之分，看得见摸得着的人造物是硬技术，如何使用硬技术的方法、程序、思路等是软技术。它们虽然看不见、摸不着，但在硬技术实际发挥作用中扮演着不可或缺的角色。硬技术越是多样化、大型化、精致化、复杂化，软技术的作用就越大。硬技术是基于物质运动和能量转换规律运作的，软技术主要是基于信息的奇异特性和信息运作规律运作的。软技术在军事中的作用日趋重要，从另一个方面突显信息技术在机械化战争中的地位。

就军事技术的整体看，当信息技术逐步从次要的、辅助性的成分变为主要的、本征的成分，信息要素取得支配非信息要素的地位时，信息化战争这种新形态就不再需要以完善和扩展机械化战争的面目来表现自己，而需要脱离机械化战争的形态独立自主地成长发展。形象点说，机械化战争是信息化战争的母体，它已经怀胎十月，信息化战争需要也能够脱离母体，作为一种独立的新战争形态降临人世了。

有战争就有信息对抗，自古已然，如孙子讲的用间和反间。但在没有信息

---

① 钱学森等．论系统工程［M］．湖南科学技术出版社，1982：52.

高技术的条件下，信息对抗主要是侦察与反侦察、用间与反间、干扰与反干扰，不具备直接的杀伤力，还称不上信息战。在机械化战争形态的后期，随着信息技术从次要的、辅助性的成分逐渐向主要的、本体的成分演变，专门从事信息对抗的部门就成为军队的重要有生力量，凭借高新技术进行的信息对抗具备了直接杀伤力，出现信息战场、网络战场、数字化战场等新事物。战争的根本目的永远是保存自己、消灭敌人，但具体内涵和表现形式是变化的。由于战争对信息技术依赖程度越来越大，信息设施和使用它的部队成为保护（我）或打击（敌）的重点目标，保存自己的信息战力量成为保存自己的重要内涵，摧毁敌方的信息战力量成为消灭敌人的重要内涵。在有些情况下，甚至打赢信息战就意味着基本上打赢整个战争，因而凭借高技术建立和保护制信息权成为交战各方战略对抗的重心。这样的作战样式本质上不再属于机械化战争形态，而是以信息化为特征的新战争形态。

　　中华先祖把有关战争的人类活动称为兵事或军事，与它并提的还有农事、商事、文事等，认识到它们的共性在于"事"，即由人进行的社会活动，倡导尊崇事理，这是文明的重要进步。简单性科学本质上是关于物理的学问，即经典意义上的自然科学。作为一类事理活动的战争从来都是复杂系统，简单性科学不涉及事理问题，没有也不可能给军事理论提供基本概念、原理和方法，故历来的军事理论都与那个时代的科学前沿无关。已经成为历史遗迹的各种战争形态如此，机械化战争亦然。尽管克劳塞维茨意识到战争的"结构复杂"，倡导"科学地研究战争"（2页），却无法从当时的科学前沿吸取概念工具。克氏提到的科学是力学和几何学，但牛顿力学的基本概念力、势能、加速度等，几何学的三角形、圆周等概念，不可能成为军事科学的概念。即使爱因斯坦时代的科学，也不可能为军事科学直接输送概念和原理，不可能建立描述战争复杂性的科学理论。

　　判断出现信息化战争形态的重要依据，还在于军事领域信息意识的觉醒，信息化战争概念的提炼，以及相关军事理念的形成。意识是存在的反映。信息技术在战争中日益显示出重要作用，必然推动军事信息意识的觉醒和高扬。这也经历了一个过程。1940年代，申农发现信息的实质是通信中消除了的不确定性（一类语用信息），维纳揭示通信和控制是机器、动物、社会共有的系统机制，他们开始给信息概念赋予科学的内涵。更重要的是，维纳揭示信息是非物质性的存在形式，提出"信息就是信息，不是物质，也不是能量"这一命题①，标志着人类信息意识的觉醒。此乃社会信息化、时代信息化的观念性起点，迟早要在军事领域引起反响。信息科学、系统科学在 1950 至 1960 年代的突飞猛进，复杂性研究的逐步开展，社会各方面的发展，以及朝鲜战争和越南战争血的教训，都在推动军事领域信息意识的觉醒。但知识界和军事界并未立即理解这些新思想，维纳本人也没有思考他那振聋发聩的新观念将会带来怎样的军事学后果。这同样是军事系统演变发展的自发性使然，先有自发行为，后有自觉意识，自觉意识总是滞后于潜意识支配下的自发行为。大思想家并不完全理解自己提出的新概念、新命题、新思想，乃学术文化史上司空见惯之事。

1970 年代是转折点，学界终于将信息与时代特征联系起来，提出信息时代的概念（1974），人类的信息意识迅速高扬，信息化浪潮开始涌动，走在前面的是美军和美国学界。1980 年托夫勒出版的《第三次浪潮》就是这方面的理论总结。导致托夫勒等人产生新观念的那些事实、现象、动向必然也会引起军事领域的注意。T. 罗那于 1976 年提出信息战争概念，喊出了军事信息意识觉醒的第一声。我没有看到罗那的论文，根据评析其论文的有关文献间接推测，他讲的信息战争既有信息时代战争的内涵，也有传统的信息战（信息争夺）的内涵，表明他的认识还较模糊，但毕竟从战略高度把信息与战争联系起来了。尽管《第三次浪潮》一书极少提及战争，但它对社会总系统发展趋势的深刻揭示无疑也适用于军事分系统，因而立即引起美军的注意，将军们奉命研读此书。美军于 1982 年成立专门研究"用'第三次浪潮'的观点来重新认识战争"的小组②，以期制定一套新的军事理论。在整个 80 年代，美国在军事建设的不同方面都作出相应的努力，军事信息意识越来越明显，但总体上还没有走出完善和扩展机械化战争这个掩体，还属于不自觉地从观念形态上为军事系统的转型演化做准备。

真正的分水岭是海湾战争，托夫勒称之为"一场双重性的战争"（同上，72），一重为第二次浪潮战争，另一重为第三次浪潮战争。这两种不同历史形态的战争在同一时间、同一个战场上进行，表明两种不同战争形态的历史性联系。

---

① 维纳. 控制论［M］. 郝季仁等译，科学出版社，1962：133.

② 阿尔文·托夫勒，海迪·托夫勒. 未来的战争［M］. 阿笛、马秀芳译，新华出版社，1996：4.

这是战争史上的独特景观，具有巨大的认知价值，它使思想敏锐者看到一种全新战争形态的轮廓已经隐约可见。反映最早、动作最大、成效最显著的是最想做世界霸主的美国，这之后的短短几年中，美军迅速从理论上进行总结，建立新的军事理论，如阿兰·坎彭的《第一场信息战争》等，托夫勒夫妇《未来的战争》则是民间给出的另类总结。美国采取了一系列加速军事转型的重大举措，充当了准备和实践信息化战争的国际领头羊。其他发达国家甚至某些发展中国家也紧跟其后。在中国，以海湾战争为契机，人民解放军迅速向军事建设信息化方向转变。这样一来，一场促进军事转型的军事竞赛在世界范围迅速展开了。

这一切标志着信息化战争从自发的孕育这种自组织运动，开始转变为人们有计划地建设这种他组织行为。钱学森基于海湾战争以来的世界军事动向，适时地作出"21世纪的战争形式：在核威慑下的信息化战争"的判断（1995）①，可谓高瞻远瞩。据笔者的理解，信息战争，第三次浪潮战争，信息时代战争，信息化战争，四个称谓的内涵指向大体相同，但称为信息化战争最具科学性和学理性。有些国内学者把新战争形态的中文称谓取作信息化战争，英文却采用美国人的用语 Information age warfare，这也是一种混乱。我赞同用 informationized warfare，这可以同钱学森的命名一致起来。下表给出历史上战争形态演变及其与技术和科学的对应关系：

表5–1   不同战争形态的比较

战争形态	武器形态	核心技术	特征
徒手格斗	肌体＋天然实物	格斗术	谈不上真正的技术
冷兵器战争	冷兵器	冶金、铸造技术	有技术而未技术化
热兵器战争	热兵器	火药、机械制造技术	有技术而未技术化
机械化战争	机械化武器	机械化、电气化技术	技术化而未科学化
信息化战争	信息化武器	信息化技术	技术化＋科学化

新的战争转型演化目前处于怎样的态势呢？一种意见认为，近十多年来发生的几次局部战争还不是信息化战争，而是高科技战争——机械化战争通向信息化战争的过渡形态。我不赞同这种提法，因为信息化战争也是高科技战争，在机械化战争与信息化战争之间不存在另一种战争形态——高科技战争。一个

① 转引自糜振玉.钱学森现代军事科学思想［M］.科学出版社，2011：83.

系统从无到有的演化称为系统的生成,关于系统生成的条件、机制、方式、规律的学问,叫作系统生成论。简单系统的生与成是一回事,即生即成。复杂系统的生与成是系统整个生成过程的两个阶段,生未必一定成,生而未成的系统是常见的。信息化战争是复杂系统,它的生成过程也有生和成两个阶段。从海湾战争到伊拉克战争的历史表明,信息化战争作为新的战争形态已经产生,但尚未长成,带有其母体机械化战争的强烈印迹;但毕竟已经问世,开始进入它的成长阶段,至于何时成熟,尚难逆料。未成熟而被历史淘汰,也未必不可能。

5.3 信息化战争的特殊复杂性

需要说明,使用信息≠信息化,信息战≠信息化战争。所谓信息化战争,表现为战争或军事各方面都实现了信息化:武器装备的信息化,军队编制的信息化,作战样式的信息化,指挥系统的信息化,等等。我们说过,只用关于物质、能量的科学就能够说明的问题一般都是简单性问题,必须同时用关于信息的科学才能说明的问题一般都是复杂性问题。这一点在战争或军事问题上表现得相当突出:战争的信息化带来空前发达的军事复杂性。

(1)空前的高维性——全维战争。维度指决定系统行为状态的各个独立方面或独立要素,只需考虑一个方面或要素的是单维度系统,需要从不同方面去把握的是多维度系统。单维系统一般是简单的,多维度是系统复杂性的重要根源。增加维度一般都会给系统带来若干全新的特性,从而增加系统的复杂性,以及科学描述的难度。例如,二维连续动力学系统不存在混沌,三维动力学系统(增加一个维度)就会出现混沌。所以,准确认识一个系统,必须了解它是几维系统,知道它有哪几个维度。

人类社会从来都是多维度系统,跟社会各个分系统都有密切联系的战争分系统也必然是多维的。战争系统的维度指决定战争制权的独立要素,它是可变的、发展的,总的趋势是维度增加。今人对战争维度的认识与孙子有很大不同,但他的战争方法论思想具有普适性。战争制权的争夺从陆扩展到海,20世纪再扩展到空,每一次扩展(增加维数)都使战争显著增加了复杂性。现在又要把战争打到太空,出现天战这个新维度,就使战争的地理空间扩展到极限。电磁战出现于机械化战争的后期,但只有信息化才使电磁空间成为战争的又一个独立维度。网络空间更是信息化战争才有的新维度。心理战是自古就有的，但只有 21 世纪的高科技战争才使心理战成为战争系统的另一个独立维度，伊拉克战争已初步表明这一点。这样一来，未来的信息化战争就成为在陆、海、空、天、电、网、心七维空间中进行的战争。前四维构成物理空间，后三维构成信息空间。

从技术角度看，信息化使人类战争的所有可能维度都突显出来了，故军事科学界承认信息化战争具有全维性，是一种全维战。孙子战争方法论的现代表述应该是"经之以全部维度，校之以计而索其情"。反映在认知中，就出现了全维出击、全维支配、全维高级作战、制全维权等概念。但这样的战争具有怎样的复杂性，仅仅从理论上研究是无法真切感知的。美国是帝国主义，有意通过发动一系列局部战争获取对全维战争的实践经验，在世界上独占鳌头。我们是社会主义国家，在实际的信息化战争强加于中国之前，我们只能以大量模拟试验和实兵演习来获得实践经验，加上虚拟作战，以及收集西方的间接经验。有了大量的感性经验后，还必须注重理论提炼，从基础科学理论和哲学的高度理解信息化战争的独特性。复杂性科学由此获得了新的用武之地。

以上"七维空间说"是纯技术角度考察信息化战争的结果，资本主义国家也能接受，实际上也是他们首先提出来的。但战争是政治的继续，从马克思主义观点看，战争系统还有一个非常重要的维度，就是民心民意，或战争的性质，亦即孙子讲的"道"，可称为道维。目前的学界一门心思发展军事技术，极少提及道这个维度，但它是社会主义国家战争观必须首先强调的维度。问题还在于，社会主义搞久了，人们也可能淡化这一维，甚至不知不觉忘记这一维。当人们一门心思搞军队高科技化、信息化建设时，尤其要警惕单纯技术观点，眼睛只盯着美国，只想着技术。苏联晚期走向社会帝国主义，最终走向解体，与此不无关系，中国必须自觉地避免重蹈覆辙，把未来战争放在八维空间中考察。特别的，腐败不根除，未来的战争将首先败于丢失民心上，甲午战争殷鉴不远。

（2）空前的组分异质性。战争的多维性决定了战争从来都是异质性显著的系统，且这种异质性随战争形态的演变而不断加剧。仅就武器来说，冷兵器战争已有十八般武艺之说，"十八般武艺样样精通"是一个军人在军事技术上的最高追求。热兵器战的武器式样远不止于十八般武艺，机械化战更极大地增加了武器种类，作战样式、战争实践中牵涉到的因素之多，以往的战争不可比拟。信息化战基本保留了机械化战的各种武器，又增加了花样翻新的信息化装备，还在不断开发各种智能化武器,武器的异质性将趋达极致。在实战中,不同武器的运用需要合成,不同兵种需要协同。此类现象古已有之,但不明显。武器越多样化、现代化,战争系统内在异质性越发达,合成、协同就越重要,同时也就越复杂、越困难。机械化战后期这种匹配和协同已变得十分重要,由此直接催生了运筹学和系统工程,还不自觉地催生了战争的信息化。而信息化又产生大量新武器,武器的技术含量空前增大,使不同武器的匹配、不同兵种的协同,以及军民配合,都变得更加复杂,将使信息化战争的复杂性达到前所未有的水平,把握它的难度前所未有。

(3)空前的不确定性。战争是具有自觉能动性的不同主体相互行诡道、拼智谋、尚冒险的零和博弈,不确定性特别突出。或者说,充满不确定性最能体现战争的本性,历代兵家都给予极大的关注。信息化对战争不确定性的影响有两个相互矛盾的方面。信息技术的高度发达使过去无法得到的信息现在可以得到,过去无法实时获取的信息现在可以实时获取,过去无法处理的海量信息现在可以处理,必然使许多以往被视为不确定性的东西变得可以确定。但另一方面,信息固有的奇异性是造成战争不确定性的深层根源之一,故战争的信息化将显著加剧战争的不确定性,呈现出许多新特点,现在还缺乏具体的了解。不确定性的表现形式多种多样,现代科学所揭示的各种不确定性都会表现在未来的信息化战争中。

①偶然性。克劳塞维茨早已指出:"偶然性是战争中必不可少的一个要素。在人类的活动中,再没有像战争这样经常而又普遍地同偶然性打交道的了。"(22 页)信息高技术应用于战争,必然使许多以往被当作偶然性的事件变得可以预见和防范,从而减少战争的偶然性。但信息设备的易受干扰和易出故障,信息的奇异性、虚拟现实性,又可能使信息化战争自身具有产生新的偶然性的内在机制,人们对它还几乎没有任何经验,存在很大盲目性,可能对战争进程造成严重的扰乱。例如,信息的奇异性给兵行诡道提供了新的机会和式样,军事家有了新的创造空间,发明行诡道的新方式,将使偶然性获得新的表现形式。

②随机性。人类历史上发生过数不清的战争,大多数具体战争又是由大小不等的战役和战斗组成的系列,因而可以被看成数学讲的大数现象。汇集于大数现象中的偶然性事件具有统计确定性,科学上称为随机性。战争信息化之后,过去是概然性的东西可能变得比较确定,过去呈现为确定性的东西可能变成概然性的东西。信息化战争中,信息的奇异性必定使概然性具有许多新特点。但

在信息化战争早期它们只能以偶然性面貌出现,远远构不成大数现象,无法呈现出统计确定性,无法进行概然性的计算。即使信息化战争的经验积累得比较多了,进行概然性计算的原理和方法目前还难以进行研究。

③灰色性。从掌握信息多少来看,战争的典型形态不是控制论所说的白箱或黑箱,而是灰箱,具有信息不完备性,实际的战斗几乎不可能在获得完备信息的条件下进行。信息化技术极大地提高了作战主体获取、处理、传送、利用信息的能力,传统战争中存在信息不完备性的地方可能变得比较完备了。但信息化战争仍然不可能成为白箱,它仍然是灰箱。信息极大的流动性和奇异性很可能赋予战争灰色性以新的内容和特点,甚至会出现同时既有信息过剩、又有信息饥饿的状态,无用的信息堆积如山,亟需的信息十分稀缺。而所谓灰色战争的出现将带来人们现在基本不掌握的复杂性。

④模糊性。这里只讨论战争作为系统自身内在的模糊性。战争的信息化一方面使军事技术越来越精确,精确测量、精确制导、精确打击手段的发展,某些过去难以消除的模糊性能够被消除,使21世纪的战争称得上精确化战争。另一方面,正是这种精确化同时导致战争在其他方面模糊化。在传统战争中,战前准备与战争开始、前方与后方、进攻与防守,战区、战线、军队等,原本都是外延明确的概念,在信息化战争中却变成模糊概念。甚至战与非战、胜与败、战争是否结束也明显地模糊化了。伊拉克战争,阿富汗战争,就是例证。美国陈兵中国周边国家,不断进行以中国为假想敌的军事演习,特别是日美围绕钓鱼岛问题的军事举动,判定它已是战争的隶属度为0.2绝不过分,中国人不可掉以轻心。这种精确化与模糊化同时存在、相互转化的趋势,将会带来哪些新的战争复杂性,兵家如何把握它,如何利用它来保存自己、消灭敌人,需要研究。这种模糊化是否能够使正义的信息化战争实现全民皆兵,如何实施,也需要研究。

(4)空前发达的非线性动力学特性。信息具有显著不同于物质的奇异特性:信息的非物质性,信息对物质载体的依从性,信息的不守恒性,信息与噪声的同在性、同形性,等等,都会出现在信息化战争中。历来所谓兵行诡道、兵不厌诈,都以信息的奇异性为根据。由于信息的奇异性和高度流动性,战争的信息化一定会使战争的非线性动力学特性获得新的表现形式,更加多样化、曲折化、复杂化。由于缺乏实践经验(中国尤其缺乏),人们对这种变化所知甚少,需要特别的关注。本节只补充讨论三点。

①非对称性。在物理学中，对称意味着某种均匀性，不对称意味着某种不均匀性。在数学中，对称意味着某种变换下的不变性，不对称意味着某种变换下的可变性。均匀性和不变性本质上是线性关系或线性运动的表现，非均匀性或可变性本质上是非线性关系或非线性运动的表现。就其具体表现看，有各种意义上的对称性与不对称性。战争也如此，主要表现在两方面。一是军事实力、特别是武器装备上的非对称性，历来受到军事科学界的极大关注，由此滋生了唯武器论。在信息化战争到来之前，历史上的多数战争是交战双方实力大体相当、都可以一搏的对称性战争。但实力明显不对称的战争也不罕见，毛泽东倡导的"你打你的，我打我的，打得赢就打，打不赢就走"，是弱方打赢非对称战争唯一可行的战略方针。二是战争性质上的不对称性，即正义性与非正义性的不对称。一切侵略－反侵略战争都有这种不对称性，被侵略方是实力赢弱方，但战争的正义性又是其优势。弱方必须充分发挥正义战争的优势，逐步把人民群众组织起来，才可能赢得战争。二战时期的中日战争是典型的实例，两种不对称性都很突出，《论持久战》有精彩的分析。

信息化使战争的不对称性具有质的新内涵，是军事学必须研究的课题。1990 年代以来的各次局部战争表明，高技术水平的巨大差距使得面对超级大国侵略时，不论小国还是普通大国，都将被置于非对称战争中。西方极力宣传非对称性战争内藏玄机，他们试图把自己在军事技术上（机械化、信息化）的优势变为对不发达国家的威慑力量，以求不战而屈人之兵，国人需要加以辨析，切不可误入新的唯武器论迷途。

从战争的总体看，非对称性是非线性的特殊表现形式。战争都是对称性与不对称性的对立统一，每一场战争、战役、战斗都存在不对称性。指挥不当会造成不利于己方的不对称性，正确的指挥可以造成有利于己方的不对称性。孙子提倡的"敌分而我专"，毛泽东强调的集中优势兵力打歼灭战，则是要在具体的作战态势和兵力对比上创造有利于己、不利于敌的不对称性。战争并不神秘，它也有规律可循。一切侵略战争都具有战争性质上的不对称性，非正义性是其不可克服的弱势。在非对称战争中，强方总是企图迫使或诱使弱方按照自己的打法来打，以强方的优势对阵弱方的劣势。弱方必须避免上当，一定要寻找有利于自己的不对称性，充分利用它。在今后一定时期内，如果霸权主义在某一天把信息化战争全面强加于我们，那必定是中国军事力量还明显地弱于他们的时候，试图依仗其军事实力上的不对称性取胜；我们被迫打的是正义的反侵略战争，只有最大限度地发挥战争性质上的不对称性优势，动员和组织全体人民参与，才能克敌制胜。

②非线式作战的分形特性。传统战争有明确的战线，双方把兵力集中到一定的战线上搏杀，故可以讲"上前线"，或"从前线下来"。机械化大兵团作战模式具有程式化特点，更易于形成明确的战线。这可以称为线式作战，或称有线作战，但不应该说成是线性战争。有线作战本质上还是非线性系统，只是在战线明确（一种几何学特征）这一点上带有线式特点。线式不等于线性，非线式不等于非线性。线式与非线式是维数的不同，线式是一维的，非线式是多维的。线性或非线性可能是一维的，也可能是多维的。非线性相互作用的一种可能几何形态，是产生某种分形结构。这是一种层次嵌套的几何对象，首要特征是局部与整体具有某种相似性，称为自相似性。在大范围内进行的战争，只要没有出现双方主力对阵决战，实际战场就会呈现出分形结构。克劳塞维茨主张"把战斗当作整个战争的缩影"来考察，表明他对战争的分形特性已有一定的领悟，意识到战斗（局部）与战争（整体）有自相似性。人民战争必定呈现分形特性，作为人民战争理论的创立者，毛泽东对抗日战争中战场态势的分形特性有深入、准确的认识，形象地称之为"犬牙交错的战争"（一卷本，461），具体表现是内线与外线、有后方与无后方、包围与反包围，以及大块根据地与小块根据地相互交织、包含、渗透等，形成复杂的层次嵌套的自相似结构。信息化战争本质上是非线式作战，犬牙交错的分形特征更为鲜明，信息化的人民战争尤其如此。

③战争系统有无混沌性？从严格科学意义上讲，似乎没有，因为严格意义上的混沌运动是确定性系统的一种行为体制。战争不是确定性系统，不能用确定性动力学方程来描述。但混沌总有混乱的一面，表观的混乱掩盖着某种深层次的有序。如果仗打到一方兵败如山倒时，把战场态势看成混沌倒是颇为形象的，一方的混乱失序表现着另一方的整体有序。历史上秦晋淝水之战末期的"八公山上，草木皆兵"，可以看出一种混沌状态。

总之，系统的维数越多，动力学现象越发达，由此而来的复杂性越发达。信息化战争既然展开于全维空间中，战场态势变化的快速性是空前的，真正称得上瞬息万变，军人驾驭它无疑会感到空前的复杂。

（5）空前的开放性。战争总是在一定的时空域中进行的，与自然环境密切联系，即对自然环境开放，对地理环境的依赖尤其显著。战争与社会总系统的所有分系统，即政治、经济、科技、文化等一级分系统，以及新闻、舆论、教育、外交等二级分系统，都有密切的联系和互动。但历史上的战争与当时的各种社会分系统都有比较明确的界限。发展到机械化战争后期，随着社会系统的不断复杂化和战争本身的复杂化，特别是战争中信息因素的不断增加，战争系统的开放性迅速增大，与各种非战争系统的分界线都显著模糊化了。例如，军用与民用的界限模糊化，以往军品的标准明显高于民品，现在这种差别越来越小，许多民用信息技术完全满足军用标准。开放性扩大的后果有正反两方面。更加开放意味着战争能够更多地获得社会支持，也就更为社会所了解；但又可能受到更多社会因素的影响和制约，增加复杂性，亦即增加指挥控制的困难。又如，一向标榜独立于政治的美国新闻舆论界，深深地卷入伊拉克战争这种肮脏政治中，发挥了强劲的战争功能，事实上成为美军的一个重要分支。它预示着在未来的信息化战争中，新闻舆论界参与战争将司空见惯，成为信息化战争的必要组成部分，一个优秀军人必须懂得舆论战。敌人的舆论战必定给自己带来破坏性，要自觉地组织自己的舆论战给敌人增加复杂性。爱国的舆论工作者则获得极大的活动范围和强度，为打败侵略者做出贡献，未来的战斗英雄必定有新闻工作者。

开放性增强的另一种表现是出现了不同形式的非传统战争，军与民、战争与非战争之间的界限更加模糊。在信息化时代，任何非军事部门都具有一定的军事功能，可以用自己的民用设备和工作能力参与战争。此外，所谓商战、外交战、智力战、人才战等"文战"的演化发展，既可能成为"武战"的诱因或前奏，也可能贯穿于"武战"的全过程，并成为收拾"武战"残局的手段，文战与武战变得难分难解。总之，信息化战争的发展将使战争系统的开放性接近极限，同时必定带来新的复杂性，不可不察。

（6）空前发达的矛盾复杂性。战争是一种特殊的人类行为，包含数不胜数的对立统一，赋予战争独特的矛盾复杂性。差异就是矛盾，社会系统存在数不清的差异通过战争而整合在一起，形成各种各样的对立统一。过往的战争形态由于尚未充分发展，许多对立统一是隐蔽存在的，允许忽略不计，大大减少了战争的现实复杂性。随着战争形态由低到高的演变，不断使某些隐蔽存在的对立统一显在化，又不断生发出新的对立统一，导致战争矛盾复杂性不断增加。早先的军事辩证法对此已有大量论述，但一定存在一些没有充分发展的矛盾复杂性，尚未被军事学注意到。发展到信息化战争，信息化把这些隐性存在的矛盾显性化，致使战争内涵的一切矛盾都显露出来，战争的矛盾复杂性也就趋达极致。例如：

物理与事理。人世间原本是物理和事理的矛盾统一，但在漫长的历史上，物理方面的问题求助于科学，事理方面的问题求助于经验和艺术，两者近乎不搭界。机械化战争把越来越多的自然科学技术用于战争，使新武器的有效运用越来越复杂，事理问题越来越突出。20 世纪以来的战争复杂性与物理和事理的对立统一由隐到显的变化有关，信息化战争进一步突出了这矛盾，必须把物理与事理、科技与艺术、理论与经验结合起来。

硬因素与软因素。现实世界是软硬（物资、技术等）兼具的，战争亦然。传统战争的软因素被遮蔽，似乎只是硬力量的对抗。信息化战争凸显软因素的重要性。但今天可能又走向另一个极端，大讲软的一面，轻视硬的一面。必须警惕这种片面性，既重视软因素，也重视硬因素。

接触战与非接触战。有线作战都是双方直接接触的战争，弓箭、火器的发明已经带有一点非接触作战的成分，火炮的出现允许隔山而战、隔江而战，只有导弹的出现才有了真正意义上的非接触作战。而信息化战争条件下出现了非接触作战将是大量的，甚至可能是经常性的、大规模的，作战双方的距离扩大到地球尺度，甚至更大。

速决与持久，传统战争与非传统战争，等等，这类对立统一过去常常是隐蔽存在的，在信息化战争中都将凸显出来。由隐到显有利于人们认识，但也可能被人为地简单化。必须把这些对立统一当作对立统一，唯物辩证地对待它们，把两方面结合起来。

5.4　军事系统的自组织与他组织

战争是参战各方你死我活的斗争，包含着难以计数的具体矛盾，如进攻和防御，前进和退却，前方和后方，战略和战术，主动和被动，等等，因而具有极为发达的矛盾复杂性。孙子把战争看成关系到国家存亡的大事，就是对战争复杂性的一种体认。"他直观地看到了关于敌我、攻守、胜败、虚实、奇正等一系列对立现象,并要求人们在战争活动中要注意对立着的两个方面的情况。"①
细读《孙子十三篇》可以看出,中国兵圣主张通过分析战争中各种矛盾来把握
战争复杂性。毛泽东更突出,他的军事著作自觉而系统地运用矛盾分析法研究
战争复杂性。本节只讨论战争中的自组织与他组织这对矛盾,战争复杂性与这
对矛盾密切相关,又一直被军界和学界忽视,甚至被否定。

在人类社会中,军队是最典型的他组织系统,权力高度集中,强调纪律性,
一切行动听指挥;违反军纪者军法处之。在以战争为主题的文艺作品中,经常
听到这样一句口头禅:"军人的天职是服从命令。"的确,没有高度集中的统一
意志,没有铁的纪律,军队就不能打胜仗。但能够打赢战争的军队不能只讲服
从命令,还须有足够的自组织机能。军队是层次结构异常分明的系统,上下级
关系首先是他组织者与被组织者的关系,但也不可忽视下级的自组织性。他组
织与自组织在战争中的具体表现有:上级的统一指挥与下级的主动性、自主性,
专权与分权,计划性与灵活性,坚定性与机动性,等等。他组织集中表现在上
级指挥下级,下级服从上级,以确保军队这种系统产生应有的整体涌现性,即
打赢战争的战斗力。但是,这只是问题的一个方面。参战军队的下级,从方面
军指挥员到直接使用武器的战斗员,如果没有足够的主动性、积极性、灵活性,
这个军队便无法打胜仗。而后一方面就是战争系统自组织性的根源和表现,轻
视不得。一场能够打得赢的战争,一定是他组织与自组织较好地结合起来的战
争。古代军事家讲的"将在外,君命有所不受"的军事原则,已经是对战争中
自组织因素的承认和重视。而正确处理这对矛盾是相当复杂的。

战争史告诉人们,把战争中的他组织绝对化,不给自组织任何活动余地,
注定要吃败仗。在欧洲殖民拉丁美洲的时代,那里的印加帝国有十万军队,竟
然被140人的小股西班牙军队打败,最终亡国。其军事上的原因在于按照印加
帝国的法令,每个士兵能否开枪必须听从最高统治者印加的命令。军队没有丝
毫自组织性,得不到印加的指示,军人手拿武器却不能开枪,等同于任由敌人
屠杀,焉有不败之理。我国解放战争期间国民党军队一再打败仗,有的就跟蒋
介石喜欢越级行事有关。蒋氏越过战区指挥官直接指挥某些师、旅的作战,破
坏了部下的自主性,给他的军队造成本来不应有的复杂性。

---

① 军事科学院战争理论研究部《孙子》注释小组,孙子兵法新注,中华书局,1977,略
　谈《孙子》。

历史上，民众起义（奴隶起义、农民起义、工人起义）总体上属于自组织的战争，众多被压迫民众自发地以暴力反抗当权者。这样的战争数不胜数，但在历史上留下足迹、造成一定影响的民众起义，也不是纯粹的自组织。此类战争的爆发有一个零星暴力反抗的准备期，往往自生自灭；如果逐步形成一个核心，统一策划、组织和领导起义，方可成气候，这就是自组织过程中涌现出来的内在他组织。自组织的自发性必然产生无序性，无序就是杂乱，连通着复杂性。所以，在起义后的作战过程中，一定要实现集中权力，统一指挥，形成自己的指挥系统，以减少、进而消除无序带来的复杂性。于是，自组织地兴起的起义队伍自身产生出系统内部的他组织者，把起义队伍区分为界限分明的指挥者与被指挥者。所以，民众起义也是自组织与他组织的某种对立统一体。没有自发的自组织当然不会产生民众起义，但没有任何他组织因素的"民众起义"只能是乌合之众，一哄而起，一哄而散，算不上真正的民众起义。而民众起义要获得最后胜利，必须坚持把自组织与他组织有效地结合起来。

历史上最能体现自组织与他组织相结合的战争，是毛泽东倡导的人民战争。《辞海》对人民战争做了如下诠释："广大人民群众为了反抗阶级压迫或民族压迫组织起来进行的战争。中国共产党所领导的革命战争，就是以人民军队为骨干，坚决依靠和组织人民群众参加，实行主力兵团与地方兵团相结合，正规军与游击队、民兵相结合、武装群众与非武装群众相结合的人民战争。"[①] 第一句可看成定义，要点有二：一是指出人民战争的政治特性，二是强调要把人民群众组织起来。群众参与战争的积极性属于自组织，领导力量出面组织领导是他组织，两者要结合。后一句又有两个层次：一是指明人民战争的战争力量有两部分，以正规军为骨干，还要组织人民群众参加；二是突出三个"相结合"，指出人民战争如何实现自组织与他组织相结合。这种结合保证了人民战争的无比威力，但也赋予人民战争以特殊的复杂性。不相信人民中蕴藏的战争伟力，不敢放手发动群众，没有正确的理论指导和坚强有力的领导力量，无法驾驭这种复杂性。抗日战争中蒋介石之所以不敢搞人民战争，一是他知道人民战争的发展迟早会把矛头指向国民党政权的反人民性，二是他的军事思想和指挥能力无法驾驭人民战争的复杂性。毛泽东基于抗日战争的实践指出，人民战争的唯一宗旨是为广大人民群众的利益而结合，而战斗。这个宗旨规定了人民战争的六

---

① 　辞海编辑委员会. 辞海［M］. 上海辞书出版社，1979：699.

个质性，转化为六条行动原则，包括政治工作原则、战略战术原则、对敌政策等。还有两条讲的是人民战争的组织方式：正规军与群众武装相结合，主力兵团与地方兵团相结合。这八条（一卷本，《论联合政府》）鲜明地体现了自组织与他组织的结合，而要贯彻好这八条显然是复杂的。

在系统的存续发展中，他组织的一项重要任务是激发系统基层组分的主动性、能动性、积极性，也就是激发系统的自组织性。这在人民战争中有多种表现，重要的一条是战前政治准备——政治动员。"什么是政治动员呢？首先是把战争的政治目的告诉军队和人民。必须使每个战士每个人民都明白为什么要打仗，打仗和他们有什么关系。"（一卷本，470）军队的政治动员靠严密的组织体系，相对比较简单。动员分散于广大地域、从事不同职业、政治意识较为淡薄、缺乏纪律性训练的广大百姓要复杂得多，具体的操作需要政治专门家在群众政治家的帮助下进行，这也是自组织与他组织相结合。有效动员的前提是政府平时为民办事，得到民众信任，令行禁止；还需有一支善于做组织工作的干部队伍。伊拉克战争为此提供了深刻的教训。国家遭受侵略激起了本民族的政治义愤，同仇敌忾，极易组织动员，却没有人站出来组织动员，入侵者如入无人之境，令世界惊诧不已。事后才知晓，平日对百姓如狼似虎的共和国卫队，军官们早已被美军收买，焉有组织民众抵抗之心！对于今天的中国，如果不根治腐败，一旦发生外敌入侵，腐败官员就会投敌卖国。

关于军事系统自组织与他组织相结合，毛泽东还有更多深刻而实用的思想。在旧军队中，官兵关系完全是组织与被组织的关系，不允许士兵有丝毫自组织行为。毛泽东反其道而行之，在官兵关系中提倡平等和民主，不仅讲经济民主、政治民主，还倡导军事民主，让士兵参与军事决策过程。强调高度集中易使军队的自组织因素严重受压，毛泽东的这一套意在调动士兵的积极主动性，最大限度地释放他们被压抑的自组织性，使军队成为他组织与自组织高度结合的系统。此乃人类战争史上的一大创举，也是对民主思想的一个创新。军队本质上是一种政治组织，国家的军队是阶级专政的工具，历来处于同民众相对立的位置。毛泽东倡导全新的军民关系，大力培育军民鱼水情，赋予自组织与他组织相结合的全新内涵。这是毛泽东独特军事思想的重要内容。处理军民关系是一个相当复杂的问题，一切反人民的政府和军队都不敢把群众组织起来。

"知己知彼，百战不殆"被毛泽东定性为"孙子的规律""科学的真理"（一卷本，480），并给以认识论阐释。我们也可以用系统科学的语言给以阐释。

战争是一种特殊的博弈，为简便计，此处只谈二人博弈。一场二人博弈一旦开局，整体上就是一个自组织系统，业已形成的博弈规则是外在于博弈者的他组织指令，双方都要严格遵守。作为分系统的博弈双方自己制定策略，见招拆招，是整个博弈系统自组织运动的实际承担者，它们的互动互应推动系统整体的自组织过程。另一方面，博弈双方都力争制胜对手，驾驭系统的全局，也就是争夺整个博弈系统的他组织权。以 A、B 记博弈双方，对 A 施加影响就是对 A 施加某种他组织力，影响甚至决定着 A 如何自我组织。博弈双方互为他组织者，需要知己知彼，敌变我变；同时要设法或明或暗地影响对方，诱使对方按照己方的意图出招。因为对方的策略或招数中包含着己方应该如何应对的信息，也就是一种他组织指令。关键在于能否把这种指令解读出来，并据之组织己方的行动。既知己，又知彼，方能及时而正确地解读出对方局势和招数中蕴含的他组织指令，并转化为己方的自组织指令。从这里又一次看到，系统整体的自组织通过组分或分系统的他组织为自己开辟道路，进行自组织运动的组分或分系统则把对方棋局的整体态势视为对自己的他组织，无法绕开，却可以能动地解读之、利用之。从他组织中寻找自组织的信息，以自组织行为回应他组织，是赢得博弈的必由之路。作为流血的博弈，战争最充分地体现了这一点。

就人类战争史的总体来说，5.2 节所谓信息化战争以机械化战争为母体的孕育过程，就是一种大尺度的自组织运动，而世界系统化后科技、经济、政治、文化发展所营造的世界社会，就是为之提供他组织作用的外部环境。信息化战争一旦形成，战争系统的自组织成分将显著增加，更加需要把他组织与自组织很好地结合起来。（1）信息化战争发展的短暂历史已经昭示，历来被当作完全他组织的人造武器系统将越来越多地增加自组织因素（智能控制），成为两者的结合体。大型复杂机器和作战武器也在朝这个方向发展，如机器人、无人机参加作战，将使战争中自组织与他组织的关系空前复杂化，军事家必须关注这一动向，把握其规律。（2）信息化战争还将使作战样式、指挥方式等发生相应的变化，使战争的自组织因素进一步增加，却并不意味着他组织的弱化，反而需要更加高效能的他组织。（3）对于人民战争，人们容易突出它的自组织性，忽视它的他组织性，毛泽东则强调对人民战争的领导。在信息化战争形态下，人民战争的深度和广度都将趋达极限，不仅人自为战、村自为战、巷自为战，任何社会组织、单位均能够以自己的方式参战，从事信息科技工作的人和单位尤其突出。如此规模的自组织更需要强有力的他组织，以约束自发性的消极方面，特别是政治上、外交上的消极后果。

毛泽东的人民战争理论和实践产生于科技和经济极端落后的旧中国，跟信息化战争不沾边，但基本原则依然适用。信息化战争形态下的人民战争必定有其独特的内涵，如何做到自组织与他组织的优化结合，需要军事家去研究，这应是建立有中国特色的信息化军事理论的题中应有之义，却几乎无人问津。

5.5　信息化战争与复杂性科学

如果以复杂性科学的观点回眸过去一百年，不难发现，正是信息化战争形态以机械化战争形态为母体的萌发过程，把科学与战争越来越紧密地联系起来，最终使科学成为战争系统的构成要素之一。科学形态从简单性范式向复杂性范式转变，战争形态从机械化向信息化转变，两者大体开始于同一时期，都属于人类文明转型的总过程，必然相互影响、相互促进。复杂性科学的兴起是新军事转型的重要推动力量，军事领域的复杂性研究则是整个复杂性科学的一个方面军。科学转型的某些重要推手，如维纳，也是新军事转型的重要推手。在复杂性科学的未来发展中，军事复杂性研究仍然是它关注的对象。由此决定了，把军事理论（军事思维）建立在复杂性科学基础上，是战争信息化的一个显著特点。

信息化战争与机械化战争的一个重要区别，在于科学是否成为战争系统的构成要素。在机械化战争形态下，军事理论的基本原理和概念在当时的主流科学理论中没有对应物，军人需要掌握的主要是相关的技术知识。即使发生核战争，军事统帅也无须深悉核物理学，有核物理学家做科学顾问就可以了。在信息化战争形态下，军事理论的基本概念中增加了两个来自复杂性科学的概念群，一个以信息为核心概念，一个以系统为核心概念，基本军事原理需用这些概念来阐释。以信息技术为核心的高新技术极大地增加了战争系统的多样性、异质性、关联性、非线性、动态性、不确定性，也就是增加了战争的复杂性，驾驭这种复杂性不能仅仅靠技术知识。要打赢信息化战争，仅仅有复杂性科学家做顾问是不够的，指挥战争（战略的、战役的、战斗的指挥）的将帅、军官们自己应当谙熟复杂性科学，善于驾驭信息化战争特有的复杂性。不仅战争指挥要科学化，战士的战场博斗也要科学化。

在机械化战争形态下，军事理论虽然无法从当时的科学中直接引入概念和原理来解释军事现象，却渗透着简单性科学的方法论和思维方式。克劳塞维茨的《战争论》就是代表，20世纪的西方军事家也如此。故在机械化战争形态当旺的年代里，科学虽然尚未直接成为战争系统的构成要素，仍然需要通过技术来影响战争，但作为科学方法论的还原论深深地影响着军事理论。王保存从六个方面比较机械化和信息化两种战争形态的军事思维，他所谓机械化战争的要素型军事思维，正是还原论的典型表现，其他如单向型、封闭型等也同还原论有内在联系①。驾驭信息化战争必须改变这种军事思维方式，以开放性思维取代封闭性思维，以整体思维取代分析思维，以非线性思维取代线性思维，以动态思维取代静态思维，等等。总之，要以系统思维取代非系统思维。

（1）信息化战争的军事家需要掌握系统科学，特别是复杂系统的科学技术。系统科学是关于系统整体涌现性的科学，它告诉人们：研制、创建、组织、管理、指挥系统，目的是获得系统最佳的整体涌现性：能打仗、打硬仗、打得赢的军队。同样的环境和要素，整合和管理方式不同，系统呈现出大不相同的整体涌现性。整体涌现性还有正负之分，负的涌现性不利于系统的生存发展，须全力避免。但正负之别因敌我关系和环境条件的变化而改变，利用得好，都会使自己获得正的涌现性；错误应用都会使自己获得负的整体涌现性。孙子提出"我专而敌分"的原则（《孙子兵法·虚实篇》），"我专"就是我方集中优势兵力而产生正的整体涌现性，"敌分"就是阻止敌方集中兵力，破坏它的整体涌现性，削弱乃至解除其战争力。20世纪提出的所谓立体战、总体战、空地一体战等，美军为遏制中国崛起而开始实施的海空一体战战略，目的都是使美国战争系统获得期望的整体涌现性，但都囿于某一特殊视角而显得片面。打赢信息化战争要求将帅们克服一切片面性，把握这种全维战争的整体，通过科学的组织而获得最佳的整体涌现性，诱使或迫使敌方出现负的整体涌现性。

（2）信息化战争的将帅要懂得信息科学。信息是非物质性的存在，又须臾不能离开物质，由此规定了信息的一系列奇异性，目前还有不少未知领域。透彻理解信息化战争的本质和规律须透彻理解信息的奇异性，利用信息奇异性还能开发出何种怪异的信息武器，以及相应的战法，需密切关注。善于利用信息的奇异性可以增加敌方的不确定性，减少己方的不确定性，可以创造无穷无尽

――――――――――

① 王保存．世界新军事变革新论［M］．解放军出版社，2003：第10章．

的克敌制胜手段。不善于利用信息的奇异性，效果恰好相反。兵行诡道，诡就诡在利用信息的奇异性。信息化战争必有其独特的诡道，且能够把诡道发挥到前所未有的水平。指挥信息化战争的将帅尤其要在这方面有所独创，使用渗透着中国文化的独特谋略和战法，才能立于不败之地。"故善出奇者，无穷如天地，不竭如江河。"（《孙子兵法·势篇》）利用信息的奇异性造势，才能把"动而不迷，举而不穷"（《孙子兵法·地形篇》）推向极致。

（3）信息化战争的将帅要懂得思维科学。信息化战争是智慧的较量，思维能力的较量。信息化战争需要像毛泽东、周恩来那样的大成智慧者组成统帅部，还应该有一批作为"准"大成智慧者的将才，他们既非高科技盲，也非赵括式的书生。如何培养信息化战争的合格将帅，需要研究思维科学和教育学。钱学森倡导的大成智慧教育也适于用军队，但目前仅仅是极粗略的想法。这是一个世界性和世纪性难题。

（4）信息化战争的将帅还应当熟知钱学森所说的现代科学技术体系学，特别是军事科学的体系。信息化战争把军事与经济、科技、政治、外交、文化空前紧密地联系在一起，社会的每一个分系统都可能成为敌我搏斗的场所。所以，信息化战争尤其要反对单纯军事观点，指挥战争的将帅要同时具有政治眼光、经济和外交头脑、文化素养，具备足够的社会科学知识，学会把军事、政治、外交、经济、科技、文化合为一体，打赢一场全方位的战争。现代军事科学由军事哲学、军事基础科学、军事技术科学和军事系统工程四个层次组成，既要区分不同层次，又要跨越、打通不同层次，作为一个有机整体完整地掌握它。每一层次的学问都要从其他层次的视角来审视，如把基础理论的知识放在技术科学层次来理解，用基础科学的理论来解读技术科学的知识，所有层次都要提到哲学高度考察，等等。信息化战争的将帅不必是某一层次的专家，却必须打通各个层次，通晓军事科学的整个体系。而不能打通层次壁垒是还原论在作怪，无法真正掌握信息化时代的军事科学。

霸权主义之类的国际势力对中国发动局部信息化战争不可避免（也可以说一直在断断续续地发生着），发动大规模信息化战争的可能性也存在。毛泽东说得好："战争指挥员活动的舞台，必须建筑在客观条件的许可之上，然而他们凭借这个舞台，却可以导演出很多有声有色、威武雄壮的戏剧来。"（一卷本，468）信息化战争是全新的舞台。愿解放军能够凭借这个舞台好好排练，导演出威武雄壮的戏剧来，以便挫败一切对我发动大规模信息化战争的企图，打赢可能发生的局部信息化战争。

（5）同以往的战争形态相比，信息化战争不仅更加需要整体观、大局观，重要的是军人还要有全球观，从全世界的实际出发，从全人类的前途着眼，解决好中国的军事问题。要站在世界社会培育大同世界这一历史高度，去认识和把握信息化战争，才能够挫败一切侵略者的战争企图，打赢可能的信息化战争。

（6）信息化战争时代的军人要有历史感（历史观）。历史感就是对历史真谛的感悟，一种直觉思维能力。一个事件正在进行，或者已经结束，如何估计它的未来影响和意义，它同历史上的什么事件、趋势有关联，对此的领悟能力就是历史感，包括历史责任感、历史方向感、历史厚重感、历史尺度感等。解放军的指挥者要培养这样的历史感，去解读世界上已经发生、正在发生和将来可能发生的战争，从人类战争史的总体上把握信息化战争，方可最终赢得这种战争，为人类战争史画上句号。

需要强调的是信息化导致军事理论和军事技术的科学化。战争中的科学技术因素从无到有，作用从小到大。技术在工业化时代成为战争形态转变的决定性因素，科学在信息化时代和技术一起成为战争形态转变的决定性因素，而技术需要科学指导。指挥信息化战争的将帅需要通晓复杂系统理论和相应的工程技术。

5.6　战争复杂化与战争的消亡

一切在历史中产生的事物或系统都将在历史中消亡。战争是在人类历史一定阶段上（私有制社会）产生的，也将在另一个阶段上消亡。造成系统消亡的原因无非两方面，一是来自系统自身（内因），二是来自环境（外因），多数情况是内因和外因某种特定的聚合导致系统消亡。战争作为系统亦如此。当世界社会的科技、经济、政治、文化发展到一定水平，战争的残酷性、破坏性、实际操作的复杂性和困难性发展到一定程度，其代价大到人类再也承受不起，同时世界社会发展到各种矛盾都能够以非战争的政治手段解决之时，消除战争的历史条件就具备了。本节只就战争本身（内因）做些分析。

毛泽东在抗日战争全面爆发的前夜曾说过："人类的战争生活时代将要由我们之手而结束。我们所进行的战争，毫无疑义地是属于最后战争的一部分。"

（一卷本，167）他在抗战爆发近一年时又指出："只有目前开始了的战争，接近于最后战争，就是说，接近于人类的永久和平"，并由此喊出"为永久和平而战"这一时代呼声（一卷本，464）。从小历史尺度看，毛泽东过分乐观了，他那一代人未能结束战争，70 年后的今天仍然不可能预测何时消灭战争。这反映了他对世界社会的复杂性，包括战争复杂性，估计不足。例如，他做出判断的依据之一是出现了社会主义国家苏联这种制止帝国主义战争的伟大革命力量，没有也不可能预见到苏联后来误入歧途、最终解体。为永久和平而战是一种十分曲折的历史过程，最终消灭战争的伟业极具复杂性。毛泽东那代人不可克服的历史局限性，使他们无法彻底认识这种复杂性，把一个特别复杂的系统简单化了。

　　若以百年大尺度看，毛泽东预言有深厚的客观根据，表现出超越历史的洞察力。（1）从理论上看，马克思主义揭示资本主义是阶级社会的最后形态，列宁主义揭示帝国主义是资本主义的最高阶段，"最"字标志转折，最高点过后就要下降，他们已经看出消灭战争在历史大尺度上是可以预测的事。作为他们的后继者，毛泽东说："人类一经消灭了资本主义，便到达永久和平的时代，那时候便再也不要战争了。"（一卷本，465）这无疑是至理名言。（2）从世界社会当时的现实政治结构看，二次大战发生时世界上已出现初步完成了工业化、抱着为永久和平而战这一目的的社会主义国家，不论社会主义日后出现什么曲折，它都带来人类历史上划时代的政治、军事新格局，改变了人类战争生活的面貌。故毛泽东说："由于苏联的存在和世界人民觉悟程度的提高，这次战争中无疑将出现伟大的革命战争，用以反对一切反革命战争，而使这次战争带着为永久和平而战的性质。"（同上）一战双方是纯粹的帝国主义争霸战；二战则动员了广泛的革命力量，社会主义苏联成为战胜法西斯的主力，中国业已开始的抗日战争是当时最伟大的革命战争，对反法西斯战争做出巨大贡献，为中国走向社会主义开辟了道路，造就出苏联解体后为永久和平而战的中流砥柱。两次大战的不同标志人类战争史的重大进步，人类向永久和平前进了一大步，意义深远。（3）资本主义世界分裂为以美国为首的所谓"民主帝国主义"和以德日意为代表的极右翼两个阵营，前者尚有反法西斯的进步作用。毛泽东判断二战"带着为永久和平而战的性质"，也估计到可能"尔后尚有一个战争时期"，但人类毕竟已"接近于最后战争"。后来的历史发展证明如此判断更精准、深刻，就人类战争生活的历史长河看，今天确实接近于最后战争。

一般来说，一个系统消亡之前先要开始衰落，从鼎盛走向衰落，再走向消亡，必定在其自身状态中有所表现，从而为人所察觉。战争作为系统当然也不例外。70多年前毛泽东断言已"接近于"消灭战争，那时的战争系统具有哪些新特点让他做出自己的结论？他给出这样的描述：人类战争"打到资本主义社会的帝国主义时期，仗就打得特别广大和特别残酷"（一卷本，464）；一次大战"在过去历史上是空前的"，二次大战"将比二十年前的战争更大，更残酷，一切民族将无可避免地卷入进去"（一卷本，465）。就战争规模之巨、范围之广、残酷性之烈而言，二次大战已经达到战争史上的最高点，代价太大，人类不允许再发生这样的大战；物极必反，由此导致战争这种社会现象开始进入衰落阶段。战后70年的历史证明，毛泽东的断言是正确的。

就战争系统的演化而言，二战结束时的一个重大事件是出现了核武器。美国开始用核战争威吓世界，以建立美国主宰的世界秩序，搅得全世界不安宁。毛泽东及时提出原子弹是纸老虎的历史性论断，旗帜鲜明地坚持了马克思主义关于决定战争胜负的基本观点："原子弹是一种大规模屠杀的武器，但决定战争胜败的是人民，而不是一两件新式武器。"（一卷本，1192）历史上只有战术武器，随着原子弹问世，武器也出现战略的与战术的之分，这对于战争系统的历史演变必有重大意义，拥有战略武器的战争与没有战略武器的战争必定有某些质的区别。限于当时的条件，毛泽东没有、也不可能对此做出更深入细致的分析，但他当年有关战争问题的论述仍然有值得今人挖掘的思想宝藏。

二战结束将近70年，毛泽东离世也已满40年，世界社会不仅在经济、政治和科技上有了巨变，战争作为系统也发生了巨大变化。钱学森依据非线性动力学的临界性原理剖析这种变化，指出战争系统在规模和破坏性方面的量变实际上已经走到一个临界点。"什么临界点呢？就是核武器的破坏力，核武器作用的距离都是全球性的，就是打大的核战争的破坏是全球性的，就是没有一个胜利的国家，胜利的国家自己也全部破坏了。"临界现象是一种非线性动力学现象，临界点的出现意味着人类战争作为系统开始发生临界相变："真正打大的核战争，谁也不敢打。"钱学森要求人们从世界一体化的大趋势"这个高度来研究战争"，也就是从世界社会培育世界大同的高度研究战争。他认为从这个高度看，克劳塞维茨的名言"战争是政治手段的继续"也可以变成历史，过去"非战争不能解决的问题也不一定用战争来解决"；"如果照这样发展，世界的一体化就更表现出来了"。结论是："如果我们搞得好，可能世界大战打不起来。"

（《创建》，120 - 123）换个说法："用战争解决问题的方法不行了。由于战略武器的出现，大仗不可能了；小仗又解决不了什么问题。武力越来越成了威慑。"① 这种临界性是毛泽东生前难以充分把握的，但他坚持中国必须拥有核武器的主张表明，毛泽东的思想深处对战争系统的临界性已有所领悟。如果中国没有自己的战略威慑力量，那个世界霸主很可能早就把大规模战争强加于中国头上了。

世界一体化是一股不可阻挡的历史潮流，"化"到足够程度，人类要想持续生存发展，就得抛弃资本主义，抛弃私有制，战争的最后根源将不复存在。当然，目前世界一体化的程度还很不够，在相当一段时间内战争根源还存在，战争还不会消亡。但历史的进步在于，二战后的世界谁也不敢再打世界大战，能够打的是核威慑下的局部战争，即高科技时代的中等规模战争。冷战的形成和结束初步证明了这一点。这表明人类战争史的曲线在二战之后已进入下降阶段，下降到只能打中等规模之仗；若再前进一步，世界上就只有零星的小战。总之，"'战争'这个人类历史上的现象，正在走下坡路，只有小的冲突、局部战争不断。这就是事物发展的辩证法：战争的发展否定了它自身"（《创建》，74）。到世界一体化最终完成时，人类战争史就可以迈出最后一步：消灭战争。钱学森的分析给毛泽东"为永久和平而战"的思想提供了新的科学依据，发展了马克思主义的战争观。下图给出人类战争史的演变路径，这是一条左右不对称的曲线，左支极长，延续了"几千寒热"，右支最长估计不过 200 年，在 21 世纪走向终结是可以想象的。

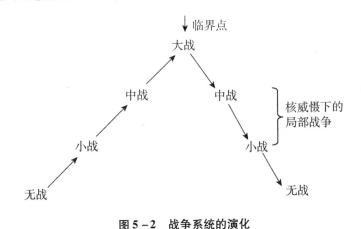

图 5 - 2　战争系统的演化

① 钱学森. 钱学森书信（第 4 卷）［M］. 国防工业出版社，2007：134.

人的思维有潜思维与显思维之分，显思维又有意会思维与言表思维之分。显思维来自潜思维，潜思维比显思维更丰富而幽深，潜思维是思维系统的自组织，显思维是思维系统以自我意识为组织者的他组织。思维又分意会的和言表的两种，意会思维比言表思维更丰富而幽深，人脑经常出现意会到却说不出来的东西。意会思维是思维系统的自组织，言表思维是思维系统以自我意识为组织者的他组织，即有意识、有计划地把意会思维中的某些东西用语言表达出来。以此观察人类文化学术史即可发现，大思想家对重大历史事件的判断既有他们自觉意识到的一面，也有他们尚未自觉到、但在潜思维中已有所把握、作为言外之意隐藏在其著作中的东西，有待后人来明确揭示。特别的，支持毛泽东在抗战前后做出上述判断的历史依据绝不止他明确提到的那一些，时代进步在他的潜思维、意会思维中已有更多、更精深的反映，值得我们深入挖掘。

历史正在披露，1940年代对于人类社会是划时代的十年。二战的胜利，新中国的诞生，复杂性研究的兴起，是同时发生在这十年的三件大事，对人类未来命运有长远的、决定性的影响。这可以从经济、政治、文化等不同方面加以论证，我们在这里只限于说明这三件大事共同决定了人类战争史已经到达它的转折点：战争作为一种系统在此十年中历史地攀登上它的最高点，开始走向衰落，并不可避免地走向消亡。对于今人来说，这一巨变已经能够用言表思维来把握，对于70年前的毛泽东又如何呢？前两件事属于政治学范畴，为政治家毛泽东所把握或许不算稀奇；而作为科学系统新的历史形态的复杂性科学，发达国家尚在萌发中，在山沟里指挥游击战的毛泽东岂能领悟？我们的回答是肯定的，20世纪中国的山沟连通着全世界，中国社会变革的理论思考连通着西方社会的复杂性研究，延安的土窑洞里活跃着走在世界学术新思想发展最前沿的思想巨人。因为世界早已成为一个有机联系的整体，一个空前复杂的巨系统，需要新的科学形态作为智力武器。主要论证将在第12章展开，此处要指出的是，复杂性研究的"灵魂"是系统思维，抗战初期的毛泽东已经相当完整地掌握了系统思维①。

作为本章的结束，我们从复杂性科学视角考察战争消亡问题。世界系统的演化既有不断复杂化的一面，也有不断被简化（去冗余化）的一面，主导方面

---

① 雷丽芳，罗绪春，贺超海，吴俊，毛泽东系统思想初探，

则是不断复杂化，总的结果为世界系统不断复杂化。但每个具体系统的复杂化过程都不是无限的，不断产生博曼所说的"过复杂性"（见本书4.4节），一种属于冗余成分、不利于系统存续发展的复杂性，需要简化，又难以完全简化。这种过复杂性积累到一定程度，系统就复杂得无法应对环境的压力和挑战，势必导致系统走向消亡。历史上因过分复杂而消亡的系统绝不少见。[1] 人类战争作为系统正面临这一前景：武器越来越复杂化，军队管理和军事训练越来越复杂化，作战式样越来越复杂化，战术、战役、战略指挥越来越复杂化，战场态势越来越复杂化，战与非战、军与民的关系越来越复杂化，等等。其结果，无论对于军方和政府，还是民众，战争都将复杂到无法适应的程度，更不用说有效驾驭战争。无法驾驭的战争，谁也无法打，也就不敢打。到那时，人类就不得不坐下来认真讨论，达成共识：最终抛弃一切战争，一切政治矛盾都用政治手段来解决。我们考察以下几点。

（1）美国及其追随者正在花大力气研究无人机作战和机器人战争，以求用美军的零死亡作战征服全世界，用心可谓良苦。不过，一些头脑清醒的美国学者已经注意到，提出"棍棒和无人机"悖论[2]，警示人们：尖端武器尖端到一定程度，可能被棍棒这种最原始的武器所克制。更进一步讲，既然"黑客"可以黑掉他们不喜欢的政府网络，原则上也应该能够黑掉敌方的无人机和机器人士兵。甚至可以想象，有办法叫它们掉转枪口攻击其主人。如果能够做到这一点，战争贩子还敢发动机器人战争吗？

（2）高科技武器的发展对未来战争的影响今天还难以估量。记得有美国人说：那些不需要弹药储备的激光武器系统有望提高无限的防御能力，一旦安装了这种武器，那么每次扣动扳机带来的花费实际上将接近于零。当中国掌握了这种武器时，如果美国战争狂人向我们发射核导弹，在进入中国之前被击毁，碎片将落入美国盟友如日本、澳大利亚等国，必然导致他们"退盟"，美国还敢轻举妄动吗？

（3）生化武器、基因武器的发展令资本主义的原教旨主义者（如共济会、骷髅会等）突发奇想，为了独占地球的有限资源，他们图谋用这些武器消灭所谓的"劣等民族""失败国家"。但有矛必有盾，大自然是公平的，发动生化

---

[1] 约瑟夫·泰恩特. 复杂社会的崩溃［M］. 邵旭东译，海南出版社，2010.

[2] 参考消息，2013 年 4 月日

战、基因战的狂人自己也难免受其害。考虑到这种后果，毁灭他人将转化为毁灭自己，他们还敢疯狂吗？不能完全排除战争狂人的存在，但资本主义世界绝大多数人将制止他们这样做，这一点是可以相信的；到那时，西方引以为自豪的选举民主将第一次发挥它真正有利于全人类的作用。

　　战争既然随着世界系统化而达到世界规模，它就必然要在世界规模上演变，其完整的模式已经显现。20 世纪早期出现了世界规模的热战，二战后只有中等规模的热战，但出现了世界规模的冷战。苏联解体令世界社会主义力量认识到，同帝国主义争霸有违社会主义原则，势必使自己走向反面；社会主义国家只能为建立平等国际关系而奋斗，既不发动冷战，更不发动热战。这就从一个方面消除了发生新冷战的可能性。但树欲静而风不止，美国不仅靠热战制服所有资本帝国主义而坐上世界霸主的交椅，而且靠冷战巩固并强化了霸主地位，既拥有最强大的热战实力，又取得打赢冷战的经验，不会坐视平等国际关系的自动形成。美国政府和主流精英至今仍然保留着浓厚的冷战思维，时不时放出冷战言论，策动一些局部的热战。

　　但世界力量对比的变化，世界人心的向背，又使美国无法心想事成。作为一种合力的结果，便出现所谓凉战（cool war）①。冷战双方的根本利益对立，没有交集，彼此一心要摧毁对方，又不敢贸然发动热战，结果形成僵持状态。凉战的格局是拥有战争力量的世界大国既有根本利益对立的一面，又有重大利益相关的一面，既有斗争，又有合作。只要帝国主义还存在，凉战就可能转化为冷战，冷战可能转化为热战，必须警惕。但就人类总的前途看，冷战胜于热战，凉战胜于冷战。从热战走向冷战，又从冷战走向凉战，此乃世界进步在战争上的表现。图 5 - 3 是钱学森 20 多年前给出的战争系统的历史演变途径，尚未出现凉战概念。今天的发展趋势让人们看到，世界战争的完整演化模式可简化表示如下：

　　　　世界性热战──→世界性冷战──→世界性凉战──→世界大战消失　　（5.1）

　　目前凉战局面已经形成，制高点是网络战，美国已抢得先机。斯诺登的爆料让全世界看到，自称民主楷模、以占据道德高地自诩的美国不仅监控中俄等国家，而且对它的盟国搞全面监控，收获了巨大好处。但斯诺登事件表明，凉战同样不得人心，它正在将美国霸权精英推向包括美国人民在内的世界人民的

　　①　美国学者认为中美将陷入"凉战"，参考消息，2013 年 6 月 22 日，第 5 版。

对立面，接受道德审判，为其最终失败奠定基础。世界系统演化到今天，已经具备了这样的历史条件：只要处理得好，冷战不会转化为热战，凉战不会转化为冷战。凉战的实质是世界舞台上追求平等相处与维持霸权两大势力之间的历史性博弈，20 世纪前半期的世界历史造就出社会主义的新中国，成为后半期以来坚持国际关系平等、抵制霸权的主要博弈方。其对策的理论依据是毛泽东博弈原理：从平等相处的愿望出发，对霸权行为进行必要而适度（有理有利有节）的斗争，迫使它们有所收敛，在新的基础上争取新的平等相处。进步人类有信心挫败霸权主义的凉战。再发展下去，世界规模的战争，无论热的、冷的、凉的，就统统消失了。这一图景在 21 世纪末出现的可能性是存在的。毛泽东说得对，我们正在为永久和平而战。

热战、冷战、凉战这些刻画世纪战争的大概念，发明者都是美国人，这一事实耐人寻味。它表明美国文化富含战争文化，美国精英富有战争意识。存在决定意识，美国是二战以来地球上主要的战争策源地，历史地需要、也必然产生战争文化和战争精英。作为实现个人利益最大化的一种有效途径，美国人文学者纷纷为发展它的战争软实力而发明创造，科技精英纷纷为发展美国战争硬实力而发明创造，全然不为可能危害他国人民而受到良心的谴责。美国的所作所为表明，现在仍然是帝国主义时代，帝国主义是战争的主要策源地。另一方面，帝国主义时代已进入它的末期。"才自清明志自高，生于末世运偏消"。美国是人类历史上最强大的帝国，也是最短命的帝国，已经不可逆地走上衰落之路。没有勇气冲到战争第一线，怂恿日本等国充当炮灰就是明证。一句话，人类比以往任何时候都更加接近消灭战争，如果维护世界和平的力量搞得好，半个世纪后大多数美国精英就会觉悟，维护霸权的战争是没有前途之举，为之服务更是不道德之行。斯诺登的出现就是先兆。到那时，人类就可以坐下来心平气和地商量如何永久废弃战争。

第6章　文化复杂性管窥

还原论科学是人类文化的巨大成就，却没有提供把文化作为科学研究对象所需要的概念、原理和方法，无法对文化演变的规律给以科学的阐释。文化是由相应的社会建制、实践活动和观念形态三个分系统构成的巨系统，最能体现文化本质规定性的是作为观念形态的社会存在，因而属于复杂性科学的研究对象。随着复杂性科学的兴起，文化研究不再仅仅是学科，它正在转变为科学。巴克莱在半个世纪前提出："现代系统研究可以提供一种更能适当地处理社会文化系统的复杂性质和动态性质的基本框架。"① 这是极具洞察力的见解，但他并未给出这个框架。本章也不奢望给出这种框架，只是就观念形态的文化做些初步探索。

6.1　文化的软系统性

作为社会巨系统的一级分系统，文化具有开放性、巨型性、内在异质性、非线性、动态性、不确定性等，以及这些特性整合起来所涌现的复杂性。但在所有开放复杂巨系统中，文化的一大特点是它的软性，作为观念形态的文化本质上是一种软系统。

文化系统的要素。硬系统首先硬在组分能够明确划分，最小组分常称为元素或元件。元素的本质特征是基元性，无须也不可再分解，但不同元素界限分

---

① 转引自冯·贝塔朗菲. 一般系统论［M］. 林康义、魏宏森等译，清华大学出版社，1987：5.

明。软系统首先软在组分无法明确划分，不具有基元性，谈不上元素，宜称为要素。文化就是这样的系统。有人讲中国文化的元素如何如何，并非科学的说法。把礼仪、风俗、习惯等称为文化元素的说法太模糊，很不准确，因为它们都是有复杂内部结构的系统，毫无基元性可言。

文化系统的分系统。结构分析的重要内容是划分层次和分系统，理清它们的相互关系。分系统也是组分，但同时需要作为系统来把握，不同于一般的组分或要素。系统内部必有差异，但差异性的发达程度差别极大。组分差异大，彼此联系、互动、互应的方式和强度必然多样而复杂，也就是系统的结构复杂。文化系统的种类繁多，分类标准形形色色，难以给出普遍认可的分类。饮食文化与服饰文化，法治文化与德治文化等，都是文化系统的分系统。这样的分类不可穷尽，致使文化系统的体系至今难以梳理。系统论主张还原到适可为止，考察文化系统应贯彻这一原则，目前看来还原到一级或二级分系统就可以了。文化系统的本体或主干由人文文化（文学、艺术、哲学、宗教等）和科技文化两大分系统构成，两者相互交叉、渗透。经济、政治和军事首先是非文化的社会存在，但同时也包含文化成分，没有文化就不可能有经济、政治和军事。经济与文化的交集是经济文化，政治与文化的交集是政治文化，军事与文化的交集是军事文化。这三者又相互贯通、渗透，由此得到下图所示文化系统的构成性模型。

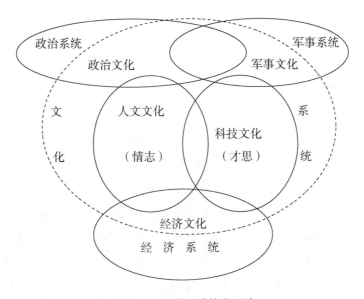

图6-1　文化系统的分系统

文化的层次性。文化系统无疑包含不同层次，如大众文化与高雅文化就属于不同层次。但文化系统的层次划分尤其复杂，至今难有定论。自然科学的一大成是发现宏观与微观的层次区别，社会系统、经济系统也有宏观与微观的不同。但文化系统能否并需要区分宏观文化与微观文化，尚有歧义。作为社会建制的文化可以区分微观与宏观。就文化主体看，家庭文化是微观的，民族文化是宏观的。若就观念形态的文化看，似乎不存在微观文化。例如，即使相对于整个文化来看，也不能说饮食文化是微观的，层次更低的茶文化、酒文化也不是微观文化，而这些文化形式已无法进一步细分，此处不存在微观文化。既肯定文化有不同层次，又难以找到明确的层次界限，甚至有哪些层次也说不大清楚，这种层次模糊性是复杂系统的典型特征之一，文化系统是典型中的典型。文化系统应该是有核心的、层次嵌套的圈层结构，基本层次为表层、浅层、深层、核心，深层和浅层有时可能不止一层，层次界限相当模糊。这在一维空间形成区间嵌套结构，在二维空间是环形区嵌套结构，在三维空间是壳层嵌套结构，最简单的如由果皮（表）、果肉（里）和果核三个层次构成的果结构。文化是有核系统，信仰就属于核心层次。

文化系统的软边界。系统必有边界，能够被人的感官直接感知的是硬边界，否则为软边界。简单系统的边界都是硬性的，复杂系统也可能有硬边界，但关键是要注意其软边界，把握边界的软性是把握系统复杂性的一个途径。文化系统的边界本质上是软性的，无形无象，无法以感官感知。把文化系统与政治系统、经济系统区分开来的边界主要是软性的，人们没有办法看到、听到、触摸、嗅出和品尝这种边界，只能靠思维的抽象力去把握。文化系统的两个主要分系统，即人文文化和科技文化，其边界也是软性的。文化系统也有硬边界，即其物质载体，主要是语言文字，语音可闻，文字可视，盲文可触摸。

边界对系统有特殊的功能，主要有四种。（1）屏障功能：边界区分系统的内外，阻止系统资源流失和外部有害因素（正熵，外邪）入侵。（2）流通功能：系统通过边界与环境进行物能和信息交换，从外部吸取负熵，向外部排出正熵，提高自身的有序性。（3）感应功能：边界直接感受环境对系统的作用，感受环境的变化，同时感受系统对环境作用所引起的内部反应，系统如何应对环境必定在边界上有所表现，从而能够被人察觉。《沙家浜》有两句唱词"旁敲侧击将她访"和"察颜观色将他防"，表明双方都懂得在系统边界下功夫，就有可能获得对方系统深层属性（如心理）的信息。（4）调控功能，在边界上采取适当措施可以调控系统内部运行状况，如中医的按摩、拔火罐等。在内外因素的不同匹配下，边界各种功能的具体表现也有种种不同，如正常与不正常、有效与无效、高效与低效等。边界的四种功能缺一不可，四种都正常发挥，系统才能正常地存续运行。系统内部状况和环境状况都是变化的，四种功能可能形成各种不同组合，能在一定程度上反映内部状况。边界构成系统的一个分系统，而且是重要的分系统，有自己的组分和结构。复杂系统的边界也是复杂系统，边界复杂性是系统复杂性的重要方面。仅仅关心发挥边界的功能是片面的，复杂系统的边界尤其需要维护、经营和建设。文化系统即如此。程序文化属于文化系统的边界，能够反映文化系统深层次或内核的状态，在程序文化上做文章可以影响深层文化。

6.2 文化的信息性、意识性

大自然是人类文化的第一源泉，最初的文化是古人对天文地理的摹写，反映古人对天文地理极为初步的理解。但客观存在的天文地理毕竟还不是文化，用语言文字（包括各种人工语言、肢体语言）表述出来的天文地理知识才是文化。客观世界由物能和信息两大要素构成，物能是硬件，信息是软件。文化的本质在于它不是物质性存在，而是信息性存在。自然过程（包括人体生理过程）中运作的信息不是文化，但文化必定是信息，且仅仅是信息性的存在。既然是信息，就应该从一般信息的角度考察文化。

（1）文化的不守恒性。物质是守恒的，不生不灭，只能转换形式。如质能可以互换，却不可以生灭。信息不守恒，可生可灭；可获得，可丢失；可创造，可消除。文化作为信息也可生可灭，可创造，可消除。文化创造的资源取之不尽，用之不竭，人类的文化创造无穷无尽，只有人类消失后文化创新才会停止。不守恒可能导致文化的可增殖性，增殖方式难以计数；所谓温故知新，错误导致进化，说的都是文化的增殖方式。不守恒也可能表现为文化的减损，如大量靠师徒传承的古代技艺不可挽回地消失了；人的年龄越大，失忆的往事（也是文化）越多。

（2）文化的可共享性。信息的不守恒导致信息的共享，这是信息的另一重要特征。文化作为一类信息，原则上是人类可以共享的财富，这是对人类未来有极端重要性的一种文化特征。现实生活中文化不能平等共享是私有制的产物，保护知识产权是保护私有制不可缺少的环节。将来生产资料归社会所有后，人类就能实现真正的文化（个人隐私除外）共享。

（3）文化的可运作性。信息可以创生、表达（包括编码）、传送（流动）、加工处理、存储、提取、解读（包括译码）、控制、复制、转录、掩盖、消除等，统称为信息运作。文化既然是一种信息性存在，信息运作的一切形式都可施加于文化，即文化可以创生、表达、传送（流动）、加工处理、存储、提取、控制、转录、掩盖、复制、消除等。文化正是在这种运作中传播、变化、创新、发展的。原则上说，文化运作的每一种形式都可能使文化的内容增值或减损。如编码、存储、提取、译码、复制的错误都可能产生新信息，或丢失既有信息。这是文化系统内在异质性不断增大的重要原因，表现在空间、时间两方面，导致文化系统难以描述的复杂性。

（4）文化的可表达性。信息具有可表达性，文化作为信息也具有可表达性，且只有被人类表达出来的信息才是显在的文化。文化也分为非编码表达的与编码表达的两类，人造物所载荷的文化往往是非编码表达的，人的行为举止、足迹、神态等所反映的文化是非编码表达的，决不可忽视。不过，文化主要是通过语言文字编码表达出来的。人说话就是在表达、交流、传播文化，言语实践就是文化实践。人的一切实践过程都包含文化运作，首先是以语音为载体的文化运作。但人类在创造语言而未创造文字之前，尚无文化的自觉意识。文化与文字有特殊的联系，文字的出现标志着文化系统出现质的飞跃，以至于中国民间以为只有识文断字者才是有文化的人。这是一种误解，王熙凤大字不识一个，但文化素养并不低，尤其精通管理文化，毛泽东说她是当内政部长的料。

（5）文化的可解读性。对于人来说，非编码信息有一个能否解读和如何解读的问题，编码信息有一个能否解码和如何解码的问题，解码是特殊的解读，解读往往要比解码更复杂。因为编码要遵循一定的规则，解码便有章可循，有一定的操作性，而解读非编码表达的信息无章可循。原则上说，一切客观存在的信息迟早能被人类解读，现实的信息都具有可解读性，此乃科学的基本信念。作为人类创造的信息，文化也具有可解读性，解读能力是文化水平高低的标识。解码能力可以有计划地培训，解读非编码信息基本依靠实践经验和悟性，也是可以自觉培育的。大自然是一本无字的书，社会也是一本无字的书，读懂这两本书首先要靠实践，但悟性也是不可或缺的。大自然是用自然科学语言编写的无字书，社会主要是用社会科学语言编写的无字书。科研能力、文艺创作能力很大程度上要看编码能力和解码能力。为什么要听其言而观其行？因为言语文字表达出来的编码信息与行为举止表达出来的非编码信息可能不一致，前者可能伪造，也可能虽非伪造、但言行不一，需要以对其行为举止的解读去印证、检验对言语文字的解读。

（6）文化的程序性与非程序性。计算机科学是信息科学最先产生的学科之一，为文化研究提供了新的科学概念，如程序等，对于文化研究从学科转变为科学颇有意义。西方学者首开先河，循此方向在文化学上提出一些令人耳目一新的思想。如美国人克利福德·格尔茨提出："最好不要把文化看成是一个具体行为模式——习俗、惯例、传统、习惯——的复合体，直到现在大体上都是这样看待文化的，而要看成是总管行为的控制机构——计划、处方、规则、指令（计算机工程师将其称为'程序'）。"① 他从功能角度给出文化的定义：文化是总管行为的控制机构。把提供行为程序作为文化的一种功能，此说颇有道理，但也透露着一丝机械论的味道。控制机构（格尔茨讲的可能是控制机制，译文不准确）是硬系统理论的典型用语，不适于用来界定文化。哲学家郭战等人把其观点引申为："文化就是人给自己的社会行为编制的程序"，"文化的行为或活动是程序化的行为或活动，符合某种文化首先是符合某种程序"。（同上）语言表达之精炼胜于格尔茨，却显著扩大了原说的片面性、机械性。文化包含程序，却不限于程序，程序性不是文化活动的全部，而且不是文化的主要内容，符合某种文化首先不在于符合某种程序。有些文化形式（如礼仪文化、法律文化等）既有鲜明的程序性，又有深厚的非程序性内容，后者往往是文化的根本所在。文化的另一些重要形式很难讨论其程序性，一首好诗，一支好歌，一幅好画，给予人的文化熏陶几乎全是非程序性的。文化是程序性与非程序性的矛盾统一，总体上以非程序性为主，人的情感世界很难程序化，也不应该程序化。最好把文化理解为一种将社会成员重重包围起来的信息场、思想场、知识场、情感场，活动于其中的人时时、处处、全方位地承受文化的熏陶、浸润、濡染，当然也会受到制约、束缚，用语言很难表述清楚，无法归结为某种程序，甚至深受影响却全然未意识到。程序性本质上是一种简单性，根深蒂固的还原论和机械论

---

① 克利福德·格尔茨. 文化的解释［M］. 韩莉译，译林出版社，1999：56～57.

使西方学人不自觉地抬高它在文化中的作用。非程序性是文化复杂性的重要表现形式,文化的内在本质;文化作为科学研究的对象,需要更多地关注其非程序性的内涵。程序性属于文化系统的表层,深层文化、特别是文化之核是非程序性的。婚姻是一种文化现象,中国人重视婚礼的程序,父母之命、媒妁之言属于腐朽的婚姻程序,而一拜天地、二拜父母、夫妻对拜的程序今天仍然有其价值。婚姻观是无法程序化的,却是婚姻文化的核心。中国古人推崇的婚姻观中,夫唱妇随属于封建伦常,夫妻恩爱、相敬如宾、白头偕老则具有永恒的价值,可惜今天有被淡忘的危险,把婚姻当儿戏,出现所谓闪婚、闪离等现象。单纯讲相夫教子是封建思想,相夫教子,相妻教女,夫妻互相,如此并提才是最合理的婚姻观。

(7) 文化的意识性。文化只是信息的一种特殊类别,特殊在它是经过人脑这种特殊物质加工处理过的信息,与在自然界(包括人体内)运作的信息有质的不同。按照矛盾特殊性原理,只就信息的共性说不透文化的本质属性,把握文化的特殊本质需要考察文化的意识性。人是由身、心两大要素构成的系统,人 = 人身 + 人心,人身是物质性存在,人心(不同于心脏)是非物质性存在。中文讲心灵、灵心和灵性,组合成词即心灵性,用以指称心之灵性,或心灵之性。文化具有意识性,意即文化具有心灵性。周汝昌说的对:"内心的活动又是'文'的基本。"① 文化活动产生、运作于内心世界,传播于不同心灵之间,故文化具有心灵性。储存于波普尔所谓世界 3 的文化仍然具有心灵性,只有具有心灵性的存在物能够解读和利用它。物质生产劳动以至政治、军事、其他社会活动直接追求的是变革外部世界,客观性、物质性是第一位的,但也离不开人的灵心慧性。文化活动直接追求的是内心的变革、内心的满足,最需要、也最能体现心灵性。承认心灵性与唯心论是两回事,唯物论要具备足够的辩证性,就需要承认、重视心灵性,给它以唯物而辩证的阐释。由西方传入的科学文化骨子里浸透着机械唯物论,中国文化则特别推崇灵心慧性,弘扬中国文化有助于肃清机械唯物论。

(8) 文化与噪声。信息与噪声是一对欢喜冤家。申农已经认识到,现实的通信系统中不可避免要出现扰乱通信的噪声,且噪声与信息具有同型性,二者总是以同样的信号在同一线路中传送。由此缘故,通信理论讲"噪声是通信的

---

① 周汝昌. 红楼十二层 [M]. 刘心武、周汝昌合订珍藏版,东方出版社,2006:405.

大敌"。文化既然是信息，它的表达、传播、加工、存取等运作中也必有类似问题。中文有假消息的说法，却没有"假文化"的说法。假消息一旦在社会中流传开来，发生影响，就成为文化的一部分。人世间的是非曲直都是文化。通俗点说，真话、假话，说出来都是文化。造假也是一种文化行为，所造出来的不能称为假文化。谣言、欺诈、阴谋诡计，不论得逞还是被揭穿，都是文化。妖魔化中国是当前和今后一段时间美国文化的重要内容，揭穿它是中国文化的一部分，这就是文化斗争。孙膑以假象欺骗庞涓，赢得桂陵之战，成为军事文化史上一段永恒的佳话。总之，文化不讲真伪，只讲高与低、雅与俗、先进与落后、健康与腐朽、高尚与卑劣等，是这些对立面的统一。就信息科学看，没有绝对的噪声，信息和噪声是相对的，可以相互转化。电视机屏幕的"雪花"对看电视的人是噪声，对电视机修理工是信息。这种情况表现在文化系统中，问题变得复杂了。通常认为信息有三种质性：语法性，须按照一定的语法编码表达；语义性，编码所得符号序列须包含一定的内容、含义；语用性，符号序列载荷的内容应具有一定价值。能够编造出来并且被传送和接受的假消息、谣言都具有这三种质性，都是文化信息，不能说是文化噪声。社会是造假者与受害者共同构成的系统，骗人的消息携带着对造假者有益的真信息，谣言传播能够给他们带来正价值，即获得负熵，符合信息的负熵原理。任何假消息中都隐含着真消息，看你会不会解读。问题更在于文化的意识性。人的意识没有真假，在意识中产生并被表达出来的东西都是文化，无所谓真与假。古代思想家已经深谙此中道理。老子说："智慧出，有大伪。"文化既然是人类智慧的产物，就免不了一个伪字，伪是智慧的产物，善造假者都是智力出众者。中国文字创造者早已悟知人为性连通着虚伪的道理，故人字与为字组合成伪字，伪者人为也。荀子说得更透彻："性者，本始材朴也；伪者，文理隆盛也。无性则伪之无所加，无伪则性不能自美。"文理隆盛并非人性的本来面目，是外加于人之本性上的，故曰伪。文理隆盛 = 伪，但伪又可能使本始材朴之性自美，无伪则性不能自美。所以，文化无须区分真伪，伪有伪的社会功用，因而有其存在条件。在古人看来，伪不过是非自然、不自然而已，并不像现代社会这样，一旦沾上伪字的边，就坏透了。这是阶级社会延续累积至今造成的巨大负面结果，资本主义更达到极致。这应是文化复杂性的重要表现和根源。只有在消灭阶级之后，问题才能获得解决，做到人为而不伪，不为私利而骗人，文化不再有腐朽卑劣的成分。

(9) 潜在文化与显在文化。意识的东西都是文化的东西,可以说意识就是文化。没有非意识的文化,也没有非文化的意识。心理学把意识划分为显意识和潜意识两种。用来考察文化现象,应该说存在显文化与潜文化。被文化主体自觉到的是显文化,以潜意识形式出现在文化主体大脑中、下意识地表现在主体行为中的是潜文化。近年来人们常讲文化自觉性,前提是默认存在文化不自觉,先有不自觉的文化,后才有自觉的文化。心灵中出现、但尚未被主体自觉到的意识,常常表现在行为中,表明人处在有文化而不自觉的状态。无论个人还是群体,包括整个民族或人类,文化不自觉起作用的情形是大量的。显文化与潜文化的关系是辩证的,显文化由潜文化发展转化而来,显文化还可能再转化为潜文化,如自觉的文化意识渐渐转变为习惯,最终又成为潜文化。社会的许多弊病来自潜文化的弊病,而文化创新和演进都萌发于潜文化,故应该重视潜文化的研究。

(10) 文化对物质的依赖性。信息不是物质,却离不开物质,世界上没有离开物质而存在的"裸信息"。信息的一切运作都离不开物质,发送信息的信源和接收信息的信宿都是某种物质性存在。信息运作的所有方式都是借助一定物质运动进行的,传播信息实际传播的是携带信息的物质载体,处理信息实际处理的是携带信息的物质载体,等等,不存在离开物质运动的"裸"信息运作。文化既然是信息,也时时、处处依赖于物质:能够创造文化和接受文化的事物都是作为物质性存在的人和人群,文化的传播、存取等运作都是通过对文化之物质载体的传播、存取等运作而实现的。文化作为一种非物质性社会存在,在传播者与接受者之间的一切运作都须借助物质载体的运作来实现。载体存则文化存,载体灭则文化灭,这样的载体本身也成为文化的重要组成部分。文化因载体不同而分为两大类:以实物为载体的是物质文化,以符号为载体(符号载体也有物质性)的是非物质文化,非物质文化可以通过转换载体而得以转录、保存、传播、共享。

(11) 文化的虚拟现实性。现实世界是虚与实的对立统一,信息是其虚的一面,物质是其实的一面。信息是物质事物的一种特殊性质,即事物表征其自身的可能性,被信息表征的有事物的组分、结构、属性、状态、功能、行为、它与环境的关系、未来的可能走向等等。因为信息是物质的属性,不存在裸信息,所以信息具有现实性;因为信息是非物质的,它不是现实本身,却可以据之以表现、模仿现实,即虚拟现实。合而言之,信息具有虚拟现实性。把被表征物质对象的某些特性以技术手段载荷于叫作载体的别种物质性存在上，以产生与该事物类似的感觉信号，让人获得近乎身临其境的感受，称之为虚拟现实。所有观念形态的文化都是对现实的虚拟，它所提供给人的仅仅是信息性的存在，文化的功能就是虚拟现实。文学艺术的所有形式，从讲故事到演戏，都是对现实的虚拟。毛泽东关于文艺作品"源于生活，高于生活"的著名论断，精辟地说出文艺这种文化形式是对现实生活的虚拟这一本质。"源于生活"指文学艺术必须具有现实性，"高于生活"指文学艺术必定具有虚拟性（当然也可能"低于生活"，如庸俗不堪的作品也是虚拟）。甚至科学文化也有虚拟现实的成分，科学家使用的模型是对原型的模拟，包含着不同于文艺的另类虚拟成分；一个科学原理尚未找到付诸实践的技术手段时，也具有虚拟成分；机器的设计图纸是机器的虚拟存在，等等。文化作为信息，又有转化为现实的可能性，即去虚拟化，但实现这种转化的过程已不是单纯的文化活动，而是经济的、政治的、军事的及其他的社会实践。汉字是极富虚拟现实功能的文字，虚拟现实是创造汉字的原理之一，文字的象形、言语的象声就是在虚拟现实。汉文化的虚拟现实性有自己的优势，目前还远未充分发掘出来，随着信息技术的发展，汉文化在这方面一定会有大的作为。

6.3　文化的社会性

能够主动地、能动地去认识、反映、解读、摹写自然界，从而创造文化的主体，不是纯粹生理学意义上的人，而是时时、处处生活在社会关系网络中的人，离开社会网络的人接受不了文化，更不可能创造文化，狼孩就是例证。社会的人基于自己的社会地位和社会关系去感触大自然，实现天人合一，社会因素必定会进入二者的整合过程，决定着天与人如何具体合一。这就使文化具有强烈的社会性。人的社会关系、社会地位（社会角色）形形色色，导致天人合一的质性、方式、程度千差万别，作为合一之结果的文化自然也千差万别。相应的，文化之社会性的表现也形形色色。

随着人类越来越远离动物，它的类属性越来越鲜明起来。理解人之为人，规范人伦关系和行为，协调人的各种社会交往，丰富发展人的社会生活，越来越成为文化的新来源，对大自然的解读、模仿、虚拟也越来越受到人的社会存在的影响。存在决定意识。文化的内容越来越多地来自人类的社会存在，客观的社会存在与人的心灵世界相互碰撞、整合所涌现出来的观念形态存在，成为人类文化十分重要的组成部分，这就是人文文化。文化主体（个人和群体）的人生观、价值观、眼界高低、情感品味、为人气质、知识储备与结构等，不仅影响文化主体对大自然的解读，更影响文化主体对社会存在和人生的解读，必然反映在观念形态的文化这种整体涌现性中。文化是在人世间运作的信息，文化行为是人在社会关系网络中运作的信息过程。这一切都熔铸成文化的社会性，社会性规定着文化的本质，表现在方方面面。

（1）文化的人为性。文化是人类特有的创造，具有司马贺所说的人为性（译成人工性不如译成人为性更确切，"工"字太硬）。俗话说事在人为，人为性在于人有意识，人依其意识而为。经济、政治、军事的事也有人为性，由于追求实在的、物质的效果，符合客观规律才能成功，故人为性受到很大限制。文化事项可以仅仅是观念形态的，不必一定要转变为物质实在，故文化的人为性显著大于非文化事物的人为性，人为性在文化活动中有巨大的发挥空间，是非文化的活动不可比拟的。文化主体是复杂系统，它的环境是特殊复杂的社会系统，两者互动互应，故文化的人为性特别突出，近乎可以说为所欲为。这使得文化的复杂性居各种复杂性之冠。

（2）文化的职业性。社会的人都从事一定职业，职业生涯是人生最重要的内涵，通过职业谋取生存资源，进而建立事功，追求实现人生价值，获得幸福感。游手好闲、无所事事者谈不上幸福感。人又通过职业与其他社会成员或社会机构发生关系，接受社会影响，同时影响社会，从而形成自己的文化属性。从事家务劳动也是一种社会职业，封建社会女性相夫教子就是一种事功。相夫教子是中国传统文化的重要观念，历史上许多文化大师的形成与其母亲的文化启蒙关系极大，最典型的是孟子。就是乞讨也是某种特殊的社会职业，都是在一定社会环境中运作的社会行为，不断造就着行为者的文化属性，如丐帮文化、江湖文化等。每一种社会职业的特殊性都会在从事该职业的社会群体的文化形成演变中有所反映，由此形成了职业文化或行业文化，亦即从事同一职业者共同的文化属性。所谓隔行如隔山，说的是不同职业间的文化隔阂。一种社会职业总要造成特有的潜文化，如某些行业的行为潜规则，常常导致不同职业者在相互交往中发生误解和冲突。失业者不仅失去生活的物质来源，也减弱了人之为人的社会性和文化属性。解决失业问题的社会意义不仅在于使失业者获得生存资源，还在于丰富他们的文化属性，获得做人的尊严。仅仅这一点就表明，私有制必须消除，也迟早会消除。

（3）文化的社群性。人是社会动物，而人类是一种巨系统，按照从微观到宏观各种大小不同的尺度组织起来，既有家庭、村庄、社区等微观分系统，也有阶级、民族、国家等宏观分系统，以及大量中间尺度的分系统。是系统就有其质的规定性，表现在意识上就是系统特有的文化。社会系统的每一种分系统、一切社会单元都有自己的文化个性，形成大大小小、各式各样独特的社群文化，如家庭文化、家族文化、社区文化、企业文化、校园文化、城市文化、军旅文化等。由此造成文化系统极大的内部差异，导致文化分类无穷无尽，很难给出一个秩序井然的体系结构。这是文化复杂性的重要表现。

（4）文化的地域性。一定文化主体总是在一定地理环境中同大自然实现天人合一的，生存地域的气象、地理、山水、生态等特点必定会反映在天人合一所生成的观念形态中，天人合一只能是特定部分的人与特定部分的天地相整合，而且经历了特定历史过程的积淀。所谓一方水土养一方人，包括养一方人的文化属性。这些就是文化的地域性。中华民族的文化属性与东亚这块大地的自然环境密切相关，南方与北方，沿海与内陆，黄土高坡与东北黑土地，青藏高原与蒙古草原，这些地域差别是造成中华文化内部显著差异的重要原因。亚洲幅员辽阔，国家众多，只有日本在近代脱亚入欧，与它的岛国地域性有一定关系。地域性与社会性不可分割地联系着，人们总是在一定地域中结成社会关系的，地域特性与社会属性交互作用，又沿着特定历史路径演进，造就出特定的地域文化。微观地看，村庄、街道都有自己的文化特点。俗话说入乡随俗，乡俗即文化，常有种种潜规则，熟悉并遵守它才能获得文化认同，融入那个小社会。人类文化永远有地域性，越是古代文化对地域依赖越大。但不论社会向未来延伸多久，不论世界系统化化到什么程度，文化的地域性可以减弱，却不会消失。如果将来发现地外文明，我们就会发现另类文化的非地球特色。

（5）文化的民族性。最初从动物界分化出来的人类先祖没有民族的划分，民族的差异是历史的、文化的差异造成的。地域性、社群性和历史路径的不同首先导致文化的差异，又反作用于不同地域的不同社群，必然强化彼此的文化差异。久而久之，自发地造成拥有不同文化的不同民族。而每个初步形成的民族又为了坚守和发展自己的民族性，自觉地强化自己文化的地域性、社群性，延伸自己的历史路径，终于形成今天看到的各种民族文化。每一种文化都有一定的保守性、排他性，民族性是文化社会性和复杂性的一种表现。

（6）文化的阶级性。自从社会划分为不同阶级之后，阶级差别就成为人的社会差别中最核心、最敏感的部分。人的社会关系首先是经济关系和政治关系，阶级关系植根于经济关系，又通过政治关系来表达、维护和强化。在有阶级存在的社会中，文化的阶级性是文化社会性最集中的体现。阶级社会的文化生态结构带有强烈的阶级性，剥削阶级掌握经济命脉和政治权力，需要而且能够搞文化压迫和文化欺骗。文化压迫和文化欺骗本质上是反对文化生态性的，这样的文化系统即使处于生态平衡的稳定状态，本质上仍然是一种病态的生态平衡。但它的存在又具有一定的历史合理性，因而是必然的。这种病态的文化生态系统存在于整个有阶级存在的历史阶段，只有将来消灭了阶级，人类文化才能够具有真正健康的生态结构。毛泽东说："一定的文化是一定社会的政治和经济在观念形态上的反映。"（一卷本，668）人的阶级性强烈地表现在文化中，一定的文化反映一定阶级的经济利益和政治意志，以及该阶级的生活情趣；又强烈地反作用于经济和政治，而这种反映异常曲折，或隐或显，或超前，或滞后，常常出人意料。毛泽东还说："文艺是从属于政治的，但又反转来给予伟大的影响于政治。"（一卷本，867）对于后一句话基本没有歧见，前一句话则歧见很大，毛说有把复杂问题简单化之嫌。文化与政治的关系历来有说不清的复杂性，一切政治都是阶级的政治，文化却或多或少、或深或浅地包含非阶级的属性。同样的文化现象和事实，其政治属性以大历史尺度看，或实时地看，结论可能大不一样。在足够大的时间尺度上看，文化确实从属于政治，实时地看则不可忽视文化的相对独立性。另一方面，文化人往往厌恶政治，以为自己不问政治、超越政治，实际上自觉或不自觉地坚持着某种政治倾向，增加了文化与政治关系的复杂性。政治对文化的作用也是曲折复杂的，同样的政治事件对文化的影响，实时地看，或大历史尺度看，结果也很不一样，7.3节将有进一步的讨论。

（7）宗教与文化。原始宗教是上古人类对自身在大自然中生存能力不自信的意识形态反映。自然界存在某些无法理解的神秘现象，命运无法自主，诱使古人猜想并且期望存在一种超自然力量，他们隐身于人类无法视、听、触摸的另一世界；但只要人信任、崇拜、感动他们，他们就能够帮助人类适应、利用、改造自然，获得尊严和幸福，至少是获得来世的幸福，或减免来世的苦难。这也是人对天人关系的解读，是萌芽中的人类文化的一个重要方面。随着文化发展和人的社会性的提高，宗教不断增加人文关怀、道德劝诫、终极关怀等文化内容，以及越来越富有文化气息的宗教程序文化，宗教演变成为古代文化发展的重要推手。进入阶级社会后，宗教文化变得越来越复杂，弱势群体的弱势促使他们自发地坚持人类祖先的宗教观念，期望通过对神的信任、崇拜、供奉获得庇护，成为宗教发展的强大社会基础。而获得统治地位、能够充分占有已经创造出来的经济和文化成果的统治阶级，借助宗教把自己打扮成神的代表，至少是高等人，宗教文化便成为他们愚弄、欺骗、麻痹广大弱势群体的文化根据。在私有制存在的历史时期，文化水平低的弱势群体还离不开宗教；一旦社会出现贫富两极分化的局面，弱势群体就会大规模地走向宗教，麻痹自己的精神客观上能使他们获得一些心灵慰藉。同时，少数强势群体也需要以宗教论证自己居于强势的合法性，获得另一种心灵慰藉，故高官巨富也经常现身于教堂、寺庙、道观。宗教文化本身的积极意义和统治阶级的歪曲利用难解难分地交织在一起，给文化造成特殊的复杂性。

6.4　文化系统的演化性

　　文化系统具有恒动性特点。化字居后组成的中文双字词变化、消化、融化、熔化、老化等都是动词，有动态性、过程性。文化却是名词，既然化字指化育、化生、化成，文艺还讲化出、化用，文化就是一个蕴含动作性、过程性、演化性的名词。中文把两个各有完整独立含义的字整合为一个词，是一种系统化运作，故能在词义、词性上产生完整的整体涌现性。英文造词常常通过增加没有完整意义的词头或词尾，难以产生完全的整体涌现性。这或许是造成两种语言不能一一对应的原因之一。中文作为名词的文化，更接近英文的 civilization，有动词性成分。如果把文化释义为"以文求化"，文化似亦可作动词用。

　　生活经验表明，文化永远处在演变中，如同海面时时、处处动荡不息，即使没有滔天巨浪，也必有微澜细浪。如果说有人类生活就有文化，生活就是文化，那么，即使没有文化新模式的创造、文化大事件的发生，随着生活过程的展开，生活时空的改变，生活主人的新陈代谢，必有新文化事项不断出现，都是文化系统的微澜细浪，记录下来就增加了文化大厦的新陈设。微澜细浪是文化系统的微涨落，在一定条件下可能被非线性地放大为巨涨落，推动文化系统作自组织运动以产生新的质性。所谓代沟，主要是文化之沟。

从根本上说，文化系统的演化动力来自政治和经济。树欲静而风不止，经济系统和政治系统的演化性造就了文化系统的演化性。只要经济和政治在变，不论进步还是退步，文化或迟或早要变，其观念形态的反映就是新的文化，经济、政治、军事生活富有戏剧性的内容都会以文艺形式表现出来。当然，由于文化的相对独立性，政治或经济演变缓慢不等于文化演变也缓慢，即使政治和经济完全停滞，文化也处在变动中，有时还可能有大动作。政治和经济的停滞或倒退表明社会系统处于病态，形成对文化系统特殊的输入激励，揭露黑暗，指出病症和病因，设想治疗方案，成为文化重大创新的动力和资源。中国历史上国家民族危难时期常有文化的重大创新，就是证明。明清时期政治和经济几近停滞不前，深层文化几近停顿，却产生了《红楼梦》这部伟大的文化小说，把中国文学推向一个新高度，被毛泽东誉为中国第五大发明；仔细研读有助于理解为什么中国没有出现日本明治维新那样的改革。文化与政治和经济的关系，哲学地看是辩证的，科学地看是非线性的、复杂的。

经济、政治的需求是文化演化的外部动力，还应该关注其内在动力，即文化自身所包含的差异和矛盾，如高级文化与初级文化、先进文化与落后文化、健康文化与颓废文化等。经济、政治对文化的推动也须通过这些内在矛盾获得其文化表现。文化系统内部存在难以计数的差异和矛盾，只是在不同时空条件下有不同的表现而已，它们的展开、演变和发展直接推动文化系统的演化，规定其具体内容和表现形式。我们考察四个一般性的对立统一。

（1）文化是人类法自然与反自然的对立统一。师法或效法自然的思想前提是尊重和敬畏自然，远古人类几乎完全是在敬畏自然的心态下创造文化的。但文化又是人工产物，文化行为的后果是改变自然的本来面目，美其名曰改造自然，实质是反自然，一切都维持自然界的原貌就不会有文化。文化既法自然，又反自然，这才是文化本质属性的完整表达，必然产生所谓矛盾复杂性。以文化育，若化育的对象是山水，化的结果是"让高山低头，让河水让路"，地理环境的原貌越来越少；若化育的对象是动植物，化的结果或者成为没有野性的家畜、宠物、庄稼，或者被人类捕杀、割除；若化育的对象是人类自己，就是以非自然物的文化去改变自然界创造的人，化的结果是后代越来越不同于自己的祖先。这既是好事，又是坏事。特别的，近500年来按照西方文化实行的化育，一味张扬征服自然而忽视敬重自然，地球变得面目全非，越来越不自然了。照此下去，百年以后地球可能不再适于人类生存发展的危险已摆在人类面前。这就把文化反自然性的危害暴露无遗，迫使人们重新认识这对矛盾带来的复杂性，思索如何正确把握法自然与反自然的对立统一。这将成为今后主导人类文化发展的首要因素。

（2）文化是虚与实的对立统一。文化的虚拟现实性说的是虚和实的对立统一性。文化既然是社会经济与政治的反映，如果没有虚拟性，就只能是经济和政治的机械式反映，永远滞后于经济和政治的发展，这样的文化将变得毫无趣味，谈不上对经济和政治的反馈、促进作用。但如果虚拟得与现实全然无关，也不会作用于经济和政治。文化毕竟是现实的反映，归根结底要服务于现实，虚拟是有限度的，虚和实必须适当结合。就整个社会系统看，政治、特别是经济偏实，文化偏虚，虚实结合，社会才是健康的。就文化本身看，人文文化偏虚，科技文化偏实，虚实结合，文化才是健康的。文化系统的虚和实远不限于此，中国文化尤其重视虚和实的辩证关系。中医认为人体系统偏虚或偏实都是病态，虚实辩证统一才是健康态。战争是实力的较量，但不能只讲实力，战争还有虚的一面，还须讲"虚力"。虚、实是中国军事文化的重要范畴，避实击虚、乘虚而入是兵家常用的作战原则，虚晃一枪、虚与委蛇、虚张声势等成语都有军事意义。虚、实也是中国文艺理论的一对范畴，文艺是现实生活的形象反映，当然要讲实、写实，文论中还有写实主义一派。但文艺是用艺术语言反映生活的，其中的实是虚拟的，中国绘画重写意，诗词重空灵，也就是重虚。就是偏实的科技文化也开始关注虚、实关系，出现了虚拟现实技术和相关的科学理论。这在系统工程中也有反应，计划评审技术是一项具体方法，强调可操作性，却也需要实际上不存在、逻辑上有必要的"虚作业"。看来，随着复杂性科学兴起，虚、实也将成为科技文化不可或缺的范畴，文化学应当认真讨论这个问题。

（3）文化是共享性与独享性的对立统一。文化的共享性使它具有可灌输性，因而教育才成为可能，教育就是向受教育者灌输文化，是社会作为系统最重要的自复制机制。文化有可共享性，使人在理论上具有接受文化的同等权利。但在私有制下文化又是稀缺资源，现实社会中的人不可能平等地接受文化。文化素养高低与个人努力有关，但总体上决定性因素是人的社会地位。所谓人在文化起点上的平等，在私有制下永远做不到。私有制往往使文化的共享性转化为独占性，造成种种社会矛盾冲突，社会复杂性与此关系极大。文化的共享性也具有两重性，或有益，或有害，一切依时间、地点和条件不同而改变。文化的共享性可能转化为文化的侵略性、独占性。在私有制存在的历史条件下，强势群体（特别是强势阶级、强势民族）利用文化的共享性压抑、排挤其他文化，向弱势群体强制灌输自己的文化以麻痹他们的精神，把自己的意志强加于弱势群体，形成文化的压迫与被压迫。文化压迫导致文化奴役，是阶级压迫和阶级斗争、民族压迫和民族斗争的基本内容之一。还须注意，人类自从有了文化，也就有了个人或小群体的隐私，有些文化需要独享，需要防止曝光、被他人偷窥。但现代信息技术能使信息共享变成一件自动进行的事，个人的私生活（也是文化）可能自动进入信息交流的视屏，文化共享就转化为一种令人厌恶的东西，将在人与人、群体与群体之间制造种种前所未有的矛盾冲突。这种情况如果再同阶级压迫、民族压迫搅和在一起，将产生历史上没有的、意想不到的社会复杂性。只有消除生产资料私有制，才能消除造成这类矛盾冲突的社会根源。

（4）文化系统是真善美与假恶丑的对立统一，亦即香花与毒草的对立统一。这是文化复杂性产生的重要根源，也是文化发展的直接动力。文化是为人的，人性喜香花而恶毒草，故文化本质上应是香花的园地。但在人类社会中，"真的、善的、美的东西总是在同假的、恶的、丑的东西相比较而存在，相斗争而发展的"①。有香花就有毒草，有毒草就得进行斗争，但不可能绝对铲除毒草，否则便不成其为生态。其一，万类在霜天中竞自由，霜天的制约是他组织，万类竞自由总体上是一种自发的自组织运动，自由度（不确定性空间）极大，某些毒草获得生存条件是不可避免的。其二，香花与毒草的界限模糊，存在既香又毒的花草，有些毒草还是不可或缺的药材，可以"聚毒药以供医事"。其三，即使纯粹的毒草也是香花获得"免疫力"的必要条件，此乃生态系统固有的功能之一，是矛盾复杂性的一种表现。硬要人为地铲除一切毒草，不仅会铲除药材，还常常伤及或铲除香花。不尊重多样性，有意无意地破坏生态性，这种形而上学思维很难消除，但必须消除，这也是复杂性。

再考察文化系统的两个具体矛盾。人们常讲中国文化富有爱国主义传统，却不提有爱国主义必有卖国主义，不懂得爱国主义的高涨一定有卖国行为猖獗的刺激。古代不必说，就现代中国看，没有北洋政府的卖国行为，就不会有五四新文化运动；没有蒋介石向日寇侵略一再退让，就不会有1930年代那些脍炙人口的爱国歌曲、杂文、小说、戏剧等文学作品，包括新中国的国歌。今天，

---

① 毛泽东. 毛泽东著作选读（下）[M]. 人民出版社，1986：785.

在美日大力遏制中国的战略影响下，期望"殖民300年"，愿"做美国的孙子"，这样的卖国文化又在中国知识界堂而皇之地出现，有些中国人关心美国命运远胜于关心中国命运。在同这种丑恶文化的斗争中，中国的爱国主义文化将谱写出新的篇章，也会有新的艰难曲折。

人文文化与科技文化也构成一对矛盾，一种差异型矛盾。古代中国人文文化压抑了科技文化的发展，是造成中国在从农耕－渔猎文明向工业－机械文明转型演化中落后的重要原因。近百年的历史表明，科技能够成为文学艺术发展的强大推动力。如钱学森所说："文学艺术的表现总是用物质的手段的，所以科学技术的发展必然影响这些物质手段，也就必然影响文学艺术。"[①] 工业－机械文明创造的近现代科技，摄影、电视、摄像、网络等信息技术，带来一系列崭新文艺形式，并且还在孕育更新的文艺表现形式，导致文化系统发生基本形态的转型演化。西方国家一直站在这种新文化引领者的位置，中国至今还处于追赶者的位置。但事情正在发生新的深刻变化，西方科技文化的片面发展已经从多方面暴露出严重的负面效应，以至威胁到人类的可持续发展。历史要求人类文化系统发生一次新的形态转变，消除西方现代文化造成的弊病，在新的水平上实现人文文化与科技文化的均衡发展。这就为中国文化的复兴提供了极佳的历史机遇，传统文化（国学）中的精华正在重现生机，国人切不可自暴自弃。

系统演化包括系统的发生、成长、转型、新陈代谢、衰落、消亡等，在文化系统中都有表现。大约70年前，中国文化学开拓者陈序经就考察过文化系统的发生和发展问题。[②] 系统科学对系统演化提出许多新见解，可以用来考察文化的演化。这里简略提一下文化的发生。哲学地看，有生于无，文化也是从无到有产生出来的，文化来自非文化（无文化）。科学地看，有生于微，文化产生于微不足道的前文化。大自然进化出有大脑的动物就开始具有产生文化的某些要素，鼠打洞、鸟筑巢这些本能式改造自然环境的动物行为已经或多或少包含了一些文化要素，相对于人类文化而言，可以称为动物文化。原始人在创造居－行（居住和行走）环境设施的初期，一定受到过这种动物文化的启发，可看成人类文化的前文化。人类创造语言的过程就是创造文化的过程，会说话意味着有了一定的文化能力。但人类祖先在创造语言的过程中必定也在创造着高

---

①　钱学森. 钱学森书信（第2卷）［M］. 国防工业出版社，2007：138.

②　陈序经. 文化学概观［M］. 中国人民大学出版社，2005.

于动物文化的文化，或可称为人类前文化。站在人类文化产生后的文明高度看，这些前文化微不足道，却是人类文化的起点，文化学应该关注从前文化向文化的演化这个学术问题。

文化演化当然是一种非线性动态过程。上述文化系统表层的动荡不定，可谓日新、日新、日日新，就是文化的动态性。深层文化也有动态性，世界观、人生观、价值观、审美观属于深层次文化，只要时间尺度足够大，就会看到它们也处在变化中。就中国文化数千年来的总体看，动态性十分显著。以文学为例，汉赋、唐诗、宋词、元曲、明清小说，高潮迭起，所谓一代有一代之所胜，说的就是文学史波浪起伏的非线性动力学特征。西方现代文化横行世界数百年，现已开始受到强烈的质疑和批判，剧烈动荡的局面正在形成中。20 年前新保守主义者弗朗西斯·福山鼓吹历史终结论，今天却公开呼唤"左派集思广益"，拿出代替资本主义的可行方案，被美国人称为"政治光谱再次发生混乱"，实质反映出当代欧美政治文化在非线性地动荡①。常见的非线性动力学现象，如滞后、饱和、瓶颈、过犹不及、指数增长、临界慢化等，在文化发展中应有尽有，仅提及几点。①饱和，文化发展中常见饱和现象。如汉赋这种文学形式早已趋于饱和。②渐变与突变。历史上，文化演变有缓慢积累时期，也有爆炸式的大发展，如人类文化史上所谓轴心时代。③超调。动态系统无论是克服干扰的镇定行为，还是趋达吸引子的目的性行为，由于不过正不足以矫枉，加上对过正的再矫枉，常常造成系统震荡起伏，不能平稳发展，严重时可能把系统推向危机。我们从 20 世纪以来的中国文化发展中明显地看到这一点，无论儒家文化，还是马克思主义文化，都在波动，都在调整，又导致超调。④分叉。中国文化在春秋战国时代经历了急剧的分叉演化，儒家和释家自身后来都出现多次分叉，马克思主义也一再出现分叉，毛泽东思想也发生了分叉。⑤交叉。分叉是系统内部非线性机制使然，交叉是系统与外部其他系统非线性相互作用转变为系统内部非线性演化的机制，现有的非线性动力学尚无法描述，但在文化系统演化中至关重要。远古华夏大地不同文化的交叉与融合，晋代以降印度文化与中华文化的交叉与融合，近一百多年来中西文化的交叉与融合，等等。交叉引起冲突，可能一方"吃掉"另一方，可能整合为一个新的系统，也可能导致其中之一融合进新成分而产生新质性。

---

① 参考消息，世界期待"现代马克思"的出现，2012 年 2 月 8 日，第 10 版。

马克思提到过"物质生产的发展例如同艺术生产的不平衡关系"问题①。这一命题原本不是单就文化系统来说事,他针对的是整个社会系统(社会的一般发展),物质生产(经济,一级分系统)与艺术(文化的二级分系统)是它的两个分系统。马克思考虑的是艺术与社会发展是否成比例,成比例(固定的比例)即线性,不成比例(变动的比例)即非线性。不平衡是非线性的一种表现,平衡是线性的一种表现。文化与经济、政治之间是互动的,有时彼此近乎同步前进,有时则明显地不平衡,或者文化走在经济、政治的前面,或者相反。盛唐大体上实现了文化与经济、政治同步发展,两宋则是政治弱而文化强,非同步性、非平衡性显著。就社会系统整体看,文化发展可能滞后于经济和政治发展,文化作为经济和政治的反映,原则上不可能是实时的,反映滞后于被反映是常态。文化需要积累,积累必定加大滞后。盛唐始于贞观,文化高潮却出现在开元,这就是滞后。但文化对经济和政治的反映是能动的、辩证的、曲折复杂的,故也可能超前,文化走在前面,再通过反馈推动经济和政治发展,这也是常见的。不平衡的表现形式不限于滞后和超前,而是多种多样,在文化发展中都有表现。由于文化的意识性,它对经济、政治的反映复杂多样,政治黑暗、民族危亡等局面往往能够激发人的激情和灵感,导致文化的特殊发展。所谓诗穷而后工,文王拘而演周易,说的也是这种情况。文化与政治同属上层建筑,彼此的联系常常更直接些,政治清明、进步,文化必定繁荣;政治黑暗、退步,特别是民族存亡的关头,也能够激起文化的应战式发展。20世纪80年代的伤痕文学却不会留下什么历史足迹,因为同新中国成立初那个伟大时代昂扬上进的精神相比,它太肤浅。总之,经济、政治、文化发展的非同步性、非平衡性,是社会总系统非线性动力学特性的一种表现。

演化性造成历史性,文化系统具有历史性。从人类文化的总体看,有新生也有消亡,有兴盛也有衰落,有的衰落后不可挽回地走向消亡,有的衰落后又走向复兴,有的几起几落。就自身的历史演变看,文化作为系统有高低不同历史形态之间前行后续的转型演变,文化系统的每一种历史形态都有孕育、诞生、成长过程,有成型演化和保型演化,成型演化同保型演化的较量和消长构成系统的转型演化。一种文化在上一历史形态中走在前面,在下一个历史形态中可能落伍,又可能在更新的转型演化中奋起直追,等等,构成人类文化系统演化

---

① 马克思. 政治经济学批判 [M]. 人民出版社, 1971:32.

的一幅丰富多彩的历史画卷。

6.5　文化系统的自组织与他组织

　　文化系统不论其规模大小，质性如何，都是自组织与他组织的某种矛盾统一体。没有自组织，或没有他组织，都构不成现实的文化系统。从微观看，主体无论是个人抑或群体，潜意识主导下的文化运作都是文化自组织因素，有意识的文化活动都包含着文化他组织因素，自我意识是他组织者。"让我想想"，就是自我意识对脑神经网络下达他组织指令。从宏观看，个人或微观群体自觉的文化活动也属于文化自组织，相对于系统整体目标都呈现出自发性、盲目性、局域性、并行性、交互性、无序性。对宏观文化而言，文化偏见引起的文化行为也是文化自组织，影响不容忽视。社会大众的文化创造规定着社会历史整体的文化质性和走向，但他们并无宏观自觉性，不了解社会文化发展的整体目标，不了解自己的文化行为对整体文化发展的影响，属于自发的自组织。所谓人民群众创造历史，无论经济的、政治的、文化的，首先指的是这种自发的自组织运动。说到宏观的他组织，首先应注意环境对系统的塑造作用。系统的自发行为都是在一定环境中进行的，环境既提供资源、条件、激励、机遇等，也施加约束、限制、危害，对系统都有不可忽视的他组织作用。文化系统亦然，自然环境、经济环境和政治环境对文化的他组织作用巨大，文化创造的动力主要来自这些方面的吸引、推动、刺激、逼迫。所谓经济基础决定上层建筑，包括经济基础对文化这种上层建筑的他组织作用。政治对文化的他组织作用更直接，一切政府都要干预文化系统的运作，政府设立的文化管理机构，如宋徽宗设立大晟府，清乾隆编纂四库全书的组织机构，今天的文化部，显然是文化系统的专职他组织者，关于文化的方针政策则是文化发展的他组织力。抗战时期的延安文艺座谈会，2010 年中共中央关于文化发展的决定，都发挥着政治对文化的他组织作用。不仅官方的文化部门是他组织者，就是作家协会、各种学术组织、文化团体等也是文化发展的他组织者，它们或掌握控制权，或拥有联络、协调权，如有权组织座谈会、研讨会、文化沙龙；一个个文化人是被组织者。

　　对于复杂巨系统，更重要的是内部的自组织与他组织这对矛盾。随着系统规模和内在差异性的增大，系统资源和责任的分配、组分和亚系统的功能分工和相互协调日趋复杂，需要并且必然产生出负责居间协调管理的机构，即系统内部的他组织者。文化系统自组织与他组织的矛盾统一尤其复杂多样，体现在文化的各个领域、层次、不同时间尺度上。文化系统内部的他组织者不限于各种名正言顺的组织机构。从文化发生的角度看，主体从文化不自觉到文化自觉，从文化无意识到文化有意识，是一种必然过程。主体不论大小，一旦有了文化自觉性，不仅有计划地安排自己的文化行为，去影响大脑中无意识的文化活动这种自组织，而且在其活动力所能及的社会范围内去影响其他主体，从而带上一定的他组织成分。文化人不仅是其作品的他组织者，而且都好为人师，有意识地对他人施加文化影响，以自己拥有的文去化育他人，充当文化传播的他组织者。一切文化创造都是为了化育人，创造者至少是微观层次上自觉的文化他组织者。历史上有大作为的文化人几乎都是在政府视线之外成长起来的，原本属于文化系统的自组织事项。他们一旦成名就转变为一种社会力量，强烈吸引一般人的文化注意力，就会自觉地从事文化事业的宏观他组织活动，其组织力和组织效果往往大于掌握文化管理权的政府机构和大人物，能够对整个社会产生影响。孔子和柏拉图，欧洲文艺复兴的代表人物，五四文化运动的先锋人物，都是自发产生出来、最终成为宏观的文化他组织者，有"振臂一呼，应者云集"的社会他组织效应。文化自组织与他组织在这些人身上获得高度统一，是社会文化系统的一个显著特点。

宗教文化也是自组织与他组织的矛盾统一，创教者就是他组织者。宏观地看，信教是教徒的自组织行为，极具自发性、盲目性、狂热性特点。微观地看，宗教信念对教徒是一种强劲的他组织力，极大地约束着他们的思想行为；而虔诚的教徒已把宗教信念转化为潜意识，成为一种文化自组织力。宗教家传教是宗教他组织行为，等级森严的宗教组织机构则是宏观的他组织体系，常常演变为一种树式结构，有时比政府的树结构还要僵硬。没有自组织与他组织这种统一，古老的宗教不可能到现在仍然香火旺盛。

不论宗教文化，还是非宗教文化，文化他组织的心理基础都是主体以文化化育他人的文化自觉性、责任性，以及好为人师这种文化心理。父母对子女，老师对学生，精英对大众，长官对部属，政府对民众，都把传播文化、影响对象作为义不容辞的责任和义务，也是实现自身价值的一种途径。此乃人的社会性使然，因为不论家庭、学校，还是民族、国家，乃至人类，文化传承都是系统的自复制机制，事关系统的存续能力。这种他组织总的来说是文化发展的推动者，对于人类文化达到今天的水平功不可没。但自组织与他组织不仅相生，而且相克，关系和谐协调，系统能够正常存续发展；相互顶牛，或一方过强而另一方过弱，系统就不能正常存续发展。总之，文化要繁荣发达，必须处理好自组织与他组织这对矛盾及其带来的复杂性。毛泽东倡导"百花齐放，百家争鸣"，它原本是文化系统自组织与他组织实现辩证统一的正确方针政策，但实践中暴露的问题表明，文化系统实在太复杂了，仅有好的政策远远不够，还需要一套完善的制度来保障，要有足够的可操作性，以及整个社会健康的文化心理环境来保障。

　　与本节主题相关联的还有文化共性与文化个性的矛盾。就一个文化共同体的宏观整体及其环境看，它的文化共性是一种自组织力，自发地影响着该文化的传承、演变、发展，整体地规范着共同体与外部环境的关系。对于该共同体内的文化个体来说，文化共性发挥着他组织作用，潜在地影响着个体的文化活动。江浙文化潜在地影响着鲁迅的小说创作，湘西文化潜在地影响着沈从文的小说创作，山西文化潜在地影响着赵树理的小说创作，山东文化潜在地影响着莫言的小说创作，中国文化的共性潜在地影响着他们四位的小说创作。文化复杂性从何处来？陈序经的回答是"因为创造文化的人类，并非独一的个人，也非简单的个人，而是多数的人们，与复杂的人类"，"人是处处都有了相同性，但是同时又是处处都有了相异的地方的"①。说透彻点，文化的特殊复杂性与文化主体（文化的创造者、享用者、传承者）复杂的个性密切相关，而人的个性是文化自组织不可或缺的要素。文化创造的主体首先是生活在社会底层的人民大众，传统说法为芸芸众生，孔子称为庶民。以庶民大众为主体的经济生活、政治生活、军事生活以及其他社会生活，时时、处处都在创造着形形色色的文化事项，或是或非，或好或差，都打上这些初创者个性的烙印和地方性，而且往往用富有个性的语言陈述、传递开来。《红楼梦》最成功的是对丫鬟的形象塑造，来源于她们的原型在生活中各自创出大量动人的文化事项和个性化语言，不是曹雪芹完全凭主观编造出来的。同是大观园居民，同为咏菊诗，不同人写出的诗在意境、风格、艺术上却很不一样，只能归结为文化个性不同。平民百姓的文化生活是文化的初生态，文化的源头活水，却一向被官方和学界所轻视，甚至否定。毛泽东第一次给以明确的理论说明，提出作家要深入生活、同人民

---

① 陈序经. 文化学概观［M］. 中国人民大学出版社，2005：255，319.

大众打成一片。

　　社会大众、芸芸众生创造的仅仅是初生态的文化，需经过不同领域思想文化代表的加工改造，综合集成，才能转变为完成形态的文化成果。清代社会现实生活中贵族家庭的丫鬟们创造出大量极富个性的文学原材料，被熟悉和喜爱她们的曹雪芹收集起来，给以艺术的加工提炼，综合集成，终于涌现出晴雯、小红、鸳鸯这些具有独特文化意蕴的文学形象，这些文学形象必然深深地打上曹雪芹这个文化综合集成者个性和独特智慧的烙印。作为文化成品创造者的文人学者，其个性和智慧是文化复杂性的重要创生因素。文化事项初创者个性和智慧的差异，加上文化作品创作者个性和智慧的差异，共同构成文化复杂性最基础的来源。由于人类信息运作能力的有限性，原生态的文化创造即生即灭，无法保存。而文化人、学者们处于文化创造链的终端，其成果大多被保存在波普尔所说的世界3，历来被视为文化的唯一创造者。这是人世间一种不平等现象，却是难以消除的。即使世界大同以后，能够为历史记录下来的文化创造者也是少数人。基于这种社会历史背景，一些人判定历史是少数精英们创造的，马克思主义则判定历史归根结底是人民大众创造的，精英们作为人民大众的代表参与了历史的创造。

　　初创形态的文化就已经够复杂的了，经过文化人的综合集成，取舍、剪裁、重组、嫁接、虚拟、想象、夸张等等，无所不用其极，每一种操作都是在个性主导下进行的，都会产生极具文化品位的复杂性。个性对科技文化的影响通常允许忽略不计，却也不能绝对化，冯·卡门提不出相对论，爱因斯坦领导不了导弹研究，都跟他们的文化个性有关。经济文化是经济人主导下创造的，企业文化与经营者个性的关系不可忽略，苹果公司的企业文化与乔布斯的个性关系极大。个性对政治文化的影响也相当明显，特别是社会剧烈变动时期，政治家创造的文化事项、提出的政治理念等，显著地带有他们的个性特色，常常导致"人亡政息"现象的发生。一切对历史产生过重大影响的政治家都是个性鲜明的人，具有独特的政治文化。个性影响最突出的是人文文化，在这里甚至可以说没有个性就没有文化。人文文化大师都是个性突出、甚至性格古怪的人，创造者个性突出，创造物的品位才可能突出。其间的奥妙，哲学上在于共性与个性的辩证关系，科学上则是自组织与他组织的辩证关系。共性与个性的统一是辩证的、历史的、具体的，形态千差万别。同样的社会实践，缺乏个性者看到的多是泡沫的闪光，听到的多是此起彼伏的泡沫破碎之声；个性突出者才能够不畏浮云遮望眼，透过社会历史的表层感触到深层的脉动，领悟其中的奥妙，从时下的现象中辨识出未来走向。更重要的是，个性蕴含着对原材料加工制作的秘方和绝技，充分彰显个性才能创造出独一无二的文化品牌。

在文化发展中，个人作用属于偶然性范畴。个性连通着偶然性，共性连通着必然性。历史上文化发展的必然性如何通过文化个性为自己开辟道路？这是典型的复杂性问题，我们就一个视角做点粗略说明。文化系统有中心和边缘之分（非文化地理学讲的中心与边缘），或者主流与非主流之分。中心涛声轰鸣，热闹非凡，名宏利厚，文化人趋之若鹜；边缘寂静无声，似乎平平庸庸、冷冷清清，没有吸引力。然而，社会是特殊复杂巨系统，中心的波涛可能代表历史前进的潮头，也可能是一时沉渣泛起，或逆风恶浪。即使前进的历史潮流，也同时包含大量没有历史含量的泡沫。个性影响着文化人的眼界、直觉、风格、意志等，影响着他们文化活动的初态和路径的选择。中心的眼前热闹很容易诱惑文人赶时髦、随风摆、人云亦云，学术上没有定力，他就不能把握历史的脉搏，抓不住时代精神，虽然活得风风光光，常常在主席台就位，不时在闪光灯下亮相，获得院士、一级教授、跨世纪人才等桂冠，却只能制造一些文化泡沫（甚至抄袭他人），无法在文化史上留下自己的足迹。

中心与边缘的关系是辩证的，可以相互转化。"去年沙嘴是江心"（皇甫松），当下的中心不等于长久的中心。文人学者的文化敏感性与其心态和处境密切相关。"秋风至庭树，孤客最先闻。"（刘禹锡）孤则环境静，心田容易净，可能练就特殊的听力，能够于无声处听惊雷。在一个文化即将出现重大推陈出新的时代，身处边缘者才可能有机会接触、有兴趣关注、有时间去熟悉当代芸芸众生那种粗糙的、但代表未来方向的文化创造，自觉或不自觉地为新中心的到来铺砖添瓦。当然，处于边缘只是必要条件，他或她还要安心于边缘而又不愿混日子，不随风倒，不赶时髦，不从众，不人云亦云，诚实于生活，诚实于学问，诚实于做人。这仍然不够，他或她还要有足够的才思，坚忍不拔的意志，勇于学习人民群众的文化初创，善于综合集成，才能创造出既反映时代精神、又充满个性色彩的文化精品。曹雪芹就是一个典型。

共性寓于个性，个性表现共性，独特的个性才可能把握深层的共性，品味不合时尚的美感，敢于讲出违背成见的真理。重大文化创造可能是所谓破坏性、甚至是毁灭性创新，所需要的眼界和勇气只有极少数个性突出者才可能具备。人类文化生活中充满偶然性。但现实的偶然性都包含必然性的种子，恩格斯所说的必然性通过偶然性为自己开辟道路，或许在文化发展中表现得最充分。跟其他系统相比，文化有一个独特的偶然性来源，即它的心灵性。心灵性连通着偶然性。文化创造离不开灵感，而灵感"来不可遏，去不可止"（陆机），属于典型的偶然性，触发灵感的也是偶然性。"晴天一鹤排云上，便引诗情到碧霄"（刘禹锡），说的是一鹤排云这种客观偶然性触发了作者的灵感这种主观偶然性，诗情便油然而生。阿基米德洗澡时得到浮力原理的灵感，牛顿从苹果落地得到重力的灵感，讲的是偶然性转化为必然性在科学文化中的表现。禅家妙悟说带有一定的宗教迷信色彩，却也包含真理的成分，有助于领悟偶然性在文化创造中的作用。

文化是人创造的，每个社会成员的人生经历都在表现着并创造着一定的文化，一个脚窝一支歌。特别重要的是，芸芸众生们的文化行为是文化巨系统的基本粒子，承担着微观层次文化发展的偶然性运动，看似杂乱无章，微不足道，却从根本上规定着文化巨系统的质性和可能走向，显示着文化发展的必然性，是文化自组织最深厚的基础。这种微观层次的文化事项经过文化人的整合、创造，就涌现出宏观层次的文化事项。由谁整合，如何整合，如何取舍，充满偶然性；但整合完成后回头看，他们都是芸芸众生的文化代表。新的文化创造反映出时代的某些方面，满足了历史的某种需要，又有其必然性。中国数千年历史上，文艺描写的对象基本为老爷太太、公子小姐，是对文化自组织的历史性扭曲，但这在私有制下又是必然的。毛泽东猛烈批评这种现象，主张把广大社会底层人物作为文艺描绘的主角，文化艺术的当代发展正在实现着这一主张。

6.6 世界社会的文化复杂性

15世纪以前地球人类不同部分之间虽然也有文化的交流、碰撞、借鉴、融合，就世界整体看，仍然是局部的、断断续续的，没有一种文化的影响遍及全球，更谈不上统一的世界文化。由欧洲文艺复兴而兴起的西方资本主义文化，在资产阶级开拓和争夺殖民地而把地球人类整合为一个系统的过程中逐步发展，不断向全世界传播，最终成长为迄今人类历史上唯一一种影响遍及全球的地域文化，其强势性、侵略性在五千年历史上没有可比肩者，却无法成为统一的世界文化。直到现在所谓世界文化基本上还只是各民族文化、各国文化、各地区文化的总和，而不是一个有机联系的系统。

世界从非系统演化到系统的数百年中，人类文化演变的主线是新兴西方资本主义文化主动进攻、力图征服沉睡于前工业文明中的所有其他民族文化和地域文化。在此过程中，西方文化与非西方文化互为外因，一方强势进攻，一方毫无精神准备，被动挨打，却大多数未被消灭，表现出顽强的生命力。历史地看，这一过程相对而言要简单得多：弱肉强食，西方依仗非文化的硬实力传播自己的文化，力图消灭异己文化，建立起西方文化主导下的文化统治、文化压迫的世界新格局。毛泽东说："外因是变化的条件，内因是变化的根据。"（一卷本，291）应该补充一句：辩证地看，内因和外因、根据和条件可以在一的条件下相互转化。地球上历史地产生出来的不同文化一旦被整合进同一系统中，它们就转变为同一世界系统的不同组成部分，即哲学上所谓系统的内因。从此，非西方文化也开始作为世界系统的内因起作用，不同文化、特别是东西方文化在世界系统不可抗拒的整体约束下互动互应，相互影响着、改变着，共同决定着这个巨系统的未来走向。不同文化以新生的世界系统为舞台展开的矛盾斗争，其激烈、曲折、复杂不仅是古代历史未曾有过的现象，就是世界系统形成过程的情形也不可比拟。比较19世纪和20世纪的地球人类，你就会清晰地看到这一点。

西方文化在充当殖民主义、帝国主义、霸权主义智力工具的同时，也强有力地促进了世界范围不同文化的碰撞和交流，不自觉地改变着世界文化格局。世界系统形成后的一个显著特点是，被迫沦为殖民地或半殖民地的民族迅速觉醒，在文化方面走上自学习、自更新、自改造的道路，努力改变世界系统化后初期造就的遭受西方攻击和压迫的文化格局。毛泽东曾经生动地描述过"十九世纪四十年代至二十世纪初中国人学习外国的情况"："那时，求进步的中国人，只要是西方的新道理，什么书也看"，他们认为："要救中国，只有维新；要维新，只有学外国。"（一卷本，1474、1475）近30年来，类似的一幕又出现在中华大地，而且声势更大。历史地看，这在总体上是进步的，是非西方文化摆脱落后状态和被压迫地位所必须有的历练；但同时也充斥着明显的崇洋媚外、照抄照搬现象，又表现出特有的复杂性，正在走着新的弯路。君不见今日中国学术界一些重要人物，在外国人的新说法、新概念、新玩意面前一律顶礼膜拜，甘心做文化买办；对于国人的创造，要么不闻不问，让它在无人理睬中被淡忘，要么给贴上伪科学的标签一棍子打死。

西方推动的世界系统化不仅在世界范围内造成不同民族文化之间前所未有的矛盾，乃至播种文化仇恨，还在非西方世界培育了形形色色的殖民地文化、奴性文化。每个弱小民族都有一些没有民族气节的人，他们鄙视本民族文化，为了及时享用西方式现代生活，不惜与帝国主义相勾结，在自己国家搞全盘西化式的现代化，赤裸裸地推行卖国文化，今天则集中表现为要以美国文化取代本国文化。就中国而言，抗日战争时期出现过汉奸文化，今日还有学界头面人物把美国文化捧上天，把以美国文化取代中国文化作为自己的责任。非西方文化内部的这种分裂和斗争，加剧了今日世界文化的复杂性，反映了消除殖民主义文化的复杂性和艰巨性，也就是世界社会从文化方面培育世界大同的复杂性和艰巨性。

近年出现的"阿拉伯之春"不仅是政治、军事冲突，以及背后隐蔽的经济冲突，同时也是复杂的文化冲突，实为世界一体化趋势向纵深发展的最新文化表现。就世界范围看，它是资本主义文化与非资本主义文化、西方文化与非西方文化历史性较量的新回合，有历史的不可避免性。西方文化的侵略性、强力性和虚伪性，非西方文化的多样性、落后性和脆弱性，又一次在非西方国家展开对比、较量。它发生在西方发达国家陷入新的严重经济危机的时期，是发达国家向弱国转嫁危机的新努力，文化侵略的新动作。就这些国家内部看，它以全球化的最新发展为背景，把民族文化与殖民文化、民主文化与独裁文化、不同教派文化之间的较量交织在一起，表现出文化复杂性的新特点，再次表明创建世界文化的艰巨性、曲折性、复杂性。以民主取代独裁当然是进步的、各国迟早要完成的政治文化进程；但由西方煽动和操控的所谓"民主运动"具有极大的虚伪性和欺骗性，在这些国家内部播种仇恨的种子，将造成日后难以消除的人为复杂性，今日伊拉克乱象丛生、反复出现民族自相残杀事件是最鲜明而有力的证明。世界一体化化到今天，各民族文化平等地相互对话和融合还如此艰难，西方文化、特别是美国文化还能够如此兴风作浪，足见世界系统化后的文化演变何等复杂，我们对它的认识和驾驭能力还很不够。令人报颜的是，面对这种形势，社会主义文化显得无能为力，世界大同似乎遥不可及。

然而，不论问题如何复杂，过程如何曲折，世界社会在文化方面的整合必定要推动世界文化的形成，积累越来越多的成果。资本主义的历史表明，人类文化由人文文化和科学文化两大块组成，世界系统统一的文化首先出现在科学文化这一块。支撑工业文明的还原论科学是西方对全人类的重大文化贡献，它的知识体系是人类可以共享的财富，对于建立大同世界也是有用的，因而是世界文化一个不可或缺的组成部分。在此意义上说，世界文化已非一片空白。但其深层隐藏的宇宙观、认识论、方法论、价值观等，以及在发达国家造成的人文文化与科学文化相互分离，又是其不容忽视的消极面，强烈地影响着不发达国家的文化发展，是建立大同世界必须清除的文化阻碍。复杂性科学就是适应这种历史需要而产生的。在科学文化上，它的任务是建立一整套认识和处理复杂性的科学技术体系，消除还原论科学及其资本主义应用所积累起来的消极面，为实现世界各民族共同的、可持续的发展提供智力武器。在人文文化上，它的任务是促使西方文化与东方文化、科技文化与人文文化在新的基础上相融合，为实现国际关系民主化、消除霸权、最终消灭战争提供文化保障。在哲学层面上，它的任务是以辩证唯物主义克服唯心主义和形而上学，建立一整套适用于大同世界的宇宙观、认识论、方法论和价值论。这种演变至今的成果还十分有限，但成熟后的复杂性科学将是全人类共享的科学文化的主要部分，也是改造人文文化的有力武器。

一百多年来，西方文化与非西方文化之间，不同非西方文化之间，西方文化内部，经历了并且还在经历着激烈而复杂的矛盾斗争。这是系统化了的世界不断提高其有序性所造成的文化后果，世界系统培育世界大同在文化方面必经的过程。亨廷顿的文明冲突论是基于西方文化对这种矛盾斗争的理论表达，既有睿智的火花，又浸透着美国霸权主义的文化特色，不可能从正面引导这一历史潮流。历史地看，东西方文化的冲突过程也是相互影响、相互改造的过程。一百多年来，西方文化既在掠夺非西方民族财富的基础上迅速发展，同时也迅速暴露了它的反人类、反历史的一面，受到越来越多的质疑和批判，迫使它在不断变化，总体上朝着有利于实现世界大同的方向演变。非西方文化在反思自身的落后面，在自我改造中走上复兴之路，以不同的方式朝着有利于实现世界大同的方向演变。

资本主义孕育社会主义，世界社会孕育世界大同，也表现在人文文化方面，甚至可以说这才是至关重要而又至为复杂困难的历史任务。没有这一块，仅仅靠科技文化的进步，世界文化是建立不起来的。今日世界的文化冲突，不同民族之间、不同阶级之间、不同阶层之间的文化冲突，本质上都是人文文化的冲突。冲突意味着彼此之间存在矛盾同一性，通过长期反复的矛盾冲突，世界系统必定会涌现出全人类共同拥有的人文文化。这是文化方面资本主义培育社会主义、世界社会培育世界大同的核心部分，从世界系统形成以来一直在进行着。作为一种文化系统，马克思主义主要是世界系统化完成期的欧洲、特别是中西欧资本主义社会培育出来的，列宁主义是世界系统形成后初期的欧洲社会、特别是俄国社会中培育出来的，仍然属于西方文化的贡献。而毛泽东思想则是在世界系统以后，作为它的一个异质分系统的半殖民地半封建中国社会培育出来的，具有新的特质；毛泽东之后这种培育过程又以新的形式进行着。可以预料，21世纪将是这种培育过程的最后阶段，在那以后资本主义由于最终失去培育新文化的功能而寿终正寝，人类将着手解决如何从社会主义向共产主义过渡的问题。

　　世界社会建立统一的文化形态，绝不意味着消除民族文化、地域文化，而主要指消除一种文化对其他文化的压迫和统治，建立不同文化彼此平等相处、相互学习、相互促进、百花齐放的文化格局。支撑这种格局的就是我们期盼建立的全人类共享的人文文化。文化的地域性永远不会消除，现存的各种文化都有自己的积极面，都对世界统一的文化有贡献，又都有消极面。中国文化具有诸多弊病，一种不容忽视的弊病是人情大于法治，在民间主要是拉关系、走后门，在官方常常以"特事特办"为幌子置法律于不顾，两相结合导致腐败现象滚雪球似的日趋严重，成为极难根除的顽疾。伊斯兰文化的一种弊端是宗教门派对立，缺乏宗教应有的包容性、超越性，什叶派和逊尼派有时斗得你死我活，为西方推行殖民主义提供了"以伊治伊"的文化条件。不认识这一点，不改变这种窘态，伊斯兰世界无法抵制西方文化的进攻和压迫，无法对世界大同做出贡献。西方文化、特别是美国文化，最大弊病是侵略成性，傲慢成性，又虚伪成性，冷战结构解体后更达到登峰造极的地步，西方学术界对此却近乎一片失声，甚至极力为这种新的文化侵略推波助澜。

　　世界系统化以来的文化演进比经济、政治和军事的演进更复杂、更曲折，其过程结构现在还看不分明。目前一个新动向特别值得警惕，就是帝国主义的侵略性文化、殖民地文化在沉渣泛起。一个突出表现是，日本的军国主义文化虽然因二战结束遭受沉重打击，并未受到像德意法西斯文化那样的根本性打击。在冷战大背景下，部分由于美国的庇护，部分由于东亚国家发展阶段的历史性差距，无法像欧洲国家那样形成强大的集体压力，日本军国主义文化的内核被保留下来，一直在等待时机东山再起。今天，在21世纪初的世界局势下，以遏制中国和平崛起为共同目标，日本军国主义文化同美国霸权主义文化获得历史的契合点，导致安倍晋三政权一年来在东亚和世界舞台上的疯狂表演。这既是一场政治战，也是一场文化战，即日本军国主义文化力图死灰复燃而发动的战争。西方在亚洲国家长期培育的殖民地文化没有、也不可能随着民族解放运动的第一波胜利而完全消除，只要东西方文明还存在等级差别，这些国家内部殖民地文化余孽也力图死灰复燃，充当美日文化战的帮凶。当然，反击这股文化逆流的斗争也已历史地应声而起，展开较量。这可能导致两种不同的重大历史后果。如果世界人民和日本国内维护历史正义的力量联起手来，迎头痛击逆流，彻底清除日本军国主义文化，东亚将迎来真正的和平与繁荣，并将惠及全世界。否则，不仅东亚永无宁日，欧美也将深受其害。欧洲的法西斯文化无疑受到毁灭性打击，但并非绝迹。如果日本军国主义文化得以死灰复燃，在东亚掀起大风浪，必定会极大地鼓励濒临绝种的希特勒余孽，法西斯文化将效法日本军国主义文化，力图死灰复燃。那时的美国也会厄运降临。

第7章　历史复杂性管窥

一篇读罢头飞雪，但记得斑斑点点，几行陈迹。

五帝三皇神圣事，骗了无涯过客。有多少风流人物？

盗跖庄桥流誉后，更陈王奋起挥黄钺。歌未竟，东方白。

毛泽东《读史·下阕》

第2至第6章虽然也提及系统在时间维中的演化发展问题，总体上属于对复杂性的共时性考察。本章拟将人类社会放在时间维中作专门的历时性考察，但只限于时间维中已经逝去的那一段。这样做自然也仅仅是管窥蠡测，不敢奢望给出完整的概念框架。毛泽东诗意地浓缩于《读史·下阕》中的历史观，是我们的重要参考。

7.1　历史性与复杂性

作为一个现代术语，汉语的"历史"是一个合成词，"历"有经历、历程、历经等含义，意指已经发生的人类行为历程、事迹；"史"指人类社会已经发生而被记录下来的事件。人生轨迹是由人所办的事构成的，一步一个脚窝。一个群体、一个社会的生存发展轨迹亦然，人生轨迹是由人的事迹构成的有序集。概言之，历史就是系统已经发生（陈）、并被记录下来的事件（迹）的有序集，故毛泽东称之为"陈迹"，历史 = 陈迹。在汉语中，"史"亦指记录所发生之事者，俗称史官。人类历史是人创造的，也是人记录下来的。记录不可能完整无缺，有些事件未被记录者注意到，有些则可能被有意略去不提，故记录下来的事件所形成的是一个离散集合。形象点说，记录下来的历史事件如同雪地里的人兽足迹，数不胜数，或清晰，或模糊，或重叠，甚至有假足迹。故毛泽东形容为"斑斑点点"，意在指明历史记载不完整、不系统、不周密，有些甚至不可信。

谈论历史，当然要问历史的主体是什么？亦即谈论谁的历史？用英国历史学家汤因比的说法，须明确回答"历史研究的'单位'"是什么。所谓历史研究的单位，汤氏界定为"一个可以自行说明问题的历史研究范围"①。汤因比认为，历史研究的单位既不是民族国家，也不是人类全体，而是称之为社会的某一群人类。无疑，许多历史学家不同意他的观点。应该说，他们的意见各有千秋，都有可取之处，又都有可质疑之处。这就是说，确定历史主体已经遇到复杂性，汤因比问题不存在唯一解和最优解。

用现代科学的语言讲，历史的主体是系统。贝塔朗菲认为：如果存在理论历史学，"一定要把系统作为合适的研究单元"②。这显然是对汤因比问题的系统论回答（单元即单位，译者用语的差别）。任何历史都是一定系统的历史，非系统的存在（即历史学家索罗金所说的"堆砌体"）没有历史可言。原则上说，现实存在过的和仍然存在着的系统都有其历史。在时间维中，一个尚未消亡的系统在所谓现在时刻之前所经历的一切事件的集合，称为该系统的历史，一种尚未完成的历史。一个系统的发生过程，发生以后的存续、演化过程，它的衰落过程，直到它的最终消亡，一起构成该系统的完整历史。而非系统没有历史。"堆砌体是没有什么诞生问题的（不管是平产还是流产），它们也不能生长和解体，因为它们从来就没有长成为什么'体'"（见索罗金为《历史研究（下）》写的附录，467页），即无历史可言。历史本身也是系统，它在时间维中"系多为一统"，从发生开始，经过生长、演化，走向衰亡，呈现出只有在时间维中才能把握的整体涌现性。

贝塔朗菲认为："与生物物种以遗传变异方式进行演出相比，只有人类表现出历史现象。这是与文化、语言和传统密切相关的。"（同上，188）这是一个真理，但说得有些绝对。正确的表达应该是：虽然系统都"表现出历史现象"，但只有人类表现出历史意识，只有人类具有历史感，只有人类有记录下来的历史，

---

① 汤因比. 历史研究（上）［M］. 曹未风等译，上海人民出版社，1997：1.
② 冯·贝塔朗菲. 一般系统论：基础发展和应用［M］. 林康义等译，清华大学出版社，1987：188.

只有人类具有记录非人类存在物之历史的自觉性和能力。也正因为人具有历史意识，才使人类历史带有极端的复杂性、丰富性，既是人类特有的财富，也是人类特有的包袱。地球、太阳系、银河系、宇宙等都有它们的历史，但只有人类社会的历史性最丰富、曲折、多样、复杂，最激动人心，让人回味无穷。本章主要以人类社会历史为背景，兼顾一般系统的历史。

何谓历史性？历史性是一种系统属性，它在时间维中已逝去的过程中产生出来，能够对其现在和未来发挥作用。或者说，一个系统在时间维中已经表现出来的异同、联系、秩序、变化、不变等属性，统称为系统的历史性。历史性是一种特殊的系统性，历史观是一种特殊的系统观，反映了系统所具有的路径依赖性。

历史性与复杂性都是系统的属性，它们之间是何关系？简单地说，复杂性与历史性不可分割地联系着，系统的复杂性是历史地生成和演变着的，系统的历史性是其复杂性的一种根源和表现形式。历史性是区分简单系统与复杂系统的重要依据。简单系统原则上无须考虑它的历史，或者说历史性可以忽略不计的对象是简单系统。批量生产的人造物，如水杯子，每一个都有其生产、出厂、销售、使用、维护、报废的过程，构成它的历史。但无论生产厂商还是购买者，都无须记录它的设计、加工、组装、销售和使用过程所发生的事情，因为这些事情太过平庸、琐碎，没有记录的价值（除非它存留得太长久，同类的存在者几近绝迹，使它具备了历史文物的价值）。相反，复杂系统必须了解和研究它的历史，或者说必须考虑其历史性的系统是复杂系统。古语所谓"以史为鉴"，意即对于复杂系统来说，过去是现在和未来的镜子，欲了解复杂系统的现在，预测它的未来，需要照一照历史这面镜子，历史的镜子里有系统现在的影像，系统未来走向的线索。由于这些缘故，历史研究历来属于复杂性研究。

系统复杂性的一个要义是它的多面性，从不同侧面考察看到的是不同的面貌或属性。把多种异质的面貌整合在一起，就会产生复杂性；异质性要素越多，彼此差异越大，整合所产生的复杂性就越显著。历史系统整合了历史主体多种多样的异质面貌、属性，包含局部与整体、变化与不变、短期与长期、过去与未来等等对立统一，产生了共时性考察系统时看不到的整体涌现性。历史复杂性就是这样产生的。

（1）历史性首先是一种历时性。现代科学发现时间是一种算子，改造着存在于时间维中的一切事物，数学家把这些事物称为时间的运算对象。时间算子作用于运算对象，使得它们"日新，日新，日日新"，由此形成种种历史事件。每一项历史事件都有特定的时代背景，打上明显的时代烙印，不了解这种时代背景，就无法了解那个历史事件。时间由无数个时刻组成，时间算子在不同时刻对事件的作用不是线性累加的，而是非线性的变化和积累的，还往往出现跳跃式变化，给事件注入非线性的复杂性。时间的本质、时间算子对其运算对象的作用深奥难测，人类现在所知甚少，导致今天的历史观仍然比较肤浅。

（2）历史性是一种过程性。每一项历史事件都有其特定的发生时刻、展开时段和结束时刻，呈现为一种在时间维中有序推移的过程，有一定的过程结构。系统越复杂，其历史的过程结构也越复杂。复杂系统的历史并非由不同过程先行后续所构成的一个链条，而是一种过程集合体，在同一时间点上，有些过程已经结束，有些过程正在进行，有些过程将要结束，有些过程即将发生，有终有始，有始有终。就其中某个具体过程来考察，既有它的前行过程，又有它的后续过程，还有些过程与它并行推移，形成一个参差不齐的过程集合体，相互关系错综复杂。每一个具体过程都在以其他过程的集合体构成的环境中生存演变，向整个过程集合体开放，又影响着整个过程集合体。

（3）历史性是一种不可逆性。两千多年前的孔夫子已对时间不可逆性深有领悟，发出"逝者如斯夫，不舍昼夜！"的浩叹。但直到20世纪科学才真正认识到时间流逝具有不可逆性，总是从过去单向地流向未来，而不会从未来流向过去，科学上称为过去与未来对称破缺。一个系统一旦在时间维中被运算，就会留下不可磨灭的踪迹，影响着它的后续走向。历史学家对此早已心领神会，指出历史是不可重复的，形象的说法是"开弓没有回头箭"。现代物理学证明，不可逆性对系统、对整个世界有非常积极的建设性作用，有不可逆性才会有历史的创造性；可逆过程能够自动抹掉它的"陈迹"，因而没有历史和复杂性可言，复杂性只能来自不可逆过程。要理解历史的复杂性，须关注历史过程的不可逆性。

（4）历史性是系统的承续性。系统的现在是其过去的承续，未来是过去和现在的承续。就其对系统存续和发展的效应来说，继承性有正负之分，正效应为历史财富，负效应为历史包袱，真实的历史都有这两方面。所谓历史感包括对历史财富和历史包袱的辨识能力，善于珍惜历史财富，敢于甩掉历史包袱。弃历史财富如敝屣，抱住历史包袱不放，就会失去历史前进的方向和动力。中国明清时期的历史停滞与此不无关系。今天的日本右翼政客抱住当年侵略亚洲的"辉煌"业绩不放，终究要带来恶果。当然，是包袱还是财富，可以在一定条件下相互转化，要看历史主体如何对待，这里也有复杂性。

7.2 历史的矛盾复杂性

辩证唯物主义的系统论断言，任何系统都包含或多或少的对立统一，欲哲学地认识系统，必须把握这些对立统一。既然历史是系统已经发生过的事件集合，系统固有的对立统一就会在其历史中留下足迹（结晶物）。在简单系统中这些足迹太淡薄，没有现实意义，历史足迹的结晶物近乎为零，无须考虑。我们主要关心的是人类社会的历史，社会固有的对立统一都会在它的历史中留下不可磨灭的陈迹。社会是特殊复杂巨系统，它的历史必然具有这些对立统一造成的矛盾复杂性，研究历史一定要把握这些矛盾复杂性。社会历史问题研究中常见的错误是为了简化问题而人为地割裂这些对立统一，只讲矛盾一方，不看矛盾另一方，因而无法把握社会历史现象复杂的本质和规律。复杂性科学为我们指明了避免这类错误的方向。社会系统内含的对立统一形形色色，难以细说，本节只谈论构成历史的几种最一般的对立统一，还有一些对立统一留在后面几章讨论。

（1）历史是历时性与共时性的对立统一。历史学从历时性角度看系统、看社会，强调历时性要素，绝不意味着可以轻视甚至否定历史的共时性要素。时间并非存在于空间之外的东西，只存在于时间维而不存在于空间维的事物只能是唯心主义的幽灵。时间性是通过系统在空间中的变化来表现自己的，不存在离开空间的时间。复杂系统都有多个维度，社会尤其是高维系统，具体的维数目前尚无定见，难以达成共识。汤因比认为社会历史是六维系统，除了物理空间的三个维度和时间维，还有两个性态空间的维度。这是他的一家之言，但承认历史的多维性是正确的。假定社会历史是 n 维系统，在时间维 t 上选定一点 t_0 去观察，看到的是社会系统在其他 $n-1$ 个维度上的分布和展开，即系统的共时性特征；在不同时刻 t_0、t_1、t_2……去看，看到不同的展开和分布。系统在时间维中已逝去时刻的空间分布，已逝去的不同时刻空间分布之间的异同和联系，所发生的变化，变化中的不变性，共同构成该系统的历史。社会历史发生在全维时空中，历时性和共时性不可分割。

（2）历史是持存性与演化性的对立统一。稍纵即逝而没有持存性的系统谈不上历史，也不会记载于历史中；不演化的系统无须记录和评论它的历史。持存性与演化性是一对矛盾，相生相克，而一个系统的历史价值恰恰在于它既有持存性，又有演化性，持存性和演化性的对立统一创造了系统的历史。研究一个系统的历史，无非是弄清它如何生成，如何持存，又如何演化，阐释它何以能够持存，又何以能够演化，以及它如何持存，如何演化，如何弱化并最终失去它的持存性，同时也就结束了它的演化。这正是研究系统最有魅力而且最复杂的课题。受还原论科学简单性原则的影响，研究者常常把这对矛盾作极化处理。一种表现是把历史与结构对立起来，要么提倡无结构的历史，要么提倡无历史的结构。系统持存之根在于组分、特别是结构的持存，从而导致功能等属性的持存；系统演化之根也在组分、特别是结构的演化，从而导致功能等属性的演化。一个系统的历史既是其结构持存的历史，也是其结构演化的历史，即结构与时间、持存性与演化性对立统一的历史。

（3）历史是可变性与不变性的对立统一。静止不变的系统（静力学系统）没有历史可言，有变化的系统才有历史，系统的历史就是对它随着时间展开所发生的事件的记录。但有可变性就有不变性，可变性中包含着不变性。表层的东西千变万化，深层的东西相对稳定，但也有变化；不变的本质须通过非本质规定性的变化来显示自己。成功的历史著作既要写出系统的变化，又要写出不变性。说历史循环论不对，不等于说历史没有任何循环现象。学问家都承认历史常有惊人的相似之处，诗意刻画则有晏殊的名句"似曾相识燕归来"，说的都是历史性包含着某种循环性，循环就是可变性与不变性以某种方式的统一。

（4）历史是连续性与离散性的对立统一。史家常说历史是连续的，言之有理，又有片面性。因为历史还有不连续、甚至断裂的一面，两方面共同构成活生生的历史。所谓人亡政息，说的是政治领域的断裂现象。技艺的失传，说的是文化史的断裂现象，玛雅文明的消失是人类文明史上的断裂现象。军事领域的断裂更显著，人类生存要求战争不能连续进行，战争只能是一种断裂现象；但阶级社会出现以来，军事领域至今保持着连续性——战争不断。成语"养兵千日，用兵一时"，说的也是军事领域连续性与非连续性的对立统一。历史是有不同层次的系统。比较而言，表层的断裂性明显，深层的连续性明显。更一般地说，任何系统都有其生成、存续和消亡，持存性即连续性，消亡即失去连续性，即断裂性。可见，任何系统的历史都是连续性与非连续性的对立统一。有连续性才能够写出通史，有断裂性才能够写出断代史。社会历史的复杂性与这种连续性与断裂性的对立统一关系极为密切。以中国现代史为例，新中国的建立体现出明显的断裂性，生活在1949年前后的人都有切身体会。若以百年以上的尺度看，中国现代史无疑又显示出某种连续性，新中国承续了这种连续性。历史学家黄仁宇说得对，蒋介石和毛泽东"在历史上他们前后的成就却能够加得起来"①。大自然亦如此。现代宇宙学认为，宇宙史的起点是奇点大爆炸，实际上只反映了宇宙的断裂性。因为那个奇点也有其来源，是更大宇宙演化历史的产物，这又是宇宙史的连续性。宇宙史这种连续性与断裂性的对立统一，产生了科学发展直到现在还难以领略的宇宙复杂性。有人认为奇点之前没有历史、时间有绝对的起点，这种说法是还原论科学对客观复杂性作了人为简单化处理而产生的误解，不足信。

（5）历史是系统性与非系统性的对立统一。简单事物可以说要么是系统，要么是非系统，明确肯定。复杂系统的结构可变，边界有模糊性，等等，表明它们也具有明显的非系统因素。系统性逻辑地内含着非系统性，任何系统都内在地包含非系统因素，系统演化的任务是消除这些非系统因素，维护和强化系统性，同时又不可避免地产生新的非系统因素。此乃复杂系统固有的特征。一个没有任何非系统因素的系统，是僵死的系统，实际上已经整体地变为非系统。受简单性科学的影响，历史学家不愿意把历史看作系统性与非系统性的对立统一，不自觉地进行单极化处理，弄出许多矛盾来。汤因比宣称民族国家不是历史研究的合法单位，文明才是这样的单位，根据在于它们是否具有系统的完整性。他不懂得不能按照简单系统的完整性去观察复杂系统，否则，今天复杂性科学研究的对象大多不能称为系统。试问，如果民族国家没有系统的整体性，各国的历史如何撰写？《历史研究》一开头就把英格兰历史划分为七个阶段，又如何理解？汤因比认定文明是系统，其实文明同样不符合他的系统定义，索罗金就曾挖苦说："他的'文明'并不是什么完整的体系"（体系即系统，英文为同一个词），而是所谓"文明的卸货场"[《历史研究（下）》，464]。但索罗金又把复杂系统的完整性绝对化，才会有"文明的卸货场"之说。因为真正的卸货场也是一定的系统，也有其整体性、有序性的一面，故物业管理部门能够用系统工程方法加以处理。两位大历史学家犯的是一个共同的错误：以还原论方

---

① 黄仁宇. 现代中国的历程 [M]. 中华书局, 2011, 241.

法描述的简单系统去比附复杂系统。类比于卸货场的文明必定具有真实卸货场的系统性。历史是整体性与局部性、完整性与不完整性、有序性与无序性的对立统一，毛泽东的"斑斑点点"之说就隐含着对历史系统存在无序性的承认。研究历史必须面对这些对立统一产生的复杂性。

（6）历史是自组织与他组织的对立统一。汤因比历史理论吸引人的亮点之一，是关于文明兴衰的挑战－应战模式。换个角度看，他讲的是历史系统的自组织与他组织的对立统一，这种对立统一贯穿于文明的发生、成长、兴盛、衰落、消亡的全过程中。环境的挑战构成系统的外部他组织，系统自身的应战则是自组织。外部环境对于作为历史主体的系统生存发展提出挑战，就是外部环境对系统的他组织作用，系统只有经过自组织的演化去适应这种挑战才能生存发展；应战成功者通过对环境的正确应对而存续发展，应战失败者被环境淘汰。复杂系统还存在另一种意义上的自组织与他组织的对立统一。作为复杂巨系统的社会演变，以中国历史为例，每当既存有序结构被破坏，就会在微观自组织基础上出现多种宏观规模的"集体运动模式"（协同学概念），彼此"逐鹿中原"，争夺系统整体的他组织权力，系统宏观上呈现混乱状态，史学家称为天下大乱。只有当其中某个集体模式取得支配其他模式的地位，即取得对整个系统的他组织力，系统才能建立新的有序结构，史学家的说法是大乱达到大治。社会历史的这种演化过程显然是自组织与他组织对立统一的过程，支配模式就是协同学讲的序参量，序参量是系统内部自组织地产生出来的内在他组织者。历史是人民群众创的，说的是历史系统的自组织；人民群众创造历史离不开领袖人物的领导，说的是历史系统内在的他组织；两者结合起来，相辅相成，方能创造历史。所以说，《国际歌》与《东方红》并不一定矛盾，把二者置于绝对对立的地位，乍看起来颇有新意，实际上不符合科学，马克思主义早已给出说明。

（7）历史是主观性与客观性的对立统一。历史是历史主体的历史，而主体总是存续、运行、演化于一定的外部客观环境中，任何系统的历史都是它自身（广义的主观）与外部环境（广义的客观）相互比较、相互支持、相互制约、相互对立而追求统一的过程。人类历史是人创造的，鲜明地打着创造者主观能动性的印迹。但人的主观创造总是在既定的客观环境中进行的，同样鲜明地打着不以创造者主观意志为转移的客观性印迹，由此造成历史的主观与客观"双重特性"。马克思早就指出："人们自己创造自己的历史，但是他们并不是随心所欲地创造，并不是在他们自己选定的条件下创造，而是在直接碰到的、既定的、从过去继承下来的条件下创造，一切已死的先辈们的传统，像梦魇一样纠缠着活人的头脑。"① 历史创造中的主客观关系异常复杂，给历史学家带来种种困惑。客观既定条件与人们能动的创造性绝非一一对应关系，面对同样的既定客观条件，不同主体有不同解读，提出不同设计，采取不同手段，等等，创造的空间很大。在同一既定的、从过去继承下来的条件下，既可能导演出威武雄壮的历史剧，也可能导演出平庸的历史剧，甚至是闹剧、丑剧。

（8）历史是自觉性与自发性的对立统一。人常说社会历史是人类自觉创造的，因为"自觉的能动性是人类的特点"（一卷本，467）。但这只是问题的一方面，有自觉性就有自发性，人类的能动性包含自觉的与自发的两类，这种自发能动性的存在导致人们创造历史的过程始终存在自发性、盲目性。古往今来任何一项有意识、有计划、有组织进行的历史行动，总存在创造者没有意识到的因素、成分，在其计划、组织之外潜在地发生着作用，这就是自发性，一定时期以后的人才能发现和揭示出来，转化为自觉性。有一种说法认为，某个科学理论的提出者并不完全理解自己提出的理论，说的也是这个意思。从思维学看，人既有潜意识又有显意识，显意识又分意会的与言表的两类。一定的行为同时受潜意识和显意识支配，分别产生出行为的自发性和自觉性。反映到理论上，作者自觉到的只是显意识的成果，以语言文字表达出来的是言表思维的成果，属于自觉的东西；潜意识中产生了、尚未转化为显意识的东西，也会以自发的形式潜藏在理论中，属于历史的自发成分。恩格斯认为："人离开狭义的动物愈远，就愈是有意识地自己创造自己的历史，不能预见的作用、不能控制的力量对这一历史的影响就愈小，历史的结果和预定的目的就愈加符合。"②。此话十分精彩，但应该补充一点：新的自发性也愈加精深，历史后果愈加巨大，他组织只有善于认识、适应和驾驭这种自发性，才能使历史的结果和预定的目的愈加符合。

（9）历史是此时与彼时的对立统一。历史既然要在时间维中展开，就有时间性的彼此、前后之分，形成历史内含着的另一对矛盾。人常说历史是历史老人写就的一部书，却很少注意他写书的独特手法，即戚蓼生所说的"注彼而写

① 马克思.马克思恩格斯全集（第八卷）[M].人民出版社，1961：121.
② 恩格斯.马克思恩格斯选集（第三卷）[M].人民出版社，1961：457.

此"（曹雪芹写《红楼梦》的手法）①。彼与此在时间维中是不对称的。在某个时间点上写作，此是唯一的，彼则非唯一，有已逝的彼和未来的彼之分，即前彼与后彼。此是唯一的，彼则非唯一。既要注前彼，也要注后彼，所看到的此必有差别，而不同的注彼赋予此（现在或当代）以不同的质性。现实中的人无法看到这一点，不知道历史老人如何注彼，也就不能完全看清现在的事情。简单性科学用实数域表示时间维，太过简单化了。现在或此时不是一个个具体的实数，历史不是无数个此时的线性排序，它要复杂得多。历史是此时与彼时不断分划而又相互联系、相互规定、相互转化的过程，此与彼这对矛盾发生和展开的过程，此中有彼，彼中有此。现在的"此"是过去的后彼，了解现在必须了解历史老人当年"写此"时是如何"注彼"的，这彼既有当时的前彼，更有当时的后彼。过去是漫长的，未来是无限的，夹在过去和未来之间的现在是短暂的、流动的。过去之彼由于对称破缺选择而被锁定，未来之彼是多样的，对称性尚未破缺，因而是不确定的。历史老人写此而注彼，不可避免把未来的不确定性注入此中，造成当代人看不清当代事。这就是由此与彼的对立统一而生发出来的历史复杂性。

（10）历史研究中技术视角与道德视角的对立统一。黄仁宇从历史研究的方法论着眼得一个创见，发现历史研究有两个不同视角，一是技术视角，一是道德视角。他认为："道德是人类最高的价值，阴阳的总和，一经提出，即无商量折衷的余地，或贬或褒，故事即只好在此结束。"② 黄先生据此断言，以道德的名义写历史有一个很大的毛病：容易走极端，要么盲目恭维，要么谩骂，都非历史。此话正确。但他主张研究历史只用技术角度，避用道德角度，有很大片面性。这两个视角在历史研究中构成一个不允许作单极化处理的对立统一，是历史研究产生复杂性的根源之一。在历史学的历史上，一直存在着将这个对立统一做单极化处理的两种偏向。黄先生本人的主张也属于单极化处理，褒技术视角而贬道德视角。但人是有道德观的动物，研究历史的人不可能、也不应该只讲技术视角，不讲道德视角，问题只在于持何种道德取向。黄先生本人就没有做到只讲技术，他也不可能做到不讲道德视角。例如，他主观上力求只从技术角度把蒋介石确立为领导抗战胜利的历史伟人，客观上却无法避免内心深处

---

① 转引自周汝昌. 红楼小讲 ［M］. 北京出版社，2002：168.
② 黄仁宇. 现代中国的历程 ［M］. 中华书局，2011：231.

的道德考量。仅举一例。蒋介石发动四一二政变，把中国拖入十年内战，实行不抵抗政策，致使抗日战争爆发时日本占尽先机，中国处于十分不利的境地。此乃蒋介石在现代中国历史上的一大错误，或罪责。黄先生对此不置一词，反而说由于中共提倡阶级斗争，"痞子运动"，向苏联一边倒，"那也难怪他把他们视作寇仇了"（同上，241页）。这无异于说孙中山联俄、联共、扶助农工三大政策是错误的，蒋介石发动清党、围剿红军是历史的必需。如此有失公允的论断，恰好表明黄先生的历史研究有强烈的道德诉求，只不过笔者无法认同他的道德诉求罢了。

7.3 历史的非线性动态复杂性

凭借经验和洞察力，人类先进分子早已领悟到历史具有非线性动力学特性，只是没有相关的科学概念来表达。马克思指出："历史常常是跳跃式地和曲折地前进的……"根据这个基本观点，历史学家吕振羽曾专文论述过"中国历史的波澜和曲折"，结论是："飞跃和迂回曲折在历史发展过程中带有普遍性，是个一般性规律，如我国历史上波澜和曲折特别突出。"[1] 他甚至认为，中国历史还呈现出更强烈的非线性动力学特征——发生多次逆转。现代科学提出的非线性动力学尽管还太简单（因为主要基于物理系统），其定量化方法和数学模型难以应用于社会历史研究，但它的一系列新颖概念和基本原理有助于深刻揭示社会历史演化发展中的深层机制和规律性，极有必要引入历史研究。汤因比的成功也在于他能够从进化论和正在兴起的系统科学中吸取新的观点和方法，用以考察文明作为系统的发生、成长和衰亡这种非线性动力学现象。可惜，国内史学界似乎尚未认识到这一点。

静态系统、线性动态系统既无复杂性可言，也无历史性可言。作为历史主体的系统，不论自然物、个人或人类群体，本质上都是非线性动力学系统。这种非线性、动态性都会凝结在系统的历史中，造成历史的复杂性，致使历史性和复杂性必然地联系在一起。学术地看，历史性是非线性系统的动力学特性在时间轴上留下的影像、印迹。社会历史是一种特殊的非线性动力学系统，实事

---

① 吕振羽等. 大师讲历史（上）[M]. 中共中央党校出版社，2007：1.

求是的学者一般都会不自觉地把社会历史当作非线性动力学系统。但还原论科学推崇的线性思维长期影响西方历史学界，直到 20 世纪中期才开始受到清算。对于这种线性历史观，汤因比有个形象的说法："历史学者们在'分期'问题上常常喜欢把历史看成是竹子似的一节接着一节地发展。"用复杂性研究的术语讲："把进步看成是直线发展的错觉，可以说是把人类的复杂的精神活动处理得太简单化了。"[《历史研究（上）》，48 页] 线性思维导致把历史的复杂性作人为的简单化处理，一种表现形式是把非线性作线性化处理，形成历史的直线式进步观点，看不到人类精神活动带来的复杂性。历史学家必须清除这种线性思维，自觉地训练"非线性头脑"，运用非线性观点、动力学观点和复杂性观点去收集和解读历史材料，揭示历史真相，才能把握历史的复杂性。前面几章已论及系统的各种非线性动力学机制，如滞后、饱和、临界慢化等，都随着时间消逝而以信息的形式结晶（载荷）于历史事件中。这些概念、原理都是历史研究的有用工具，此处无须再说，本节将换个角度考察非线性动力学在历史研究中的应用。

（1）历史系统对初值的依赖性。初值，亦称初态或初始条件，指一个过程系统在起点上的状态或情形。线性系统对初值没有依赖性，不论初值是什么，条条大路通罗马，最终结果都趋达系统唯一的吸引子。以学术语言讲，线性系统的演化是忘记初值的过程，线性动力学不适用于研究历史。非线性动态系统对初值的依赖性一般都不可忽略，演化过程不会忘记初值。就简单的确定性非线性系统而言，它的控制空间（参量空间）可能有不同情形。①不存在吸引子，系统演化没有终态，也就没有持存性，这样的系统演变将作为一场失败的运动载入史册，没有现实意义。②只有一个吸引子，系统演化对初值没有依赖性，不论从什么初值出发，都走向同一终态。③一般情况是存在多个吸引子，把控制空间划分为不同吸引域，初值落在不同吸引域，系统将走向不同的终态，将产生不同的重大后果。④控制空间既存在有吸引子的区域，也存在无吸引子的区域，不同初值也会导致不同的重大后果；如果初值落在无吸引子的区域，系统演化将无果而终，即走向解体。⑤如果控制空间存在奇怪吸引子，系统到达混沌这种定态后对初值的依赖性非常敏感，称为初值敏感依赖性，会出现所谓蝴蝶效应。对于非确定性系统，情形可能更复杂。

从事理学角度看，所谓办事要从实际出发，这所由出发的"实际"就包含着事理系统的初值，出发点不同，办事的方法、程序、路径必不相同，其后果也就不同。初态是客观大环境和系统过去行为相互作用的产物，没有可选择性。现代社会主张给所有人提供平等的受教育机会，使不同人的人生经历有尽可能平等的初值。重大历史事项尤其要重视过程的初值。20世纪30年代的中日两国必有一战，原本存在多种可能。实际发生的、以卢沟桥事变为起点的八年抗战，它的初始状态是十年内战造成的终态。由四一二事变肇始的十年内战使中国的经济、政治、军事以至社会各方面元气大伤，极端贫困，民不聊生，而日本不仅占领东三省，很大程度上已控制了华北，致使中国抗战处于极其险恶的初始状态，蒋介石对此负有重大历史责任。设想孙中山多活12年，中日之战的起点就不会是卢沟桥事变，抗日战争作为系统的初值将有显著的不同，中日双方实力之悬殊绝不会达到那种程度。忽视这一事实，就不能全面认识抗日战争的真相，不能正确评价蒋介石。

（2）历史系统的果决性。按照概念提出者贝塔朗菲的说法："果决性也可以说是取决于将来的意思。"用动力学语言讲，就是系统演化对终态的依赖性："事件实际上可以被看作或被描写为不但由它的现实状况所决定，而且还由它所要达到的最终状态所决定。"（《一般系统论》，71）终态就是相空间的吸引子，吸引子代表系统的一种对其他状态有吸引力的特定未来状态，即系统的目的态，演化着的系统不达目的决不罢休。中国农业文明演进的历史就显示出这种果决性。封建社会建立在小农经济基础上，一个王朝政治上失去稳定性，由于种种自发性、随机性因素触发而系统失稳，天下大乱，演化过程复杂得难以预料，但最终都将随着新王朝的建立而回归新的稳定态。因为社会乱到一定程度后人心开始思稳，稳定态具有巨大的吸引力，能使系统稳定者得人心，得人心者得天下。

（3）历史系统的分叉性。非线性系统的重要特点是存在分叉，系统沿着一定路径演化到控制空间的某个点就不能再照原路走下去，出现两种或多种不同的可能路径，有待选择。这样的动力学现象叫作分叉，这样的点叫作分叉点。对于自组织理论研究的简单巨系统，不同路径常常是对称的，被选择的机会相同。系统在分叉点上选择了某一路径，意味着不同路径的对称性发生破缺，称为对称破缺选择。科学家首先在自然科学中发现分叉与历史的关系，如普利高津所说：分叉"把历史这个因素引入物理学和化学中来了"①。简单的物理化学系统尚且如此，社会系统的历史更充满影响深远的分叉机制，分叉是系统产生复杂性的重要根源。"人生南北多歧路"，说的是人的一生要经历许许多多分叉选择。一个政党，一个民族，一个国家，一种文明，其历史都出现过难以计数的分叉选择。中国近代史充满大大小小的分叉选择，每一次外敌入侵，每一次革命爆发，以及其他重大事变（如中山舰事件、西安事变等），都是民族历史上的一次分叉选择，造成复杂异常的中国近代史。

一般来说，非线性系统的控制空间存在不同的分叉点，在时间维中展开后形成分叉系列。图 7-1 所示为最简单的动力学系统，只有一个状态变量 x，一个控制参量 u，u_1 为分叉点，形成一个二维的乘积空间。

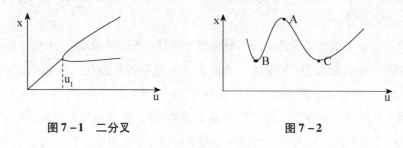

图 7-1　二分叉　　　　　　　　　　　　　图 7-2

（4）历史系统的路径依赖性。认清系统的现在状态，预测它的未来走向，必须了解它到达现在状态所走过的路径，这种系统特性叫作路径依赖性。线性系统没有路径依赖性，因为只有一个吸引子，走向终态的过程不仅忘记初态，也忘记路径。非线性系统一般都要注意路径依赖性，系统愈复杂，愈需要关注它走过的路径。最需要考察路径依赖性的是社会历史，它的路径依赖性远比现有动力学所描绘的内容要丰富复杂得多。任命干部要了解其履历，从他或她以往的行为和业绩中分析是否称职，就是承认和运用路径依赖性原理。重大历史过程更是如此。抗日战争结束后，国共两党的关系将发生什么变化？"国民党怎么样？看它的过去，就可以知道它的现在；看它的过去和现在，就可以知道它的将来。"（一卷本，1123）毛泽东的这段话讲的就是路径依赖性。中国民主革命历史有它的分叉系列，新中国的建立显示出强烈的路径依赖性。了解今天的中国需要了解它自建国以来所走过的路径，不能用前 30 年否定后 30 年，也不

①　I. 普利高津. 时间、结构与涨落［M］//湛肯华、沈小峰. 普利高津与耗散结构. 陕西科学技术出版社，1982：124.

能用后 30 年否定前 30 年。

（5）历史系统的确定性与不确定性。现实世界的系统都有确定性的一面，不然它就无法存续发展；但它所生存的环境中必定存在偶然性、随机性以及其他形式的不确定性，系统自身内部也常常有不确定性，因而使系统成为确定性与不确定性的对立统一，并最终沉淀于它的历史中。领悟历史真相既不能只看确定性一面，也不能只看不确定性一面，应该着力揭示历史如何具体地把这两方面辩证地统一起来。分叉理论揭示出这种对立统一的一种发生机制。即使被设定为确定性系统的对象，在分叉点上发生对称破缺选择时，也常常出现偶然因素触发的所谓自发对称破缺选择。考虑如图 7-2 所示最简单力学系统小球运动，B、C 均为稳定点，即吸引子；A 点不稳定，是分叉点。小球一旦运行到 A 点就面临二分叉：或落向 B 点，或落向 C 点。小球在两个可能前途中做出选择的基本方式有两种，一是某种外部力量造成的诱导性对称破缺选择，二是偶然因素触发的自发对称破缺选择，也可能是两种方式的合成。理论上说，只要有一个偶然的扰动力，哪怕极其微小，小球就会在 B 或 C 中做出选择。分叉点本身是确定性因素，两种可能前途则有不确定性，小扰动是偶然因素，确定性与不确定性的对立统一决定了小球的去向。基于大量此类现象，普利高津作出这样的理论概括："决定论的和随机的两种因素决定着系统的历史"，"这个必然性和偶然性的混合组成了该系统的历史"[1]。无生命的系统尚且如此，特殊复杂的社会历史更是如此。社会历史有数不清或大或小的分叉点，社会历史又充满偶然性，一旦在分叉点上把偶然性锁定，偶然性就转化为确定性，开启出社会历史的新时期。在 20 世纪 30-40 年代的国内外大势决定下，中国经过一系列分叉和选择而开始了全面抗日战争，八年抗战中又经过一系列分叉选择而走向胜利。如毛泽东所预见的，历史的确定性一面造就出中胜日败这种必然性，但这一过程又充满不确定性，美国、苏联会不会参与对日作战，何时和如何参战，国民党何时、何地、以何种方式掀起反共高潮，等等，都具有不确定性，致使抗日战争成为一段"走着曲折道路的历史"（一卷本，1034）。目前中国的崛起，美国等外部势力的围堵，都有历史的必然性，因为帝国主义不会自动退出历史舞台。但中国自身的种种不足和失误、围堵者如何出牌又有种种不确定性，必将

① 伊·普利高津，伊·斯唐热. 从混沌到有序［M］. 曾庆红等译，上海译文出版社，1987：216.

演出一幕幕难以预料的历史剧。

（6）历史系统的不可预料性。人们常说，当代人看不清当代事，究其原因也是非线性动力学因素造成的。线性系统的未来没有秘密，未来的一切在起始点上均已看得分明。非线性的表现形式无穷无尽，非线性机制使系统在历史长河中产生怎样的新颖特异的事件，存在不可预见性。混沌理论给人类提供的重要教益是：非线性系统具有永恒的新奇性（恒新性）和长期行为的不可预料性。这种特性，社会历史作为系统体现得最充分。

（7）历史系统的整体涌现性。按照系统整体涌现性原理，对于一个仍在进行中的过程，当代人看到的只是那个过程在时间维中的局部，故无法把握全部过程才会产生的整体涌现性，以片段窥全过程总有看不到的东西。即使你处于某个历史过程的收尾阶段，有关材料已基本掌握，该过程仍然可能有某些重要特点你看不到，你对它就有看不清之处。从系统与环境互塑共生原理看，一个过程虽然结束，如果尚无与它不同、甚至对立的过程出现，不能进行比较，人们对该过程也有许多看不清、甚至看不到的东西。新认识是在差异的比对中产生的，中华文明的不足之处不到西方文明打上门来是看不到的；中华文明尽管富含信息观、生态观，不到信息 – 生态文明开始兴起也是看不到的。所谓历史常读常新，历史有永恒的魅力，说的就是这些东西。

7.4　历史的尺度复杂性

自然科学十分重视观察事物的尺度，研究一个问题首先要选定适当的尺度，尺度不当便无法正确认识和解决问题。微观尺度看不到宏观尺度的现象，发现不了宏观尺度的规律；宏观尺度也看不到微观尺度的现象，发现不了微观尺度的规律。现代自然科学在微观、宏观、宇观三大尺度上研究问题，后来又发现介于宏观与微观之间的介观尺度，形成纳米科技。钱学森进一步提出胀观和渺观概念，扩展了物理学的空间尺度概念。要正确认识自然现象，必须选择适当的尺度，首先要区别不同层次。

研究社会历史也要选定适当的尺度，尺度不当同样得不出正确结论。社会现象一般是在宏观尺度上考察的，但宏观层次本身也有大小不同的各种次级尺度，不同尺度看同一事件常有不同结论。美学家有距离美之说，说的就是一种尺度美。一个审美对象是美、不美、抑或丑，与审视它的尺度有关，不存在一切尺度上都美、同样美的对象。西施是古今公认的美人，如果你拿放大镜看她的脸，一定是坑坑洼洼，无美可言。一个历史事件的正误、好坏，也同观察、评价它的尺度有关，只有尺度适当才能做出科学的结论。一场战斗敌对双方公认胜方打得漂亮，如果录下像来一分一秒地看，有毛病可指责之处一定很多。社会事件的评价原则上都如此，故需要培养敏锐的尺度感，掌握科学的尺度观。

观察尺度不同造成观察结果的不同，称为尺度效应。社会现象的尺度效应远比自然界复杂丰富得多。自然科学考虑的基本是空间尺度，社会科学还须经常考虑时间尺度，历史研究主要考虑的是时间尺度。人类在时间维中生存发展，一代又一代，早就学会度量时间，创造出秒、分、时、日、月、年、十年、世纪、千年等尺度概念，自然科学还有毫秒、微秒等尺度。除了这些精确的时间尺度概念，还用一眨眼、一顿饭工夫、一代人、一辈子等度量时间的模糊概念。史料编撰家又将时间划分为地质时间、社会时间和个人时间三大尺度。人以不同时间尺度去观察社会生活，回眸历史，认识了时间尺度的巨大差异给历史带来的丰富性和复杂性，凝结成大量有关时间尺度效应的成语，都是颇具历史内涵的哲理命题。所谓蟪蛄不知春秋，十年树木、百年树人，人生苦短，五百年必有名世者，等等，都反映了人对时间尺度与历史复杂性之关系的认识。

真实的时间具有无穷多种不同尺度，取定一个尺度，原则上都内含着无穷多个不同的小尺度，同时具有无穷多个包含它的大尺度，致使时间具有分形特征，即无穷嵌套的、自相似的层次结构模式。分形是自然科学迄今发现的最复杂的几何对象，无穷嵌套的时间尺度使历史具有分形复杂性。小尺度现象与大尺度现象，小尺度事件与大尺度事件，小尺度规律与大尺度规律，常常有差别，甚至可能相反；又具有某种相似性，不同时间尺度可能看到相近的特征。一定的历史现象只有在一定时间尺度上才能看得最清楚、最准确，但人不能只用一种尺度看历史，不同尺度看同一对象的结果互有得失，需要多尺度地认识历史，在不同尺度上对历史加以比较。而随着尺度变大或变小，同一历史现象便显得模糊起来，直到完全看不到。由此形成历史系统中小尺度与大尺度、短期与长期的对立统一，或者分过程（阶段）与全过程的对立统一，构成历史研究中不可轻视的一对矛盾，生发出特殊的矛盾复杂性。针对历史学家往往习惯于小尺度（短期）看问题，黄仁宇提倡"写历史的务必注重每一事物的长期之合理性"（《现代中国的历程》，198 页）。历史事件的合理性与不合理性跟时间尺度有关，短期合理的，长期未必也合理；短期不合理的，未必长期也不合理。面对同一历史时期、同样的历史事件，不同人常采取不同甚至对立的态度，或肯定或否定，或激进或保守；在行动上，或为冒险主义，或为逃跑主义，这种差异就与他们看问题的时间尺度不同有一定关系。

一个典型事例是秦始皇"焚书坑儒"。小尺度看，这不仅是非人道的暴行，也是对文化的摧残，应予否定。若就中华民族从那时发展至今天的这种历史大尺度看，结论大不相同。余秋雨认为：秦始皇统一中国"为文学灌注了一种天下一统的宏伟气概"，"如果当时秦始皇不及时以强权统一文字，那么，中国文脉早就流逸不存了"。他还指出，秦代"为中华文明的格局进行了重大奠基"。① 我完全赞同他的观点，须补充的是这种贡献不限于文学，而是文化、经济、政治全方位的。古代帝王施行强权统治既是阶级本性使然，也有历史的必然性。强权之下必有暴行，暴行受到谴责是人伦常情。但问题的要害在于要看以强权为代价所换来的历史后果是什么，而且要从时空两种尺度上审视。秦始皇以467位屈死文人作代价"为中国文脉提供了不可比拟的空间力量和技术力量"（余秋雨，同上），效应－代价比巨大，应予充分肯定。文人常常把秦始皇和汉文帝相比较，褒汉贬秦，多半只考虑了文人的情感。其实，即使对于文化人汉文帝也有可指责之处，大儒贾谊的遭遇即一例。所以，唐人刘长卿有诗云"汉文有道恩犹薄"。特别的，汉文帝执政期间有多少平头百姓死于官吏的暴行（很可能大于467），从未有人调查、记录、评论过，暴露了文人们难以消除的偏颇，完全以文人的遭遇和情感为依据来褒贬历史。如此本末倒置有种种原因，其中一条就是他们仅仅从时空小尺度看问题，自以为伸张正义，却在深层次上曲解了历史。

历史既然有不同尺度，观察历史就既不能只顾及大尺度，也不能只顾及小尺度，必须兼顾不同尺度，又很难兼顾，矛盾复杂性油然而生。我们以数学语言对此做点分析。考虑一个一维系统，t 记时间，y 记系统的性态量（特征量），y 是 t 的非线性函数，记作 $y = f(t)$。该系统的历史就是 y 在时间维中的展开，设其几何形式为下图所示的平面曲线。考察 t' 时刻的系统，以小时间段 (t_1, t_2) 看，系统处于下降态势；以大时间段 (t_0, t_3) 看，系统总体上处于上升态势，下降是短期（局部）行为。只以小尺度看，会产生悲观情绪，行动过分保守；只以大尺度看，会产生盲目乐观情绪，行动冒进。只有把大小尺度结合起来，

① 余秋雨. 中国文脉［J］. 美文杂志，2012 年第 2 期.

既要从实际出发，注意解决当前问题，力争顺利渡过难关；又要看到前途光明，鼓舞士气，为新的上升做好准备。类似的，考察 t'_1 时刻的系统，以小时间段 $(t_4，t_5)$ 看系统处于上升态势；以大时间段 $(t_3，t_6)$ 看，系统总体上处于下降态势，上升是短期（局部）行为。这就形成一种矛盾。概言之，在认识历史现象时，必须把大小尺度辩证地结合起来，适当兼顾不同尺度，才能形成正确的认识，采取正确的行动。

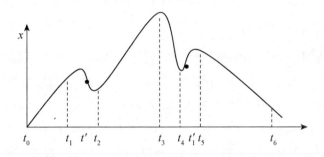

图 7 – 3　系统升降的时间尺度效应

当代人看不清当代事也跟历史的尺度复杂性有关。人总是立足于现在看世界，现在并非时间轴上的一个点，而是一个时间段，数学叫作邻域。邻域具有模糊性，可大可小，数学家认为越小越好。所谓当代是一个模糊概念，可长可短，因人而异，放在历史长河中看都是小尺度。当代人以当代为尺度去看当代之事，尺度太小，作为局中人很难摆脱"当局者迷"的困境，超越了当代事的未来人历史地掌握了大尺度，才能做到"旁观者清"。须知当代发生的事件集合中包含许多当代无法完成的事，属于更长事理过程的一部分。过程系统的整体涌现性至少要在全过程的尺度上才能看到，而当代业已开始的许多过程不可能在当代完成，决定了当代人不可能把握住在超越当代的大时间尺度上才能涌现出来的系统特性。每一代人都有自己无法领会的历史真相，须留待足够远的后代去认识。

人生是办事的过程，事有大小、巨细之别。小事与大事也是尺度上的差别，大事之大体现在三方面，一是涉及社会范围广，属于空间尺度；二是经历时间长，属于时间尺度；三是意义重大，有历史影响，属于时空统一体的尺度（或称事理尺度）。大事不糊涂者，小事上常可能糊涂；小事精明细致者，大事上常可能糊涂，都是尺度效应在作怪。"诸葛一生唯谨慎，吕端大事不糊涂。"要兼备两者的长处，既明大事，又谨慎细心，就会碰上历史的尺度复杂性，难以兼顾。诸葛亮原本很有战略头脑，善于把握大局，由于忠君观念太强，不愿看到汉王朝气数已尽，为抵制历史变革而鞠躬尽瘁。这对他个人是历史悲剧，对国家民族则成为历史车轮前进的阻挡者。这表明正确的时间尺度观跟人的世界观密切相关。

7.5 历史的信息复杂性

社会历史的一个令人困惑之处，是人们自己耳闻、目睹、甚至亲身参与过的往事，本应该历历在目，清清楚楚，实际上回头看往往真假难辨，说不清楚。诚所谓："悠悠岁月，欲说当年好困惑，亦真亦幻难取舍。"（电视剧《渴望》的歌词）这里透露出历史系统的一个特点：真与假的对立统一，眼见未必一定为实，业已记录下来的史实亦真亦幻，还可能真假颠倒。曹雪芹借一副对联概括了个中妙义："假作真时真亦假，无为有处有还无。"所谓历史复杂性无不涉及真与假的对立统一，有必要做点专题讨论。

毛泽东是另具别眼的历史大家，他的《读史》诗是以诗的语言对人类历史的学理性评论。上阕评论整个人类史，只提及从石器时代经铜器时代到铁器时代的古代史。下阕评论中国史。重读中国古代史令毛泽东产生了"头飞雪"的强烈感受，唤起他心中一种既悲愤填膺、又豁然开朗的历史感。他把中国史书中令他震惊的问题归结为三方面：（1）记录下来的历史不全面、不系统、不准确，不过是"斑斑点点"；（2）作为中华文化奠基者的代表，五帝三皇所作所为的确是"神圣事"，但都是传说，史实不足，真假难辨，"骗了无涯过客"；（3）剥削阶级混淆是非，颠倒黑白，致使历史上的真假倒置，尤其具有欺骗性。这集中表现在对真假"风流人物"的历史定性上，对剥削阶级反抗斗争的代表人物被污蔑为"盗"，但随着历史的前进他们终究要"流誉后"。真与假对立统一造就的历史复杂性早已引起学界注意，由第二点产生了疑古派，由第三点产生了翻案派，毛泽东只不过是以最少量、最尖锐、最激愤、最明确的语言给以艺术的集中表述。独特之处在于他认为东方现在已进入"雄鸡一唱天下白"的历史时代，应该也能够分清是非，把颠倒了的历史重新颠倒过来，以求"古为今用"，使历史知识更好地服务于社会主义事业。不过，后来的事实表明，他对于这样做的复杂性估计不足，举措有些简单化，历史的巨大惯性是不容易消除的。

古今史学大家都承认，历史天然地连通着虚假，无假不成史。中文的"历"字包含选择的意思，选择难免有人的主观性，可能自觉或不自觉地做出弃真存假的选择。中文的史字有褒义，也有贬义。孔子断言"文胜质则史"（雍也篇第六），他讲的"史"字有贬义，指言词华丽，含浮夸、虚伪之义。历与史合字成词，不免把历的主观性和史的贬义也囊括在词义中，注定历史亦真亦假。汤因比从不同角度谈及这一点，他认为历史、科学和虚构三种方法密切联系，"除了记录事实，历史也采用虚构故事的办法"［《历史研究（上）》，55］。虚构的故事被当成信史是很多的，受骗过客不计其数。毛泽东用"猜得"二字说明这一现象，揭示历史学有猜测性。猜测是人类特有的重要思维能力，在文化发展中发挥了巨大作用。恩格斯有句名言："只要自然科学在思维着，它的发展形式就是假说。"① 研究社会历史问题也需要假说或猜想，在收集到必要的事实材料后，首先要提出猜想，然后再进行分析论证，是科学研究不可缺少的方法。当然，猜错又不自觉就可能产生欺骗性。历史系统自身固有的这种弊端无疑是历史复杂性的重要来源。本节无意在历史学意义上讨论这种复杂性，我的兴趣在于从现代科学，重点是信息科学的视角，讨论历史复杂性的产生机制。

历史既然以系统在时间维中已过去的经历、事件、印迹为组分，就主要是以信息的形式存在着、表现着、运作着，影响着现在和未来，尚存留的物质实体、事件遗迹等主要充当历史信息的载体。对于历史学研究、教学和历史知识的应用来说，这类遗物、遗迹的价值仅仅是信息载体，历史学家的关注点不在于这些载体，而在于它们承载的历史信息。前面说过，信息具有一系列特异属性，都会在历史中呈现出来。对于历史而言，噪声指一切虚假的史实记录和错误的分析评论。信息只有在运作中才能体现它的存在和价值，信息运作的一切形式，包括信息的收集、表达（编码）、传送、加工处理、存储、提取、解读（译码）、交流、使用、消除等操作，都可能混淆真假，造成历史的复杂性。

现实世界有两大类信息，一类是非意识信息，一类是意识信息。人类的信息运作是有意识的，意识性在信息运作的所有形式和环节中都起作用，影响着信息运作的过程和结果，有意无意地生发出虚假信息，并且混杂于真实信息中。例如，在记录信息的运作中，记录者首先要解读历史事件，记录下来的实际是他对历史事件的解读和表达（通信理论称为编码）。记录者的主观因素，如知识

① 马克思恩格斯选集（第三卷）［M］. 人民出版社，1972：561.

结构、解读能力、心理偏好、是非观念、利益考量、道德修养等都可能影响其解读，要不要记录，如何表达，记录的详略，等等，都可能因人而异，有些人还会有意改动。又如信息的传递（通信）环节，哪些可以传递，哪些不可以传递（信息封锁），哪些需要大事化小，哪些需要小事放大，是否加入假信息（噪声），等等，大权掌握在负责传递信息的个人和群体手中。信息与噪声具有同型性，二者在同一通信系统中以相同的码符编码表达，故有信息流通就有噪声流通。现代通信理论的"在噪声中通信"命题，也是历史研究的原理。历史是古人与今人的通信，也只能在噪声中进行，由于同型性，有意无意地封锁信息和传递噪声的现象都难免发生。

意识性对信息运作的影响突出地表现在信息加工处理这一环节。历史研究不仅是收集史料，更重要的是加工处理材料，从中引出一定的结论，揭示历史规律。在这个环节中，研究者的学术水平、对历史的悟性、道德操守、阶级立场等主观因素对其研究结果有极大影响。历史著作中的虚假信息、错误结论有两个来源，也是构成历史复杂性最紧要的来源。一是无意的造假，误说、误听、误记、误解、误传等。二是有意的造假，其中有善意造假，更多的是恶意造假，高明的造假在相当程度上能够以假乱真，千百年来骗了无涯过客。中国文化有"为尊者讳"的传统，也是历史造假的原因，在今天仍然存在。像某位为人类做出重大贡献而广受世人推崇的人，他的门生们在整理出版其著作或书信集时也要"为尊者讳"，已经公布了的内容再版时不同了，甚至书信手迹也被改变，读者受骗而毫不怀疑。圈内人的理由是："像×老这样伟大的人物怎么能有这样的错误，为了他的声誉，必须改！"动机可能不错，效果却糟糕，更何况违背唯物史观的科学原则。须知再伟大的人物也难免有错误，应该把他（她）的真实面貌交给历史，让人们去思考和评品。还应该指出，伟人之伟大常常表现在超越时代的远见和思想的深邃，时贤们以为他（她）错了的地方未必真错，有可能是伟人超越时代的洞见，眼力平庸的时贤妄加改动必然弄巧成拙，总有一天事实证明真正错误的是不自量力的时贤们。

信息运作的另一个紧要环节是信息的存储和提取，以假乱真也常常发生在这里。已经结束的事件和过程影响着系统的现在和未来，即系统的过去必定在其现状和未来状态中留下痕迹，这叫作系统的记忆性。历史是有记忆的系统，历史性就是系统的记忆性。记忆属于信息的一种运作形式，记为信息的记录和存储，忆为信息的搜索和提取，合称为信息存取。记忆有无意识记忆和有意识记忆两类。人猿相揖别的重要标志包括人进化出猿没有的记忆力，真正有意识的记忆是人类独有的能力，高等动物至多只有某种萌芽状态的记忆意念。由于记着过去，人类的现在与过去之间有了割不断的联系，由此产生了历史意识，人逐渐懂得应该承认历史、尊重历史，才能更好地过好现在、走向未来。记忆力愈强，历史意识也愈强。而无论信息的记录和存储，还是搜索和提取，都可能有疏漏，本该记录的可能漏记，可能错记或错忆，可能得而复失，致使史料总是亦真亦假，不完全，不周密。

人类的记忆意识和能力是由低到高不断发展的，很大程度上表现为信息符号载体的创新和发展。原始人完全靠肢体语言和有声语言来运作信息，在没有文字之前，个人的信息存取全靠大脑，社会的信息存取全靠长幼代际间口头传授，信息运作的效率极其低下，大量信息丢失，流传中又不断以讹传讹。这导致远古的史实几乎都是传说和神话，可信性极差。文字发明是第一场信息技术革命，极大地提高了人类的信息存取能力，以及信息加工处理和交流的能力，历史资料越来越丰富、详尽。印刷技术的发明是第二次信息技术革命，信息存取、传输能力有质的提高，更多、更精致的虚假史料也应运而生。现代信息高新技术的发明是又一次信息技术革命，极大地提高了人类信息运作能力，同时也极大地提高了信息造假能力，使历史系统中真与假的对立统一获得新的表现，即历史复杂性的新特点。互联网初期发展已经让人们领教到信息造假的危害有多大。

有记忆就有失忆或遗忘，系统的历史性也包括它的失忆性。人们正在面临的问题急需利用过去的经验教训，却怎么也记不起来，这种事经常发生。无论记忆还是失忆，对于系统现在和将来的生存发展都既可能有利，也可能有害，全赖历史主体如何处置。记忆性和失忆性都给历史主体带来意想不到的复杂性。意识性对信息运作的影响也表现在记忆环节中，记忆具有主观性，受主体的情感和价值观的影响，形成记忆的选择性，必然产生历史复杂性。今天的日本执政者对其前辈侵略亚洲国家的滔天罪行日渐淡忘，却对当年攻城略地、杀人取乐的"业绩"念念不忘。连其盟主美国也有学者看到："日本政客参拜靖国神社时，他们实际上也在追悼日本残暴地征服邻国的帝国秩序。"① 一个人或国家，如果应该忘记的忘不了，甚至极力强化记忆，不该忘记的却忘记了，或者极力淡化甚至掩盖它，那么，这个人或国家的意识系统必定处于病态，很可能误入

---

① 马克斯·菲舍尔，日本的不道歉外交，参考消息，2013 年 4 月 25 日，10 版。

歧途，犯下不可饶恕的历史性错误。

7.6　世界社会主义运动的历史复杂性

人类历史的演进是自发的自组织与自觉的他组织对立统一的过程，自组织的主要代表是作为创造历史主体的广大民众的自发行为，他组织是掌握一定权力、自觉地按照某种理论和纲领去动员和组织民众从事某种社会实践活动的社会力量，两者在时间维中此时此刻之前互动互应的过程就是历史。自组织运动总体上是曲线式的，甚至呈现分形特性；自觉创造历史的他组织活动一般以一段段直进的线段去逼近自组织的分形曲线，实际走出来的是一连串首尾相继的折线，直进与转折反复交替，有时还出现倒退，俗称180°大转弯，大范围看都属于非线性运动。每个时代都有逆历史潮流而动的他组织，它们也在塑造历史，是产生历史曲折性、复杂性的重要根源。现今的日本右倾化正在扮演这种角色，但它能否在世界历史上留下一些足以载入史册的足迹，令人生疑，因为它为惨败了的军国主义招魂，太落后于时代了。即使那些被后世公认为向前推进了社会发展的他组织运动，尽管早期符合历史的大方向，但随着时间的延伸偏差也在积累，可能越来越偏离自组织的历史趋势，到一定程度就会被动地或主动地发生非光滑的转折（数学上意味着导函数不连续），需要开辟新的前进方向。基于对这种非线性特征的洞察，毛泽东得出"走着曲折道路的历史"（一卷本，1034）这一著名论断。这种曲折性在世界社会主义运动史上表现得极为明显。

从空想社会主义算起，世界社会主义运动已有500年的历史，呈现出非线性动力学系统的所有特征，有成功也有失败，有前进也有后退，有高潮也有低潮，有渐变也有突变，一再发生出人意料的事件。社会主义从孕育、成长到最终成功是一个漫长过程，马、恩、列、斯对这种漫长性都认识不足，没有明确谈论过。晚年毛泽东才明确意识到这一点，指出社会主义是一个很长的历史阶段，但依然是一个框架性认识。直到今天，社会主义在世界范围内既保持着资本主义无法消除的巨大生命力，吸引着无数先进分子为之奋斗；总体上又依然处于劣势，看不清未来路径还有哪些曲折起伏，充分体现了历史的复杂性。本节依据钱学森"世界社会培育世界大同"的命题对此做点简略分析。

资本主义的兴起并推动世界系统化的过程，提供了培育社会主义的母体环境。空想社会主义是在世界系统化过程的早期培育出来的，眼界局限于欧洲、北美，完全不理解资本主义和社会主义的复杂性，从良好愿望出发对两者都做了极度的简单化处理，是名副其实的乌托邦。马恩以资本主义业已确立、世界系统化大局初步确定为历史背景，揭露了它的弊病，通过对发达资本主义国家经济制度的精深剖析，认识到系统化了的地球人类只能一同平等地进入无阶级社会，在社会主义从空想到科学的过程中迈出决定性的第一步。但资本主义和世界系统化的发展程度还不足以让他们完全消除社会主义的空想成分，以为从马、恩起社会主义理论已完全变成科学也是一种简单化，必然产生新的盲目性。从社会主义的全过程看，马恩尚处于中期的起点，未来还是漫长而曲折的，他们对社会主义的认识仍然有不切实际之处，还会把复杂问题简单化。这也是空想成分，需要后人反复以新的科学思想消除之。从实践层面看，马恩仍然站在以社会主义取代资本主义这一历史进程的前期，没有建设社会主义的实践经历，不可能完全看清楚未来过程的全部非线性动力学特性。从学理层面看，马恩生前可以应用的智力武器还是简单性科学，它不可能提供充分认识资本主义和社会主义复杂性的科学理论。一个表现就是他们对资本主义的持存性估计不足，对它的暂时性估计得太严重，在一定程度上把该系统的持存性与暂时性这对矛盾作了单极化处理，因而误以为 19 世纪中后期的欧洲已经具备了推翻资本主义的条件①。恩格斯晚年认识有所改变，但自由资本主义向垄断资本主义过渡不仅给自身带来新的复杂性，也赋予社会主义新的复杂性，那个时代不可克服的历史局限性使他还无法把握这种复杂性。

　　进入 20 世纪后，资本主义和社会主义新生的复杂性迅速暴露出来，列宁从大局的一个侧面把握了这种复杂性，给出新的理论概括，并付诸实践，建立起第一个社会主义国家。从此，社会主义的经济、政治、文化建设从理论探索进入具体实践过程，把历史推进了一大步。最重大的历史后果是导致世界系统发生结构性变化，形成两种制度并存的局面，同时造成资本主义和社会主义之复杂性的一系列新特点，世界系统对社会主义的培育也有了新特点。十月革命向世界宣布，社会主义革命可以在一国首先成功，已为历史所证明。但社会主义能够首先在一国建成属于一种设想，十月革命不能证明，至今也未被历史证明。斯大林和第三国际相信社会主义可以在一国建成，表明他们在思想上存在很大

---

①　苗东升. 复杂性科学研究（修订版）［M］. 中国书籍出版社，2014：第 12 章.

盲目性，把如何建设社会主义、如何处理与资本主义国家的关系这种复杂性作了简单化处理，虽然在工业化中取得举世瞩目的历史成就，却也埋下70年后苏联解体的祸根。对复杂系统而言，新事物之生未必一定能成，生而不成、半途夭折的情形绝不罕见。社会主义作为一种新制度，只要还存在资本主义复辟的可能性，它就没有建成。苏联解体东欧剧变表明，苏联并未建成社会主义。

　　系统化了的世界在20世纪经历了激烈、深刻、快速的演化。它最初由帝国主义和殖民地两大分系统组成，形成资本主义的一统天下，而整个系统的未来从此由两者的互动互应来决定。前者是世界系统化的主要推手，而后者一旦被整合进世界系统，就会逐步成长为推动世界系统进一步演化的主动力量，对整个系统的影响将越来越大，越来越具有决定性作用。这是一个有重大历史意义的变化，造成世界社会培育大同世界的新格局。马恩没有看到世界范围的民族解放运动，对完成了系统化的世界复杂性认识不足是必然的。列宁不仅逝世过早，他成长和活动的社会历史背景也使他无法充分把握世界社会在20世纪发展起来的复杂性。受欧洲文化的熏陶，无法摆脱的时代局限性，加之思想上"有许多形而上学"①，斯大林没有透彻领悟世界系统的这种剧变，不懂得中国这一类国家民族解放运动的特殊复杂性，强行简单化地推广十月革命的经验，留下深刻教训，许多原殖民地国家未能走向社会主义与此不无关系。但"中国出了个毛泽东"，他在长期而曲折的革命实践中把中国文化与马克思主义融会贯通，充分认识了中国革命的复杂性，成功地抵制了机械照搬十月革命经验的简单化倾向，充分利用了世界社会培育世界大同的一种独特历史机遇，把中国引向社会主义建设，使世界社会出现更新的结构格局。作为这一实践过程的理论表现，他依据社会变革的经验形成自己独具特色的复杂性理论，将在第12章论述。

　　进入社会主义建设阶段的毛泽东，面对新的复杂性是有一定思想准备的。从七届二中全会的讲话起，他反复提醒人们注意这种复杂性，并带头从经济、政治、文化、哲学上进行探索性，取得很多成果，丰富了社会主义理论。但总的来看，毛泽东仍然没有真正把握社会主义建设的复杂性，造成许多众所周知的失误。例如，深信苏联已建成社会主义就是一种盲目性，表明他和那个时期的中国人尚未充分认识社会主义的复杂性，把社会主义建设想得太简单、太顺利了。又如，工业化造就的是工业－机械文明，本质上属于资本主义文明，单

---

① 毛泽东选集（第五卷）[M].人民出版社，1977：347.

纯的工业化实践必然产生资本主义的观念形态（特别是机械唯物论世界观）。在工业化中成长起来的人，往往崇尚硬实力，漠视软实力，惯于用刚性的方式处理矛盾，拒斥柔性方式。久而久之，就会在党内、国内、国际间推行强权政治。所以，单纯工业化易于培养资本主义的接班人。社会主义国家埋头搞工业化，以为实现工业化就意味着建成社会主义，是一种巨大的盲目性，把极其复杂的社会主义建设简单化了①。今天的人们开始认识到，社会主义建设既要搞工业化，同时又要搞去工业化，在信息化、生态化引导下补工业化之课，用信息化、生态化去化掉工业化中必然产生的资本主义因素，才能够培育真正的社会主义接班人。这是前所未有的矛盾复杂性，是马克思主义理论研究的一大盲点。毛泽东也有盲目性，未能找到应对这种复杂性的有效办法，造成世界社会主义事业新的曲折。

任何一种新社会制度的建立和巩固都是一个长期曲折的历史过程，不得不在种种压力（他组织力）下经历反复曲折的自学习、自纠错、自改革、自完善过程，不断地经历试探、犯错和纠错过程。资本主义制度数百年的历史证明了这一点，取得许多成功的经验，对社会主义有一定的借鉴意义。社会主义以消灭阶级剥削和压迫、向共产主义过渡为己任，它的制度建设要比资本主义复杂得多，更需要经过曲折反复的自学习、自尝试、自纠错、自完善过程，总称为自组织过程，而且具有显著不同的特点。用今天流行的语言讲，叫作社会主义的自我改革。历史决定了马恩考虑的只是解决社会主义制度从无到有的问题，不可能提出社会主义自我改革的任务，自然也就不会为列宁、斯大林留下可资借鉴的经验教训。部分由于这种历史局限性，部分由于思想上形而上学多了一些，斯大林对社会主义制度自我改革的必要性和重要性严重缺乏认识，一门心思搞工业化，对资本主义复辟危险认识不足。对于第一个从事社会主义建设的国家来说，斯大林的搞法也是一种历史性探索，失误和教训都是宝贵的历史性贡献，它使晚年毛泽东对社会主义的复杂性认识超越了马恩列斯，对社会主义自我改革形成明确的认识，并做出初步的努力。苏共20大提供的警示，中国社会主义改造完成后的现实，使毛泽东产生了明确的改革观念，提出"中国的改革和建设靠我们来领导"、共产党人"应该是""立志改革的人"，特别指出改革要坚持"社会主义、共产主义的方向"②。这之后的19年中，毛泽东的社会

---

① 较详细的讨论见拙文《新中国建立后毛泽东的复杂性探索》，中国社会科学，2013。
② 毛泽东选集（第五卷）［M］．人民出版社，1977：411.

主义改革观念越来越强烈，提出不合理规章制度的改革，国家机关的改革，教育的改革，旧习惯的改革，等等。晚年的他更采取一些意图宏大但不成功的改革举措，造成一些严重后果，表明他对改革的复杂性缺乏认识，没有找到有效的实现途径，为后继者留下深刻教训。以社会主义、共产主义为方向的改革是人类历史上空前伟大而艰巨的事业，没有先行者的试错和教训永远不会有后继者的成功。对于后来的社会主义建设者而言，斯大林和毛泽东的失误都是宝贵财富。

在世界社会主义发展史上，第一个高举改革大旗又获得显著成功的是邓小平，留下历史性的一幕，便于人们深思世界社会如何从正反两方面培育世界大同。全球化、信息化的发展为走上社会主义道路的后进国家发展经济提供了巨大的可能性，而仍然是资本主义主导的世界系统又严重地腐蚀着社会主义的肌体。30 多年的改革开放使中国发生了震惊世界的变化，既是重大进步，又付出极大的社会代价，暴露出诸多严重弊端。新自由主义"个人利益最大化"思想泛滥极大地调动了发财致富的积极性，又极大地扩大了化公为私、损人利己的腐朽思想，腐败成风是最严重的恶果之一。这使人们更清楚地看到，世界系统和社会主义运动固有的非线性动力学特性何等鲜明而强烈，资本主义复辟的现实危险性不可小觑。这种危险至今仍处在社会主义可以控制的范围内，但也正在逼近边缘！

历史充满"吊诡"之处。哲学地说，是充满辩证性；科学地说，是充满非线性动力学系统的不可预料性。它必定要在人类集体记忆中有诸多储存，以潜在的方式积聚力量，未来几十年内将会以人们意料不到的方式突然表现出来，原苏东地区重新回归社会主义是历史的必然。而中国的未来进程还可能呈现出现在难以预测的曲折性，尚须严肃对待。

汤因比提出的挑战－应战模式有助于理解资本主义如何孕育社会主义、世界系统如何孕育世界大同这一历史潮流。500 年的历史让人们看得分明，资本主义和社会主义是一对冤家，有一方必有另一方，相互挑战，在适应对方的挑战中各自改进自己，你来我往，曲曲折折，推动着双方都在进步。早期资本主义剥削工人的血泪史孕育出空想社会主义，给劳苦大众一种梦想，对资本主义形成压力，却无法改变社会现实。空想社会主义是资本主义国家产生出来的对自己的挑战力量，资本主义以残酷的统治回应之，迫使社会主义做出更强烈的应战，出现了马克思主义及其领导的国际工人运动，又构成对资本主义的巨大挑战。被迫应战的资本主义不得不有所妥协，吸收社会主义的某些因素来改良自己，抑制了欧美如火如荼的工人阶级革命浪潮。但垄断资本主义的出现，谋求霸权的本性，促使资本主义发动世界规模的战争，为工人阶级革命造成空前有利的机会，产生了走上社会主义道路的国家。与此同时，被压迫民族的解放运动风起云涌，摧毁了殖民地体系，而且推动中国等国家走上社会主义道路。这又给资本主义造成空前的挑战，使它面临全面崩溃的危险。被迫应战的资本主义一方面放弃了彼此争霸的战争，形成以美国为首的军事 - 政治集团，联手对付社会主义和民族解放运动；另一方面进一步自组织地改善自己，在确保资本主义制度大框架不受威胁的前提下进行自我改革，几乎吸取了社会主义制度中能够被资本主义容纳的所有成分。再加上新科技革命带来的成果，使资本主义达到它历史上可能达到的最高成就，形成对社会主义新的严重挑战。但苏联故步自封，自以为已经建成社会主义而没有作进一步的自我完善，在冷战中走向解体，致使世界社会主义陷入全面的被动局面，对中国构成巨大的挑战。中国以改革开放做出应战，大力吸取资本主义有用的东西，取得举世瞩目的成就，但资本主义复辟的危险远未消除。何处是终端？只有社会主义在经济、政治、文化、科技以及社会管理的其他方面都创造出超越资本主义的新模式，对世界上绝大多数人产生吸引力，才能最终取消资本主义的生存权。实现这一目标还有一个不短的时期。而一旦走到那一步，资本主义和社会主义就都失去自己生存的历史必要性，前者该寿终正寝了，后者该着手向共产主义过渡了。

历史经验警示我们，社会主义者要高度重视历史的复杂性，切莫轻言社会主义已建成。一百多年的曲折进程似乎在启示我们：应该回到马克思，承认世界作为系统只能大体同步进入共产主义。列宁开启的一国或几国首先建立社会主义政权、着手建设社会主义是历史的必然，因为资本主义的一统天下自身无法改变少数发达资本主义国家统治广大殖民地半殖民地的世界系统结构，列宁主义提供了解决问题的道路。但一国或几国可以首先走上建设社会主义之路，却不可能单独建成社会主义，因为只要资本主义在世界上还有"市场"，社会主义国家就存在变质的危险。少数社会主义国家的历史任务是在打破资本主义一统天下的同时，从经济、政治、文化、社会管理各方面创造出全面优于资本主义的模式，让世界历史在两种模式的比较中做出整体的选择。总之，以历史大尺度看社会主义的未来，还是毛泽东的那句老话："前途总是光明的，道路总是曲折的。"

第 8 章　创新复杂性管窥

历史指向过去，创新指向未来，未来的品质依赖于创新的品质。故说罢历史，逻辑地应该说说创新。创新如同打仗，有战略和战术的层次划分。刘伯承元帅说过，战略是大战之略，战术是小战之术。无论是就创新作为一种社会活动看，还是就创新成果的内涵和意义看，创新都有战略性与战术性的区别。创新主体有个人、群体、国家，甚至国家集团。粗略地说，区分为个体创新与群体创新。个体的、群体的、特别是国家规模的创新都是系统，需要有理论指导。粗略地说，整体的、长远的、根本性的创新属于战略性的，局部的、短期的、目标具体的创新属于战术的。人类社会的创新活动各种各样，须有目标规划、组织实施和环境支持，其中有关整体的、长远的、根本性的指导思想、谋略、方针、制度设计等，属于创新的战略问题；关于创新活动具体展开的方案、方法、程序等，属于创新的战术问题。本章主要以国家为创新主体，讨论战略创新的复杂性。

8.1　创新的系统学诠释

经典科学从 500 年前开始孕育以来，大大小小的科学技术创新不计其数。其中一系列创新，如哥白尼的日心说、牛顿力学、达尔文进化论、瓦特的蒸汽机、莱特兄弟的飞机、电子计算机等，更对人类发展产生了巨大影响，没有它们就谈不上辉煌的现代文明。然而，创新问题在很长时期未被作为科学研究的对象，科学家和发明家的成功之道似乎只依赖于个人特有的天才、经验和艺术，或可身教，难以言传。个中原因正在于创新属于复杂性现象，经典科学是简单性科学，用它的眼光审视，创新不是科学研究的课题，经典科学也没有能力给创新的机制、规律、原理以科学的阐释。力、加速度、质量、热量、势能等概念，物质不灭、能量守恒定律，力学原理、电学原理等，都无助于解释创新的奥秘。创新，尤其战略性创新，不论是科学的或技术的或工程的，还是经济的或政治的或文化的，都属于不能或不宜用还原论方法处理的问题。一个创新事物，或为科学新发现，或为技术新发明，或为艺术形象的新塑造，或为器物（社会组织属于社会器物）的新创制，或为社会制度的新建立，都是一个新系统从无到有的发生发展过程，不可能通过还原为部分来寻找正确的解释，"而要用或宜用新的科学方法处理"（钱学森语）①；当可用的方法论尚未建立时，创新被排除在科学研究对象范围之外是必然的。

辩证唯物主义提供了创新的哲学指导思想，如事物的普遍联系、永恒发展变化、认识的能动性等原理。但这些哲学思想要转变为科学技术的指导思想，还需要科学技术本身的长足发展。从具体科学的角度看，在这方面首先有所突破的是经济学家熊彼特，他在1912年著的《经济发展理论》中第一次把创新作为经济学概念加以考察。这绝非偶然，经济运动尽管也有可以应用力学原理解释的简单内容，如数量经济学和经济控制论所揭示的那些道理，但本质上属于复杂性问题，经济创新就是典型的复杂性问题。当今国内外从事创新研究的学者中有许多人同时也是复杂性研究家，或者是复杂性科学的支持者，至少不像某些主流科学家那样贬斥复杂性研究，反对把复杂性科学歪曲为"混杂学"的论调②。

复杂性科学对创新、特别是战略性创新问题的解释力是经典科学无法替代的。随便翻开有关创新问题的论著就会发现，它们大量使用系统、信息、结构、环境、功能、控制、非线性、动态性、自组织、自适应、不确定性等概念。由于复杂性科学初步提供了有效的思想导引、概念框架和方法论支持，创新问题目前正在发展为一个专门的研究领域，成为复杂性科学的组成部分。明确创新研究属于复杂性科学将促进创新研究的发展，使创新研究者更自觉地运用复杂性科学的概念、方法和原理，创新研究更具备科学研究的品格。另一方面，世界范围的复杂性研究正处于困惑中，需要在各种具体问题的探索中开拓前进，

---

① 王寿云等. 开放的复杂巨系统［M］. 浙江科学技术出版社，1996：54.

② 约翰·霍根. 科学的终结［M］. 孙雍君等译，远方出版社，1997：第八章.

在证明自身价值的同时从多方面积累经验，寻找学科资源，开拓创新思路。创新复杂性的探索就是其中之一，创新研究与复杂性研究必将在互动互应中共同发展。

熊彼特把创新和发明严格区分开来，强调创新应以获取经济效益为依归，对西方社会 20 世纪的发展起了重要作用。环顾当今世界的创新研究，从联合国经合组织文件《科技发展概要》（1998）到《创新美国》（2004），都强调能够推动经济发展的发明创造才称得上创新。从社会发展的总体看，给创新以如此界定大体符合经济是基础这一马克思主义原理，也同我国以经济建设为中心的指导原则相一致，无可非议。然而，这只是狭义的创新概念，若从创新的学术理论研究看，未免太狭窄。许多科学理论创新须在相当长的时间以后才能显示出经济价值，有些则根本不能应用于经济发展，其社会价值只在于"学以致知"①，在于丰富世界观，把它们排除于创新之外是荒谬的。思想的、文化的、制度的变革是极为重要的创新，其价值并非都在经济方面，经济创新本身离不开这些创新。从创新的一般理论研究看，应采用不考量经济价值的广义创新概念：创新即创造有利于人类生存发展的新事物，一切经过人的努力而产生的新事物，只要有益于社会和人的存续发展，不论物质的还是精神的，实用的还是制度的，经济的还是政治的，实体的还是符号的，都是创新。

就汉语构词看，创新是由创和新两个要素构成的复合词。创新作为一种社会现象，其本质特征集中体现于"新"字，即产生迄今未见的新概念、新思想、新理论、新方法、新技术、新产品、新组织、新制度、新社会、新文明，等等。创新作为一种社会行为，即社会系统演化发展的一种表现，其本质特征集中体现于那个"创"字，新事物不是原有事物自然的线性的延伸，也不是从别处简单移植引进的成品，而是人们创造出来的，代表系统的一种质的进步、飞跃。"创"需有主体，"新"需体现于成果。创新主体和创新成果，再加上创新目标、创新模式、创新过程，是构成创新系统的五个要素。主体从一定的创新目标出发，按照适当的模式确立创新项目（即对创新成果的价值预期），先创建出观念形态的成果，再将它作为一定的工程而展开，构建出满足创新目标要求的具体成果，就是创新系统。下面分别考察它的五大要素。

创新主体可能是个人，也可能是企业、单位、部门、国家、国际组织，甚

---

① 陈佳洱. 基础研究：自主创新的源头［N］. 光明日报, 2005 年 11 月 8 日, 第 1、3 版.

至整个人类。作为创新系统的要素之一，创新主体是由创新欲望（意志）、创新理念（包括价值观）、创新能力（知识、智慧、技艺）三个要素组成的分系统。一切创新的核心是知识的创新，科学创新、（软）技术创新、文化创新的产品都是知识形态的东西；器物（硬技术）、组织、制度的创新尽管最终成果为非知识形态的存在，其灵魂还是知识的创新。新的器物、组织、制度是新知识的物化（物质载体），知识创新是器物、组织、制度创新的先决条件。个人作为创新主体，重要的是考察其知识结构和品质素养（包括科学精神、社会责任、冒险精神等）。战略性创新的主体应是社会群体，特别是国家，既要关注其硬结构，也要关注其软结构，须考察人才配置、人际关系、团队组织形式和运作方式、团队文化等。

人类创新总体上是一种无穷过程，由无数具体创新活动组成。从无穷的创新过程中确定出一项具体的创新活动，关键是创新目标的设定。创新目标是客观的创新条件和主观的价值期望相互碰撞和融合的结果，讲究的是客观性和主观性、必要性和可能性、新颖性和可行性的统一。创新目标是创新系统的软要素，蕴涵着创新主体对创新成果基本性能的预期。创新是目标导引的实践过程，目标的确定限制了创新路径和方法的选择，对创新系统的成败优劣有决定性的影响。

创新作为系统，必有其环境。系统与环境互塑共生原理也适用于创新问题。创新所需原材料和其他必要条件就蕴藏于环境中，创新的动力常常与环境压力（挑战）有关，创新是系统面对环境挑战所产生的应战。环境压力不仅表现为环境对系统功能服务的需求，还常常表现为系统的生存权、发展权的缺失，系统为争生存、争发展而创新。这里的关键是创新主体用什么样的精神状态和思维模式去认识、适应和利用环境，如何把环境压力变为主体的创新动力，如何从环境中发现和选择创新的资源、养料、条件，确定可行的目标。创新目标是创新主体针对环境而确定的，然后则是按照何种模式加工、改造创新资源，如何把要素整合集成起来制作创新成果。创新系统并非完全被动地依赖和适应环境，主体可以在一定程度上选择、改造、驾驭环境，尽量削弱环境的负面影响，努力变不利为有利。总起来说，就是用好环境，并营造有利的创新环境。

系统理论常讲系统的结构模式和行为模式，是讨论创新问题的必要概念。模式是一个难以准确定义的模糊概念，多少带有些可以意会、难以言表的味道，不同学科或不同学者有不同理解，宜作大而化之的处理。模式关乎系统整体的、根本的属性，而非局部的、细节的属性；模式不同于方法，在意的不是可操作性、程序性，而是大的思路、程式、架构；模式所指偏重于系统软因素的组合方式，或内在的、隐蔽的运作机理。创新模式包括创新系统的结构模式和行为模式，可以从不同角度进行分类，如线性模式或非线性模式、静态模式或动态模式等。通常讲的原始性创新（原创新或元创新）、集成性创新、引进消化基础上的再创新，指的也是创新的三种模式。主体无论是个人还是团队，都有这三种创新模式。原始性创新总是少量的，大量创新属于后两种，后发追赶式国家尤其如此。但具有决定意义的是原始性创新，当代中国尤其如此。

熊彼特认为，创新就是实现新的组合，此说颇有道理。从系统科学看，讲整合比讲组合更恰当，突出的是整体，经过整合以求得到期盼的整体涌现性。创新成果作为系统，完整的形态及其价值或意义都体现于未来，但其构成要素基本上存在于现在，否则是创造不出来的。未来并非凭空出现的，它在一定程度上以非系统的方式存在于现在之中，创新就是发现（悟出）这种非系统的存在，使它转变为系统的存在，即非系统的系统化。创新的实质是辨别、选择、改造、创造要素，再对要素进行整合，具有决定性的东西是整合方式的创造，创新之新主要表现在创造新的整合方式。创新追求的是创新成果作为系统的整体涌现性。把以非系统方式隐蔽地存在着的要素整合为系统，就会涌现出新结构、新关系、新机制，进而涌现出新性质、新功能、新效益，即创新成果作为系统的整体涌现性。而这种整体涌现性的出现，既和要素的质性有关，更与整合的方式有关，所涌现出来的可能是同一层次的新事物、新属性，也可能是高层次的新事物、新属性。造成这种差别的原因，主要在于整合方式的品质不同。顺便指出，涌现有两种表现形式，一种是突现，一种是渐现。把涌现等同于突现，实质是以偏概全。自然界的新事物、新的整体涌现性大量属于突现的产物，但渐现也广泛存在；人工创新则大都是渐现的，需要一个不短的过程，只有到过程终了时才能得到创新成果的整体涌现性。

系统论通常只讲对要素的整合，实际创新过程还包括对系统与环境的整合。把分散、隐蔽存在的要素识别出来，汇集在一起，或多或少会改变环境。对要素进行整合必定联系着环境，以适应环境为准则进行整合，只有使整合而成的新系统能够与环境稳定有效地互动互应，整合才算成功。这样得到的新系统（创新成果）的整体涌现性，已经打上环境的烙印。所以，创新成果的整体涌现性是由要素、整合方式（结构）和环境三者共同决定的。而创新过程结束后，环境也会发生相应的变化,创新开始时的环境被改变了。

创新成果作为一种整体涌现性,有平庸的与非平庸的之分。线性系统创新所产生的都是平庸的整体涌现性,相关问题原则上可以在还原论科学范围内解决。非线性系统,特别是所谓强非线性、本质非线性,创新所产生的整体涌现性一般都是非平庸的,还原论方法已不能解决问题,需要用涌现论、系统论的方法。

创新成果作为系统有其生成过程。我们把系统生成论的基本原理表述为有生于微①,它也适用于创新系统。哲学地看,新系统总是从无到有产生出来的,但所谓"无"是一种无限的存在,不能作为新系统的起点。从科学上看,新系统的创生是一个有限过程,必定有一个可以让人察觉和把握的起点。以 A 记作为系统的创新成果,A 创生的第一步是从无到微,这个"微"指一种以微不足道的物质能量载荷和传递的关于新事物的信息核,它包含了新事物的核心信息,但盛载它的物质、传递它所需能量少得无须考虑,而它的形成条件、方式等又往往让人莫名其妙,人们常用微妙、奥妙来评论之。就新事物的知识形态看,人造新事物的"微"是创造者头脑中最初闪现的思想火花、意念冲动,往往是可以意会、难以言表、极易消失的,"来不可遏,去不可止",它的突然涌现不能还原为部分去研究。第二步是从微到雏形,新事物 A 的雏形是那个莫名其妙的"微"经过培育生长而对多种内外资源和条件反复集成整合的结果,即在创新者头脑中形成的猜想、概念框架、腹稿等,它仍然存在于波普尔所说的世界 2 中。第三步是从雏到新事物 A 的降生,通过创新者与他人交流而进入世界 3 的猜想、概念、腹稿等,便是新事物之婴。这就是系统创生的过程结构,由三个分过程构成,如图 8-1 所示。复杂新事物之婴未必一定能够长成,生而未成的系统绝非罕见。故完整的系统生成过程是由生和成两个一级分过程构成的,进入交流的新知识框架须经过他人的评论、反驳、证伪的历练,才能最终决定是否有资格成为世界 3 的成员,被否定者就是生而未成者。就物质生产领域的创新成果看,有了样机就表示新事物已经出生,但有样机而不投产的事例也非罕见,这种新事物也是生而未成。

---

① 苗东升. 再论有生于微 [J]. 河池学刊, 2010 年, 第 1 期.

图 8-1　系统生成过程框图

8.2　战略性创新的矛盾复杂性

创新作为系统，不仅有局部与整体、内部与外部、短期与长期、有序与无序、合作与竞争、静态与动态、发展与稳定、线性与非线性、确定性与不确定性、自组织与他组织等一切系统普遍具有的矛盾，还有新事物与旧事物、固本与创新、引进与自主创新等诸多特殊矛盾。而普遍矛盾一经发生在创新过程中，也就具有了独特的形态。创新研究离不开矛盾学说，创新过程是认识、把握、处理各种矛盾的过程，创新成果是各种矛盾合理有效地统一起来所形成的系统整体。

就创新系统来说，仅仅关系到系统局部、近期、枝节问题和利益的创新是战术性的，关系到系统全局、长远、根本问题和利益的创新是战略性的。战术创新面对的矛盾一般不突出，也形不成矛盾网络，属于亚复杂性，甚至近似于简单性问题，大多可以在一定程度上作单极化处理。战略创新不仅集所有局部问题于一身，而且涉及由不同局部之间相互作用而涌现出来的各种整体性问题，矛盾多且突出，又相互交织而成复杂矛盾网络，必然呈现出种种异乎寻常的复杂性，不允许作单极化处理，必须把对立统一当成对立统一。战略性创新只能在矛盾中开辟道路，不断在矛盾中寻求协调平衡（只能是动态的平衡），故使人感到左右为难，甚至左支右绌。要把老子倡导的相反相成付诸实践，形式逻辑和还原方论法无济于事。这种情况意味着至少碰到认识论意义上的复杂性。这样的复杂性不存在最优解，可行的是令人满意原则，因而任何决策都留有遗憾，都有反对意见，有事后认为原本可以避免的偏差，或存在原本可以做得更好、但错过了机会的方案。而只要有偏差，就可能被系统固有的非线性机制放大，人为地增加问题的复杂难解性，必须慎之又慎。

我们先就新与本、创新与固本的对立统一做点分析。所谓"本"指系统的那些稳定的规定性的总和，新指系统原本没有的质性。创新与固本是一对矛盾。

顾名思义，创新意味着变本（否定固本），本不变，何来新？但人只能在固本的基础上创新，因为新是依托既有之本而生长出来的，无本何以谈新？本不固，系统不断"水土流失"，新想法再多也难以发育为雏形，更无法出世成型，何以创新？但本必有惰性，本若太固，创新的土壤将板结化，很难产生新思想，即使孕育出创新的幼芽，也无法发育生长。出路只有一条，就是要坚持"创新与固本的两点论"①，做到本、新兼顾。然而，欲使本新兼顾得恰到好处是复杂而困难的，因为创新与固本不仅有相互促进的一面，还有相互制约、相互否定的一面。你不能期待本绝对巩固后再创新，那样做势必使创新走入永不之室。真正的固本需要创新，只能通过不断创新来固本，而这样做每一步都感到本、新兼顾的复杂性，只能辩证地把握。而辩证把握的"应用之妙，存乎一心"，缺乏可操作性和可重复性，只能因时制宜、因地制宜地做出相对满意（同时总有不满意之处）的处理，而且要善于抓住机遇，要发挥智慧和思维的艺术。对创新而言，智慧比知识更重要。

个人作为创新主体，处理不好创新与固本的矛盾是常态。古往今来不乏这样的事例，有些人知识积累丰厚，称得上活字典，固本十分到位，却鲜有新想法，缺乏创新能力，著作多而未立新说。另一些人头脑灵活，新想法不断，由于根基不固，新想法随生随灭，变不成创新。两者都割裂了创新与固本的辩证关系，不能把握这对矛盾带来的复杂性，犯了把复杂事物简单化的错误。我国目前出色创新人才极少的局面与此不无关系。把计划经济转变为市场经济是中国实现现代化的必由之路，但在市场经济大环境下，年轻学子要成家，就得努力挣钱；要立业，就得"板凳要坐十年冷"：这两方面的矛盾十分突出，把创新与固本关系协调到恰到好处更显得复杂困难，能够处理好这对矛盾的人凤毛麟角，而且还须有难得的机遇。今日中国学界浮躁风气如此盛行，原因之一就是面对成家与立业的尖锐矛盾，大多数人放弃夯实基础的学问正道，把主要心思用于寻觅名利双收的捷径。这如何能够成就大业！在这样的人才环境中组织实施战略性创新，必然要面对两难困境的复杂性。

就整个民族而言，中国在建立工业文明中落后挨打，与传统文明之本太强固有极大关系，失去独立创造作为工业文明标志的自由市场经济、议会民主和

---

① 罗沛霖. 我对科学、技术和工程的若干看法［A］. 杜澄，李伯聪主编. 跨学科视野中的工程研究（第一卷）［C］. 北京理工大学出版社，2004：14－22.

还原论科学的历史可能性。正因为如此,"五四"精英全盘否定传统文化的过激行为有历史的必然性和合理性。我们不能全盘否定他们,因为直到今天传统文化的消极影响仍然不可轻视。但全盘否定传统也带来明显的负面后果,改革开放以来崇洋媚外更加泛滥,已构成对中华民族生存之本的威胁。文学评论界有一种说法:"欧美的种种理论都是先进的,它们的过去时应是我们的现在时;它们的现在时应是我们的将来时。只有追赶到与它们'同步'的水平,才有资格与之交流对话。"① 这种典型的殖民地心态和线性思维存在于各个领域。如若真的执行这条路线,中华民族将不复存在。现代化要求中华民族做出整体的、根本的创新,而这种创新只能在固中国文化之本的基础上进行,这一矛盾带来亘古未见的巨大复杂性,已被160多年的历史充分展示,而且还将困扰我们很长时期。中国要达到现代化,实现和平崛起,必须充分认识这种复杂性,处理好创新与固本既对立又统一的矛盾关系,舍此别无出路。从孙中山到毛泽东再到邓小平,他们的成就和失误都与是否较好地把握了这种复杂性直接相关。

新与旧的矛盾也造就了创新的复杂性。新与旧是比较而言的,无论自然界,还是人类社会,小至每一时刻,大至每一时代,都是新旧并存、新旧杂呈的。创新当然要对旧事物有所否定,旧的不去,新的不来,破旧才能立新。但旧中有新,新中有旧,没有一种创新成果是绝对新的,大量创新成果是旧事物的改进、重组、转换。即使所谓原始创新的成果作为系统,其构成要素甚至结构模式都可以在既存事物及其关系中找到种种依据。创新之复杂往往在于,新事物的构成要素和产生条件就在身边,却熟视无睹,他人创新成功后才恍然大悟。创新者要善于从旧事物中找出新事物的依据,而新与旧的识别判断,如何变旧为新,常常是复杂困难的,需要悟性,需要慧眼,需要创造力。

从时间维看,原先没有、刚刚出现的都是新事物。但人类所谓创新之新总是渗透着自己的价值判断,新出现的东西未必都有利于人类,造出危害人类的新东西(如发明细菌武器)绝非创新研究所追求的东西,却很难根绝,这也是复杂性。问题之复杂还在于,创新还可能转化为复旧。常有这样的情况,主观愿望是创新,实际搞出来的却是过时的东西,是沉渣泛起。旧事物曾经是新事物,新事物在转变为旧事物后,仍然联系着某种社会势力的利益,承载着他们心理的、文化的信息,他们决不允许新事物顺利地取而代之。人类社会总体上

---

① 董学文,盖生. 文学理论研究的文化战略 [N]. 文艺报,2003 年 7 月 15 日,第 3 版.

在不断新陈代谢，但每个时期都有逆历史潮流而动的人或集团，他们的"事业"一部分是公开反对新事物，另一部分则是在创新的旗号下有意识地搞复旧。总之，现实世界、特别是社会历史天然是创新与复旧并存，相互较劲，真正的创新只能在与复旧的斗争中进行，在战胜复旧中获得成功，这也是创新的社会复杂性所在。

辩证哲学告诉我们，对立面的协调、统一总是相对的、不断变化的，而变动性又带来新的复杂性。这种复杂性意味着必须反复认识并学习驾驭创新中各种对立统一，反复因时因地协调矛盾，不可寄希望于找到一劳永逸的解决方案。因此，创新离不开辩证法，把辩证法教条化，或庸俗化为变戏法，固然要不得；但鄙薄矛盾学说，贬斥辩证法，弃之如敝帚，是要付出代价的。

8.3　国家战略性创新是开放复杂巨系统

研究战略性创新，创新主体主要指国家。在全球化浪涛滚滚的今天，世界大格局中的基本行为主体依然是国家，国家间的竞争首先是战略创新的竞争。国家是钱学森所说的开放复杂巨系统，中国是其中规模最大、最复杂的一个。作为国家整体行为的战略性创新也是开放复杂巨系统，一般开放复杂巨系统的特征在战略创新中应有尽有。

（1）国家战略创新的开放性。今天的国家行为都是在经济全球化大背景下展开的，任何国家的战略创新都离不开这个充满矛盾的大环境。一方面，强劲的全球化趋势使资源、信息、技术、知识、人才、资金等要素在全球范围流动，谁善于吸收、利用、重组、改造这些要素，谁就能走在战略创新的前头。这是中国通过战略创新实现现代化的必经之路。另一方面，西方国家数百年殖民统治和还在推行的霸权主义，造成极不合理的国际秩序，知识产权被滥用，公开的或隐蔽的封锁、压制、破坏无所不用其极，使我们极难利用国际有利条件搞创新。美国召开的一个航天科技学术会议，竟然公开宣布拒绝中国科学家与会，有力地说明了世界社会的复杂性。这种对立统一为我们的国家战略创新造成巨大复杂性。国内不同系统的相互开放也很重要，但市场经济驱动下不同单位各自追求利益最大化，致使相互封锁、挖墙脚、信息保密等恶劣风气盛行，自己的新思想宁可告诉外国人，也不愿意让国内同行知晓，这类现象远非一端，着实令人痛惜。

（2）国家战略创新系统的巨型性。国家作为系统有巨量的组分和分系统，层次极多，创新主体难以计数，更有整个国家的创新。国家战略性创新是一种巨系统行为，规模巨大必然带来系统整合和管理的困难。规模巨大意味着系统的惯性巨大，起动慢，制动也慢，如此这般的动力学特性，必然增加整合和管理的困难。

（3）国家战略创新系统的组分异质性。国家战略性创新不是简单巨系统，而是复杂巨系统，涉及的是性质迥异的社会组织、部门、领域、方面、行业、个人，面临的问题千差万别。现代化意味着个性的解放，大大增加了个人作为创新主体的差异性。传统社会的本质是结构单一的、匀质的，现代化的本质特征是社会基础结构经过一系列分化和重组，产业、产权、职业越来越多元化、多样化，社会分工高度发达。① 中国社会正在经历这种变化，改革开放以来社会结构的不断分化和重组，社会分工越来越细，内部关系的多样性、组织管理的多层次性急剧扩展，这类现象大大增加了创新系统内在的异质性。

（4）国家战略创新系统的非线性。国家战略性创新涉及社会系统的所有分系统，如科学、技术、工程、教育、文化、经济、法律、政治、军事、安全、社会保障等。这些分系统之间的相互关系，不同软、硬要素的相互作用，都呈现非线性形式，且花样翻新，异常突出。如投入与产出、举措与效果的非线性关系大量表现在创新中，科研经费和条件的显著改进并未带来原始性创新成果的增加，大学教育改革的某些举措导致教育腐败，一些为发展学术采取的举措带来的却是学术腐败，一些利益集团的形成，诸如此类的非线性现象在今天的中国司空见惯，严重阻碍创新人才的培育。陈佳洱所说的"拉丁美洲陷阱"②，就是社会经济发展中的一种非线性现象：人均国民生产总值GDP与经济增长方式呈非线性关系，GDP小于1000美元时非常有效的模式，GDP达到1000至3000美元时继续采用它不仅不再有效，甚至可能导致灾难性后果。根据系统学原理，系统要素之间、分系统之间的关系本质上是非线性的，它们的集成整合必定造成异常巨大的结构复杂性，必然带来系统行为模式的复杂性和行为过程

---

① 毕道村.现代化本质研究［M］.人民出版社，2005：184，195.
② 陈佳洱，在北京大学现代科学技术与哲学研究中心举办的"创新与复杂性探索研讨会"上的报告，2006年1月16日。

的曲折性。

（5）国家战略创新的动态复杂性。国家战略性创新是状态随时间而变化的动态系统，而且是非线性动态系统。非线性动态系统常常呈现时延、失灵、震荡、瓶颈、分岔、路径依赖、稳定性交换、非线性放大、敏感依赖性等奇异特性，都会出现在国家战略创新系统中。这里仅粗略论及路径依赖性。一个动力学系统，其现在成功运行的模式是沿着特定路径演变而来的，不问具体路径如何，随意把其他系统的成功模式简单照搬过来是要失败的，甚至会酿成大祸。俄罗斯休克式改革也是它的设计者作为重大创新而提出的，其巨大的破坏性早已昭然于世。究其根源，在于把西方在数百年间沿着特殊路径发展起来的那一套照搬于国情显著不同的俄国。今天不少中国人十分向往美国社会，认为只要把美国成功的经济、政治、科技、文化模式照搬过来，中国就会迅速现代化。这就是企图以简单引进代替自主创新。殊不知美国模式是在美国的独特自然和历史环境中沿着美国特有的路径发展起来的，其中有些条件具有历史的唯一性，只有美国有幸取得之。这就是所谓"美国特殊论"。不顾这一切，硬把美国模式照搬到自然环境、历史、文化极大不同的现代中国来，其悲剧性后果将比俄罗斯大得多。唯一可行的做法是自主创新（越是重大问题越需要自主创新），承认中国现代化的特殊复杂性，依据中国国情自主地、稳步地、坚持不懈地创新，最终定能创造出适宜于中国自己的经济、政治、科技、文化发展模式。

（6）还须注意国家战略创新的不确定性和风险性。非线性动态系统的一大特点是永恒的新奇性（恒新性），未来有不可预料的一面，出人意料的新东西层出不穷，因而将内在地生发出这样那样的不确定性，如混沌性（内随机性）、灰色性、模糊性、信息不完备性等。外部环境总有不确定性，特别是（外）随机性。如此这般的不确定性都会出现在国家战略创新系统中，再加上创新过程固有的有不可逆性，导致国家战略创新常有巨大的风险性。

按照钱学森的说法，开放性、巨型性、组分异质性、相互关系的非线性、动态性、不确定性、风险性等汇集整合在一起，就是复杂性。国家战略性创新作为系统无疑具有这种复杂性。开放性、巨型性、内在异质性、非线性、动态性、不确定性、风险性、复杂性都是价值中性的，既可成为妨碍创新的阻力，也可成为推进创新的动力。大有大的难处，大也有大的好处，规模效应是系统效应的必要组成部分，中国社会尤其需要也能够发挥其巨大规模效应。组分的异质性显著，通过合理的组织管理而使它们互激、互应、互促、互补、互惠，乃是系统具有创新活力的内在根据。内在差异越小，系统的活力就越小。社会系统的组分异质性首先指行为主体的个性千差万别，创新需要个性，理论创新尤其是富有个性者的个人劳动，依靠个性千差万别的创新主体去抓住千差万别的创新机会。非线性是一切创造性之源。对于线性系统而言，太阳底下没有新东西；对于非线性系统而言，太阳底下新东西层出不穷。创新，尤其战略创新，需要发挥系统的非线性放大作用和变换作用。即使时间滞后这种非线性，只要你真正认识并善于驾驭它，也可能借以促进创新。不确定性、风险性都有两重性，存在不确定性才有创新的空间，创新要有机遇，机遇总伴随风险，大风险伴随大机遇，创新需要冒险精神，要勇于抓住有利时机搏一把。只要利用得好，开放性、巨型性、能在异质性、非线性、动态性、不确定性、风险性，总之复杂性，都是有利于创新的积极因素。相反，如果不能正确认识和对待，这些特性都可能成为阻碍创新的因素。例如，创新者的错误也可能被非线性地放大或变换，成为破坏社会进步的因素。国家战略性创新的成败取决于能否把一切内外有利因素整合集成起来，尽量把各种不利因素屏蔽起来，以产生最高最佳的系统效应（整体涌现性）。一句话，国家战略性创新需要学会驾驭复杂性，而做到这一点离不开系统思维。

8.4　国家创新体系的复杂性

在当今时代，创新意识随着现代化、全球化之风劲吹而迅速、广泛地传播，从事创新活动的不仅有各种科研院所、高等学府，而且越来越多的企业花大力气搞新技术开发，充分反映出创新系统的自组织趋势，具有非常积极的意义。但如果放任不管，不同单位各自为政，创新成果将大打折扣。新的形势要求在国家范围内把它们组织起来，形成国家创新体系，把各方面的创新需求、条件、力量、智慧整合起来，以获得特有的整体涌现性。所以，如何建立和运用国家创新体系，是创新的战略问题之一。

1999 年世界科学大会《科学和利用科学知识宣言》称："革新已不再是由单一的科学成就引起的线性过程；它是一项系统工程，其中包括许多知识领域之间的合作与联系，以及各方人士相互不断的交流。"① 宣言指出创新是一种系统工程，主张应用系统科学的思想和方法，是一个进步。但仅仅这样讲还很不够，因为系统思想和方法的具体内涵多种多样。现实情况是，创新体系本质上是非线性系统，却常常被当作线性系统去建设和运营；创新体系本质上是动态系统，却常常被当作静态系统去建设和运营；创新体系本质上具有不确定性和风险性，却常常被当作确定性系统去建设和运营；创新体系本质上是开放系统，却常常被当作封闭系统去建设和运营，等等。总之，创新体系本质上是复杂系统，却常常被当作简单系统去建设和运营。国家战略性创新已不是通常意义上的系统工程（如企业系统工程、计量系统工程等），而是钱学森所说的开放复杂巨系统工程，即从定性到定量综合集成工程。创新体系的建设和使用应当用开放复杂巨系统理论去认识，按照相应的方法去组织管理。钱学森对此已有所论述，这里不再涉及。

本节拟针对中国目前的现实情况谈谈创新体系建设和运营的复杂性问题。把非系统的群体整合为一个系统，原本是为了获得系统特有的整体涌现性。由于整体涌现性有正负之分，把非系统的存在整合为系统，如果指导思想和实施方式不当，就可能事与愿违，出现所谓"系统病"，实际效果还不如非系统。俗话说"一个和尚挑水吃，两个和尚抬水吃，三个和尚没水吃"，讲的就是这种情况。系统的整体涌现性取决于四种效应：要素效应，规模效应，结构效应，环境效应。系统的整体涌现性实际是这四种效应的综合效应，每一种效应均有正负之分，综合效应更有正负之分，出现负效应可能使系统患上要素病、规模病、结构病、环境病，都属于系统病。规模效应无须详谈，环境效应留给下节，我们只就要素和结构做些讨论。

国家创新体系的构成要素（这里指作为实体的组分）无非是科研人员和科研单位。要素的优劣必定会在系统整体涌现性中表现出来，这就是要素效应。要素不具备必要的品性，便无法构建优质的系统；要素严重不健康，系统必呈病态。创新者的知识储备不够可以在创新实践中补足，急功近利、浮躁成风、化公为私、损人利己、以邻为壑之类的恶劣思想作风，必定使创新体系扭曲。从目前情况看，问题是比较严重的，必须设法改变这种局面。

---

① 林坚. 创新整合论——科技创新与文化创新的整合机制研究 [M]，光明日报出版社，2009：9.

创新项目的确立，创新资源的分配，创新过程的协调，创新成果的评审和推广，反映的是创新体系的结构效应。实事求是地说，我国目前的情况相当严重。创新体系结构效应的重要检验器之一，是它的人才选拔机制。在现实生活中，一些才干平常但善于逢迎者被指定为学术带头人，或跨世纪人才。如此这般的腐败现象，并非罕见。创新资源的分配，创新成果的评审，是创新体系结构效应的另外两个重要检验器，目前同样问题多多。许多项目的评审班子，除了吸收少数真正的学术权威装潢门面外，大多数是无心研究学术、喜好出头露面的人，极善于拉关系，搞等价交换。

造成这种状况的原因之一，在于我们的教育和科研越来越行政化和市场化。行政化是旧体制遗留的弊病，市场化是新体制不成熟或扭曲造成的弊病，两者并存，奇特地结合为一体，成为一种顽症，积重难返，这种创新体系的运行带来许多人为的复杂性。从思想方面说，一个重要原因是错误地鼓吹个人利益最大化。在社会系统中，个人或单位的利益最大化只能靠化公为私、损人利己、以邻为壑来实现。这是早期资本主义奉行的原则，现代资本主义已有若干修正，更不能用之于社会主义市场经济，却堂而皇之地在社会主义中国的学界风行一时。当然，创新需有激励机制，构成创新体系的各组分都应该通过创新获得丰厚的回报。但不能提倡个人利益最大化，应当强调的是整个体系的利益最大化。这就是矛盾，必定产生特有的矛盾复杂性。

创新的重要推动力是创新体系要素之间的竞争，或称博弈。一个成熟的社会应该是共赢博弈居主导地位的系统，它不可能建立在个人利益最大化的思想基础上。囚徒悖论的相关研究告诫人们，博弈双方都能利益最大化的状态（局势）即使存在，也是不稳定的，没有持存性；系统能够稳定持存的是所谓纳什均衡，乃是一种双方都远离利益最大化的系统状态。放大范围看，两个博弈方的利益同时最大化恰恰是最不利于社会系统整体的状态，最有利于社会整体的也是双方并不满意的纳什均衡。这些结论原则上也适用于创新体系。

我国创新体系目前存在的弊病，根源也在于社会系统本身及其改革开放过程固有的复杂性，在一定程度上是难以完全避免的。也正因为社会是开放复杂巨系统，克服这些弊病不存在立竿见影的办法，只有通过不断深化改革去逐步克服。

8.5 驾驭战略创新复杂性需要建设创新型国家

国家创新体系作为系统，是以国家的经济、政治、文化为环境依托而运行的，欲使国家创新体系有效运行，生发出高质量的整体涌现性，必须最大限度地发挥环境从经济、政治、文化诸方面对创新体系的支撑作用。而能够做到这一点的前提是国家作为系统在经济、政治、文化各方面都有利于创新。要驾驭战略性创新的复杂性，就得建设创新型国家。

（1）关于创新型国家。何谓创新型国家？学界提出用综合创新指数来衡量：国民经济发展中科技进步贡献率在70％以上，研发投入占GDP的2％以上，对外技术依存度在30％以下等①。在当今世界近200个国家中，满足这一标准的约有20个，中国显然不在其中，而且还有相当差距。仅仅从数量指标去理解创新型国家这个概念还有点肤浅。一个系统可以从外部观测计量的定量指标反映的是它的内在定性特征，即系统固有的质的规定性。什么是创新型国家内在的质的规定性？区分创新型国家与非创新型国家，目的是要指明一个国家的社会和经济发展可能秉持的两种基本模式。在经济全球化、社会信息化、技术发展日新月异的现时代，任何国家都会有所创新，但有所创新的国家和创新型国家有重大区别。型者，类型也，模式也，式样也。所谓××型和非××型，指的是对象之间类型（模式、式样）的区别，即定性性质的区别，而非程度、范围或表现形式的不同。创新型国家必须具备以下定性特征。

其一，创新意识成为民族文化的基本成分。重守成，轻创新，鄙视和嘲笑标新立异，是我们民族传统文化的消极因素，中国在建设工业文明中历史地落在世界后面，与此有极大关系。现代化建设亟待清除这种保守意识，代之以既重守成、更重创新、敢于标新立异的民族新文化。美国学界流行一种说法：宁可使用别人用过的牙刷，也不使用别人用过的术语。尽管言辞粗俗，有失斯文，却反映出美国人创新意识何等强烈。我们必须向美国学习，尽快使创新意识普及到各个部门、领域、层次，使个人、家庭、学校、企业、军队、政府都乐于

---

① 金振蓉．建设创新型国家：从振兴到强盛的必由之路［N］．光明日报，2006年1月11日，第1版。

讲创新，真心想创新，自觉搞创新，在创新上相互攀比，进而使创新观念渗入民族的潜意识中，成为无意识的习惯。国人要以创新为荣，决不可嘲笑创新努力的失败者，在创新问题上，要有"跌倒算什么，爬起来再前进"的气概。

其二，形成国家创新意志。在全球化的现阶段以及今后一个很长时期中，世界范围的经济、政治、军事竞争还是以国家为基本主体而展开的，其中起主导作用的是国家间科技创新的竞争，后者的关键又是科技创新能力和创新意志的竞争。国家科技创新能力是社会系统的整体涌现性，而非各部分创新能力之加和。社会大众和基层单位的创新意识只能导致微观（至多是中观）的创新活动，相互之间只可能建立起短程关联，还形不成国家范围整个社会的宏观长程关联，也就无法建立能够有效运转的国家创新体系，形不成国家整体的创新意志。只有经过强有力的科学的整合和组织，使创新成为整个国家行为的指导思想和根本战略，成为全国必须执行的方针大计，亦即形成国家创新意志，才可能在世界范围的激烈竞争中立于不败之地。这要求自组织与他组织的高度统一。

其三，创新型国家作为系统，其结构（体制制度、组织形式、运作机制、"游戏"规则等）已优化到能够自动地保障、支持、促进创新。创新作为一种社会行为方式，总是在一定的系统结构框架内进行的，社会系统的体制制度、组织形式、运作机制、"游戏"规则等既可能成为创新的保障和促进因素，也可能成为创新的制约和阻碍因素，这是创新型国家与非创新型国家的根本差别之一。经历了20世纪的百年奋斗，中国社会的系统结构已经发生极为深刻的变革，不利于创新的因素大为减少，但离创新型国家的要求还有很大距离，尚须进一步深化改革，完善各个层次、领域、方面的体制制度、组织形式、运作机制、"游戏"规则，以保障、支持、促进创新，才能使中国初步进入创新型国家的行列。所以，提出创新型国家的概念，制定建设创新型国家的战略方针，不仅是我国科技、经济、社会发展战略的重大进步，也给理论战线提出崭新的研究课题，值得学界认真关注。

（2）中国建设创新型国家的必要性。建设创新型国家这个命题的提出首先是新中国几十年来自身建设经验教训的总结。在现代化征途上，中国是后发追赶型国家，尽可能从发达国家引进先进技术是十分必要的，过去如此，将来也如此。但在过去一段时期内形成一种影响广泛的见解，认为重大技术创新的代价太大，不发达国家搞自主创新不合算，引进才是唯一可行的最佳路径。随着中国国内市场的开发，用市场换技术的谋略又流行起来，以为发达国家为了进入庞大的中国市场，必定会转让关键技术给我们。这两种做法曾经取得某些效果，却削弱了中国人的创新自觉性和主动性。我国高新技术产业在整个经济中所占比例不高，产业技术的一些关键领域存在较大的对外技术依赖，与此不无关系。改革开放以来的事实证明，核心技术、关键技术是花钱买不来、市场换不来的，上述极具片面性的指导思想带来的负面效应已不容忽视。引进技术只能是辅助性的，在现代化道路上，中国要么把命运永远操之于他人之手，要么走自主创新之路，把自己建设成为创新型国家，舍此别无他途。

中国必须建设创新型国家绝非权宜之计。从更深层次看，这是由我们所处的特定国际环境和时代背景、特殊的国情和独特的现代化道路共同决定的。既然当代世界还是由相互间激烈竞争的国家组成的系统，新技术的知识产权就具有强烈的国家性，谁也不能立足于享用他国的新技术来发展自己。众所周知，以色列是美国的铁杆盟友，还常常派技术间谍到美国活动；日本甘心充当美国推行霸权主义的马前卒，对美国的帮助不可谓不大，但至今无法靠美国转让技术而成为航天大国。事实表明，盟友只不过是一种暂时的政治军事关系，维护唯一超级大国地位才是美国的最高国家利益，再听话的盟友也只可购买它的产品，不要指望转让关键技术，更何况非盟友呢！

在西方国家、特别是美国眼里，中国是另类国家，不仅坚持社会主义道路让他们如芒在背，而且独特的民族文化和悠久的历史总使他们别有一番滋味在心头，让这样一个大国利用西方技术迅速发达起来，显然同他们数百年来统治世界的历史惯性、浓厚的欧美中心论、美国特殊论情结相抵触。建交以来的几十年中，美国一直以最严厉的标准管制中美技术交流。技术创新上的竞争、垄断和封锁是当年美苏冷战的核心环节之一，美国积累了丰富的经验，形成异乎寻常的国家意志，建立起一整套严厉而有效的制度。为阻止中国获得先进技术，有时不惜践踏公认的国际关系准则和外交惯例。随着中国经济的快速发展，美国已经把中国当成唯一可能挑战其超级大国地位的潜在对手，对技术交流的限制将进一步收紧。因此，无论维护社会主义，还是使中华民族平等地屹立于世界民族之林，中国只能走自主创新之路，建设创新型国家，任何其他主张都是幻想。

西方发达国家是在充分实现工业化以后才开始向信息化、生态化和可持续发展方向转变的，中国则是在工业化远未完成的情况下又开始搞信息化和生态化，只有探索一条新型工业化道路，把工业化和信息化、生态化结合起来搞，毕其功于一役，才能达成现代化。这两种发展模式之间存在巨大差别。因此，无论西方当年搞工业化的技术，还是现在搞"去工业化"即信息化、生态化的技术，总体上都不可能完全适合今日中国的需要，中国可持续发展所需技术一定要适合中国独特的国情，它们原则上不可能首先由西方国家创造出来。所以，即使发达国家愿意出卖技术，也未必能够满足中国的独特需要，自主创新才是解决问题之道。加之中国内部差异特别悬殊，不同地域、不同类型、不同问题所需技术不同，乃是西方发达国家未曾遇到过的复杂事情，这样的关键技术不可能由他们首先创造出来。越是向前发展，这种差异就越明显。只有中国人自己最了解这些差别、特点和需要，最有可能创造出适合自己需求的新技术。各种交叉领域的新技术，特别是各种社会技术，都带有时代的或地域的或民族的鲜明特征，更不可能通过引进来解决问题。

中国是社会主义大国，历史要求我们对世界做出较大贡献，创造新的发展模式，为广大发展中国家闯出一条现代化新路子。作为社会主义大国，我们正在推行睦邻、友邻、富邻的对外政策，随着国力的进一步强盛，我们还将把这一政策推行到世界范围，帮助更多的发展中国家走向富裕。要做到这一切，绝不能仰仗别人的技术，必须把中国建设成创新型国家，逐步成为世界高技术领域创新的领头羊之一。

更一般地说，一切系统的生命力都在于能否不断自我创新、自我变革和自我完善，不可能靠引进其他系统的创新来发展自身，社会系统尤其如此。像中国这样的大国实现现代化没有现成的模式可资借鉴，建设社会主义更没有别国的成功经验可以引进，一切要靠自己摸索、试探和创造，科技创新则是开路先锋。

（3）中国建设创新型国家的可能性。新中国60多年来艰苦卓绝的奋斗，业已从经济、政治、科技和文化诸方面为我们建设创新型国家奠定了初步基础，这是有目共睹的。但仅仅如此认识是不够的，还须从世界系统的历史、现状和未来走向加以考察。世界系统是西方列强通过侵略强行建立的，以殖民地或半殖民地身份被整合进系统中的国家都不可能搞自主创新，20世纪前半叶的中国就是证明。世界反法西斯战争胜利是一个分水岭，它开启了世界殖民体系全面瓦解的政治历史进程，经过近70年的发展，世界巨系统的结构发生了深刻变化；再加上冷战结构解体、主要国家都走向市场经济，终于使世界作为系统的一体化程度迅速提高到一个前所未有的水平。在这个世界社会系统的现有形态下，一方面，发达国家和不发达国家这两个分系统之间还存在巨大的文明势差；另一方面，殖民体系和冷战结构的解体在清除这两个分系统之间进行交流的巨大制度性壁垒方面迈出了决定性的步骤。两方面结合立即释放出一种无法抗拒的巨大力量，使得世界范围的经济、政治、文化交往空前活跃。单项新技术专利可以封锁，新技术思想很难封锁，知识产权法不能阻挡新科技革命向全世界扩展渗透的总趋势。这就给包括中国在内的发展中国家在科学技术方面学习、引进、自主创新提供了空前的历史机遇。今日中国正在以一个世界系统积极建设者的姿态，从经济、政治、科技、文化上全方位地参与世界事务，全面向世界开放，主动与世界接轨，积极同一切民族交朋友。这就从主观方面基本扫除了向外界吸取先进思想、理论、科学、技术的自身障碍，具备了抓住这次难得历史机遇、把自己建设成创新型国家的主观条件。

从国外引进的技术在本国的具体应用中总会暴露出这样那样的不足，透露出如何依据自身需要和条件加以改进的线索。只要认真总结经验，再吸收新的科学原理和技术思想，就可能自主地进行技术革新，创造出有一定自主产权的新技术。这就是在引进消化基础上的再创新。创新过程和创新产品都是系统，人们期望的新技术性能乃是经过对诸多部件整合、集成、组织而涌现出来的系统整体特性，而非部件性能的简单相加。各种现行技术是针对各个不同的需要分别发明出来的，如果找到一种新的技术思路，能够把它们综合集成为一个新系统，就会产生出前所未有的整体涌现性，形成一种崭新技术。每一种技术系统都有本征功能和非本征功能的区分，满足特定需要的价值追求体现于该技术的本征功能上，而非本征功能必然受到忽视和屏蔽。如果按照新的技术思想和方案将它与别的技术重新整合，就可能把那些非本征功能释放出来，转变为本征功能，产生新的整体涌现性。技术发展史上不乏这样的事例：每个部件都不是新的，但整机具有超乎寻常的优越性能。把几种分别使用的技术按照新的科学原理整合集成起来，形成一种新技术，就是所谓集成性创新。在现代中国，实施这两种创新模式的基本条件均已具备，问题主要在于是否具有创新的自觉性，能否坚定不移地把创新意志付诸实践，以及如何组织管理。

最重要也最困难的是原创性创新。一个国家如果没有一定的原创性创新能力，仍然算不上创新型国家。跟工业化时代相比，现代技术发展的一大特点是对科学理论的依赖越来越大，高新技术都是在新科学原理指导下开发研制出来的。技术上的重大原创性成果都可以在科学理论的原创性创新成果中找到它的源头。原创性新技术的理论源头不一定必须是本国创立的。新技术可以被封锁，用法律禁止转让；但科学无国界，科学思想永远是全人类可以共享的。一种符合新科学原理的技术实现途径一般不是唯一的，几种原理的组合方式也不是唯一的，别人选择这种途径和组合方式搞出这种原创性创新，我们可以选择别的途径和组合方式搞出另一种原创性创新。就是说，在原创性创新上，仍然可以奉行毛泽东倡导的方针：你打你的，我打我的。总之，在目前状况下，我们需要而且能够利用世界科学前沿的已有理论成果独立自主地搞原创性技术创新。

作为文明传承从未中断的古国和坚持社会主义方向的现代大国，中国不能把原创性创新的理论源头都定位于利用别人的基础研究成果之上。但在传统的带头学科中，中国跟世界科学前沿还有不小距离，在一段时期内总体上还无法走在世界科学前列，很少有可以充当原创性创新的理论源头的自家成果。所幸天无绝人之路。20世纪40年代在人类社会发展史上的特殊地位，还在于它开启了科学技术发生新的革命性转变的文化历史进程，生命科学逐步占据主导地位，信息科学、系统科学、生态科学、环境科学、非线性科学等新兴科学相继兴起。任何历史性转型都会缩小原形态的领跑者和原形态的追赶者之间的差距，领跑者因巨大成功可能背上包袱，追赶者因长期落后可能轻装前进。科学技术的历史性转型给各国人民自主创新提供了极大的可能性空间。如果我们摈弃以培养诺贝尔奖本土得主为标准来部署学科发展重点，而是以支撑发展、引领未来、转变增长方式、以信息化和生态化带动工业化为指导思想，重视扶植新兴学科，就可能在不太长的时期内在新兴科学领域取得一系列突破，以它们为理论源头，就可能开发出一批实现可持续发展所需要的原创性技术创新。

任何科学原理的技术实现（科学思想转化为新技术）都发生在一定的人文社会环境中，人文文化对科技创新有不可低估的影响，未来社会尤其如此。单就实现工业化和机械化来看，中国传统文化似乎全是消极面；若就社会信息化和环境生态化来看，中国传统文化的消极面固然需要继续清除，但它的积极面正在突显出来。古希腊文明为西方建立还原论科学培育了原子论、形式逻辑、公理方法这些宝贵基因，传统文化缺乏这种基因则是中国未能建立还原论科学的重要原因。然而，在必须超越机械论和还原论之局限性的今天，中国人面临的思想阻力显然小于西方，而中华文明中包含建设新型科学所必需的宝贵基因，即整体论、有机论、天人合一、顺应自然、包容互补、和谐共生等观念，又是西方文明所不及的。对于发展循环经济，建立节约型社会，实现可持续发展，实现社会和谐、世界和谐，这些都是极其宝贵的思想资源。只要形成国家创新意志，实施科学的组织管理，就可以充分发掘、利用这些资源，使它们成为建设创新型国家、特别是搞原创性创新得天独厚的条件，妄自菲薄是没有道理的。此处要强调的是，在发展复杂性科学方面，中国有走向世界前列的现实可能性。

8.6　驾驭战略创新复杂性需要自组织与他组织相结合

如何建设创新型国家是一个大题目，包含诸多小题目，其方法论思想几乎涉及系统科学原理的方方面面。一个必须讨论的问题是，创新型国家的创新活动应是他组织与自组织的有机统一，正确处理这对矛盾是创新战略的重要课题。

系统生存运行需要外部环境提供资源，又无法避免环境的制约、甚至压迫，环境的支持、制约、压迫本身就是对系统的一种他组织作用，限制系统能做什么、不能做什么，从而显著压缩了系统自我组织的可能性空间。这就是外部环境的支持－约束型他组织作用，一切系统都离不开这种他组织，生命系统、社会系统尤其依赖于这种环境他组织。但本节不讨论这种情况，只考察系统内部组织者与被组织者界限分明这种他组织。复杂系统的一个重要特点是内部组分出现分化，少数组分构成特殊的分系统获得在整个系统范围内发号施令、指挥调度的地位（贝塔朗菲称其为中心部分或主导部分），绝大多数组分只是被组织者，必须服从指挥调度。这类系统广泛存在，凡是在长期演化中形成调控中心的系统，调控中心就是系统的内在他组织者。在演化中形成等级层次结构的系统，高层次对低层次也有某种调控、制约作用。人类社会就是这样的系统，其特殊性是存在有意识的他组织者。这个他组织者作为分系统，依据一定的理论、方针、计划去指挥管理被组织者，用纪律、戒律、奖惩、法令等约束被组织者的行为，以维持系统作为整体的存续运行。

人类社会原本是生物世界自组织进化的产物，自发运动是社会系统与生俱来的客观现象。以足够大的历史尺度看，社会变迁永远是不以人的主观意志为转移的自组织运动，在每个时期回眸过去，都会看到这样那样的自发性现象和运动。另一方面，由于人是具有自觉能动性的存在物，一旦自以为认识了某种社会发展规律就要付诸行动，自觉干预社会进程，充当他组织者。

不同层次的社会团体对其组分都具有他组织作用，国家机器则是社会自组织进化过程中产生出来的、处于最高层次、最强劲的他组织者。俗话说，得民心者得天下。民心即自组织，得民心即顺应社会系统的自组织趋势，得天下者即他组织者。所以，社会系统天然地是自组织与他组织的对立统一体，它的一切行为、趋势、潮流都是在自组织与他组织互动互应中发生和展开的。创新活动自然也不例外。整体地看，一切具体的创新活动是自组织地发生发展的；若就一项具体创新过程看，又都是创新者有计划的活动，创新者是他组织者，创新成果则是这种他组织的产物。自组织与他组织有机结合，相得益彰，才是创新型国家。

建设创新型国家，考虑的中心自然是如何发挥国家的他组织作用。要在短期内把中国建设成创新型国家，进行国家范围的规划、部署、安排并监督实施是完全必要的。代表国家意志的机构出面组织某些重大创新活动也十分必要，在现代化建设中后发追赶型国家尤其需要如此，这就是集中力量办大事。但不可把国家战略性创新的主体部分完全当成由国家部门组织指挥的工程项目，由国家包办一切。创新型国家的根基在于社会系统具有强大的自组织创新能力，主要表现有二。一是广大群众具有浓厚的创新意识，社会形成创新习惯和创新风气，国民以创新为荣。二是搞好社会系统的自身建设，包括组分建设、结构建设和环境建设，特别是结构建设，使社会的体制制度、组织形式、运行机制、"游戏"规则等结构要素能够自动培育、保护、发展系统的自组织创新机能，靠系统结构自动地、有效地实现对创新意志、思想、智慧、力量的综合集成。

创新型国家的国家创新体系是一种多元化的、有层次结构的、自组织与他组织有机结合的巨系统。所谓多元化，不仅指体系包括科学界、技术界和工程界，鼓励不同风格、不同学派、不同团队的并存和竞争，而且涉及教育、文化、经济、法律、政治各种要素，是整个社会同心协力运作的产物。国家科技创新体系包含个人、企业（以及学校、研究机构等）、地区和国家四个层次，关键是企业层次的建设。就企业自身看，它是高度集中管理的他组织，以利益为导向，一切由企业领导说了算。但企业是以个性、知识、兴趣、经历各个不同的人才个体因自谋职业而相互竞争这种自组织为基础，在市场导向下，自主地选择、整合、使用人才，形成强有力的创新团队。若放在社会大环境中看，企业就是复杂适应系统理论所讲的行动者（agent），是市场经济运行机制的自发演绎者，即社会经济自组织运动的担当者。数不胜数的企业从各自的经营理念和目标出发，依据各自掌握的局部信息制定策略，以市场为导向，相互既竞争又合作，构成创新型国家坚实的社会基础。所以，提出"建设以企业为主体、市场为导向、产学研相结合的技术创新体系"①，既符合系统科学原理，也被现有创新型国家的成功经验所证明。

自组织的自发性往往表现为在系统整体视野之外冒出不可预见的新现象、新事物、新力量、新模式，如同竞技体育界所说的黑马。在科技创新方面，社会自组织的自发性、盲目性常常表现为新的创新人才在国家部门或上级主管的视野之外涌现出来。最具说服力的典型是，作为小店员的华罗庚，作为小职员的爱因斯坦，早期都是生活在底层的社会成员，远在科学界主流的视线外，后来却在科学创新上做出巨大贡献。国家自组织创新的机能是否健康发达，要看能否让科技创新的黑马不断冒出来。这取决于是否有适宜的政治、文化环境，鼓励人们敞开思想，自由思考，勇于做可能没有出头之日的科技创新黑马。黑马一旦冒出来，要看他们能否从社会大环境中平等地获得成材的机会和条件。这取决于他组织机制是否健康有效，包括用人制度、资源分配制度等。如果有申报权、特别是能够获得资金资助的总是那几张老面孔，黑马们总是受到怀疑、歧视、压制，无法平等竞争，老面孔们也将由于没有竞争者而创新意志退化，创新思维失去灵性。这样一来，所谓建设创新型国家就只能是一句空话。

近年来，国内学界出现一个多少有点贬义的新词汇：民间科学家。按照汉语习惯，民间科学家的对位概念是官方科学家，大概所有科学家都不愿给自己如此定位。准确的说法应是专职科学家和业余科学家，在这些用语未被学界采用之前，我们仍沿用已有的说法。民间科学家的出现是一个国家科技创新自组织运动的结果，很多科技创新的黑马就是从他们中产生的，民间科学家越多，表明社会系统科技创新的自组织机制越健康发达，鄙视、排斥、压制他们不仅没有道理，而且极其有害。要把中国建设成创新型国家，我们的社会尤其学界必须清除科学贵族心态，给民间科学家留下充分的活动空间，承认他们在科技创新上的"小打小闹"，同时为他们中的成功者转变为专职科学家创造条件。一

---

① 胡锦涛. 坚持走中国特色自主创新道路，为建设创新型国家而努力奋斗——在全国科学技术大会上的讲话 [M]. 人民出版社，2006：14.

句话，建设创新型国家必须处理好自组织与他组织的关系，最大限度地发挥自组织与他组织各自的长处，屏蔽各自的短处，在两者相互激发中涌现出高强的创新能力。

　　真正的创新型国家，优化的创新体系，它的建设都是一个曲折复杂的过程。需要不断总结经验，不断调整系统结构，不断试用新模式、新机制，不断吐故纳新。只要我们坚持不懈，再过一两代人的时间，中国的情形就大不一样了。

第9章　灾害学复杂性管窥

对于人类来说，现实世界既有福，也有祸；既有利，也有害。前七个管窥都是从福与利着眼的，作为逻辑的延伸，本章从祸与害的角度着眼管窥复杂性。十多年前曾有学者指出，灾害研究是科学前沿的热点，但"缺乏关于灾害总体即灾害系统的研究"是一个大问题①。今天看来，尽管情况已有改进，此说仍有一定道理。本章试图做点补充论述，希望对灾害学和系统科学的发展有所裨益。

9.1　灾害研究属于复杂性科学

人类产生并成长于自然界，一直在学习如何适应物质世界在一定范围内的运动变化，取得越来越大的进步。但自然界的变化无穷无尽，经常出现异常情形，变化的力度、速度、方式等一旦超出人类能够承受的范围，就会给人类生存发展造成巨大破坏，叫作自然灾害。这里讲人类，意在强调灾害后果的社会性，一次称得上天灾的自然现象能使受灾人数成百上千、上万、几十万，甚至几百万、几千万，社会后果巨大而严重，特别具有科学研究的价值，有必要建立相应的学科。

人类是在同自然灾害打交道中成长起来的，人类的足迹走到哪里，哪里就会有灾害，故对灾害的思考、研究、应对从未间断，几千年来积累了大量知识。拿中国来说，《周礼》已提出荒政理论，历代都有灾害记录和救灾经验总结。据

---

① 申曙光. 灾害系统论 [J]. 系统辩证学学报，1995 年第 1 期.

历史学家李文海讲，从宋代到清代中国有几百部关于灾害救助的著述。但一直到 20 世纪前半叶，即使执科技创新牛耳的发达国家，尽管有人用物理学、心理学等现代科学考察灾害，却没有提出灾害学概念，灾害研究未登科学的大雅之堂。究其原因，一是自然灾害作为客观现象属于复杂性范畴，还原论科学不可能给它提供充分有效的概念、原理和方法，人们只能凭经验去思考问题、积累知识和采取行动。任何灾害都是系统，是整体性地发生和演变的，不能通过分解为部分去说明它的成因、机理、走向，必须从整体上加以认识和应对。而数百年来整体论一直被西方学界排除于科学方法论范畴之外。二是各种自然灾害都是自然界与人类社会深度交叉作用的结果，单纯的自然科学和单纯的社会科学都无法给灾害问题提供充分的理论说明，需要把自然科学和社会科学综合起来，建立新的科学学科。但在独尊还原论的历史条件下，这样的新科学不可能建立起来。

复杂性科学的兴起，科学整体作为系统从简单性科学向复杂性科学的历史性演变，终于使事情发生了质的改变：灾害研究可以作为一门现代科学了。从国际上看，西方有无灾害学这个词我孤陋寡闻，但把灾害研究作为科学事业的一部分，大约在 20 世纪 60－70 年代已经起步。这种演变历程是有深刻社会历史原因的。二战后西方社会获得很大发展，进入资本主义最完美的时期。但灾害的发生不仅没有因科学技术和社会组织的发展而减少和消除，实际上变得更频繁、更严重，而且有国际化、世界化的趋势，迫使人们开始从制度建设上寻求解决问题之道。美国在 1970 年代开始以立法应对灾害，如制定灾害救助法、地震灾害减轻法等。日本是一个自然灾害频繁发生的国家，为应对灾害而立法比美国更早。这就给灾害研究造成一种全新的社会文化环境，因为要从制度建设上应对灾害，就必须对灾害有科学的认识，有理论指导。由此产生了对灾害作科学研究的强烈社会需求。另一方面，一种新兴科学的出现必定是科学作为系统自身发展为它准备了必要的思想营养、概念工具和方法武器。1940 年代出现的新兴科学系统论、控制论、信息论等在 50－60 年代取得很大发展，还原论的弊病得到初步而有力的清算，整体论开始获得现代科学的内涵，为描述和处理灾害问题提供了一套科学概念、原理、方法，灾害研究由此具备了成为一门科学学科的认知条件。还须提到以信息技术为核心的高新技术的形成和发展，使灾害研究和救助获得现代技术的有力支撑。中国人在汶川地震期间领教了现代通信、电视等信息技术对灾害救助的重大作用，即可理解 30 年前发达国家在应对自然灾害时已具有怎样的技术手段，是遭遇唐山地震时的中国不可比拟的。有了这三方面条件，建立科学的灾害学的任务就提上历史日程表了。

　　灾害学在中国的产生发展或许更能说明问题。在中国，现代意义上的灾害研究开始于 1920 至 1930 年代，有三个重要标志。1920 年甘肃地震后建立了灾害研究所。1931 年竺可桢运用现代天文学研究灾害，提出太阳黑子活动与洪水相关性假说。1937 年，邓拓发表《中国救灾史》，分析灾害发生和救治跟自然条件、社会条件、生产力的关系。但这些还算不上创建灾害学，一是由于抗日战争而中断研究，二是理论工具不足，灾害学的方法论不可能由自然科学或政治经济学单独提供。钱学森十分敬重竺可桢先生，但也认为："竺老离开我们过早，而系统科学技术是在 70 年代才大大发展起来的，因此竺老不可能引用系统科学技术于地理科学。"① 中国灾害学诞生于 1980 年代，标志有：提出灾害系统和灾害学概念，着手系统地译介国外灾害学著作，创办《灾害学》杂志（1986），发表了一些独立研究的成果。

　　我国灾害学起步虽晚，但起点较高。从 1970 年代末起，华夏大地掀起一股强劲的"系统热"或"三论热"，系统科学、信息科学迅速上升为显学，几乎受到所有学科领域的关注，纷纷介绍、引进、研究系统思想和方法，很自然地也被应用于灾害研究，扮演了灾害学方法论的角色。进入 90 年代，中国灾害研究迅速走向高潮，成果累累，如着手建立灾害学的学科体系，按照这种体系组织撰写灾害学系列丛书，探讨灾害系统论，等等。21 世纪以来这一发展势头不减，新的著作时有问世。在已经发表的灾害学著述中，普遍使用系统、结构、功能、信息、反馈、调控等概念，有些作者更试图把统计物理学、耗散结构论、协同学、突变论、混沌学等引入灾害研究，混沌、分形、自组织、复杂性、熵等等，这些用于研究复杂性的概念在灾害学著作中全可看到。与发达国家相比，中国的灾害学在科学方法论上显然具有后发优势。

　　无论发达国家，还是中国，灾害学都是在复杂性研究的大潮中产生的，它也只能随着复杂性科学的兴起而发展。但现在回头看去，灾害研究运用系统科学的水平总的来说还不够高。迄今灾害学所使用的概念、原理和方法基本上来自系统科学的早期成果，即控制理论、运筹学、一般系统论和系统工程，它们研究的对象主要是小系统和大系统，即钱学森所说的简单系统。耗散结构论、

---

① 钱学森. 钱学森书信（第 5 卷）［M］. 国防工业出版社，2007：209.

协同学等属于简单巨系统理论。而重大自然灾害属于复杂巨系统，这些系统理论的针对性不足，理论效力不够。研究灾害问题需要更深入的系统原理和方法，应该到复杂系统理论中寻找。到目前为止，中国学界尚未把灾害学与复杂性科学联系起来，不能从复杂性科学的高度看问题，致使人们对学科性质、指导思想和方法论的认识不够明确，不利于灾害学的发展。针对这种情况，钱学森期望人们"能用系统科学新成就，开放的复杂巨系统理论，去开拓灾害学"（同上，214）。这就为灾害学的发展指明了方向。但实事求是地讲，系统科学和复杂性科学自身发展还不够深入，复杂适应性系统理论对灾害研究用处不大，开放复杂巨系统理论在一定程度上只是一个概念框架，亟待填充具体内容。

9.2　深化灾害系统论

先来作些文字分析。不论天灾还是人祸，都是一种系统现象，以系统的方式发生和演变，故必须以系统的方式去认识和应对。中华先祖对这种系统观点已经有相当深入的领悟，并凝结在语言文字中。"任何灾害都由两个因素构成：致灾因子和受灾体。"① 灾害即灾之为害，是由加害者和受害者组成的系统。它的同义词还有灾荒、灾祸、灾难等，都是复合词，前一字主要表征灾害的成因，后一字表征灾害造成的后果，构成一类因果统一体。灾的后果是毁坏人类福祉，福的反面是祸，故亦称灾祸。严重之灾是人类的劫难，故称为灾难。在农业文明时代，受灾的主要后果或是良田变荒漠，或城市荒芜化（如白居易诗云"晴翠接荒城"），故称为灾荒。这些词已经包含有系统思想。我们再考察这些词的头一个字。灾又写作"烖"或"灾"，灾的下部为火字，上部为川字（意指"汇水为川"），造字者认为灾害的主要成因是水与火。灾由土、火、戈整合而成，表述灾害成因有社会（社字从土）、自然（火）和战争（戈）三方面，后者称为兵灾。这些汉字的创造凝结了中国古人对灾害的切身体认，有深刻的历史内涵。水灾的发生与救治在中国历史上居重要地位，故有"治国先治水"的古训。但只讲因不讲果，缺乏系统思想，今天来看，用灾比用烖或灾更科学。灾字由宝盖和火字构成，《辞海》引用古籍给出的解释是："凡火，人火曰火，

---

① 汪汉忠. 灾害、社会与现代化［M］. 社会科学文献出版社，2005：48.

天火曰灾。"讲的是成灾之因，仅以天火代表成灾的自然力，符合信息运作的小冗余度原则。宝盖"宀"也是汉字，读 mian，意指深屋（有堂有室的居所）或家园，一种已有一定复杂性的人工系统。灾是一个会意字，小而言之，深屋之下起火谓之灾；大而言之，生存家园起火谓之灾。可见灾字的创造者已经认识到，人类为自己创造的生存家园内的破坏性变化，就是灾害。一个灾字，同时讲到成灾之因、灾害发生的环境、灾害危及的对象和灾害的后果，蕴含明显的系统观点，思想相当深刻。故灾害一词优于灾害，中国学界命名为灾害学而非灾害学，颇具科学性。

不同类型的灾害需要不同的科学理论，作为共同的方法论则是系统科学。故系统科学的诞生才使得灾害研究有可能提升为科学学科。但系统科学现有成果还不能充分满足灾害研究的需要，尚待大发展，提出新的概念、原理和方法。这里只补充说明以下几点。

（1）地球表层系统。这是苏联学者提出的概念，钱学森加以肯定和发挥：所谓地球表层"指的是和人最直接有关系的那部分地球环境，具体地讲，上至同温层的底部，下到岩石圈的上部，指陆地往下 5～6 公里，海洋往下约 4 公里"[1]。人类关注的各种自然灾害、台风、海啸、干旱、洪涝、冰冻、虫害、非典、瘟疫、泥石流、森林大火、浅源地震，等等，直接成因都来自这个空间范围。超出此范围的自然现象，如地壳深部异动、火星的火山爆发、太阳系外的星球爆炸等，是灾害系统的远环境，它们对人类的祸害最终要通过地球表层变化来实现。迄今为止，除了几十名宇航员，人类始终只能活动在地球表层系统中，进入外太空后可能遇到的灾害尚未纳入科学研究的视野。所以，人们讲的自然灾害都发生于地球表层系统中，是地球表层系统自身内部的事件。故不应该笼统讲系统，灾害学的系统观首先要建立地球表层系统概念。钱学森把地球表层学看作地理科学包括灾害科学体系中的基础科学，故灾害学应"把地球表层作为开放的复杂巨系统来研究"[2]，弄清它的组分、结构、环境、特性、演变方式等。但现有的灾害研究尚未进到这一水平，极少使用这个概念，地理科学也尚未提供关于地球表层系统深入的理论知识。

（2）系统的生成论、演化论、衰亡论。所谓系统论，包括系统存在论、系

---

① 钱学森等. 论地理科学［M］. 浙江教育出版社，1994：37.

② 钱学森. 钱学森书信（第6卷）［M］. 国防工业出版社，2007：512.

统构成论、系统生成论、系统维生论、系统演化论、系统衰亡论、系统因果论、系统矛盾论，等等。对于防灾救灾而言，最关紧要的是系统生成论、系统演化论和系统消亡论。演化论已有大量研究成果，但主要是基于自然科学建立起来的（耗散结构论、协同学等），不完全适合于灾害学，需要关于复杂系统的演化理论，特别要专门研究灾害系统的演化。生成论对灾害学的价值显而易见，一切灾害都有其生成过程，灾害研究需要有关灾害系统生成机制、原理、过程结构等知识。但生成论还极不成熟，目前尚无多少深入可用的成果。衰亡论则全然未受到学界关注，尚属一片未开垦的沃土。然而，与灾害学休戚相关的正是生成论和消亡论，从价值观考虑，最重要的是系统消亡论，这里稍加说明。就价值观而言，人们喜生恶死是合乎情理的，故系统科学迄今只谈系统的生成，不提系统的衰亡。但有生必有死，凡在历史上生成的系统，必将在历史上消亡。从理论科学中性论看，生成论与衰亡论是对等的，无所谓主次高低，系统论应该给以同样的关注，建立关于系统衰亡的一般理论。从实践和价值层面看，灾害系统一旦发生，最关紧要的是如何使它快速、稳当、彻底、干净地消除。所以，系统科学理应研究系统衰亡问题，灾害学尤其需要发展系统消亡论。

（3）系统与环境互塑共生原理。系统论的开放性观点揭示系统与环境是相互塑造的，环境在塑造系统，系统也在塑造环境，这种塑造既有正面的，也有负面的。灾害系统是地球表层系统和社会系统两者相互作用的直接产物，后二者是它最切近的环境，应对灾害的整个过程就是人与地球表层、人与社会系统的互动互应过程。现实世界没有一种系统与其环境的关系比灾害系统与其环境的关系更密切，救灾活动实质是重建被破坏的地理地貌和人工设施，恢复被破坏的社会建制和关系。前者是改造地球表层系统，后者是改造社会系统，救灾就是改造被破坏的环境以消除灾害后果。但现有系统理论有关开放性的内容太简单，不足以充分描述灾害系统的开放性。其一，这些理论主要描述环境对系统的作用，忽视系统对环境的反作用。在灾害成因问题上，人们易于看到地球表层系统危害于人类，却忽视人类行为对地球表层的反作用，忽视恩格斯所说的自然界对人类的报复行为，它们是导致灾害的重要原因。即使灾害发生后的救助活动也包含人类对自然界的塑造作用，会引起自然界的反作用。其二，自然界的异常变化加害于人类，立即引起受灾体的回应，启动灾害救助过程，牵动社会的方方面面，又立即反作用于地球表层系统，这种天人互动互应从灾害系统形成起一直进行到灾害被消除止，过程相当复杂，现有的系统理论很少能够提供切中肯綮的指导。灾害学需要新的开放性理论，立足于环境与系统互塑共生关系和互动互应过程来认识和对待灾害问题。

（4）整体涌现原理。灾害作为系统也具有整体涌现性，而且是有害于人类的整体涌现性，它们的生成对人是负面因素，消亡才是正面因素。灾害学的特点是，应用系统观点的目的是为了避免、削弱、最终消除灾害系统的整体涌现性。几种灾害同时或相继出现也会相互影响、相互作用而产生新的整体涌现性，那将导致更大的灾害。如洪涝之后容易产生瘟疫，洪灾与瘟疫联成一体将产生巨大的危害，必须防止这种整体涌现性出现。

（5）"治未灾"原理。"治未病"是中医学最具特色的医学观点之一，内蕴深刻精湛的系统思想，是系统科学尚未开发的宝贵资源。它包含四个层次或环节，形成一个完整而有序的体系：（1）健身防病；（2）治病于微（"上工治其萌芽""刺其未生"）；（3）已病防变；（4）病愈防复。这四点都能在《黄帝内经》中找到根据，它们原则上都适用于灾害学，可以称为"治未灾"原理。因为疾病是一类灾害，一切灾害都可能诱发疾病或传变为疾病，治病是救灾的一个特殊类别。"治未灾"是"治未病"的扩展，由四个环节组成的有序链：

健体防灾→治灾于微→已灾防变→灾灭防复。

①健体防灾：社会群体都可能成为受灾体，应当有意识地增强自身的防灾抗灾意识和能力，特别是减少乃至消除人为导致灾害发生的原因。

②治灾于微：尽可能把灾害消灭在萌芽状态。能够做到做好这一点，则原本可能发生的大灾将转化为小灾（大灾化小），原本可能发生的小灾将转化为无灾（小灾化无）。否则，原本无灾可能变为有灾，原本小灾可能变为大灾，原本可以承受的灾害可能变为无法承受的劫难。

③已灾防变（防扩散）：一般自然灾害也可能像疾病那样传变，不同类型的灾害之间、不同受灾地区之间构成某种可能的灾害链，或灾害网，使得一种灾害引发另一种灾害，或灾害从一个地区扩大到更多地区。正确的应对举措是一种灾害发生后，迅速有力地切断可能的传变途径，灾害学称之为切断灾害链，把灾之为害限制于最小范围。

④灾灭防复：有些灾害消除后易于复发，特别是人为因素可能导致复发，必须做到灾后防复。

治未灾四个环节的核心思想都是着眼于防止、弱化、避免、消除灾之为害的那种整体涌现性。

9.3　灾害系统的复杂性

我国灾害学界对灾害系统的复杂性已有所认识："'复杂'是灾害系统的又一基本特征。灾害系统由于具有庞大的体系、众多的作用因子和纵横交错的内在结构关系，从而导致了种类繁多的灾害现象，每一种灾害现象又有其错综复杂的形成过程和发生发展规律。"[①] 如此认识还不能令钱学森满意，他强调"灾害系统也如社会系统，是开放的复杂巨系统；重在'复杂'及'巨'"[②]，要求灾害学应用系统科学的新成就。

先讨论灾害系统的巨型性。地球表层通常划分为土石圈、水圈、大气圈、生物圈等一级分系统，也都是巨系统，作为自然物的整个地球表层当然是更大的巨系统。人类社会也是巨系统。由这两个巨系统相互作用而产生的灾害，一般都是巨系统。但灾害学界尚未接受巨系统概念，系统科学界也有许多人不接受，他们习惯用大系统概念。钱学森则坚持讲巨系统，其根据何在？巨系统具备小系统和大系统没有的特征，最显著的是结构上有宏观和微观的层次划分，行为上呈现自组织运动。这在灾害系统中都有明显表现，认识和应对灾害必须关注这两个特点。大有大的难处。对于规模巨大给灾害认识和救助带来的巨大难题，目睹了 2008 年汶川大地震的中国人至今印象深刻，大系统概念不足以把握之。

更为突出的是灾害系统的复杂性。从灾害的产生根源来说，地球表层系统的复杂性，社会系统的复杂性，两者交织起来形成灾害系统特有的复杂性。从灾害系统的构成和形态上说，现代科学所揭示的各种复杂性表现形式都呈现于灾害系统中。从灾害系统的演变和救助看，它的意外性、突发性、紧迫性、尖锐性、危险性是一般复杂系统所不具备的，灾害往往造成死伤，人命关天，需要跟别的复杂系统加以区别，急事急办。灾害学必须遵循毛泽东的矛盾特殊性原理，要重视灾害系统复杂性的特殊表现。例如，凡系统都有一定的持存性，持存性差的系统易于消除。灾害是"负价值"系统，持存性越小越好。然而，

---

① 罗祖德，徐长乐．灾害科学［M］．浙江教育出版社，1998：81.

② 钱学森．钱学森书信（第5卷）［M］．国防工业出版社，2007：214.

灾害系统的持存性不仅取决于异常自然力的类型、力度、范围、频发度等，基本上不以人的意志为转移，而且很大程度上取决于社会系统，生产力的、制度的、政策的、文化的、心理的因素都可能影响灾害系统的持存性，或者强化，或者弱化，情形相当复杂，人们现在的理解还比较肤浅。

灾害系统的多样性和内在异质性。"载舟之水也覆舟。"凡是能够给人类提供资源的自然存在，土、石、气、水、火、光、生物等等，都可能在一定条件下成为造成灾害的祸根。"物无美恶，过则为灾。"辛弃疾的这句词语说明，灾害的多样性源于自然物的多样性。但自然界的多样性和异质性是产生灾害复杂性的重要根源，却非唯一根源。按照现代科学解释灾字，宝盖代表的"深屋"不仅指人造的物质器物，还指存在于这个生存家园中的社会关系网络，包括社会制度、生产力、组织力、科技力乃至社会风气等方方面面，深屋既是受灾体，也是成灾原因。地球表层的异常变动一旦发生，立即引起社会系统全方位的强烈回应，转变为人与人、人群与人群之间激烈的互动互应，并通过这种互动再反馈于地球表层系统，再作用于社会，循环不已。在这个动态过程中，社会相当于控制系统中的转换器、放大器、校正器，不断改变着自然力造成的破坏后果，或者缩小，或者放大，或者转变形态，或者转移场所，社会系统的各种复杂性将通过灾情的演变和人的救助活动而呈现出来，又不断变化。社会制度的好坏，是否有效，效率高低，灾害救助效果大不相同。每个时代都有落后甚至腐朽的制度存在，即使比较先进和完善的社会制度也总有不完善处，再加上认识有误、举措失当等实时因素，自然灾害的破坏性后果常常被人为因素放大或复杂化，故有"天灾八九是人祸"之说，而人祸的复杂性往往甚于天灾的复杂性。所以，钱学森强调："人为灾害发生非常频繁，损失很大，不容忽视。不考虑人为灾害的灾害学是不全面的。"[①]

灾害系统的非线性动力学特性。灾害系统必定是非线性动力学系统，滞后、瓶颈、饱和、起伏、分岔、突变、指数放大、临界慢化等等，非线性动力学系统的所有典型特征都会出现在灾害系统中，而且表现突出。简单系统和简单巨系统的非线性动力学特性可以用数学模型描述，能够做精确求解和分析，对系统未来行为做出预见。灾害系统无法建立这样的数学模型，明知存在这些典型现象却无法作类似的描述和预测，复杂性显得更为突出。

---

①　钱学森. 钱学森书信集（第 5 卷）［M］. 国防工业出版社，2007：78.

灾害系统的不确定性。造成灾害的自然力具有巨大的不确定性和不可预料性，应对灾害的社会系统具有巨大的不确定性，都会多方面持续地进入灾害系统，交织而成灾害系统的巨大的不确定性。人的应对行为难免有延滞和失当之处，而一切应对失当都将会带来新的不确定性，救助行动本身也会引致新的不确定性。所以，现代科学所揭示的各种不确定性都存在于灾害系统中。

灾害系统的个性化特征。简单性科学的对象共性突出，允许典型化，建立标准模型，制定标准化的应对模式，套用于不同问题。复杂性科学的对象都是个体性突出的系统，灾害系统的个性化尤其突出，是典型的软系统，无法按照标准化的模式去描述和应对，需要个性化的应对方案。灾害学面对的不是硬系统方法论讲的可以明确定义的问题，而是软系统方法论讲的堆题、乱题，不存在最优解，找到令人满意的解决办法就算达到目的。而软系统方法论迄今并没有给出应对灾害明确有效的办法。

灾害系统的心理复杂性。灾害的另一个同义词是灾患，"患"字从心，"串"指穿越、贯穿。我们的先祖已经意识到，超常自然力的破坏性不仅表现在物质的和社会的层面上，还会产生穿越人心造成更难消除的心理伤害，一种无形的灾害。心理现象具有不同于物理现象的特殊复杂性，而且灾害造成的心理后果超越个体，演变为社会性的心理疾病，很难消除。汶川地震使中国人最切近地体验到灾害的心理后果有多严重，消除心理创伤是灾害救助系统最复杂最困难的一个侧面。

总之，灾害系统同时涉及物理、生理、事理、心理四个层面，同时具有物理复杂性、生理复杂性、事理复杂性、心理复杂性：

灾害复杂性 = 物理复杂性 + 生理复杂性 + 事理复杂性 + 心理复杂性

四种复杂性整合在一起，将涌现出灾害系统特有的整体复杂性。凡此种种，决定了灾害不能像发射卫星那样精确预测，不应苛求一切按照严密的计划进行操作；但又不可放任自流，灾害救助也必须有计划地进行。这就是矛盾。灾害救助是一种工程活动，须采用系统工程方法，但不是一般的系统工程，而是复杂系统工程。在灾害学所需要的复杂系统理论尚未建立的情况下，人们应该怎么办？钱学森认为："灾害系统工程只能用定性与定量相结合的综合集成法。"①这的确是目前唯一可行的方法。

---

① 钱学森. 钱学森书信集（第5卷）[M]. 国防工业出版社，2007：214.

9.4　灾害系统中的自组织与他组织

灾害系统蕴含种种矛盾，相互交织在一起，造就出它特有的矛盾复杂性。本节简略讨论灾害系统中自组织与他组织的对立统一。

自然灾害的发生、演变、持存和消除是多种自组织与他组织矛盾统一的过程。从灾害成因看，天灾都是大自然、特别是地球表层系统自组织地演变、重组、调整和除旧布新，人类无法干预和阻止。对于灾害系统形成、演变来说，这是强劲的他组织作用，自然界的自组织转化为迫使人类受灾的他组织。灾害发生后的地球表层系统仍然在进行自组织运动，如果没有人的干预，它将自组织地趋达新的稳定状态。但人不能靠这种自组织来消除灾害后果，自然灾害的自组织立即引起人们自觉应对的他组织。人为因素造成的灾害也有自组织因素。人类行为中一切盲目性都是社会系统自组织运动的表现，一切局域性的人类行为从全局看都包含自发的自组织因素，政府的一切全局性计划和干预当然是他组织，原则上又或多或少具有不符合客观规律的自发性和盲目性，在有计划、有领导、有组织行为的表观下，自发地、盲目地存在着、作用着和积累着，这也是自组织因素，这一切都可能转化为导致灾害系统对人类的他组织作用。

灾害发生后人类的救助行为，特别是政府从事的救助活动，是消除灾害的他组织作用。即使公认为成功的救灾行动，也或多或少存在某些有违自然规律和全局利益的盲目性，即救灾过程中产生的不利于救灾的自组织因素。灾害的预防和救助必须充分认识这一点，按照自组织与他组织辩证统一的原理行事，既要认识自然界的自组织，也要有意识地考查社会系统未被人意识到的盲目自组织，据此来部署他组织的救灾工作。

若从灾害系统本身看，自然界的破坏是一种强加于受灾体的不可抗拒的他组织力，迫使受灾体作为系统在组分、结构、属性、形态、行为方式等方面发生变化，即所谓外部环境对系统的他组织作用。人的救灾活动必须顺应这种无法抗拒的他组织，在顺应的前提下努力应对它、驾驭它，最终促使灾害系统消亡。从受灾体及其所隶属的社会系统看，灾害救助也是自组织与他组织的矛盾统一，灾害的预防和救治都有自救（自组织）与他救（他组织）两种形式，他组织救助包括别人助、社会助、政府助、国际助等。灾害救助是一种层次结构的巨系统，有微观与宏观的差别、联系和过渡问题。从微观层次看，个人或地区自行应对灾害的活动，包括灾前预防和灾后救治，都是自觉的有计划有组织的他组织行为，有他们自己的全局目的性。若放在整个灾害系统的宏观层次看，微观层次的所有自救活动中必定潜藏着某些与宏观整体的救助目的和计划不符合、甚至相悖谬的自发性和盲目性，又都属于自组织行为。每一级政府的救灾行为都是它所管辖范围的他组织行为，应当着眼于该范围内的整体目标，统筹兼顾，需要强有力的组织管理。若放在全局范围看，这些行为又都有自组织的局域性、盲目性。简言之，下层的局部的自救是救灾系统的自组织因素，外部和上层的救助是救灾系统的他组织因素，灾害救助是两者的矛盾统一。全局与局部、上层与下层、外部与内部的划分有相对性，导致自组织与他组织相互转化。成功地灾害救助必须建立在受灾体自身的自组织功能基础上，毛泽东大力倡导的自力更生精神极为重要，不能一切都依赖他组织，救助终究是助其救，而非包办代替。但由于灾害系统特有的突发性、紧迫性、危险性，外界特别是政府的救助这种他组织至关重要，总体上应看作灾害救助的主要矛盾方面，灾害救助的成败、效率高低主要取决于这种他组织。即使受灾体的自组织救治，也需要通过政府的他组织去激励、引导、协调、规范和整合，才能使之最大限度地发挥作用。而自组织和他组织的关系如何，有作为或不作为，科学地作为或乱作为、反作为，后果大不相同。下层自组织性不足，一切依赖于外部和上级救助，不行；没有外界帮助，特别是政府的统一组织，一切依靠灾民和地方自救，也不行。两个积极性都高，但不能协调一致，而是相互顶牛，各行其是，灾害救助也注定失败。所以，如何将救灾系统的自组织与他组织最好地结合起来，是灾害学必须研究的大问题。

政府是国家机器的首要部件，是社会系统内在的他组织者，原本是社会系统演化中为克服自组织的自发性、局域性、盲目性，确保社会稳定、高效、顺畅地运行而产生出来的。在漫长的历史上，国家机器主要是阶级统治的工具，但也负有调和矛盾、组织社会生活的责任，灾害救助就是其中之一。现代社会较之传统社会的进步，首先在于国家机器的后一种职能明显增大。在社会主义制度下，国家机器的对内功能应主要是调节社会关系，组织社会生活，保护弱势群体最基本的物质利益和人格尊严。受灾体是特殊时期的特殊弱势群体，救助他们是政府他组织功能的重要内容。一个社会是否健康进步，将在政府灾害救助行为中经受严厉的检验。鸦片战争以降的一百年中，中国社会作为系统的运行机制从两方面受到极大破坏。一是自组织机制受摧残，人民群众一盘散沙，灾民和地方自救能力极低。二是政府的他组织机制被损毁，腐败无能，失去起码的组织力，剩下的只是对人民群众自组织力的压制和摧残。这在灾害救助中也有突出表现，20世纪中国救灾史就是明证。20世纪前半期中国发生的20次重大灾害中，19次都可看到政府不作为、假作为或乱作为，另一次即1938年花园口决堤事件，完全是最高统治者有意造成的"人祸天灾"①。新中国的诞生从根本上扭转了这一局面，绘制出一幅截然不同的救灾史画面，汶川大地震是很好的说明。但强大的他组织力如果运用不当，就可能好心办坏事，造成人为灾害，在这方面新中国是有深刻教训的。

社会系统中自组织与他组织相结合的方式千差万别，最理想的是两者有机地融为一体：在看到自组织的地方也能看到他组织，在看到他组织的地方也能看到自组织；自组织发挥作用时能够得到他组织的保驾护航、支持、引导，他组织发挥作用时能够获得自组织提供的深厚基础；他组织的消极面受到自组织的制约，自组织的消极面受到他组织的制约。做到这一点，很大程度上要靠科学的制度建设和思想文化建设，优良的社会制度和思想文化都是自组织与他组织融为一体所必须的条件，能够把自组织力与他组织力自动而科学高效地整合起来；灾害一旦发生，社会系统的自组织机制和他组织机制立即自行启动，做出及时有效的应对。

然而，对于自组织和他组织的原理、机制、规律我们现在所知不多，现有理论基本上是基于机器系统和简单巨系统而建立的，很难用之于复杂巨系统，包括灾害系统。适用于复杂巨系统的自组织理论和他组织理论是系统科学亟待研究的大课题。汶川地震使世界看到中国社会在大灾面前出色的自组织性和他组织性，也暴露出诸多问题。无论是发展灾害学，还是发展系统科学和复杂性科学，这些经验教训都是宝贵资源，亟待开发利用。

---

① 夏明方．康沛竹．20世纪中国灾变图史（上）［M］．福建教育出版社，2001．

第 10 章　中医学复杂性管窥

我们说过，中国传统文化在宇宙观、方法论、逻辑思想上与简单性科学有许多格格不入之处，却与复杂性科学有许多深刻的相似、相通之处。本章与下章分别考察中国传统文化的两颗"明珠"，以揭示它们跟复杂性科学的深层次联系。首先考察中医。中医有无科学性？回答此问题要看你讲的科学是什么。按照还原论科学衡量，中医"既不解人身之构造，复不事药性之分析，毒菌传染，更无闻矣"①。陈独秀的这段话基本说出了中医在还原论科学视野中的不科学性。若按照复杂性科学去衡量，中医学同科学领域新兴的开放论、整体论、生成来、有机论、信息论、控制论、非线性系统论、动态系统论、自组织理论、他组织理论、模糊理论、软系统方法论、复杂适应系统理论、开放复杂巨系统理论等在思想上具有深刻的一致性。这些新的科学理论都是人类为应对复杂性而提出来的，或发现描述复杂性的新视角，或开辟处理复杂性的新路径，同时也提供了认识中医科学性的不同视角。本章拟从七个方面对中医学的复杂性做一番管窥蠡测。

10.1　从开放论看中医

还原论内在地联系着封闭系统理论，把环境作用视为对系统的干扰，属于消极因素。还原论科学认为，欲把系统整体还原为部分，首先要把系统从环境中孤立出来，放在"纯粹形态"下研究，不能从环境中封闭起来的系统无法还

---

① 中国中医药报社. 哲眼看中医 [M]. 北京科学技术出版社，2005：190.

原为部分。封闭系统必定是简单的,对环境开放是系统产生复杂性的必要条件,只有开放系统才可能是复杂的,只有树立开放性观点才能看到复杂性。所以,拒绝开放性观点的科学研究所产生的一定是简单性科学,只要转向开放系统,科学研究迟早会遇到复杂性。

系统科学的理论研究是从研究开放系统起步的,代表现代科学走向复杂性研究的第一步。贝塔朗菲接受德费的开放性观点,首先提出开放系统理论,进而建立一般系统论。控制论和运筹学处理的都是开放系统,以图 10-1 所示的输入-输出模型为基本工具,即黑箱方法。中医的治病理念就是黑箱方法,尽管没有模型概念,事实上用输入-输出模型看待人体系统:外邪相当于干扰作用,外邪入侵是人体致病的首要原因;针灸、服药、按摩等是为了抗拒外邪而从外部输入的控制作用,医生通过观察疗效(输出变量)而了解和评价控制作用的效果,如图 10-2 所示,两者在逻辑上显示出惊人的一致性。

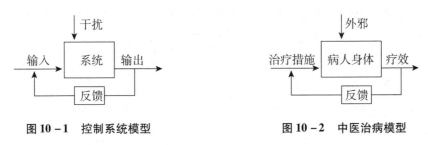

图 10-1　控制系统模型　　　　　图 10-2　中医治病模型

图 10-3 是耗散结构论的开放系统模型,揭示出开放性的物理学(热力学)含义。系统内部的热运动不断产生正熵 $d_i s$,导致系统有序性降低;系统靠从外部输入负熵来克服内部产生的正熵,以维持和提高系统的有序性。但跟外部环境交换来的 $d_e s$ 可正可负,开放未必一定能够吸入负熵,未必一定有利于系统。耗散的本意是,系统要维持生存和发展,须不断从环境吸取高品位的物质能量(负熵),向环境排出低品位的物质能量(正熵),从而提高(至少是维持)系统的有序程度。这就涉及开放的方式是否合理、有效,力度是否足够。用之于医学,人体是开放系统,从环境中流入某些正熵(即外邪入侵)是难免的,只要输入的负熵足够大,能够消除内部的熵产生和外部流入的正熵,人体就处于健康态。中医的说法是:正气存内,邪不可干。若输入的负熵不足以抵消热运动产生的正熵,甚至大量输入正熵,正气虚化而不能压邪,人体系统有序性遭到破坏,人就会生病。人体与环境正常的熵交换,意味着人"法于阴阳,和于

术数，饮食有节，起居有常，不妄作劳"①（《黄帝内经》素问一），得以获取足够的负熵，确保人体"形与神俱"，中医称为平人。所以，尽管中医没有开放性、耗散结构之类概念和相应的数学模型，但实际上把人体看成开放系统，看成耗散结构（《内经》已有"耗散"一词），注重通过考察人体耗散物能的情况去了解人体健康或生病。中医很重视人体系统物能和信息的流通，出（即输出）、入（即输入）是中

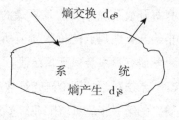

图 10-3　耗散结构开放性模型

医学一对基本范畴。中医讲究通塞之道：通则平（出入畅通是健康态），塞则病（通道堵塞是疾病态）。可见，中医学蕴含着耗散结构论的开放系统理论。

图 10-4 是从信息运作角度描述的复杂适应系统（CAS）的开放性模型，系统由探测器、处理器和效应器三个分系统构成。人体也是 CAS，不断获取系统运行状况和环境的信息，不断调整自身以适应环境。如果系统能足够准确而全面地获取系统和环境的信息，给以及时而有效的处理，进而以正确的方式调整自己，达到与环境相适应，人体就是健康的。如果环境变化过大，超出人体自我调整能力，或者人体内在机能虚弱，或者某个分系统出了问题，不能有效地完成信息运作任务，人体就处于疾病态。中医没有这一套语言，但这种科学思想是鲜明而完整的，图 10-4 实际上就是中医看病的信息论模型。

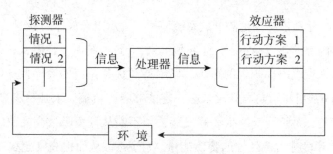

图 10-4　CAS 开放性模型

对照中医来看，系统科学迄今对开放性的描述还太简单，不足以应对人体的健病问题。一般系统论思想深刻，但能够用于人体健病问题的具体内容很少。

---

① 黄帝内经，吉林文史出版社、吉林音像出版社，2006，本书只注明"素问第几""灵枢第几"的引文，都取自该书。

控制论是以机器控制为主建立的，机械论很浓。以图 10 – 1 为例，干扰概念不足以充分反映外邪的复杂多样，以误差消除误差的反馈控制不足以刻画人体战胜疾病的复杂精致过程。耗散结构论真正适用的是贝纳德流、激光器之类非生命系统，用于描述人体系统还太简单，人体的耗散过程比贝纳德流复杂丰富得多，现在的自组织理论还无法描述。CAS 理论沿用智能机器人的方式描述复杂适应系统，以一系列条件语句"如果……，则……"模仿 CAS 如何应对环境，机械论成分明显，用之于人体健病问题的有效性实在有限。中医对人体与环境关系的理解集中反映在一个"应"字上：人应于天地。"应"是中医学的重要范畴，大量出现在《内经》中，如"五脏应四时"（素问四），"六气应五行之变"（素问六十八）等。中医以此范畴刻画人体的开放性，考察人体如何因应、适应、回应大自然，包括天地阴阳、日月星辰、四时昼夜、风雨寒暑等。九针理论给人体与环境的关系以更细致的说明，归结为"人皮应天，人肉应地，人脉应人，人筋应时，人声应音，人阴阳合气应律，人齿面目应星，人出入气应风，人九窍三百六十五络应野"的九应（素问五十四）。人天相应则健康，不相应则生病。如此丰富深刻的开放观，是还原论科学和建立在还原论科学基础上的西医学不可比拟的。

中医学还注意到人体系统对社会的开放性，关注社会环境对人体健病的影响。在病因学说上，中医认为致病因素不仅有天地间的邪风邪气，还有种种社会因素。如"尝贵后贱，虽不中邪，病从内生，生曰脱营；尝富后贫，名曰失精；五气留连，病有所并"（素问七十七）。社会因素常常通过改变人的心理状态而影响人的生理状态，导致疾病。故中医强调良医诊病不仅要"上知天文，下知地理"，还须"中知人事"，"通于人气之变化"（素问六十九），行医要"入国问俗，入家问讳，上堂问礼，临病人问所便"（灵枢二十九）。《内经》把谙熟养生大要而长寿者分为真人、至人、圣人和贤人四个档次，前两种"寿蔽天地，无有终时"，是神而非人。圣人则生活在现实社会中，他们懂得如何应对扰攘的尘世，"适嗜欲于世俗之间"，"行不欲离于世"，"举不欲观于俗"（素问一），故能长寿，其养生观是一般人可以学习的。

依托还原论科学发展起来的西医深受封闭系统观的影响，在阐释病因、揭示疾病机理、确定治法治则中都有反映。中医始终没有受到封闭系统观的影响，从来都是按照开放性观点看待人体、诊断和治病的，《内经》每一篇都显示出开放观。中国文化的天人合一观全面而深刻地体现在中医学的医理、医德、医术中，有待系统科学深入发掘。

10.2　从涌现论看中医

中医没有把人体健病现象还原到微观层次，没有细胞、细菌等概念，也不懂药材的化学结构。但数千年来仍然能发现和治疗人类的绝大多数疾病，其奥妙只能用系统论的整体涌现性原理来解释。人体系统呈现一系列独特的整体涌现性，如血液的脉象、心跳次数、呼吸频度等，解剖到器官、血分子便不复存在，你不能用验血来了解脉象。一个健康人如果细查其身体，可能许多器官都有大量细菌，但整体上没病。细查病人的器官，细菌可能与平时差不多，但就是浑身不舒服。因为健康与否是人体系统的整体涌现性，健康是正涌现性，疾病是负涌现性，无法用人体微观信息给出充分的解释。五四先贤们盲目地褒西医而贬中医，原因之一就是没有整体涌现性观点，把符合还原论当作普适的科学原则，主观上张扬科学性，客观上却是反科学的。

涌现论并不一概排斥还原（分解、分析）方法。中医也使用还原分解方法，古代医家大量从事人体解剖，《内经》已有"解剖"一词（"其死可解剖而视之"，灵枢十二），五脏、六腑、奇恒、八脉都是解剖人体的认知成果。中医没有病灶、靶点之类概念，但相关的思想是明确的。《内经》记述黄帝一再询问岐伯"何以知病之所在？"分析邪在大肠如何、邪在胆如何，都涉及病灶。"还原到适可为止"，钱学森此言揭示出一个系统论的重要原理。人体是多层次系统，中医视人体为三层次系统，把它划分为脏、腑、血、脉、骨、肉、皮、毛等一级分系统，穴位、腠理、分肉等为二级分系统，都属于人体的宏观层次。一般疾病的病因、病理均可在此三个层次上说明，并找出适当的治疗方法。

中医没有走向还原论，始终在宏观层次活动，使它发展出一套把握人体系统宏观整体涌现性的独特概念。如精、气、神、形、表、里、虚、实、寒、热、阴、阳等，都不能以还原论来说明；中医以这些概念阐释的医理，提出的治则治法，都不能基于还原论来理解。寒、热、虚、实都不是细胞的属性，更不是细胞中分子、原子的属性，它们只能在人体的宏观分系统层次上把握。气是活人体的整体涌现性，解剖尸体看不到，在老鼠身上做实验也不足以真正了解人体中运行的气。最典型的是神，只有完整的、有意识的活人才具备神，一经解剖便荡然无存。神无法用数学描述，不能形式化，只能靠悟性去把握。对于描述人体的神，现代科学现有的全套武器都用不上。中医强调养神、守神、得神，提高到"得神者昌，失神者亡"的高度，人欲健康就要独立守神、守神全形。若以还原论来看，此乃中医的神秘主义，无法做实证研究。但随着人生经历的增长，没有偏见的人都能够切身领会这些微言大义，重视神对人体健病的影响。

对于中西医的这种差别，青年毛泽东已有颇为精当的见解，体现出辩证思维的精髓。他认为："医道中西各有所长，中言气脉，西言实验。然言气脉者理太微妙，常人难识，故常失之虚；言实验者专求质，而气则离矣，故常失其本，则二者又各有所偏矣。"① 西方哲学把事物的本与质当成一回事，中国哲学认为本与质还有区别，本指事物作为整体的基本规定性，亦即事物作为系统的整体涌现性；质指构成系统的物质、物质基元及其属性。人体也是物质系统，专求质即一门心思寻找构成人体的物质基元及其属性，从宏观分系统还原到细胞、基因等微观组分，直至基本粒子。求质必向微观层次还原，还原是以解构整体涌现性为代价而实现的。气是人体系统的本而非质，不是构成人体的基元，不能用分子、原子、基本粒子来说明。故对人体解剖、还原必定导致气的离散消失，气离则失去人体之本。这恰是西医的特点和缺点。

中医的诊断学是以把握人体系统整体涌现性为原则而建立的，通过望、闻、问、切四诊所获得的都是关于人体系统整体涌现性的信息。中医的治病理念、诊断方法、治疗技术都是用刻画人体系统整体涌现性的概念表述的。中医药理学亦然，所谓四气（寒、热、温、凉）和五味（酸、苦、甘、辛、咸）都是药物的整体涌现性，分解到分子、原子就不存在了。表示药物作用方向的概念升、降、沉、浮所反映的也是整体涌现性，药物分子无所谓升降沉浮，它们是一副完整药剂才有的整体属性。中药学的所谓归经亦然。最能体现整体涌现性原理的是中医药的配伍原则，把药效看成是多种药物相互作用产生的整体涌现性，而非不同药物的简单相加。"古代的医学家在临床实践中发现疾病是复杂多变的……只有运用两种以上的药物，利用药物之间的相互制约、相互促进的关系，按照一定的规律加以组合，发挥其综合治疗的功能"②，如此解释符合系统科学的整体涌现性原理。

① 中共中央文献研究室编. 毛泽东早期文稿［M］. 湖南出版社，1990：597.
② 朱广仁. 中医必读［M］. 天津科学技术出版社，2004.

　　就系统自身而言，整体涌现性取决于组分、规模和结构三方面，中医药学完整地体现了这一点。药物配伍是对不同药物进行整合、组织，所产生的整体涌现性可能有利于病人，做到药到病除；也可能有害于人体，须严格禁忌。古人有"聚毒物以供医事"之说，中药的疗效正在于其整体药性，一经分解很可能有害于人体。"聚"不仅指把多种药物聚集在一起，还须通过熬煎等操作进行整合、组织、化生，以求整体上产生出各种药物单独使用所没有的特殊疗效。对称地，单独看无毒性的几位药材经过熬煎可能产生出有毒性的药效，属于负的整体涌现性。《神农本草经》把药物配伍分为七类，即单行、相须、相使、相畏、相杀、相反和相恶，不同组合方式产生不同的药性。其中相须、相使、相畏、相杀产生的整体涌现性具有治病的功能，是中医配药的基本方式；相恶和相反产生的整体涌现性有害于人体，是临床必须忌用的药物组合方式。至于单行，虽然只用单一药物，发挥作用的也是药物的整体特性，无须还原到微观组分去考察。长期以来，西方人往往依据药性分析否定某些经数千年实践证明行之有效的中药，就是由于还原论盛行在作怪，不足为训。然而，已进入21世纪的中国科学家，包括个别中科院科学院士，竟然以类似的理由否定中医药，给中医学扣上"伪科学"的帽子，就成为奇谈怪论了。化用林妹妹给宝哥哥的一句批语，这叫作"不怪自家无见识，却将丑语诋中医"，实属荒唐。

10.3　从系统生成论看中医

　　起源于西方的现代科学不区分生和成，把生和成当成同一回事、同一个过程。或许是受此影响，现代汉语也把生成当成一个词，表达一个概念，不区分生和成。古汉语则把生和成理解为两个词，表达两个既有联系又有区别的概念，代表系统生成过程的两个大阶段。从新兴复杂性科学的原则审视，应该说古汉语的用法更科学，更有意义，更符合复杂性科学的范式。生指出生，即系统从无到有；成指成长或长成，即系统从幼稚到成型，或婴儿长大成人。《内经》有"天覆地载，万物方生未出地者"的说法，直接说的虽是植物，也申明可以推及于人（素问六）。生与成既不得混淆，又密切相关。生是成的前提，有生才可能谈成，尚未生，何以谈成？但生未必一定能成，仅仅生出来还算不上完成了生成的全过程，生而未成的系统并非罕见。人体作为系统，出生不久即夭折的事是常见的。其他系统也可能生而未成，如合法注册的新公司尚未开张又宣布取消。区分生与成是系统生成论的重要思想，是中国传统文化对系统论的贡献。

以人体为对象的医学有生成论和构成论两种研究方式。西医迄今基本上以构成论看待人体，重在解剖分析，力求弄清人体的构成，基于构成论来阐述病机病理。从威耳和提出细胞学说起，西医把人体构造还原到细胞层次，基因理论又进一步还原到生物大分子层次，对人体微观层次获得越来越精细的认识。中医既以构成论看人体，更重视以生成论看人体。就构成论看，中医对人体的认识仍然停留在宏观层次上，远不如西医。就生成论看，中医已有很多深入思考，显然胜于西医。这集中体现在《内经》中，基本观点可以表述为："人以天地之气生，四时之法成。"（素问二十五）它包括两个命题，前一命题谈人之生，后一命题谈人之成，内容颇为丰富。下面基于图8-1给出的框图，对人体生成过程略加分析。

先看人之生。人体的本质是什么？中国文化认为，万物化生于天地之间，化天地之精微而生。天地之精微都以气的形式存在和运行，万物皆气聚而生，气散而亡。人亦不能例外，"天地合气，命之曰人"（素问二十五）。人体是天地之气相交合的产物，是气的一种暂聚之形，筋、骨、血、肉、皮、毛等不过是它的载体，是聚气之器，一旦气散，人体就成为尸体。所以，人如何"以天地之气生"的问题，核心是气如何化生、聚集、整合而成为人体。于是就要问：由谁来化生气和聚气？如何化生气和聚气？

老子的"有生于无"是一个哲学命题，指出新事物A都生于无A的世界。从科学上看，一切具体事物从无到有的生成都是一个有限过程，其中的无却是一种无限的存在。任何具体事物都不能以这种无限过程为起点，其生成起点必须是有限而确定的，我们把它叫作微，有生于微是系统生成论的基本原理。微就是以微不足道的物质载荷、微不足道的能量传送的关于未来系统的信息核。有生于微在哺乳动物中表现得最典型、完整。中医没有把人体还原到微观层次，不能对受精卵进行解剖分析，但事实上懂得有生于微的道理。中医认为："夫精者，身之本也。"（素问四）人体作为系统起始于父母的先天之精，两精相搏，合而为一，便开始了一个新生命的历程。用今天的语言讲，精子和卵子结合为受精卵就是新的生命历程的起点，受精卵即人体系统生成过程起点的"微"。汉语把精和微组合成为精微，精必微，微而妙。现代生物学把生命还原为DNA，发现DNA储存着人体发育的完整程序，DNA指导受精卵发育，指导细胞分裂，经过十月怀胎而生出新的生命。这是关于人类个体作为系统如何发生的微观理论，揭示了人体系统发生发展的微观机制。但它对人体系统在起点上的整体性特征缺乏认识，所谓基因悖论可能与此有关。中国文化（包括中医）恰好相反，它不了解受精卵的精细结构、性质和功能，但对受精卵的整体特性却有精当的认识。"故生之来谓之精"（灵枢八）。中医讲的神是人体系统的一种整体特性和机制，这种神来自何方？起于何时？中医的回答是："两精相搏谓之神"（灵枢八）。神并非凭空出现的，它源自先天的生殖之精，人之神产生于精子与卵子相搏击而结合为一的那个瞬间。受精卵是由精子和卵子组成的系统，凡系统都具备整体涌现性，受精卵作为系统的整体涌现性首先是人之神，尽管此时的神还不同于成人之神，但毕竟确立了人之神的雏形。有了这种雏形之神，就可以靠它来掌控受精卵的发育生长，形成能够聚集天地之气而成为人的各种器官和运行机制，同时神自己也在发育成长。

人体生成过程也包含四个步骤：无中生微，从微到雏形，出生问世，成长。微的产生不仅取决于父母之精的个性，且与两精相搏的时机（时辰）、环境、激情等有关，带有相当的偶然性。从微到雏形（即方生未出）的演化是在母体中进行的，这个特殊环境大大增加了人体系统生成的确定性，但胎死腹中的危险始终是非零概率事件。不妨设想，如果一个在地球上受孕的妇女立即被送往另一星球，给她提供生命所需的一切，但天地之气、昼夜四时等大不同于地球，婴儿在母体内的发育必定也有所差别。如果受精卵在不同于人体的母体中发育，差别将更显著。人体的生成有一个过程，它包括两个一级分过程。上述三步微、雏、出世均是二级分过程，共同构成人之生这个一级分过程。第四步才是成，代表人之成这个一级分过程。人体所具有复杂而精致的机能，须经过由这两个分过程、四个步骤所构成的完整过程方可真正形成。

再看人之成。无生命系统可以被视为生即成，无须出生后再经历一个成长过程。生命系统不可能即生即成，它比非生命体复杂得多的重要表现之一，就是出生后还需要一个成长过程，最高级的人体系统尤其不能缺少这个过程。刚出生的婴儿已经具备人体作为系统的完整结构框架，五脏、六腑、五官、四肢应有尽有，但基本属于空间结构。出生前的胎儿由于被封闭在母体子宫中，深藏不露，无法直接感受天地大环境的多样性和时变节律，尚不能形成人体的时间结构。即使通过母体间接感受天地大环境也仅仅十个月（还不满一个四季循环），远远不具备成人身体应对天地环境复杂性的那些特性、机制、功能，无法承受六气八风的袭击。刚出生的婴儿仅仅具备了获得这种复杂性的前提条件，要实际获得这种复杂的特性、机制、功能，尚须自己后天在大自然的时间结构中亲身历练和学习，首先是人体系统无意识的自组织学习，同时也离不开亲人扶持这种他组织。

细读《内经》即可发现两个特点。一是它的庞大内容对于了解人的生而未出阶段鲜有助益，却十分有助于了解人出生后的成长时期。或者说古代医家关注的主要是人体出生后的成长过程。究其原因，既同古人没有还原论科学的微观知识有关，也表明古代医家已领悟到人体健病关系及治疗跟出生后的成长阶段关系重大。二是谈空间少，谈时间多，《内经》多数篇幅都涉及时间的差异和变化对人体状况和医生诊治疾病的影响，谈地域的影响很少。这可以解释为，就对人体复杂性形成的影响看，古代医家认为空间地域变化的作用远小于时间运转的作用。中医讲的五方是空间概念，但常常将五方对应五时，体现了对时空关联性和空间时间化的考量。所以，人体系统出生后如何成长是古代中医学家关注的重点，其中又着重于时间作用。

人体系统如何实现从生到成的演化？《内经》提出一个总原则："遵四时之法成。"《内经》的大量内容在于阐述什么是四时之法，人体如何遵四时之法，违背四时之法带来怎样的危害，揭示人体遵四时之法以成的规律性。所谓四时之法，最重要的是大自然在历经春、夏、秋、冬的循环运转中，天地之气在历经春升、夏浮、秋降、冬沉的运转，万物在经历春生、夏长、秋收、冬藏过程中周而复始的运转。中医认为，健康的人"五脏应四时"（素问四）。婴儿躯体在出生后要学习如何使自己的五脏应四时，该生时生，该长时长，该收时收，该藏时藏。如果该生发而不能正常生发，要么不及，要么太过，人就不能正常发育，就会生病。长、收、藏亦然。其实五脏、六腑、血脉、筋骨、皮肉等都"应四时"，都需要在出生后反复历练，才能做到按四时之序生、长、收、藏，人体之气才能按四时之序升、浮、降、沉，从而与大自然的升浮降沉、生长收藏相适应。

更一般地说，婴儿在出生后应该学习如何正确地应对大自然全部的时间结构，除了应四时，还要应十二时辰、二十四节气等循环运行。例如，刚出生的婴儿已有十二经脉，但还不能像成人那样在当令时辰正确地当令，需要通过反复历练和学习。还应该学会在地月系统运转的过程中使五脏该当旺时能够当旺，避免当旺不旺或当旺过旺；不该当旺时能够与其他脏腑相生相克，和谐相处。

这也是"遵四时之法成"必须包括的修炼课程。"遵四时之法成"只是一个简便的说法，更准确的表达应是人体"遵大自然时间结构之法成"。这一目标无疑只能在出生后经过实际生活的长期磨炼来实现，仅靠遗传和母体内孕育是不行的。

复杂性研究的圣塔菲学派强调适应性造就复杂性，这一原理可解释人体系统成长过程产生的复杂性。婴儿出生后还不具备成人身体的复杂性和抗疾病的能力，必须经历一个适应自然环境的长期过程，这就是成长。按照中医的说法，婴儿须长到15岁才算成人。这意味着一个人出生后，需要在地球这个环境中经历15次四季（四时）循环、180次月圆月缺循环、5475次昼夜（12时辰）循环，经过大大小小难计其数的关节，才能练就地球人类特有的机能，完成从生到成的发展过程。总之，婴儿的五脏、六腑、奇经八脉、筋骨皮肉以及整个躯体是在经历15个年头反复的适应性学习之后才长大成人的。如此漫长曲折的适应过程造就了人体系统非同寻常的复杂性。不妨设想，一个婴儿一出生就被送往其他星球，那里也有水、气、食物等能够提供后天之精的东西，但辰、日、月、季、年等时间结构显著不同于地球。他或她在那里长大成人，脏器或许还是那些脏器，但生理机能一定大不相同。其躯体系统与地球人必有差别，健病关系也不同。如果连受孕和胎内发育都在其他星球，再加上遵那里特殊的时间结构之法以成，其身体与地球人必有更多的不同。

中医还依据生成论来阐释疾病的生成，并且由此引出一系列治法治则。《内经》认为疾病也是有生于微，"夫病之始生也，极微极精，必先入结于皮肤"（素问十四）。"正邪之中人也微，先见于色，不知于身，若有若无，若存若亡，有形无形，莫知其情。"（灵枢四）所以，中医要求医生"见微得过"（素问五），防微杜渐，最高境界是治病于微，灭病于微。相反，如果不采取有效措施，起先入结于皮肤的外邪就会进而传送到腠理分肉，进而再传送到血脉，从络脉传经脉，由表入里，由浅入深，"积微之所生"（灵枢六十），由微而著，直到传入脏腑，铸成大病。所谓"圣人自治于未有形也，愚者遭其已成也"（灵枢六十），"上工救其萌芽"，"下工救其已成"（素问二十六），说的就是作为医生的两种大不相同的境界。

10.4 从非线性动态系统理论看中医

中医心目中的人体是动态系统，时时处于出、入、升、降的变化过程中，从健康态到疾病态、得病后的治疗康复尤其是变化显著的动态过程。动态过程有线性与非线性之分，人体必定是非线性动态系统，生病与治病尤其是非线性强烈的动态过程。人天相应关系，人体不同部分的相互关系，特别是不同脏器之间、不同腑器之间、脏腑之间的关系，疾病与健康的关系，药物与药效的关系，本质上都是非线性的。尽管没有线性、非线性之类术语，不懂得按照数学模型对非线性进行分类，中医对同人体健病有关的非线性现象有相当深刻的理解，揭示出许多重要的非线性类型，下面考察其中的三种。

(1) 过犹不及型非线性。一切事物都有质和量两种规定性，要维持事物的某种质，须把有关的量保持在一定范围内，量太小或太大都不行，太过与不及都是偏差，都有损于其质。这叫作过犹不及。中医从保护人体正常状态出发，发现人体系统在养生、保健、治病中存在各种各样的过犹不及现象，须认真对待。人以食为天，吃不饱和吃过饱都不利于健康。太冷太热，过咸过淡，暴喜暴怒，运动不足和运动过量，等等，都可能致病。《内经》主张医家必须"观过与不及之理"（素问五），从不同角度论证过犹不及的道理，解释病因病理，选择治疗方案。例如，脉象的太过和不及都是病状的表现，春脉、夏脉、秋脉、冬脉各有其太过与不及。《内经》反复讨论"过犹不及，其病皆何如?"的问题，把掌握脉象之过与不及视为"脉之大要，天下至数"（素问十九）。针灸时针刺的深浅也存在过犹不及现象，而且事关重大，针刺疗法的治则包括防止太过与不及。"过之则内伤，不及则外生壅，壅则邪从之。浅深不得，反为大贼，内动五脏，后生大病。"（素问五十）多余和不足是中医的一对常用概念，亦属于过犹不及型非线性，神、气、血、形、志都可能有余或不足，均为致病原因和病态的表现，相应的治则为多余泻之，不足补之。

(2) 循环型非线性。循环是非线性的另一种常见形式，如因果循环、盛衰循环等。中医学首先用循环描述大自然的运行规律和基本关系，最重要的是昼夜循环和四季循环。既然中医把天人相应作为认识健病关系的最高原则，它就相信四季循环和昼夜循环必然在人体系统中反映出来，对健病关系产生重大影响。"遵四时之法以成"的人体内也有许多循环，最基本的是气血循环。循环概念提供了理解自然界、人体运行、疾病发生、治病方法的重要机理，故中医用循环来说明人体现象，讨论人体健病问题。《内经》常见"如环无端""周流不息"等说法。"营卫之行也，上下相贯，如环之无端"，"络绝则径通，四末解则气从合，相输如环"（灵枢六十二）；"夫血脉营卫，周流不休，上应星宿，下应经数"（灵枢八十一），等等。中医阐释养生保健的道理，揭示病因、病理，确定治则治法，都离不开循环概念，尤其气血循环。人体内的循环，凡能够适应天地阴阳者属于健康态，不适应则为疾病态，医生治病必须认识和利用这些循环现象。为寻找中医和现代科学的一致点，近人彭子益提出人体气机圆运动概念，相信"中医为人身与宇宙同一大气物质势力圆运动之学"①，说的也是循环型非线性的医学意义。

（3）滞后型非线性。人体系统的运动也服从因果规律，医学需要从因果关系解释病因，分析病态，揭示病理，确定治疗方法。简单系统的果之应因是即时性的，知道因必定能够同时知道其果。复杂系统一般做不到这一点，果之应因是非即时的，此时的因所导致的果须在后来某时刻才能见到，称为时间滞后，或时延。人体系统非线性动力学特性的一种表现是时间滞后显著，对健病问题影响很大。治愈病人需要一定的疗程，不可指望立竿见影、手到病除，原因就在于人体系统有滞后。中医对此有充分的认识。从病因学说看，"冬伤于寒，春必温病；春伤于风，夏生飧泄；夏伤于暑，秋必痎虐；秋伤于湿，冬生咳嗽"（素问五）。从疾病诊断学看，中医重视把握各种滞后效应。所谓"察九候"理论认为："九候之相应也，上下若一，不得相失。一候后则病，二候后则病甚，三候后则病危。"（素问二十）候是人体系统内部状态的外现，证候适时而相应地出现，表明九候之脉相互适应，没有参差，人体上下若一，是健康的表现。"所谓后者，应不俱也"（素问二十），果之应因存在滞后。一部之证候滞后表明有了病，两部之证候滞后表明病重了，三部之证候都滞后表示病危了，足见滞后现象的影响之大。

线性关系本质上只有一种，非线性关系本质上有无穷多种，自然科学已经揭示出来的非线性类型在人体系统中几乎应有尽有，如饱和型、拐点型、非对称型、非均匀分布型等，中医都有所认识和应用。俗话所谓病来如山倒、病去

---

① 彭子益．圆运动的古中医学［M］．学苑出版社，2007：1.

如抽丝等，也都有医学上的表现，前者是指数式非线性增长，后者是临界慢化式非线性。西医的思维方式有明显的线性特征，治疗措施直接指向病灶，即所谓头痛医头、脚痛医脚。中医的思维方式始终是非线性的，肺病治肠，治肝实脾，左病治右，右病治左，等等，不必一一列举了。

五行学说是中医的重要理论基础，五行相生相克关系属于强非线性、本质非线性，甚至应该说比非线性更深邃复杂，现代科学无法描述它。中国文化视金、木、水、火、土为客观世界的基本要素，宇宙为五要素系统。为何不称要素而称行？行者，运行也。五要素之间的关系不是静止的，而是运行中的相生相克关系，可以刻画宇宙系统的基本结构，故称为五行。五行学说是中国文化描述宇宙系统的唯象模型，刻画宇宙的运行结构，而非框架结构；是动态结构，而非静态结构。其中的非线性至少表现在以下几方面。

①相生关系逻辑上可以是线性的（按固定比例相生），也可以是非线性的（变比例相生）。相克只能是非线性关系，x 与 y 相克最简单的数学形式是 $y = 1/x$，一方增大，另一方减少。按照现代科学的确定论思想，两个事物若相生就不能相克，若相克就不能相生。五行学说与之相反，承认事物既相生，又相克，生中有克，克中有生。此乃一类辩证关系，不能用形式逻辑刻画。

②整体地看，五行模型描述的是一种循环型非线性，包含相生循环和相克循环，皆为五步循环（五点周期）。图 10－5 是相生循环，其中又有用五角星表示的相克循环。图 10－6 是相克循环，其中又有用五角星表示的相生循环。两个五角星的运转方向相反，相生循环中的相克是右旋，相克循环中的相生是左旋。这些特征有何系统学和医学意义，有待深究。五行之间的相生与相克都有显著的非对称性。如土生金是直接的生，金生土则须以金生水、水生木、木生火、火生土为中介才能实现。相克亦然。

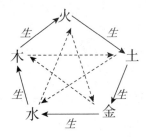

图 10－5　五行相生循环

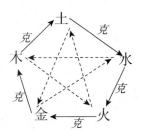

图 10－6　五行相克循环

③现代数学无法描述五行学说。现代数学通常基于康托集合论给系统以形式化的表示。令 S 记系统，U 为 S 的元素集，R 为 S 的关系集，则系统的形式化表示为 S = < U,R >。对于五行系统，元素集 U = {金，木，水，火，土} 这种表示没问题，但相生和相克关系与集合论讲的关系有原则性不同。在现代科学中，一个良系统内的关系、运算一般要有封闭性、交换性、传递性，相生和相克关系几乎都不具备。(a) S 中相生相克的结果仍属于 S，可视为具有封闭性，表明以五行为模型描述的宇宙系统是完备自足的。但每一行只跟确定的某一行相生相克，跟另外三行无直接的生克关系，不同于集合论讲的关系或运算。(b) 相生、相克作为关系没有交换性，也没有传递性。令 A、B、C 记三种行，若 A 生 B，B 生 C，则必有 A 克 C；若 A 克 B，B 克 C，则必有 A 生 C。公式表示为

$$（A 生 B） \wedge （B 生 C） \rightarrow A 克 C \tag{10.1}$$

$$（A 克 B） \wedge （B 克 C） \rightarrow A 生 C \tag{10.2}$$

集合论无法描述这种关系。

④最能体现非线性特点的是五行之间的相乘与相侮关系。相乘是指某一行对被它克的那一行克制太过，将引起一系列异常的相克反应。如金克木是正常的，但应该是克而不恃强凌弱；如果金（肺）太强，或木（肝）太弱，金克制木太过，变为倚强凌弱，即金相乘于木，就转化为病态了。相侮指五行中某一行过于强盛，就会对克它的一方发生反侮（亦称反克）。如水（肾）克火（心）是正常的，但须有足够的克制力；如果水（肾）过弱，火（心）过强，就会产生火反侮（反克）水的不正常关系，同样会出现病态。线性和非线性概念不能描述相乘或相侮之类关系。

乘侮关系无法直观把握，至今还令人难以理解，足显古代哲人和医家过人的悟性。社会生活中的相乘相侮现象却普遍、直观、明显，有助于理解人体系统的相乘相侮。领导与被领导、指挥与被指挥、管理与被管理就是相生相克的关系，互为存在前提（生），又互相制约（克）。民众选举官员如同母生子；拥护就是生，得不到下级拥护的上级迟早要下台，生转化为克。若上级无民意基础，独断专行，对下级颐指气使；或下级没有主人翁意识，盲目服从领导，就会形成上级相乘下级的关系，系统必不能正常运行。相反，如果上级太弱，或下级太强，就会形成下级反克（相侮）上级，令不行，禁不止，系统将陷入混乱。衰败时期的皇帝受宦官辖制是典型的下对上相侮，预示那个王朝即将倾覆。

中医把五行学说视为人体系统的唯象模型，把脏腑、感官、形体、体液等与金木水火土对应起来，描述人体内部的各种相生相克，揭示有关健病的种种非线性关系。脏腑都有阴阳之分，阴与阳互为表里，人的心与小肠、肺与大肠、脾与胃等互为表里，都是非线性关系。在线性系统中，表就是表，里就是里，界限分明，不讲互为表里。解剖学意义上的人体分系统之间的非线性，心理学意义上人体分系统之间的非线性，五情、五志、五音生克关系的非线性，都有助于理解人体健病关系，中医一向重视之。人体系统的相生相克关系也存在过犹不及现象，表现为相乘相侮。

现代科学讲的函数本质上是二元关系，即自变量和因变量的关系。相生相克是五行系统中的两种五元关系，要求在考察相生或相克关系时从整体上同时考察五个要素，要比二元关系复杂得多。尽管五元关系也可以分解为一个个二元关系分别考察，但毕竟难以真正把握五元关系。现代科学还不能解决三体问题，更遑论五体问题。五行学说富有辩证思维的智慧，也可能对复杂性科学提供特殊的启示作用。但它缺乏可操作性，主要靠悟性和经验去把握，易被缺乏悟性者滥用，甚至为迷信家恶意歪曲利用。如何克服这种缺陷，有待未来的科学发展。

10.5　从自组织理论看中医

广义的自组织有多种多样的表现形式，包括自聚集、自整合、自创生、自发育、自稳定、自生长、自维生、自适应、自调整、自改革、自更新、自修复、自复制、自繁殖、自演化、自衰落、自消亡等，还有自放大、自反馈、自纠错等。人体是最发达的自组织系统，上述自组织形式应有尽有，远比人造系统的自组织机能精微高妙，令人类自叹弗如。现有控制理论和技术只能就其中某一种给以理论描述和技术上的模仿，如自寻最优点控制、自镇定控制、自修复控制等。人体系统却把所有的自组织形式熔为一炉，各种自组织机能协调有序地运转，无法截然划分，可谓神妙至极。

中国古代的自组织思想主要是作为哲学命题阐发的，《易经》已明确区分了自与他，包含着自组织思想。《道德经》是中国文化阐发自组织思想的主要作品，"自"是其重要概念，所谓自宾、自均、自知、自胜、自化、自定、自正、自富、自朴、自爱、自贵、自来、自生等等，或多或少都反映了世界的自组织性。而"万物将自化""天下将自定""民自化"等说法，都是表述自组织的命题。传统文化认定万物皆由阴阳构成，系统自组织的根源、动力、机制都在于阴和阳的对立统一。《易经》和《道德经》都把阴阳学说作为论述自组织的理论基础，只是尚未点明。从笔者了解的文献看，至晚东汉哲学家王充已将阴阳与万物的自组织联系起来，批评非自然、反自然的观点。针对那种认为万物生、长、成、藏表明"天动有为"的说法，他指出："天动不欲以生物，而物自生，此则自然也。"① "阳气自出，物自生长，阴气自起，物自成藏。"（《论衡》，281）以阳气自出、阴气自起为因，以万物自生、自长、自成、自藏为果，揭示其中的因果关系。如此表述宇宙的自组织现象，思想认识显然比前人更明确、完整。特别可贵的是王充关于"阴阳自和"命题的论述："黄老之操，身中恬淡，其治无为。正身共己，而阴阳自和，无心于为，而物自化，无意于生，而物自成。"（《论衡》，280）王充之前的思想家已认识到阴阳是万物之纲纪，生杀之本始，阴阳相和万物生存发展，阴阳失和万物处于病态。东汉人进一步认识到，阴阳相和依靠系统自身，是自和，而非借助外力的"他和"；而系统实现和维持阴阳自和是一种自发行为，无心于和而阴阳自和。阴阳自和命题的提出表明，中国古代哲学的自组织思想已发展到一个新阶段。

这种哲学思想对中医的影响至深至远，成为中医学思想的重要内核。这集中体现在《黄帝内经》中，有自生、自补、自伏、自失、自盛、自泻、自去、自泄、自伤、自彰、自用、自明、自平、自乱、自贵、自治、自已、自犯等用语，都包含自组织思想。"自"是《内经》的重要概念，阐释病因和病理、确定治则和治法都离不开它。"故精自生，形自盛，骨肉相保，巨气乃平"（素问十四），说的是自生长。"年四十，而阴气自半也，起居衰矣"（素问五），说的是自衰老。《内经》的大量命题即使没有用"自"字，也包含着自组织思想，它对自组织的论述不限于人体健病问题，还涉及天地万物，把人体自组织作为宇宙自组织的一部分来理解。

有伤口自己愈合，一般感冒挺几天也就好了，表明人体能够通过自组织运动而愈病。自愈应是医学自组织理论的核心概念之一。《内经》尚未明确提出自愈概念，但实际上相信人体有自愈能力，能够自组织地战胜疾病，故把治病之

---

① 王充. 论衡 ［M］. 上海人民出版社，1974：278.

道建立在依靠、调动、强化人体自愈能力之上。例如，中医发现自泻和自补是人体实现自愈的重要机制，在一定范围内病人身体的多余可以自泻，不足可以自补，通过自泻、自补重新达到阴阳相和，恢复健康。如果失去自泻、自补能力，人体不能抵制外邪入侵，就会生病。

明确提出自愈概念的是张仲景，他区分了愈病的两种方式：不治而愈者为自愈，经医生治疗而愈者为治愈。他深知治愈和自愈的内在联系，自愈是治愈的基础，故《伤寒论》把自愈作为基本概念。张仲景尽管没有自组织概念，但他深刻认识到从外邪入侵人体起，邪气在体内的传变，人体机能跟邪气的抗衡，病情是减缓、消失，还是加重、危殆，都是人体的自组织运动。古人有"形谓骨见"之说，系统内在的自组织演变必定有其外在形态的表现，可以辨认和证实。张仲景讲的病证，不论本证还是分证，都是人体系统内在自组织的外在表现，据之辨识病证，以判断能否自愈和如何治愈。张仲景把阴阳自和命题从哲学引入医学，作为中医的重要原理。《伤寒论》大量篇幅讨论阴病阳病，以阴阳理论为依据辨识人体同疾病斗争这种自组织运动的外在表现，预测其演变方向，判断能否治愈，总结出一套后人称为六经辨证的理论。"凡病若发汗、若吐、若下、若亡血、亡津液，阴阳自和者，必自愈。"① 由此引出一条医学原理：四种体证是外在表象，阴阳自和是内在机理，和或不和是因，自愈是果，有其因必有其果。

人体自组织是在大量存在细菌和微生物的地球环境中进行的，细菌以人体为寄生环境，形成体内复杂的生态关系。在正常情况下，这些细菌是人体系统自组织的积极参与者，对人体健康有一定的建设性作用。西医发现了细胞和细菌这些微观生命形式，在认识疾病的微观机理上取得巨大进步。但又深受还原论的影响，把细菌完全视为健康的敌人，必欲彻底、干净、全部消灭之而后快。以消灭细菌、病毒作为治病的唯一方向，这样的医学实践难免破坏人体内在的生态关系，削弱人体系统的自组织能力，在治病救人的旗号下损害人体健康。中医未受惠于还原论科学，对人体缺乏微观认识，无闻菌毒传染之害，确是落后的一面，但也历史地避免了受还原论之害，不以消灭细菌为治疗方向。中医发明创造的各种治疗手段，其作用都在于保护、恢复、强化人体的自组织功能。

---

① 张仲景. 伤寒论［M］. 人民卫生出版社，2005：40.

中医讲的阴阳互根互用，五行相生相克，对于阐释人体和社会系统的自组织更根本、更有效。相生无疑是自组织必需的，系统不同组分之间只有相互滋生、相互促进，才可能自组织地从无到有、从弱到强。组分之间的相克关系也是自组织必不可少的，没有相克，一些组分或器官就会无节制地生长，另一些组分和器官就会无节制地被抑制而衰落。五脏、六腑、五官、七情等始终处于相生相克中，由此生发出人体系统的自组织力。自组织离不开反馈机制，系统依靠正反馈的自我增强功能而成长壮大，依靠负反馈的自我抑制功能而稳定持存。人体系统有非常发达的反馈机能，却无法找到专职的反馈环节，因为它是依靠所有脏器、器官之间的相生相克来完成信息反馈的，每个要素在发挥其专职功能的同时也发挥着反馈功能，这就使人体系统避免了机械性，呈现出高度发达的有机性。

10.6　从他组织理论看中医

强调人体有自愈伤病的自组织能力，不等于否定同疾病斗争中他组织的作用。王充从哲学上指出："然虽自然，亦须有为辅助。"（《论衡》，280）有自组织就有他组织，复杂系统都是自组织与他组织的对立统一，应该对两者"无所偏胜"。人体是复杂巨系统，只有用自组织与他组织相统一的观点才能正确认识系统的运作机制和行为特性，解决好系统的创生、维护、操作、使用、更新、发展问题。无论轻视自组织，还是轻视他组织，都会降低医学的科学性。

原始人完全靠自身躯体的自愈能力跟疾病做斗争，产生了不少迷信思想。随着人类生存实践中有关健病经验的积累，产生了最初的巫医，他们既悟得一些关于病因病理和治疗的知识，在一定程度上能够起医生的作用，又掺杂大量迷信思想，有时以装神弄鬼的手段替人祛病祈福，故称为巫师。中文繁体"毉"字的创造就反映了这一点。再经过漫长的演进，巫和医开始分家，出现了以悬壶济世为己任的医生，力求懂得更多的医理医法，"上以治民，下以治身，使百姓无病，上下和亲，德泽下流，子孙无忧"（灵枢二十九）。医生与病人分家，在治病实践中区分了作为组织者的医生，和被组织者的病人，乃是人类文化和医学发展史上的一大进步。从此作为组织者的医生如何认识和对待作为被组织者的病人躯体的自组织运动，成为医学面临的基本问题之一。不同文化和历史演变过程产生出不同的医学理念、态度和做法，形成不同的医学模式，其中最显著的是中医和西医两家，他们对医学中自组织与他组织关系持明显不同的态度。

人体赖以生存的大自然对人体生长壮老的演化过程具有重要的他组织作用。西医虽然原则上不否认外部环境对人体的影响，却并不看重这种他组织作用，没有形成敬畏天地、顺应自然的思想情怀，主要是就人体系统的生物学结构和机能去寻找健病之道，回答"医学何为"的问题，选择"治向何处"的医学实践方向，把医生的作为当成战胜疾病的决定性因素，终于演变为对抗医学、疾病医学。用陆广莘的说法，就是"努力找病，除恶务尽"[①]。以此为宗旨，西医把人体器官感染病毒作为生病的基本原因，把消灭病毒、切除和置换得病器官作为基本医疗手段，大量开发化学药品，发明日益精致的手术设施，却不考虑这些非自然和反自然的行为会遭到大自然的报复，贻祸于人体。中医则十分看重天地阴阳对人体的他组织作用，敬畏自然的情怀极其浓厚。《内经》强调医家治病必须因天之序，顺地之势，告诫人们"化不可代，时不可违"（素问七十）。就是说，天地运行和化生不可用人力代行，人只能顺应而不能违逆大自然的时序节律。而代化和违时正是西医的特点。尊重大自然的他组织作用使中医没有走上对抗医学之路，已病治疗则力主道法自然，终于发展为讲究养生和保健的医学。

作为理法方药相结合的著作，《伤寒论》讨论的中心是医生看病这种他组织行为。用系统科学的语言表达，张仲景认定治病的实质是：人体在服药、针灸等他组织手段帮助下自我调整、自我愈合，从阴阳不和的病态自组织地转变为阴阳相和的健康态。中医并不忽视医生的作用，但相信愈病的基础是人体自组织地同疾病做斗争。彭子益说得对："人身五行的作用，是人身的病，即是人身的药。药的作用，所以帮助人身自己的作用，以治自己的病；倘人身的作用已无，药也不发生作用的效力也。"（《圆运动的古中医学》，403）

"医学何为"是医学的根本问题，回答它必然涉及自组织与他组织的关系。对抗性医学把医生的他组织凌驾于病人身体的自组织之上，医生对待病人类同

---

① 陆广莘研究员从医六十年纪念文集，内部资料，2007，1。

于技工对待机器，治疗措施有可能削弱甚至破坏人体的自组织机能。军队指挥官为了彻底干净地消灭敌人，挖坑道，修工事，决堤坝，狂轰滥炸，无所不用其极，完全不考虑战场被破坏的后果。西医看病与此有些类似，把病人身体当成同疾病作战的战场，要么输入化学药物以杀菌，要么开刀切除患病的人体器官，要么在人体内植入人造器官，任意改变人体系统的本来面目，难免损害人体的自组织机能。其结果，一种病治好了，往往留下后遗症，或引发别的医源性疾病。而中医的医病之道在于使自组织与他组织相结合，以人体自组织为主，以医生他组织为辅，不看重杀敌制胜，看重的是调理关系（包括脏腑关系、身心关系、人天关系等），调理阴阳，调理气血，追求全面的和谐共生，以期人体能够自组织地保养和愈病。中医这方面的思想十分丰富，现略述如下。

中医学的目标。中医认为，医生的责任不全在治病。《内经》有言："故刺法有全神养真之旨，亦法有修真之道，非治疾也，故要修养和神也。"（素问七十二）或如张志聪所说："欲治病者，当究其原。原本既清，则生机自盛，精生气平，邪气自服，不可徒以攻疾为首务也。"① 中医认为，向疾病发动攻击是第二位的，助人养真和养神是第一位的。所谓养真和养神，就是养人体自组织之真，养人体自组织之神，以求人体生机自盛，邪气自服。正是基于这个信念，才有"病不服药，常得中医""有病不治，常得中医"的古训（此处的中医指中道之医）。

中医把治病看成自组织与他组织相结合的过程，针药治其外，神气应乎中。针药是他组织手段，体内的神气运作是自组织行为，健康之本在于人体的"生生之气"，医生的他组织措施能不能起作用，要看能否得到人体"生生之气"的有效响应。"方技者，皆生生之具"（《汉书·艺文志》），针灸、服药、按摩等仅仅是工具手段，即起辅助作用的他组织，其功效在于保护、扶持、强化人体"生生之气"的自组织机能。故中医主张"无代化，无违时，必养必和，待其来复"（素问七十）。医生对病人身体不可妄加干涉，重在助病人调养。如果妄加干涉，外在的"方技"可能削弱甚至破坏人体的自组织机能，那就走向医道的反面。现在医源性疾病越来越多，就是违背这一原则的后果。

对于自愈为主、治疗为辅的观点，元明之际的王履说得更明白："人之气

① （清）张志聪. 黄帝内经集注［M］. 浙江古籍出版社，2002：102－103.

也，固亦有亢而自制者，苟亢而不能自制，则汤液针石导引之法，以为之助。"① 这个"助"字下得好。中医承认亢则害，但许多人亢而能自制，无须找医生；只有当亢而不能自制时，才需要医生助其自制，但也仅仅是辅助而已，起主导作用的还是人体系统的自组织。

中医对医病关系的总认识为："病为本，工为标，标本不得，邪气不服。"（素问十四）病人身体的自组织是本，医生的治疗是标，标本相失，邪气不服；标本相得，邪气可服。所谓标本相得，一是指病人与医生相配合，二指医疗措施这种他组织与病人身体的自组织相顺应。上升到一般系统原理看，在系统的生成、运行、维持、发展、转型演化中，自组织是本，他组织是标，只有标本相得、他组织顺应自组织时，系统才是健康的。如果标本相失，自组织与他组织相悖谬，系统将处于疾病态。人体健病如此，社会兴衰如此，一切系统的兴衰皆如此。

人体健病关系所涉及的另一种他组织，是心脑作为人体系统控制中心的作用。中医视为五脏之首的心不同于西医讲的心脏，而是心脑系统。"心者，五脏六腑之大主也，精神之所舍也"。（灵枢七十一）"心者，君主之官，神明出焉"，"主明则下安"，"主不明则十二官危"。（素问八）无论养神还是治病，中医都重视心（心脑系统）的大主地位，表现在两方面。一是它对人体系统其他器官无意识的他组织作用，二是人的自我意识对生理和心理活动所施加的自觉的控制作用（意念控制），自我意识是组织者，生理和心理活动是被组织者。就养神而论，医生只是咨询者，至多是指导者，其责任是帮助人们认识自我有意识的控制对身体健病有重要作用。欲掌握养生之法，养生者必须懂得自己之神对自己之体的他组织作用，自觉按照人体系统自组织规律控制饮食起居，调节情绪，改掉不良习惯，保养身体。

就治病而言，如果病人自我意识对自身生理和心理的控制作用与医生治疗措施的作用方向不一致，就会干扰甚至破坏医生的治疗措施；两者相互配合，方向一致，方可收到预期效果。所以，中医讲究治病要治神，医疗之道在于"必先治神"，视治神为医病五法之首。所谓治神，包括治医生之神和治病人之神。对于病人之身体，医生之神和病人之神都是他组织者。医生看病必须聚精会神，"如临深渊者，不敢坠也"。医生还要治病人之神，使其心脑控制作用与医生的努力方向保

---

① 转引自陆广莘研究员从医六十年纪念文集，63。

持一致。如针灸医生"必正其神者，欲瞻病人目制其神，令气易行也。"（素问五十四）医生通过注视病人双目来控制病人的精神活动，令气易行。按照张志聪的注释，医生要"守己之神，以合彼之神"，"正其神者，定病人之神也"（《集注》，370）。就是说，把医生之神和病人之神一致起来，以确保医生的他组织手段同病人生理的和心理的自组织相互配合，获得最大的治疗效果。

系统在演化过程中一旦出现专职的他组织者，如何规范和制约他组织者的行为就成为系统能否健康地存续发展的关键。国家机关，社会组织的管理者，军队指挥官，各种掌权者，医生，教师，父母，等等，作为他组织者的行为必须有所规范和约束。《内经》有不少论述医生的内容，可以称为医生论。它把医生分为上工和下工两个品位，要求医生不能满足于做"救其已成"的下工，应该成为"救其萌芽"的上工。《内经》毫不留情地抨击那些"粗工"，以"凶凶"状其劣质。粗工的特点是喜欢"妄攻"疾病，"粗工凶凶，以为可攻，故病未已，新病复起"（素问十三）。在市场经济大潮席卷下，今日粗工凶凶现象到处可见。更一般地说，只要是他组织系统，只要涉及社会或人群，由于被组织者是人或人群，人命关天，就需要从法律和道德上严格约束他组织者，建立严格的制度，把他组织行为关进制度的笼子里，消除政府部门的"凶凶""粗工"。这是他组织理论发展的重要方向。

10.7 中医药学与复杂性科学

中医被戴上不科学的帽子已有一百多年。从五四精英请进赛先生到1956年提出向科学进军，再到1978年郭沫若发表"科学的春天"的演讲，中国人所讲的科学仅仅是还原论科学。以其为标准判定中医不科学是几代人无法摆脱的历史局限性。就连向来维护中医的毛泽东也不能完全幸免，还原论在中国的传播对他也产生不小的影响。陆广莘认为，新中国成立后毛泽东"认为中医只能用现代科学方法来研究，也是对现代科学方法的迷信"[1]。毛泽东时代讲的科学，只能是还原论科学。复杂性科学的兴起才开始扭转这种局面，钱学森对此做出很大贡献。他深受毛泽东思想的影响，从未否定过中医，在从系统科学研究发

---

① 引自陆广莘研究员从医六十年纪念文集，内部资料，2007，21。

展到复杂性研究的过程中，钱翁一直关注中医的发展。在形成开放复杂巨系统概念、判定人体是一类开放复杂巨系统后，他要求人们以复杂巨系统理论为武器研究中医，在中国医学界产生了广泛的影响。

最先把中医学同复杂性科学明确联系起来的是朱清时，他对中医一直很有兴趣。朱先生从现代科学不能解释中医药的有效性这一事实出发，反五四精英其道而行之，形成"中医可能是科学发展的新前沿"的认识，看到"现代主流科学开始转向研究复杂事物本身"。他从方法论上深入比较现代科学与中医，认为"阴阳、八卦也是用来描述复杂事物的基本形态，以及这些形态之间是如何转化的"，得出"中医并不是迷信，而是复杂性科学的一个部分"的结论。[①] 这些见解发中国科学之新声，引出了本节的主题。我们基于前面六节的讨论，就中医和复杂性科学的发展提出以下认识。

（1）中医和复杂性科学在学术思想上有诸多深刻的一致性。中医是否科学，哪些方面科学，哪些方面不科学，衡量标准应该是复杂性科学，而不是还原论科学。梁漱溟认为，中医"所治的病同能治的药，都是没有客观的凭准的……只凭主观的病情观测罢了"；鲁迅认为"中医不过是一种有意或无意的骗子"（《哲眼看中医》，191、193 页）。这些说法来源于他们对还原论科学的迷信，在当时是不可克服的历史局限性。今天有了复杂性科学，类似的论断可以推翻了，中医对病因、病情、病理的解释大多可以从复杂性科学中找到根据，而且更符合科学前沿的新进展。可以设想，如果五四精英们能够活到今天，目睹复杂性科学的问世，大多数会对当年言论之轻率和片面做出检讨。

（2）肯定中医的科学性，并不意味着否定它还存在不足和落后的一面。阴阳五行学说有待重新表述，以除去神秘的面纱。《内经》也有牵强附会之处，如以古代天圆地方的错误认识解释人为什么头圆脚方。中医现代化、科学化的提法仍然是正确的、必要的，问题是以什么为标准判定中医的现代化和科学化，如何实现这两化。以还原论科学为依据搞中医现代化和科学化，只能把中医化而灭之，一百年来的经历就是证明。中医的科学化和现代化只能以复杂性科学为依据来论证、运作和检验。其一，复杂性科学有助于中医重拾信心，重新发现自己的优点。其二，复杂性科学的基本概念，如系统、信息、非线性、不确定性、模糊性、自组织、他组织等，正顺畅地进入中医的话语体系，初步显示

---

① 中国中医药报社.哲眼看中医［M］.北京科学技术出版社，2005：5，7，14.

出其适用性和有效性。其三，中医在认识论、方法论、逻辑思想等方面和复杂性科学有深刻的一致性，让人们相信复杂性科学的未来发展能够给中医更多更有效的支持。有了复杂性科学，还原论科学的许多内容经过改造也可以应用于中医的理论和实践。

（3）所谓中医是复杂性科学一部分的说法不准确。复杂性科学是在还原论科学暴露出种种弊病的历史条件下，以超越还原论为旗帜而产生的，其母体仍然是还原论科学。在整个西方文化的大环境中，沿着这样一条路径发展起来的复杂性科学，目前还带有西方文化许多独特属性，带有复杂性科学早期阶段的历史局限性，不可简单照搬于中医学。中医学是以中国传统文化为母体孕育出来的，既没有受过还原论的洗礼，也没有受到还原论的误导；既没有超越还原论的历史需要，也不会面临超越还原论的艰难。中医学与目前的复杂性科学尚有某些不融洽之处，它有自己的一套话语体系和思维方式。要实现科学化和现代化，它的概念、原理、方法中哪些东西应当保留，哪些东西应当淘汰，一时还看不清楚，必须谨慎行事，谨防按照复杂性科学的当前面貌改造中医学，不要犯半个世纪以来中西医结合曾经犯过的错误。

（4）复杂性研究目前已有的成果远不能代表未来走向成熟时的复杂性科学，尚不能满足中医科学化、现代化的需要。盘点复杂性研究现有成果的家底不难发现，尽管流派纷呈，它们对中医科学化和现代化都既有助益，又很不够用，真正能够有效解决开放复杂巨系统问题的科学理论尚未建立起来。

（5）还原论科学在中国传播一百年来，尽管我们至今总体上仍然处于落后状态，却给中医造成极大的摧残，这颗传统文化明珠被厚厚的尘土掩埋起来，严重削弱了国人对它的信任，削弱了中医队伍的自信心。现在的中医在相当程度上已是"变了味"的中医，或西化了的中医。中医在这个世纪之交才真正跌入低谷，名中医从1990年代的5000人锐减到今天的500人，是一个令人震惊的标志。就是这些中医名家也或多或少受到西化风的影响，20年后中医的状况如何，令人担忧。中医学作为一种极具特色的文化，其重要载体是真正掌握中医要义的中医工作者，特别是作为其核心的"上医"。载体不存，文化何以为继？中医复兴的首要任务是按照其独特的医学理念、认识论、方法论、教育方式等逐步恢复其本来面目，恢复中医的元气。恢复了元气的中医才能正确解决它如何科学化和现代化的问题。

（6）中医学虽然不属于复杂性科学，但它具备复杂性科学的许多品格，蕴藏着现有复杂性科学所缺少的科学思想和方法论观点，复杂性科学同样需要向中医学习，努力发掘中医的文化哲学和方法论思想。毛泽东关于"努力发掘"中医的号召极有前瞻性，可惜在还原论科学一统天下的时期没有实现的客观可能性。从治病救人的角度看，中西医结合也是一条有效的路径；若从科学发展的角度看，能够给复杂性科学提供支持的绝不是西化了的中医，只能是"原汁原味"的中医，即真正继承了轩岐之学的中医。一句话，中医和复杂性科学应当携手并进，共创未来。

第 11 章 红学复杂性管窥

从复杂性科学的观点看，作为文学著作的《红楼梦》，由《红楼梦》研究而形成的红学，都呈现出显著的文化复杂性。本章重点不在于具体解读《红楼梦》的复杂性，而在于考察《红楼梦》研究的复杂性，以及复杂性科学对红学未来发展的意义。

11.1 中国文艺复兴·《红楼梦》研究·复杂性科学

1840 年以降的半个多世纪内，中华农业文明在工业文明的疯狂进攻下屡战屡败，以抗击八国联军入侵的失败为标志，最终以列强的半殖民地身份被整合到新生的世界系统中。与列强半个多世纪的抗争使中国各界精英开始意识到：我们的落后主要不在技术层面上，而在文化层面上，核心是科学、哲学和政治制度的落后。在严酷的环境选择压力下，中国社会作为系统开启了新一轮自学习、自纠错、自尝试、自更新的自组织演化过程。这是中国的文艺复兴，具有鲜明的试错性，既不断取得进步，又总是伴随着失误，形成不同的波峰和波谷，迄今已是第三波的末期。每一波都取得重要进展，又都留下有待后一波纠正的失误和待解决的问题。客观公正地总结经验教训是历史的需要，也是系统自组织的题中应有之义。后一波应该对前一波有所检讨、批评，但不可否定前一波，不应该说前一波是要拨"正"的"乱"，唯有自己才是"正"。科学的态度是强调前波与后波之间的承续性、接力性，努力传好棒、接好棒，跑出本波的最佳成绩。

272

文艺复兴实际是文化复兴，意指在新的历史条件下用新的方法挖掘传统文化之精华，以创造全新的文化，研究古代文学名著自然是其必要内容之一。问题是中国古典小说名著很多，为何只有《红楼梦》研究构成一门独立的学问？这既与《红楼梦》深邃高远的思想性和高妙绝伦的艺术性有关，也是《红楼梦》及其研究特有的复杂性使然。这两点也紧密相关，要真正把握《红楼梦》的思想性和艺术性，需运用复杂性科学的思维模式和方法。中国学术界整整用了一个世纪才开始自觉到这一点，但声音还很微弱，这也是红学复杂性的表现。

胡适那代人已经把《红楼梦》研究归属于中国文艺复兴，这是很有眼力的。但他们只就中国来考察中国文艺复兴，看不到它跟世界历史整体演变的联系，又有很大局限性。我赞同钱学森的观点，将中国文艺复兴放在系统化了的地球人类整体演进发展的历史长河中考察，把它归属于人类的第二次文艺复兴，欧洲文艺复兴是第一次，两次文艺复兴之间既有前行后续的历史联系，又各有不同的历史任务。① 窃以为只有把新红学的演进放在人类第二次文艺复兴（中国文艺复兴是其主战场）这个大环境和全过程中考察，才能使我们对《红楼梦》的认识获得应有的历史高度和足够的广阔视野。

新红学与文艺复兴在中国是同时兴起的，而一百余年来红学的风风雨雨，曲曲折折，从一个侧面反映出中国文艺复兴是一种非线性动力学系统，作为其分系统的红学演变亦然。迄今为止，中国文艺复兴已经历的三个波段，大体也是新红学的三个时期，《红楼梦》研究在这三波中都是一个文化热点，而且一波更比一波热，认识更深入。每一波的红学研究总体上都是由那一波文艺复兴的主题规定的，同时也反过来推动那个主题的完成。每一波红学研究都纷争不断，存在两种截然不同的思想路线：是不断引进新思想、新方法，还是故步自封，甚至复旧；是复兴中华文化，还是全盘引进西方文化；是辩证唯物论的，还是唯心论的、形而上学的。到第三波的后期又开始认识到这一切都跟复杂性问题有关：是把复杂性当作复杂性对待，还是把复杂事物人为地简单化。这将显著地影响红学的第四波，不能不细察之。

同一切深刻的思想文化运动一样，中国文艺复兴，包括《红楼梦》研究，也经历着由自发到自觉、认识由片面到比较全面的演进过程。重大思想运动都需要正确的理论、方针、方法，每一波的重要人物对此都有贡献，但系统地解

---

① 苗东升. 钱学森与第二次文艺复兴［J］. 西安交通大学学报，2011 年第 6 期.

决问题的是毛泽东，主要反映在从《新民主主义论》到《正确处理人民内部矛盾》等一系列著作中。他在1956年跟音乐工作者的谈话中指出："要向外国学习科学的原理。学了这些原理，要用来研究中国的东西"，"把学到的东西中国化"。① 这是毛泽东对中国文艺复兴（包括《红楼梦》研究）半个多世纪历史经验的总结，阐明了正确的指导思想和方法论原则。百年红学的成功与失误都与是否贯彻这一方法论原则紧密联系着。无可讳言，毛泽东本人也没有完全做到他的主张，甚至犯有错误。历史地看，我们也不能如此苛求他，因为这本身就是中国文化自我改造、自我创新的复杂历史进程，不是一两代人、不犯任何错误就能够完成的。不把前人的错误或失败当作一种学习经历，而视为一种耻辱或罪行大加挞伐，极力要将他们搞臭，这在某个时期几乎成为中国的一种风气。不彻底抛弃这种错误的文化心态，中华民族的复兴就是一句空话。

11.2 红学第一波：胡适派红学的贡献与不足

《红楼梦》研究成为中国文艺复兴第一波的切入点之一绝非偶然。对国家屈辱命运最敏感、认识到需要从文化变革上寻找出路的首先是文化人。第一波的起点在19—20世纪之交，那时的许多重要文化人都涉足红学，且都有不俗的表现。这些人都有深厚的中国传统文化根底，其中一些人还有留洋经历。用初步学到的西方理论和方法研究《红楼梦》，自觉的目的并非创建新的红学流派，而是借以宣传一定的政治思想和社会改革方案。这既是他们乐于做的事，也是他们能够做出成果的工作。在这种背景下出现的《红楼梦》研究，无疑属于中国文艺复兴大潮中的自发自组织现象。

今天回头看去，《红楼梦》研究第一波之所以观点纷呈、学派壁垒分明，是因为它跟复杂性有不解之缘。一是研究对象本身的复杂性，作者问题，版本问题，后40回问题，隐去的底事问题，等等，都是《红楼梦》研究独有的复杂性问题。它是清代社会复杂性在文学史上的投影，造就出独特的文学复杂性，又恰逢曹雪芹这个罕见的文学天才给以形象的把握。二是研究队伍的复杂性，它源于中国社会开始转型演化的复杂性。这又有两方面：一是红学前150年遗产

① 毛泽东. 建国以来毛泽东文稿（第六册）[M]. 中央文献出版社，1987：181.

的多样复杂，学人各有自己的师承关系；二是学到的西方理论多样、繁杂，各有偏颇，而且尚未真正掌握。从不同政治倾向出发，承继不同学术遗产，使用不同理论武器匆忙上阵，所走出的路径和得到的结果多样复杂是可想而知的。

研究《红楼梦》就是与《红楼梦》及其作者对话，对话是一种信息运作，而且是社会性、心灵性的信息运作。这种信息运作的复杂性决定了对话的内容、方式跟对话者有密切关系，大不同于自然科学家跟自然界的对话。同大自然对话的结果必须排除对话者的一切主观因素，给出客观的答案；同《红楼梦》的对话做不到、也不应该这样做。《红楼梦》的复杂性，不同对话者思想的差异性，两者综合必然产生自然科学家无法想象的复杂性，造成第一波中红学观点的异彩纷呈，论争激烈。其中，必须提及的是王国维、蔡元培、胡适和鲁迅四大家。《红楼梦》非凡的艺术性呼唤具有高度美学修养的对话者，那时的历史选择了王国维，他引入叔本华的哲学和美学理论研究《红楼梦》，开现代文学评论派之先河。《红楼梦》的文学复杂性之一是真事隐去，"用假语村言敷演出来"。曹雪芹隐去的首先是上层政治斗争，写出来的是家族生活画面。有隐就需要索，索隐免不了猜测，容易把主观性带入其中。那时中国现实思想政治大环境选择了民族民主革命家蔡元培成为对话者，他从《红楼梦》中看到反清复明，背后隐含着的是他从西方学来的民主共和思想，因而成为红学索隐派的代表。胡适作为新红学第一人，是我们考察的主要对象。作为胡适在许多问题上的论敌，需要以鲁迅做对比。鲁迅虽然没有红学专著，没有形成学派，却是第一波中对《红楼梦》的思想性、艺术性理解最深刻、最全面的人，为毛泽东派红学做了准备。仅就《红楼梦》研究看，鲁迅也无愧于第一波主将的声誉。

留美学人胡适从杜威哲学接受了西方盛行的科学主义，同时接受了自然主义之类的西方文艺理论。在张扬科学的旗帜下研究《红楼梦》，是胡适获得较他人更大成功的主观原因。这也跟当时的中国社会大环境有关。请进"赛先生"的口号凝结了中国民族精英们半个多世纪救亡图存的经验教训，经过五四运动洗礼而迅速传播开来，历史和社会心理都亟须有人用科学方法做出一点实际成果。在当时的国情下，这不可能首先在自然科学和数学中实现，红学却具备了条件。这是胡适成功的环境因素，他抓住了历史机遇。胡适应用考证方法初步解决了长期困扰红学界的《红楼梦》作者和版本问题，驳倒蔡元培"猜笨谜"式的索隐派红学，使《红楼梦》研究在科学方向上迈出坚实的第一步，他由此成为新红学的创立者。历史总是青睐第一人。在中国学人中，胡适因考证《红楼梦》而被国人将他同科学性联系起来，而且是第一人。

不过，与其说胡适应用考证方法研究《红楼梦》，不如说他是想通过考证《红楼梦》来宣传科学主义。无心插柳柳成荫，胡适成为新红学创始人出乎他自己的意料，他把考证作为一种科学方法是完全自觉的，却没有创立新红学的自觉意图。这恰好表现了新学科产生的自组织特点——自发性。胡博士在晚年明确表白："我只是对考证发生兴趣，对《红楼梦》本身不感兴趣。"① 自觉的考证掩盖着新红学的自发生成。胡适研红的另一个目的是提倡白话文，这也同倡导科学有关，因为文言文不适于表述和传播现代科学。但考证既非胡适的创造，也非舶来品。就考证而言，胡适师承的与其说是西学方法，不如说是乾嘉学派。胡适的贡献在于给考证注入西方科学主义的方法论，使人有耳目一新之感。这集中体现于他提出的方法论命题"大胆假设，小心求证"。不妨对照半个世纪后问世且风靡一时的波普尔证伪理论。他把科学进步的模式概括为

$$问题→假设（猜想）→验证（反驳）→问题 \qquad (11.1)$$

并给出如下符号化、公式化的表示②，显示出近现代科学所推崇的简单性美：

$$P_1 \to TT \to EE \to P_2 \qquad (11.2)$$

胡适讲的假设对应于波普尔公式的 TT，求证对应于 EE。与此相关，胡适还有"多研究问题"的主张。看来，胡适已然领悟到波普尔公式的主要内容，可以表示为

$$问题 \to 假设 \to 求证 \qquad (11.3)$$

重要的还在于胡适把这个公式付诸实践，通过考证《红楼梦》而证明它的科学性。在波普尔之前半个世纪就抓住西方科学哲学的核心理念，表明胡适颇得科学主义的真髓，确有过人之处，他成为新红学创建者绝非仅仅是抓住了机遇。相比之下，今日的中国科学哲学界有院士和一级教授，却没有可以同他比肩的贡献，令人赧颜。

仅仅说到这里是不够的，我们不得不指出：新红学开创者胡适没有真正读懂《红楼梦》，他也没有认真去读。提出如此令人尴尬的说法，根据何在？直言对《红楼梦》"不感兴趣"，就是胡适没有读懂的自白，没有读懂的书是不会产

① 李辰冬. 知味红楼［M］. 中国档案出版社，2006：162.
② 卡尔·波普尔. 客观知识［M］. 舒伟光等译，上海译文出版社，1987：127.

生兴趣的。无知者无畏，正是由于没有读懂，大名人胡适才敢说出"《红楼梦》毫无价值"（《解味红楼》，162）这句令国人侧目的话。这个总体评价体现在两个方面。其一，胡适没有看出《红楼梦》的重大社会历史意义，没有悟出其深刻的思想性，反而断定它没有新的观念，至多不过是"一部自然主义的杰作"①。他甚至认为这样说已经是对《红楼梦》的过高评价，还指责曹雪芹没有认真遵守自然主义的规则。由于把《红楼梦》简单地归结为曹雪芹的自传性小说，胡适从不去发掘它的思想意义。其二，胡适没有看到《红楼梦》高妙绝伦的艺术性，世界上至今还没有一本小说可以同它比肩，并以"我从来没有说过一句从文学观点赞美《红楼梦》的话"（《与高阳书》）为荣。李辰冬1933年致信胡适表示"我想以一部《红楼》识中国"（《知味红楼》，143），胡适对这一重要新见解充耳不闻，直到谢世仍然坚持他对《红楼梦》的鄙视。关于这两方面的论著很多，无须本文赘叙。我们感兴趣的是，新红学创立者居然没有读懂《红楼梦》，为什么？原因有以下几方面。

第一，胡适对科学精神的理解十分有限。西方哲学宣扬的科学主义是基于早期自然科学概括出来的，欲把握其真谛，须有足够深厚的自然科学功底。新红学创建时期的中国还谈不上有现代自然科学，由传统文化培育出来的国学家尤其难以掌握自然科学；就是那些留过洋的人，他们在国外学的也不是自然科学，没有掌握科学精神的实践基础。胡适在解释他为什么不赞美《红楼梦》时说："雪芹是个有天才而没有机会得着修养训练的文人，他的家庭环境、社会环境、往来朋友、中国文学的背景等等，都没有能够给他一个可以得着文学修养训练的机会，更没有能够给他一点思考或发展思想的机会。"（《与高阳书》）此言大错特错，表明他对曹雪芹的考证也颇为片面，并不真正懂得曹雪芹。但把其基本话语模式套用于胡适本人倒颇为合适："适之是个有天才而没有机会得到科学修养训练的学者，他家庭环境、社会环境、往来朋友、中国文化的背景等等，都没有能够给他一个可以得着科学修养训练的机会，更没有能够给他一点思考或发展思想的机会。"五四新文化运动的风云人物大体都如此，他们对科学的理解相当肤浅，国内的科学环境还极其贫瘠，此乃他们无法摆脱的历史局限性。相比之下，鲁迅要相对好一点，他通过学习西医而比胡适更接近西方科学。

第二，一定的文化是一定的经济、政治等社会存在的观念形态反映，小说

---

① 宋广波 . 胡适红学研究资料全编［M］. 北京图书馆出版社，2005，《与高阳书》.

更是社会生活的形象化反映。欲揭示像《红楼梦》这一伟大作品的社会历史意义，把握其思想性，唯一科学的理论武器是历史唯物主义。胡适恰好相反，他打出"多谈问题，少谈主义"的旗号，拒斥马克思主义于红学之外，实际上使自己站在科学的对立面。而鲁迅由于初步掌握了历史唯物主义这种科学理论，并运用于他的学术研究，终于成为红学第一波中对《红楼梦》认识最深刻的人。在红学界，周汝昌对鲁迅的评价最到位。

第三，中国文艺复兴在思想路线上始终存在尖锐分歧，大体可归结为三种。一种极端主张全盘西化，以西方文化取代中国文化。另一极端主张全盘复古，拒绝吸收外国文化。正确的方针只能是毛泽东所说的：学习外国科学的原理，用来研究中国的东西，使之中国化。胡适恰恰是全盘西化的代表，鄙视中国文化，鄙视《红楼梦》，评红的动机只是借机传播西方科学，而非深入挖掘《红楼梦》的文化内涵。胡适抱有浓厚的殖民地文化心态，他心目中的中国文艺复兴，实质上是以美国文化全面取代中国文化。相比之下，鲁迅虽然也有废除汉字之类片面认识，但他拒绝崇洋媚外，始终把《红楼梦》视为中华文化的一大精品。

第四，还应该指出，胡适是一个颇有政治兴趣的学者，对美国式政治尤其情有独钟。他的学养使他厌恶北洋军阀时期的中国政坛，那里也不可能给他施展政治才华的余地，当时他在中国能够活动的舞台只有学术文化领域。这一点成就了他的《红楼梦》研究。北洋政府后期，特别是亲美的蒋介石政权站稳脚跟后，胡适以为在中国推行美式政治有了可能性，便越来越多地步入政坛，直到竞选总统。胡适的悲剧在于，一方面美式民主不合中国国情，他的努力注定不能开花结果；另一方面他骨子里毕竟是个学者，并不真正懂得政治，这注定他在政治上玩不出可以同红学相比较的成就。就玩政治而言，胡适有其意而乏其技，所以"他让蒋介石玩于股掌之上而一点感觉都没有"①。而以美式政治为参照系，不可能从《红楼梦》中解读出有价值的哲学思想和政治智慧。所以，政治兴趣越浓，胡适对《红楼梦》的兴趣越淡，学术嗅觉越不灵，对学界关于《红楼梦》的新认识一概无动于衷。

第五，胡适那一批中国学人对科学主义的信奉已蜕变为迷信。梁启超最典型，他被西医错割无病的肾脏，还坚持说那是科学。他们不懂得，科学主义是西方哲学为简单性科学量身定做的，它尊奉机械唯物论和还原论，推崇线性思

---

① 季羡林. 季羡林人生漫笔［M］. 同心出版社，2000：69.

维，本质上只是为工业文明服务的。简单性科学原本只是科学系统的一种历史形态，却被错误地当成唯一可能的形态；它所体现的科学精神只具有历史的相对真理性，却被误认为永恒的绝对真理；它原则上不适用于研究文学艺术之类复杂事物，却被胡适等人视为研究中国文化的学术利器。简单性科学本质上是自然科学，20世纪初的中国还谈不上自然科学，胡适等人所掌握的自然科学知识极其有限，不可能真正懂得西方科学的真谛。由这样一批人来判定什么科学、什么不科学，实在是一种科学幼稚病。

不感兴趣却花很大力气研究《红楼梦》，创立新红学却没有读懂《红楼梦》，新红学第一波这些与胡适联系在一起的怪现象，正是那个时期中国的社会复杂性、学术复杂性、文学复杂性、《红楼梦》研究复杂性的一种客观表现。对于胡适来说，他的红学成也复杂性，败也复杂性。胡适的成功在于他把围绕《红楼梦》作者和版本问题上的人为复杂性排除掉，因为只要考证出足够的历史资料，这种复杂性就是可以消除的假象，足以恢复了事情原本简单确定的真相。胡适考证的成功向中国人印证了简单性科学的一个基本信念：复杂性是表面现象，只要用科学方法揭示假象，事物固有的简单性就会呈现出来。这使得胡适声名鹊起，近百年来粉丝成群，但也由此而骗了胡适一辈，埋下祸根。因为现实世界本质上是复杂的，文学艺术属于复杂事物，高度忠实地反映了社会历史复杂性的《红楼梦》也是复杂的，这种复杂性是消除不了的。尊奉还原论科学基本原则的学人，不可能真正读懂《红楼梦》。把简单性科学行之有效的方法移用于《红楼梦》研究这样的复杂性问题，必然会犯把复杂性人为简单化的错误。由于迷信科学主义，胡适压根就看不到红学固有的复杂性，用他理解的科学方法研究《红楼梦》，必然会在科学的名义下传播非科学的东西。接受胡适的判断意味着考证之外《红楼梦》再没有进一步研究的价值，红学应该到他为止。所以，胡适的《红楼梦》研究从科学出发，最终却走向非科学；如果不突破他的藩篱，也就结束了新红学。

第六，波普尔由于否定唯物史观，试图仅仅在所谓客观知识范围（世界3）内论述科学的进化模式，不可避免带上唯心史观的谬误。问题 P_1、P_2 的提出，问题情景的形成，猜想的产生，验证方案的制定，都深刻联系着社会实践，联系着世界1和世界2，波普尔却认为都能在世界3中自主地解决，具有明显的客观唯心主义成分。胡适的理论内含更多的唯心史观，提出科学的假设不能只讲大胆，首要的在于承认社会实践是认识的基础，过分强调大胆假设就会陷入唯心论。我们从现实生活中看到,有人在"大胆假设"的旗号下,以捏造的事实为假设,再煞有介事地加上一些东拉西扯的"论证",利用善良人们对舆论阵地和学者名人的信任,去达到不可告人的目的。故对胡适思想的这些方面进行批判是合理的。

11.3 红学第二波:毛泽东派红学的贡献与不足

创建新红学使胡适在红学界转变为强有力的他组织者,他的成就产生了鼓舞和引领作用,红学后人(包括毛泽东)都从其研究成果中获益;他的片面性、局限性也影响着红学界正误、优劣的判断,以及研究课题和方法的选择。《红楼梦》研究不可能止步于考证,真正深入的科学工作还在后头,胡适的无知和错误却构成很大的障碍。有障碍就会有冲击障碍的努力,迟早要形成对胡适派红学的挑战,这也是学术发展中的自组织。

20 世纪欧洲的文论界相当活跃,现实主义、浪漫主义、结构主义等流派纷呈。相对而言,它们比实用主义、自然主义较接近于复杂性研究,科学性更多一些,更有助于认识《红楼梦》,且都在不断传入中国,影响着红学的固有格局。30 年代留学法国的李辰冬及其大作《知味红楼》(原名《红楼梦研究》)就是一个突出事件。作者用西方文学观点系统地研究《红楼梦》,从人物描写、结构、风格、情感表现等方面论述它的艺术价值,判定曹雪芹在世界文学史上的地位可以同莎士比亚相比肩,旗帜鲜明地同胡适唱反调。李辰冬不是马克思主义者,但他承认阶级和阶级意识,试图给出他对《红楼梦》的"阶级分析",尽管科学性不足,却也是胡适派难以容忍的。借用余英时的语词讲,这是胡适派红学自身失误"逼出来"的。逼与被逼的关系,就是他组织与自组织的关系。

红学的创新无非来自两方面:一是红学队伍中某些人学到新思想,发现新视角,掌握新方法,便转换立场,着手清除旧观点;更多的是红学队伍之外有新思想、新方法的新人加入,开创新流派。李辰冬是带着新的文论思想加入红学的新兵,惜乎单兵作战而未能形成派别。另一方面,五四运动以来马克思主义为越来越多的中国知识分子接受,其中不乏《红楼梦》爱好者,他们自然要运用马克思主义来思考《红楼梦》,因而成为红学的潜在力量。一旦条件成熟,他们就会在红学界异军突起,有形成独立学派的潜在优势。从自组织理论来看,用结构主义或用马克思主义研究《红楼梦》都不是"外加的",而是红学内在逻辑的必然,也是胡适派错误"逼出来"的新动向。如其不然,相对于所谓旧红学,胡适派也是五四运动等因素"外加的"。系统内部出现的自组织新动向,必定是系统对外部环境中新动向的自发响应,被迫响应也具有自发性。外在的他组织力必定在系统内部引起反应,也只有转化为系统内在的自组织才能开花结果。

　　这里需要特别提到毛泽东。他关注《红楼梦》始于学生时代,贯穿于其生涯的每个时期,且兴趣越来越浓厚,学术水平越来越高超,红学观点越来越独绝。客观地看,毛泽东也是一个被红学内在逻辑和胡适错误逼出来的红学家,其红学思想演进大体分为三个阶段。从学生时代至初到延安是第一阶段,他此时看重的主要是贾宝玉有叛逆精神,"是革命家",阅读和宣传《红楼梦》以"寻求革命的文学支持"①。此时的毛泽东还算不上研究《红楼梦》,却也显示出对《红楼梦》另具别眼。40年代到1953年是第二阶段,这是毛泽东马克思主义红学观点的形成期,还不为红学界知晓,也属于自组织运动的常见现象。1954年以后是第三阶段,他的红学观点不断深化和扩展,并以独特的方式介入红学领域,发挥着他组织者的作用,导致红学界的大变动。尽管毛泽东没有红学专著,但我赞同这样的说法:毛泽东"评价《红楼梦》远远多于高于任何中外名著"②。他的基本观点影响巨大,在中国新文化发展史上留下不可磨灭的足迹。学界已有毛泽东派红学的说法(余英时不恰当地称之为"斗争派"红学),尚不知红学界主流如何评价,但我是接受的。中国文艺复兴第二波也是新红学第二个发展时期,文艺复兴第二波的主将也是红学第二波的主导者。革命家、理论家、哲学家、军事家毛泽东,同时又是红学大家,此乃中国现代文化的一大奇观,值得深思。

　　延安13年是毛泽东思想形成过程的完成阶段。《中国革命与中国共产党》等著作系统阐述了他对中国社会的马克思主义分析,《新民主主义论》阐述了他的文化观,《在延安文艺座谈会上的讲话》阐述了他的文艺观,《整顿党的作风》《改造我们的学习》等阐述了他的学术观、科研观(特别是关于搞调查研

---

① 董志新．毛泽东读红楼梦［M］．万卷出版公司,2009:294. 本文后面记有 Dp 的引文,D 指此书,p 为页数。

② 王蒙．王蒙话说《红楼梦》［M］．作家出版社,2005:前言．

究的论述）。这一整套系统而新颖的中国化马克思主义观点，必然要被毛泽东和他的追随者应用于《红楼梦》研究，形成独领风骚的红学思想。随着中国革命的胜利，随着马克思列宁主义的传播，他的红学观被越来越多的人接受和发扬已成为不可阻挡的趋势，转化为影响红学走向的强劲他组织力。李希凡、蓝翎1953年对胡适派红学的批判文章，就是在这种大环境下自组织地产生出来的，它绝不是什么政治力量"外加的"，而是红学新人在红学内部向红学过时观点的挑战。

对于毛泽东派红学的贡献，董志新给出他的论述，我基本赞同。这里拟换个角度梳理毛泽东本人对红学的主要贡献，我把它归纳为10点，最后两点留在后面讨论。

（1）明确提出是否"读懂"《红楼梦》的问题，主张反复读、"精读"，要做到"读得懂"，"讲得通"。毛泽东如此讲的直接对象是《红楼梦》的一般读者，实际上也有意针对红学界，因为他判定胡适派没有读懂《红楼梦》。曹雪芹生前就担心世人不能读懂他的书，留下"谁解其中味"的浩叹。"解味"才算读懂，细加考证却"不解味"，就是没有读懂《红楼梦》的明证。提出"读懂"的问题表明毛泽东与曹雪芹心灵相通，承认《红楼梦》不是轻易就能读懂，才会重视解读态度、指导思想和解读方法的选择，并舍得下功夫。这应该是红学家首先要解决的问题。

（2）欲读懂、讲通《红楼梦》，首先要对它在中国文学史和文化发展史上的地位有客观、正确的评价，须抱着崇敬的态度。说彻底点，红学家首先要正确评价中国文化，鄙视中国文化者对红学难有大贡献。如果视《红楼梦》为闲书，"至多不过是个人身世性格底反映"（D79），就不会花大力气去挖掘被假语掩盖的深刻社会意义，也就难以看出那超凡脱俗的艺术手法。在这方面，俞平伯走的要比胡适远得多，且俞先生与时俱进，胡先生始终不渝。针对胡适派贬低《红楼梦》的观点，毛泽东从不同侧面揭示此书在中国文化中的崇高地位。双方观点形成鲜明对比，可谓天壤之别、云泥之隔。

（3）毛泽东发表了许多如何读懂《红楼梦》的看法，包括两个层次。至少要读五遍，要读后四十回，这类提法属于技术性层次，无须深究。毛泽东首先要告诉世人的是：欲读懂《红楼梦》，认识它的社会历史意义，必须运用马克思主义。就思想性和社会意义而论，马克思主义认为文艺作品好与坏的"关键在于我们的作品，是否真实地反映了社会，刻画了社会的人和社会的事，反映出社会的矛盾和斗争"（D73）。毛泽东按照这个标准评价《红楼梦》，给予高度的肯定，指出胡适贬低和鄙视《红楼梦》的非科学性。把马克思主义系统地引入红学，运用唯物史观研究《红楼梦》，毛泽东贡献最大，马克思主义红学的核心观点主要是他提出来的。由于他的介入和特殊影响力，《红楼梦》在中国的普及程度才达到现在的水平，曹雪芹才有今天这样的知名度。

（4）找到解读《红楼梦》的独特视角。《红楼梦》是多主题、多视角的文学巨著，爱情描述最牵动一般读者之心，是主题之一，但非唯一主题；是分主题，而非总主题。宝黛爱情悲剧，玉钗婚姻悲剧，是在贾府盛极而衰的大背景下展开的，而贾府是封建社会的缩影，从一个侧面表现出封建社会的末日将临。《红楼梦》既展示了中国文化的博大精深，又揭示出封建制度盛极而衰的必然趋势，暴露了那个社会世态炎凉、妇女地位不公平、人才被摧残等弊病，思想内涵极为深厚，文化含量极为富饶。作为爱情小说的《红楼梦》，人们易于"解其中味"，因为人皆有爱情经历，雪芹又采用明写笔法。作为社会历史小说的《红楼梦》，真"解其中味"的人实在难得，因为那需有必要的社会阅历、思维能力和马克思主义理论修养。再加上曹雪芹用的是暗写笔法，把真事隐去，读懂它需要细心、耐心、悟性。毛泽东提出全新的读书视角：作为历史来读，作为政治小说来读，从阶级斗争角度来读，为了成为一个完整的中国人而读，等等。由于胡适派的独大，加上西方文论盛行，"宝黛爱情唯一主题说"长期支配着红学界，造成种种消极影响。对于消除这种错误观点，毛泽东发挥了不可替代的作用。

（5）努力使《红楼梦》走出纯学术圈子，成为全体中国人学习中国文化的阵地。特别是新中国成立以后，毛泽东利用各种机会提倡读《红楼梦》，对子女讲，对卫士讲，对身边工作人员讲，对高级将领讲，对高级干部讲，对一切他有机会接触的人讲，可谓"到处逢人说红楼"。基于自己对《红楼梦》思想、文化、社会、政治意义的高度评价，毛泽东极为重视发挥《红楼梦》的文化教育功能，希望人们通过读红而了解中国文化，了解封建社会，了解革命和建设中的困难，吸取工作智慧、人生智慧、政治智慧。

（6）红学界一般都把红学研究作为文学研究的一个分领域，属于专家眼界，局限性很大。毛泽东从中国文化的全局来考察《红楼梦》，又从中国社会演化发展的全局考察文化的发展。更进一步看，毛泽东从人类第二次文艺复兴的全局思考中国新文化发展，《红楼梦》研究不过是其中的一个小问题。这使他的红学研究能够站在历史的制高点，才会生出那些振聋发聩的红学观点。在这一点上，红学界迄今没有、将来也难有人能够与其比肩。

（7）对于红学中科学方法的应用，毛泽东也有重大贡献。他明确肯定考证是一种科学方法，认真研读过从胡适到周汝昌的考证派大作，并在考证派科学成果之上建立起他的红学观点。他自己有时也搞考证，甚至也搞点索隐。毛泽东反对的是过高估计考证的作用，认为"不能说它就是唯一的科学方法"（D41），矛头显然指向胡适派方法论观点。毛泽东没有系统论这个概念，却是罕见的现代系统思想大师，系统论强调的整体观、环境观、结构观、过程观、动态观等，在他的红学观点中都有鲜明的表现。① 曹雪芹不可能有阶级斗争的理论意识，但由于对清代社会作出高度真实的描写，《红楼梦》实际上反映了清代阶级斗争的客观性和复杂性。毛泽东第一个看出《红楼梦》"是讲阶级斗争的"（D146），"是一部形象的阶级斗争史"（D150），认定只有引入阶级分析方法才能读懂、讲通《红楼梦》（D153）。这在红学中是开先河的，具有特殊的深刻性，也具有一定的片面性。

（8）社会复杂性的一个重要表现是社会系统的网络性，而社会网络的复杂性远甚于当前复杂网络理论所揭示的复杂性。封建社会的基础是宗法制度，主干是大量"联络有亲"的封建大家族所形成的网络，清王朝把这个特点发展到历史的顶峰。《红楼梦》描述的贾、史、王、薛四大家族网络更是直接连通着封建朝廷的社会网络，深陷清王朝高层争权夺利的政治斗争漩涡中，是导致贾府由盛到衰的主要原因。尽管曹雪芹相当成功地把这种政治斗争隐去，用"吊膀子"之类假语敷演出来，却也对这个网络的结构、运行机制、兴衰过程的复杂性给出极为出色的形象刻画，问题在于如何科学地解读。胡适思想的浅薄使他看不到这种网络复杂性。曹雪芹的高明和"狡黠"（脂砚斋语）骗过200年的红学界，直到毛泽东才开始被识破。毛泽东指出："《红楼梦》描写了以贾府为代表的四个贵族家庭的兴衰"（D124），它"主要是写四大家族统治的历史"（D126），即这个家族网络形成、演变、衰落、解体的历史。他批评新红学家"都不注意《红楼梦》的第四回"，判定"那是个总纲"（D136），即理解四大家族网络的总纲，纲举才能目张。毛泽东尚无复杂网络概念，但这些论述实际上揭示了《红楼梦》的网络性，表现出对网络复杂性的特殊洞察力。

---

① 苗东升．钱学森系统科学思想研究［M］．科学出版社，2012：第一章．

毛泽东派红学也有其局限性。

其一，在张扬科学性上，毛泽东派红学既取得重要进展，也存在重大缺陷。他们误以为马克思主义方法是《红楼梦》研究中唯一的、完满的科学方法，其中一些人甚至不承认考证方法的科学性，更不关心世界科学的新动向，对国外正在孕育的新科学、新方法的了解落后于李辰冬。20 世纪中期诞生的新兴科学正在改变科学的范式，预示着科学整体作为系统开始了历史形态的根本转变——从简单性科学向复杂性科学的演变，但中国学术界、包括红学界对此一片茫然。他们眼中的世界水平就是苏联文论的水平，而苏联后期的文论越来越远离辩证唯物主义，远离科学新潮流。

其二，在红学中运用马克思主义存在简单化倾向。民族民主革命的实践表明，正确运用马克思主义，把它同中国革命的具体实践结合起来，是一个复杂性问题。"左"倾机会主义者简单化地应用马克思主义，曾经造成严重后果。新中国建立后同样存在这个问题，而且有新的特点，红学中应用马克思主义也如此，对教条主义的应用马克思主义缺乏警惕性。以对《红楼梦》作阶级分析为例，不仅马克思主义红学家把复杂问题简单化，把学术争鸣变成政治斗争，就是毛泽东本人的认识也有简单化之嫌。例如，他断言"刘姥姥就是个典型的农民"（D349）就值得商榷。刘姥姥的娘家是什么成分小说没有交代，她晚年生活依附女婿王狗儿，而王狗儿的祖父与四大家族中的王家连过宗，属于破落官僚地主的后代。刘姥姥成功地周旋于贾府上下，也不是典型农民能够做到的。所以，刘姥姥是农民，但不典型。书中直接描述的是奴隶主与奴隶的矛盾，主子对奴才的思想毒害、奴隶之间的分化和争斗写得很成功，六条人命案是阶级压迫残酷性的铁证，但这些都无助于认识封建社会基本的阶级矛盾。封建社会的阶级矛盾主要发生在农民和地主之间，曹雪芹并未将这种阶级斗争的"真事隐去"，由于缺乏直接的生活感受，有关地主和农民矛盾的描写远不如描写奴隶和奴隶主的矛盾那样生动而细致。至于代表社会演变方向的资本主义萌芽与封建制度的冲突，书中反映得很不明显。

其三，李希凡和蓝翎对俞平伯的发难本来是红学界正常的自组织现象，如果有关部门处理得当，也可能通过正常的学术争鸣确立马克思主义在红学中的主导地位。由于低层他组织的错误压制，引来毛泽东这个最高层次他组织者的介入，演变为一场社会运动。客观地看，把批判胡适派红学作为一种运动来搞，在当时有某种历史必然性，获胜的阶级在文化上发动进攻在历史上乃常事，也确实取得了正面的积极效果。但副作用相当严重，留下沉痛的教训。社会是钱学森所说的特殊复杂巨系统，自组织和他组织缺一不可，但两者必须辩证地、科学地整合起来，这本身就是社会复杂性所在。他组织大体有两类，或刚或柔，或硬或软，或为指令式，或为诱导式。红学的历史提示我们，学术文化领域的他组织宜柔不宜刚，宜软不宜硬，宜诱导式不宜指令式。刚性的、硬性的、指令式的他组织往往即时效果显著，长远看则弊大于利。

有一点值得指出，把那个阶段的极左行为都归罪于毛泽东是不公正的。60年代我在部队时，我们单位禁止读《红楼梦》，一位同事购买的《红楼梦》被没收，他后来也被调离。这显然有违毛泽东的主张，可见毛泽东那时的权威也是相对的。又如批判遗传学，是毛泽东出面制止的，但那些批判的组织者后来又成为极右观点的鼓吹者，却把错误推给毛泽东。

11.4　红学第三波（一）：百家争鸣局面初步形成和红学科学环境的演变

1970 年代后期以降是红学的第三波，红学界已有多部专著给出总结、评析，无须我这个门外汉置喙。这一节的设置是为了全文的逻辑完整性，并顺便谈以下几点总体看法。

（1）百家争鸣的局面在红学界已初步形成，考证派、索引派、小说评点派等，或者说胡适派、毛泽东派等，都占有一席之地，这才是红学的正常状态。

（2）马克思主义红学观点在接受质疑和批判的氛围中巩固了主导地位，发表了一系列颇具学术功力的著作，大陆原先非马克思主义的红学名家都接受了马克思主义的基本原理，红学出现前所未有的繁荣局面。

（3）毛泽东关于 21 世纪要给胡适恢复名誉的承诺兑现了，这是形成百家争鸣局面的重要条件。但同时又出现无原则抬高、甚至神话胡适的倾向，散发着很强的政治气味：借以贬低鲁迅、否定毛泽东，推销美式政治。它再一次表明《红楼梦》有政治小说的一面，每个时期都有政治愿望强烈的人借评红说事，他们的兴趣不在红学本身。我们不得不再次说明，胡适的红学思想太肤浅，不具备新的学术生长点；要把《红楼梦》研究引向深入，提升到新的高度，回头向胡适求助是没有前途的。相反，红学新人将反复回到鲁迅和毛泽东那里去吸取思想营养，发现新的学术生长点。

《红楼梦》研究属于人文文化，科学文化是其最贴近的环境，然后才是政治环境、经济环境等。系统与其环境互塑共生，环境对系统既提供支持，又产生约束，两方面共同形成系统的外在规定性。而系统的内在规定性也是在系统与环境反复互动中形成的，带有环境的深刻印记。所以，红学的演进必须考察其科学环境的演进。新红学的兴起是在学术研究科学化口号下启动的，讲究科学性、坚持科学精神是它争夺学术话语权的旗帜。胡适开了头，在红学中引入考证方法。毛泽东突破胡适派的禁锢，从马克思主义中引入更为根本的科学方法，又推进了一大步。但红学前两波的科学环境都很差，红学与科学文化鲜有直接联系，显得科学性不足。究其原因，一方面是中国自己的科学异常落后，红学家都缺乏科学文化的训练；另一方面是世界科学本身没有发展到足够程度。在简单性科学当旺的时代，即使站在当时科学前沿的人，也无法把最新成果引入《红楼梦》研究。而第三波中科学系统开始出现根本性演变，显著地改变着红学的科学环境。

首先看世界范围科学发展的大趋势。胡适一代人引进赛先生时，科学系统已经在发达国家开始孕育新的转型演化，只是世人尚不自觉，中国人更不用说。1940年代出现系统论、控制论、信息论等一系列新兴科学，韦弗更把复杂性作为科学概念，按照研究简单性或复杂性来划分科学史，表明科学界对研究复杂性开始有了自觉意识。又经过30年探索和积累，普利高津于1970年代末明确提出复杂性科学的概念，倡导"结束现实世界简单性"迷思，把复杂性当复杂性去把握。1980年代以后，随着圣塔菲等学派的出现，掀开了复杂性科学发展史上第一个高潮期。这一科学发展大潮反映的是世界系统的整体演化趋势。

再看复杂性科学的中国学派。钱学森并非毛泽东的入室弟子，但他尊奉毛泽东为师，牢记师尊关于科学文化形成中国自己的学派的嘱托。70年代末以后，钱学森逐步卸去国防科研领导重任，全身心地回归学术界，创立了系统科学的中国学派，把中国系统科学带到世界领先地位，进而又创立复杂性科学的中国学派。简单性科学时代的中国科学始终处于落后状态。在复杂性科学的初创时期，中国已经跟世界强国站在同一起跑线上，有了自己的科学学派。这在中国近现代史上是空前的，表明中国的科学和文化已成为世界重要角色。这就为红学发展造成空前有利的科学文化环境。钱学森没有涉足红学，只是从计算机应用的角度评价过彭昆仑的工作①。但系统科学、信息科学、非线性科学的发展，或者说复杂性科学的发展，特别是中国复杂性科学的发展，表明红学与科学前沿隔膜的困境就要成为过去，红学家可以从自己的国家获取新的科学思想和方法。

社会是强非线性系统，把科学文化的新成果应用到人文文化，其间有明显的时间滞后，科学文化的变革不可能在人文文化中引起同步变革。上述科学文化的重大进展实际上是为第四波做准备的。但科学与人文毕竟是文化系统的两个分系统，正在历史地走向融合。故第三波中科学文化的上述巨变也会在第三波红学中获得一定的实时反映。

11.5　红学第三波（二）：周汝昌晚年红学研究的新路向

新红学诞生以来，对《红楼梦》未做简单化处理的第一人是鲁迅。他生前复杂性概念尚不流行，但他关于《红楼梦》的基本观点，如"人情小说"的定位，关于贾府"大故迭起""悲凉之雾，遍布华林"的概述，艺术上"曹雪芹之所以不可及"的评价，等等，都相悖于简单性科学时代的文论，连通着复杂性科学的文论。

最先领悟到《红楼梦》研究之复杂性的中国人是李辰冬，这无疑同他的留法背景有关。欧洲从20世纪初起就成为孕育复杂性科学的温床，文艺理论的发展也与此有关。他从那里学到系统、整体、结构等概念，对系统的动态性、非线性也有领悟，所以才会以海浪比喻《红楼梦》的结构："前起后涌，大浪伏小浪，小浪变大浪"（《知味红楼》，112）。更可贵的是他受日本学者森谷克己的启发，提出"社会意识跟社会演变之复杂而亦复杂"的重要命题（同上，107），既承认社会演变的复杂性，又承认社会意识的复杂性，包含存在决定意识、意识反映存在的思想成分。他用这个新思想考察《红楼梦》的人物描写和结构设计，比较不同文学作品，判定《红楼梦》优于其结构"错综错杂"，《金瓶梅》劣于其"结构简单"。按照结构的简单或复杂来判别文学作品之劣或优，

---

① 钱学森等．论系统工程［M］．湖南科学技术出版社，1982：561．

实为文论的一个重要新观点。李先生得出一个总判断："中国自《诗经》以来，以表现的社会意识复杂论，没有过于《红楼梦》者。"（同上，107）以表现社会意识复杂性的水平判别文艺作品的高下，据此评价《红楼梦》，实在是超越时代的高论。可惜李辰冬不久离开了那个科学气息浓厚、开始反思简单性科学的文化环境，加上他后来在中国历史分叉点上的政治选择，后半生所处社会文化环境使他日渐远离孕育中的世界（包括中国）复杂性研究，对红学复杂性的认识也就到此为止。不妨设想，如果李辰冬读过《科学与复杂性》（Weaver，1948）等著作，又接受马克思主义，有可能开创红学的新局面。

在对复杂性的关注上，马克思主义红学家总体上落后于李辰冬。何其芳、李希凡、冯其庸等人的红学作品都没有从复杂性角度立意，因为他们没有复杂性观念。蒋和森《曹雪芹的〈红楼梦〉》一文（1958）肯定曹雪芹"是一个善于把生活的完整性、复杂性、以及它的内部组织表现出来的艺术大家"①。这是颇有见地的，但在当时复杂性还不是学术概念，他不可能把复杂性科学的观点作为评论《红楼梦》的一个独特视角去展开论述。就是毛泽东本人，也没有把复杂性当成学术概念，他从革命实践中获得的复杂性思想迟迟没有用到《红楼梦》研究中。据董志新收集的材料看，他在1960年提出"通过看《红楼梦》了解历史和社会的复杂性"（D13），是其红学思想的重要发展，但只是讲给子女听，无意传给红学界，表明他尚未明确意识到复杂性问题对红学的科学价值。整个20世纪后半段，复杂性都没有作为一个科学新概念进入红学家的视野，这也是历史条件的限制。

事情的变化出现于新的世纪之交，复杂性一词开始较多地出现在红学著作中。如李希凡提到《红楼梦》"如此复杂而众多的'典型环境中的典型性格'"②。但都缺乏把复杂性当成复杂性的自觉意识，只有周汝昌是个例外。红学家作考证时不会遇到真正的复杂性，考证者是以消除复杂性为己任的。胡适如此，周汝昌也如此。一旦转向研究《红楼梦》的思想性和艺术性，红学家事实上就会遭遇真正的、不可消除的复杂性。当科学界尚未意识到科学从简单性向复杂性的历史性转变时，红学家更不会把复杂性作为科学概念引入自己的学术研究。不过，如果科学界和红学界同时出现变化，问题就不一样了。因集大

① 蒋和森. 曹雪芹的《红楼梦》[J]. 文学研究，1958年第2期.
② 李希凡. 传神文笔足千秋 [M]. 文化艺术出版社，2005：463.

成式考证而崛起于红学界的周汝昌，进入新世纪后用很大精力论述《红楼梦》的思想性和艺术性，而此时的复杂性研究在中国已热了10多年。我估计思维敏锐又极具个性的周先生一定注意到科学界的这一动向，因为复杂性研究能够与他的美学思想发生共鸣，跟他的红学思路出现交叉。这反映在《红楼小讲》《周汝昌梦解红楼》《红楼十二层》等著作中，最突出的是《小讲》，17万字的著作中"复杂"一词出现过30次。还有大量批评红学中简单化倾向的文字，如说有些关于《红楼梦》的讲解"把事情简单肤浅化"①。他并非泛泛提及复杂，而是有具体所指，如"复杂的历史原因""复杂的政治、社会原因""复杂的思想理论""复杂的矛盾斗争""复杂的相互关系"等，注意到人的复杂性、情感的复杂性、心理的复杂性、结构的复杂性、层次的复杂性、过程的复杂性、内涵的复杂性等，且大多有展开来的分析论证。本节拟对他的复杂性观点就以下几方面进行述评。

（1）跟复杂性科学基本信念的共鸣。周汝昌认为："按照曹雪芹的理解认识，天底下的事是复杂的，不是一个死模式套出来的。"（Z37）这是一个超越红学范围的一般性命题，实即上节所说复杂性科学的基本假设，复杂性科学家关于现实世界的基本信念。在周汝昌看来，曹雪芹超前200多年从文学上领悟到复杂性科学的基本思想；或者说未经简单性科学洗脑的曹雪芹，从来没有想到过把复杂的现实世界作简单化处理。这一点正是中国传统文论的突出优点，被曹雪芹极其成功地体现在《红楼梦》中。

（2）对《红楼梦》复杂性的基本判断。关于《红楼梦》的思想性和艺术性，周汝昌提出的两个命题特别值得注意：第一，《红楼梦》"全副精神是写人"②；第二，"在生活现实中，人具有何等的复杂性，他就写得他（她）何等的复杂"（Z63）。这是对《红楼梦》及其作者的思想性和艺术性的全新判断，开红学的一大先河，不妨称为周汝昌命题。接受他的判断，意味着红学进一步发展必须系统地引入复杂性科学的理论和方法，红学将要成为复杂性科学的一个分支学科。

（3）系统观点。1980年代以来，受到国内勃兴的"三论热"影响，红学界

---

① 周汝昌．红楼小讲［M］．北京出版社，2002：269．本章后面凡有 Zp 标志者，Z 指《小讲》，p 为页数。
② 周汝昌．周汝昌梦解红楼［M］．漓江出版社，2005：105．

引入诸多新概念、新方法，似乎找到《红楼梦》研究进一步科学化的新方向。但总的效果不算显著，对"三论"的了解相当皮毛。就我的阅读范围看，周汝昌收获最多，系统、整体、环境、结构等概念大量出现在他的著作中，且用的有深度。他喜欢用"大"字和"总"字，大整体、大布局、大思路、大结局、大分水岭等，总命运、总构想、总精义、总结局等。其用词未必都足够科学，但贯彻"从整体上考虑问题"的系统原理的意图很明确。周汝昌提出如何"谈论雪芹的整体思想"的观点，批评红学界"以局部为全部"的现象，评论曹雪芹"整体的美学观"，抨击后四十回使"原来的整体性全被破坏"等，都颇有见地，抓住了系统论的根本精神。就庚辰本"庄子因"被他本改为"庄子文"一事，周先生郑重声明"'庄子因'三字，是一个整体的专名词，不应拆散、支离破碎地来对待"（《梦解红楼》，169）。尽管小事一桩，却体现了坚持整体观的执着，还准确地揭示出非整体观的一种表现方式：拆散整体，变为支离破碎的非系统。这正是系统论批评还原论的基本点。

（4）多样性观点。单一性是简单性的基本内涵之一，多样（元）性是复杂性的基本内涵之一。为揭示曹雪芹超越时代的多样性观点，周汝昌用多棱镜、万花筒比喻《红楼梦》，剖析它的多主题、多手法，说曹雪芹"很懂得运用'多镜头'、'多角度'、'多层次'、'多衬染'的手法"（Z91），且都有具体论述。他特别赞美曹雪芹"一笔多用"的艺术手法，不喜欢单打一的作品，批评"习惯于用'单打一'的思想方法和眼光去看雪芹的笔墨"。他对作者有这样一个入木三分的概括："雪芹的神奇本领就在于：他好像能站在任何一个'立场点'去观察事物，又好像曾和任何一个阶层的任何一个人都在一起'生活过'。"（Z91）

（5）非线性思维。现实世界的复杂性来源于非线性关系或非线性相互作用。而简单性科学本质上是线性科学，张扬的是线性观点、线性思维和线性化方法。反映在小说理论上，西方文论特别欣赏故事情节的线性流走；而中国文论赞赏的是曲尽其妙，相信曲径通幽。线性思维通过简单性科学和西方文论传入红学界，产生诸多消极影响，却长期不自觉。进入 21 世纪后，红学界开始响起批判线性思维的声音。白盾说："长期来，我们陷在线性思维的模式中，'不是，就是'，'要么，要么'。"① 王蒙讲："一个作品越是忠于生活，视野开阔，越是必

① 白盾. 悟红论稿［M］. 文化艺术出版社，2005：代序.

须突破线性结构。"① 就是说，作者按照线性思维设计，必然产生线性结构；运用非线性思维设计，才会有非线性结构。周汝昌在这方面也走过弯路，他回顾说："后来，我学会了思路要能'拐弯'、'侧取'，方可领会雪芹千变万化的笔法匠心。"② 应用非线性思维方能领会雪芹千变万化的笔法匠心，这话说得精彩，学理上更到位。拜读周汝昌的著作使我认识到，《红楼梦》极为出色地体现了文学作品应有的非线性方法、技艺；从深层次看，反映了作者无与伦比的非线性思维能力。

科学上讨论的非线性现象在《红楼梦》中差不多都有，表现为勾连、交织、曲折、回环、断续、涨落、切换、伏线、或渐变、或骤变等等，且描写得生动、形象、自然，称得上出神入化。周先生对此有许多具体的分析，如分析小说对小红与贾芸相爱的描述，在初次偶然相识、相互留意之后，"也不是'直线发展'、'一望到底'的"，而是经历"曲曲折折"才真正建立起来。（《梦解红楼》，88）他还把这类具体分析上升到思维方式层次，批评"用'单一直线'的思路与眼光去看去'评'雪芹的'不单一'"的做法（Z105），并概括为"'直线单行逻辑'推理"，强调"讲文化的事，这种思维模式是不合用的，那太简单化了。"（《梦解红楼》，258）批评"直线单行逻辑"，或者称为"单层单面单一的直线逻辑"，意味着提倡"多线并行逻辑"，这正是复杂性科学需要的逻辑概念。

（6）信息观点。曹雪芹对信息有超越时代的领悟，笔者曾利用《红楼梦》的文学事实讨论过信息复杂性问题③。周汝昌后期红学作品吸收了信息、解码、破解等概念，有意从信息角度考察《红楼梦》，颇有新意。这里也只谈一点。设置小说人物"甄士隐"和"贾雨村"的寓意，脂砚斋释义为"真事隐去，假语村言"，一直为红学界接受。前者解得确切，后者令人生疑。全书处处有假语，村言基本谈不上，作品着力最多的裙钗们和花王贾宝玉，讲的全是锦言绣语，哪来的村言粗语？看来"假语村言"也有真有假，"假语"为真，"村言"为假。寓意若何？周汝昌质疑脂砚斋，主张把"假语村言"解释为"假语存焉"，

---

① 王蒙. 王蒙的红楼梦（上）[M]. 中华书局，2010：32.

② 周汝昌. 红楼别样红 [M]. 作家出版社，2008：215.

③ 苗东升. 信息复杂性初探 [J]. 华中科技大学学报，2007 年第 5 期.

"村言"实"存焉"的谐音,说"作者想以假存真……实录世情"①。我以为他的解释更科学、合理(是否为周先生首创,我无根据,我是在他的著作中首次看到的)。存即存储、存取,是信息运作的基本环节、信息科学的重要概念,周先生的解释把红学问题同信息科学联系起来了。"真事隐,假语存",既是《红楼梦》的写作方技,又体现曹雪芹的信息观。"事"和"语"的关系是信息与载体(码符)的关系,社会信息的编码表达、存储、解码远比通信工程的相应操作要复杂丰富得多,无法从简单性科学中得到帮助。把真事隐去,用假语表达和存储之,这能够做到吗?假语能存储真事吗?这符合信息科学原理吗?如何做到?又如何从假语中解读出隐去的真事?《红楼梦》包含了曹雪芹对这些问题给出的肯定性回答,显示出高超的技艺(信息存储)和悟性(理解信息本质)。确实,被隐去的真事并没有消失,只要你有能耐、有本领,就可以用假语表达出来。但由此而大大增加了解读的难度,令曹公抱着无人"解味"的担心离开人世,这本身就表现了社会信息的特殊复杂性。周汝昌以"存"代"村"(这也是索隐),就许多具体故事情节做出解读(考证),也显示出他对信息问题的出色领悟。

(7) 曹雪芹笔法的复杂性。周汝昌判定:《红楼梦》"局面之阔大,关系之复杂,非一般叙事法所能为力"。(Z258)曹雪芹采用何种方法是周先生晚年研究的重点之一。他爱用笔法一词谈论《红楼梦》的艺术性,明确把曹雪芹的笔法作为红学面对的"复杂问题"之一(Z105),断言书中暗写的"情形复杂异常"(Z74),等等。他通过诸多精细分析来说明"雪芹的笔,是在热闹、盛景中紧张而痛苦地给后文铺设一条系统而'有机'的伏脉"(《梦解红楼》,185)。我们只讲他对《红楼梦》如何描写社会网络复杂性作点分析(周汝昌也没有网络复杂性概念,但他事实上把四大家族作为网络理解)。他的网络分析涉及四个要素。①多线。单线织不成网络,网络只能由多条线织成。多线是周先生经常使用的词汇,判定家破和人亡是两大主线,还有数不清的支线;写法上则有明线与暗线之分。②交织。多线而并行者不是网络,多线而交织必成网络。文学作品是用语言文字编码表达出来的,码符只能是线性链结构。网络的多线性与码符的线性链结构相互矛盾,故惯于线性思维者看不到网络性,必然把《红楼

---

① 周汝昌. 红楼梦诗词曲赋鉴赏 [M] //刘心武、周汝昌合订珍藏版. 东方出版社,2006: 517, 527.

梦》人为地简单化、肤浅化。③伏脉。面对上述矛盾，曹雪芹的解决办法是区分明线与暗线，在难以计数的网络连线中，每一处只有一条线在明处，其余所有的线都隐伏在暗处。这就要求明与暗不断转换。曹翁极其擅长这样做，铺设了一条条"系统而'有机'的伏脉"。这是《红楼梦》既极具吸引力、又不能轻易读懂的原因之一，周汝昌极力强调这一点，给出大量虽然零散、却颇有启发性的剖析。④节点。不同网线的交叉处为节点，网络是以节点为元素组成的系统，连线（边）反映系统的结构。《红楼梦》的节点即贾府发生的大小事件，如黛玉葬花、熙凤弄权等。节点或为新线引入处，或为明线与暗线转换处。作者引导读者沿着一条明线走向某个节点，立即中断原线路，转向新线路，让粗心的读者产生断裂感。"伏线千里"常导致节点的"遥遥呼应"，这让初读者生零乱、突兀之感，会心者则识得作者的"狡黠"笔法，钦佩其文心深细，精美绝伦。周先生的这类剖析文字也助我理解了许多过去没有读懂的情节。

（8）对矛盾复杂性的刻画。《红楼梦》表明，曹雪芹是一位辩证思维大师，极其善于运用矛盾复杂性原理观察社会，编撰故事，塑造人物。真假，有无，好坏，正邪，虚实，兴衰，隐显，等等，关于这些矛盾方面对立统一所形成的复杂性，书中都有描述，引起周汝昌的关注。他的分析和挖掘使我懂得，联语"假作真时真亦假"既是曹雪芹笔法之纲，也是表现社会和历史复杂性之纲。人类社会历来是真与假的综合体，真话、假话，说出来都是文化。这是文化复杂性的重要来源。周先生对由此生成的复杂性多有分析，还认为《红楼梦》中真与假的对立统一也表现在笔法上："雪芹的一大笔法，就是半笔假，半笔真，真中假，假中真。"（Z17）他特别关注正与邪的矛盾，拈出"正邪两赋论"大做文章，第一个指出《红楼梦》着力写的是"正邪两赋而来之人"，"这种人，本身就带着复杂性"。（Z39）这些都是独具慧眼的新观点。

还有一点值得提及的是，周汝昌旗帜鲜明地反对在红学中"事事奉洋为上，惟外是尊"（Z161），这同鲁迅、毛泽东、钱学森的主张是相通的。中国文艺复兴要健康地发展，包括红学的健康发展，必须清除崇洋媚外的劣习。

周汝昌从复杂性角度探索《红楼梦》的工作无疑也有其不足，最明显的是不系统，没有写出专著，有些地方似有牵强附会之嫌。但我们看重的是他致力于开辟新思路，为红学提供了新的生长点。其重要意义，要在中国文艺复兴第四波才能充分显示出来。

11.6　红学第四波预测：《红楼梦》研究的巅峰期

红学在中国文艺复兴第四波的命运如何，是一个有歧见的问题。冯其庸给出诗化的回答："《红楼梦》是洋洋大海，可以无尽地探索。"[1] 刘梦溪就红学论红学："我模模糊糊地意识到，凡是红楼走红、社会大谈红楼，红运上升、红潮汹涌的时候，似乎并不是什么大吉大利之事，常常国家民族的命运在此时却未必甚佳。红运和国运似乎不容易两全。"[2] 单就过去一百年看，刘先生所言大体不错，但对国运的估计似有失误。若放在中国文艺复兴全过程看，此乃文艺复兴和红学发展全过程前半段的复杂性和曲折性之表现，是非线性动力学系统运行规律的必然结果。但转机正在孕育中。如果把中国文艺复兴看成非线性动力学系统向着新吸引子（目的态）的演化过程，可以断定这是一个有超调的过程，早期过大的超调量无法避免，这必定导致反向超调，再导致新的超调，新的矫枉，形成一波三折的震荡（参见图 2-1）。但这个系统具有强劲的自学习、自改进、自调节能力，能够使超调量逐步衰减，可以相信三个波峰后就会较为平稳地趋达目的态。有了前三波的经验，有了新的时代和环境条件，第四波可能只会有小涨落，红运和国运两全的局面将会出现。

美籍红学家余英时曾用库恩的科学革命论分析红学的未来，提出红学革命的概念[3]，未被 30 年来的历史证实。科学革命一词在学界有被滥用之嫌，窃以为它不适于考察红学的未来。我尤其不认同余先生关于这次革命质性和动因的论述。红学前三波虽然都有各自的问题，但成绩是主要的，考证查清的历史材料，马克思主义指导地位的确立，百家争鸣局面的形成，复杂性科学产生的初步影响，都是历史性的成就，给进一步发展奠定了很好的基础。不过，余先生"红学发展将要进入新的突破阶段"的话有道理。我的修正是：这种突破不可能发生在第三波，只能在第四波；不是对现有红学进行革命，而是对一百多年红学研究的集大成。考证派的成果要充分肯定，力争有新的收获。马克思主义的

---

① 冯其庸. 论红楼梦思想［M］. 黑龙江教育出版社，2002：217.

② 刘梦溪. 红楼梦与百年中国［M］. 中央编译出版社，2005：9.

③ 余英时. 近代红学的发展与红学的革命——一个学术史的分析［M］//四海红楼（上）. 作家出版社，2006.

指导作用必须坚持，想把《红楼梦》研究推向前进，却拒斥毛泽东思想，实为南其辕而北其辙。但须切忌不再犯教条式应用马克思主义的错误。百家争鸣的局面必须维护和发展，门户之见要摒弃。在此基础上，系统地引进复杂性科学的理论和方法，深入、全面地研究、评析《红楼梦》。这几方面结合起来，就能开创红学的全新局面。

前三波红学的通病是科学性不足，红学界的科学观都有明显的片面性，当时的科学发展也没有提供充分有效的工具，硬要把简单性科学的方法论套用到红学中，弊远大于利。第四波将从根本上解决问题，复杂性科学才是《红楼梦》研究最有效的科学武器。应用复杂性科学研究《红楼梦》，系统而深入地揭示其社会历史背景的复杂性、主题思想的复杂性、结构的复杂性、人物的复杂性和艺术手法的复杂性，应当是红学第四波的中心任务。

要开创红学的全新局面，还需深思毛泽东的另一个红学观点。就红学看红学，对《红楼梦》的理解总有局限性。跳出红学看红学，跳出中国、用世界眼光看《红楼梦》，才能真正看出它的伟大，把握红学的未来。胡适和李辰冬都有点世界眼光，把《红楼梦》与世界名著作比较，但结论相反：李褒胡贬。这只是比较文学意义上的世界眼光，层次太低。毛泽东则从世界文化未来发展的高度审视《红楼梦》，考察的是中国文化的优势所在，评价它对世界的贡献。他的结论为：《红楼梦》是"中华文化的代表"，中国对世界的"三大贡献"之一，"中国的第五大发明"，《红楼梦》与地大物博、人口众多、历史悠久并列为中国的四大优势，或者是与长城并列为两大文化遗产，等等（D87、88、89）。这些极富幽默感的说法无疑与毛泽东的文学个性有关，但更是极为严肃认真的科学判断。欲准确理解毛泽东的这个观点，明白为什么要强调《红楼梦》对世界的贡献，需要从人类第二次文艺复兴的历史高度加以剖析。

在漫长的历史上，地球人类一直以非系统方式存在着，资本主义在西方兴起开始了世界系统化的历史进程，发生在欧洲的第一次文艺复兴为其奠定了文化基础，历经600年到19世纪末完成了地球人类的系统化。世界系统的形成完全是西方的功劳，非西方是被征服后才并入系统的，没有什么贡献可谈。然而，地球人类一旦整合为一个系统，建立起一定的结构关系，所有民族都作为同一系统的组分相互作用，就会产生出不以强行实现整合的那种社会力量之意志为转移的运行演化规律，这也是一种整体涌现性。如此形成的系统具有少数宗主国统治、剥削广大殖民地半殖民地国家的结构，属于稳定性、有序性、合理性、鲁棒性极差的复杂巨系统。所以，从那次世纪之交起，这个新生系统固有的非线性动力学规律立即开启了它的自我稳定、自我纠错、自我合理化、自我有序化的自组织过程，进入世界系统化演化的第二个大阶段。一百多年来的实践表明，这一过程的吸引子（终极目的态）是建立和谐、公正、有效的世界秩序，所有民族能够平等交往，整个人类实现可持续的现代化。它显然不可能在欧洲文艺复兴造就的西方文化基础上实现，当然也不可能在非西方的传统文化基础上实现。系统化了的世界需要一次新的文艺复兴，创造一种全新的文化，以支持和引领全人类实现可持续的现代化，最终向无阶级社会过渡。这就是钱学森所说的第二次文艺复兴。它的起点是马克思恩格斯关于解放全人类的理论探索，决战的主战场却转移到当年的殖民地、半殖民地，特别是中国。因为系统化了的世界要从"坏系统"变为"好系统"，主要问题是广大的非西方世界如何实现与西方世界平等地交往，它不可能在西方主导下解决，在第二阶段的前半程，西方的根本诉求是维持这种不平等。系统化了的世界不能建立在力图排斥乃至消灭所有非西方文化的西方文化基础上，要承认所有民族的文化贡献，各民族要在文化交往和冲突中相互尊重、学习、融合，共同创造真正的世界文化。所以从文化上讲，非西方世界反对殖民统治，争取改变不平等的国际秩序，进行现代化建设，创建可持续的发展模式，等等，都是对世界范围文艺复兴的决定性贡献。毛泽东和钱学森对世界系统这一演化趋势有最深刻的领悟①。

从胡适以来的红学界远远没有上升到这一历史高度来思考问题，他们只讲中国的文艺复兴。毛泽东的眼界要高得多，他考虑的是《红楼梦》对世界的贡献，亦即对实现第二次文艺复兴的贡献。从世界系统演化历史的全局看，整个 19 世纪，甚至 20 世纪前 40 年，都不可能提出中国对世界做贡献的问题。这个问题的明确提出表明，世界形势和中国国内形势发生了重大变化，中华民族平等地屹立于世界民族之林的晨曦依稀可见，中华民族正在建立新的文化自信心。毛泽东是全面透彻理解这一伟大历史趋势的第一人，并据此来重新评价中国文化。他不仅提出这个问题，而且着手盘点家产，部署实行方案，由此而发现《红楼梦》的世界意义。

中国人要在新的世界文化创建和发展中做出大贡献，首先要懂得中国文化，要有足够的文化自信心。如何做到这一点？毛泽东认为，读优秀文学作品、特

---

① 苗东升. 钱学森哲学思想研究［M］. 科学出版社，2012：21 章.

别是读《红楼梦》是一个有效的办法。所以他对解放军高级将领说："不看完"《三国演义》《水浒传》《红楼梦》"不算中国人"，没读《红楼梦》者只是"半个中国人"。（D18）这话有开玩笑的成分，但也是严肃的文化学命题。所以他不遗余力地宣传《红楼梦》，研究如何读懂《红楼梦》。从今天的情况看未来，《红楼梦》研究将贯彻于中国文艺复兴全过程，动态地记录和反映这一过程的复杂和曲折。到中华民族全面实现现代化、平等地站立在世界民族之林时，我们对《红楼梦》的理解才能真正达到全面、正确、科学的水平，那时的红学将走向成熟。

最后一个问题是，红学能否对科学有所反馈，推动复杂性研究的发展？回答是肯定的。事物之间的作用是相互的，有来有往才是辩证法。简略地说，《红楼梦》研究对复杂性科学的贡献至少有三方面。

其一，有助于认识复杂性是一种客观存在，树立防止把复杂问题人为简单化的自觉意识，坚持把复杂性当成复杂性来认识和处理的方法论思想。

其二，有助于提炼、检验新的复杂性研究的逻辑工具和科学方法，以有效处理开放性、非线性、动态性、不确定性等问题。

其三，有助于建立文艺科学。简单性科学的当旺造成科学文化与人文文化的分离和对立。有文艺活动和文艺作品，就有文艺理论。但长期以来学界普遍认为文艺理论是学科，而非科学。这在简单性科学当旺的时代是必然的，也是相对合理的。随着复杂性科学的兴起，认识正在改变："文艺作品不是科学。但是，研究文艺的文艺理论是科学。"① 钱学森从人类第二次文艺复兴的历史高度整体地考察科学技术的发展，提出现代科学技术体系，把文艺科学作为其中的一个独立大部门，与自然科学、社会科学、数学科学等并列，实为科学学的一大创见。文艺科学也有三个层次，文艺创作和赏析的工程技术正在形成中，对它进行理论概括而建立文艺的技术科学（应用科学）也是可以期待的。重要的是能否建立、如何建立文艺科学体系中的基础科学，即文艺学②。我们相信，《红楼梦》研究对此将有重要作用，不过，这已超出本书主题，需要另文作专题讨论。

---

① 钱学森. 科学的艺术与艺术的科学［M］. 人民文学出版社，1994：114.
② 苗东升. 文艺科学再议［M］//戴志强. 艺术与科学研究. 中国广播电视出版社，2012.

第12章　发展复杂性科学的中国学派

世界系统的发展趋势愈来愈表明，中华民族对于复杂性科学的发展负有重大历史责任，需要并且事实上初步形成了复杂性科学的中国学派。它的哲学思想、科学方法论和文化基础由毛泽东奠基，学术上由钱学森草创。在这最后一章中，我们探讨一下复杂性科学中国学派产生的历史背景、走过的独特路径、基本特点、进一步发展的客观依据等。

12.1　世界复杂性研究的两条进路

复杂性研究萌发于 19－20 世纪之交，大背景是地球人类实现了系统化，世界面临的大问题均已系统化，随之而来的是世界社会空前的复杂化，还原论科学的基本思想和方法开始失效，需要新的科学思想和方法。由于系统的整体性力量起作用，世界系统形成后一切有关人类历史命运的重大思潮和社会运动，其兴衰演变不再仅仅为西方国家所独有，而成为全人类共同的事业，需要不同民族、不同国家共同解决。但主要由于国情、待解决问题、发展轨迹和历史责任的不同，导致它们各自的切入点、表现方式和实现途径不同。复杂性研究的兴起就是这样一种学术思潮和文化运动，它大约同时发生于西方和中国，但彼此要解决的具体问题和所依据的社会条件不同，因而各自的切入点、表现方式和实现途径不同，理论探索的结果自然也有差别。

用阿什比的词语来讲，人类历史在 20 世纪以前数百年是世界系统"从无到有"的生成过程，结果出现了一个极不公平、极不合理、极不稳定、充满掠夺和战争的系统。这个空前复杂的超级巨系统一旦形成，它就整体上开始了自学习、自改进、自完善的自组织演化，即"从坏结构到好结构"的演化历程①。复杂性研究正是为适应这一演化历程的需要而兴起的，也是从这一历史进程中寻找问题、吸取思想营养、探索解决问题之道的。主导地球人类系统化的西方国家仍然是世界巨系统演化初期的主导力量，由于它们已经从自由资本主义发展到垄断资本主义，既要在国内维护垄断资产阶级的统治、削弱和瓦解联合起来的国际工人运动，镇压殖民地人民反抗，又要参与帝国主义列强重新划分势力范围、争夺世界霸权的国际斗争，包括应对日趋临近的世界大战。这种新的历史态势使西方国家面临经济、社会、军事领域日益复杂的组织、管理、指挥问题，呼唤着经济的、政治的、文化的和军事的创新，从而遇到科技史上前所未有的复杂性。今人看得分明，主要是大工业、大企业的发展，特别是帝国主义战争的需要，孕育和推动发达国家最初的复杂性研究，进而创建复杂性科学。直到现在，类似的社会因素仍然是发达国家复杂性研究的主要推动力，如今日美国为霸权主义服务的复杂性研究。

在资本主义征服殖民地的数百年中，中国和整个非西方世界是作为外因而存在的，属于完全被动的整合对象，充当了世界系统形成的阻力。一旦世界完成系统化，出现钱学森所说的世界社会，中国和所有非西方国家就转变为世界系统、世界社会的内在力量。这种由外因到内因的转变，非西方民族成为世界系统历史演进的另一种内在主动性力量，必将导致极为重大而深远的历史变革。系统化了的世界社会赋予非西方国家的历史任务，既是充当资本主义发达国家的原料供应地、商品倾销地、危机转嫁地，以确保它们完成现代化，又成为资本帝国主义的制度性反对力量，着手解构支撑帝国主义国家统治的殖民地和半殖民地世界体系，实现民族独立，进而搞现代化，以求同西方发达国家建立平等相处的国际关系。它们由此生发出推动世界系统前进的巨大力量，有力地促使世界系统结构模式的持续演变。但完成这一历史任务是人类历史上空前复杂的事情，不可能从西方发展起来的简单性科学获得智力武器。就中国而论，20世纪面临的历史任务是首先推翻三座大山，掌握自己的命运，然后再搞现代化，实现向社会主义过渡。无论前者还是后者，都是亘古未有的复杂过程，不可能从西方建成资本主义的实践中获得成套经验，更不可能靠传统文化来实现，只

---

① 冯·贝塔朗菲. 一般系统论：基础、发展和应用［M］. 林康义等译，清华大学出版社，1987：90.

有走独立创新这条路。20 世纪的历史充分证明了这一点。

世界既然已经整合为一个系统，发达国家的社会主义运动与不发达国家的民族解放运动就成为同一系统内部两个具有共同对手、命运相关的分系统，必然相互影响、相互支持，成为世界系统从坏结构向好结构演化的强大内生推动力。产生于西方的马克思主义成为它们共同的指导思想。特别的，中国这个古老文明大国沦为所有帝国主义国家争夺的半殖民地，世界各种矛盾（包括西方已经解决了的资本主义与封建主义的矛盾）和思潮在这里汇聚、发酵、较量。沦为半殖民地、半封建社会这种全世界绝无仅有的独特国情，数十年旧民主主义革命的实践磨炼和经验教训，十月革命开创新时代的召唤，加上地理位置毗连社会主义苏联，中国的历史车轮迅速转向新民主主义革命轨道。这既把人类历史上前所未有的另一种复杂性问题摆在中华民族面前，同时也把解决这一重大历史问题不可或缺的思想武器——马克思列宁主义传入中国，生根发芽。中国的面貌从此为之一新，由此而成为孕育复杂性研究的一片异样沃土。

西方世界是首先建立简单性科学，利用它实现了工业化，同时也就使简单性科学走向顶峰，逻辑地提出向复杂性科学转型演化的历史要求。中国社会的现代化、学术思想的科学化却历史地不可能走这条路，它绝非引入简单性科学就能够解决的问题，更不具备以复杂性科学取代简单性科学的社会历史根据。特殊的历史积淀和现实国情决定了中国必须另辟蹊径，事实上走出一条曲折的路径。

19 世纪后期兴起的洋务运动试图简单照搬西方那一套，"师夷之长技以制夷"。它的学术思想是传统文化与简单性科学的混合物，名之曰"中体西用"。它的惨败迫使中国人改变救亡图存的大思路，实际上催生了中国人的复杂性探索。中国复杂性研究的孕育大体也发生于 19 - 20 世纪之交，先驱人物有严复、梁启超、孙中山、鲁迅等。达尔文的进化论是演化科学的滥觞，对马克思主义的形成发展有重要影响。演化科学本质上属于复杂性科学，普利高津对此多有论述。严复译介进化论在中国思想界产生了强烈影响，帮助中国人消除"天不变，道亦不变"的谬见，理解了中国社会需要而且正面临三千年未有的社会大变革，一种西方世界从未发生过的社会演化进程。演化科学的新思想在中国的传播表示，中国学人从此不自觉地萌发了探索复杂性的意识。孙中山无疑也是演化论者，他摒弃改良主义，以革命手段在华夏大地上结束了帝制，开启现代中国的制度革命之路，意义重大；但仅限于形式上推翻帝制，没有触动半殖民地半封建的社会基础,特别是腐朽透顶的封建宗法制度,表明他对中国如何搞社会革命的理解过分简单化。在封建宗法制度这种社会基础之上,不可能建立起资本主义的经济和政治制度。

辛亥革命的失败告诉人们,中国传统文化不能给彻底的社会变革提供必要的思想文化支持,必须引进德先生和赛先生,创建新文化去引导社会变革。由此发生的五四运动开辟了新民主主义革命方向,标志着中国现代史的一大进步。但复杂性科学当时在西方还处于自发的孕育中,中国能够引进的仅仅是简单性科学,而且五四代表人物对其了解相当皮毛。这种历史局限性使他们把简单性科学误认为科学的唯一可能形态,视简单性原则为科学的普遍原则,在中国思想界、学术文化界造成相当消极的影响。五四精英们仍然试图按照简单性科学的那一套实现中国的根本变革,前述否定中医、红学研究的片面性等是其表现。

对于中国思想界和学术文化界来说,马列主义传入是改天换地的大事,提供了把握中国社会变革之复杂性的锐利理论武器。但现实生活是复杂的,国际共产主义运动中流行的简单化、线性化思维严重地侵蚀着中国马克思主义队伍,掌握领导权的精英不懂得研究中国社会特殊的复杂性,教条主义地理解马克思主义,简单照搬十月革命经验,三次"左"倾机会主义把中国革命推向危险的境地。马列主义是在欧洲社会文化环境中产生的,径直地引入异质性显著的中国社会文化环境必定"水土不服"。新民主主义革命早期的挫折证明,仅有马列主义基本原理不可能万事大吉,重要的是要直面中国社会和中国革命特有的复杂性,自主地创建把握这种复杂性的科学理论。

这一努力及其成果最先集中体现在以毛泽东为代表的社会力量的革命实践和理论探索中。青年毛泽东正赶上中国社会新旧民主主义革命的转换期,从那时以来,他全身心地投入这场空前复杂的社会实践,重视对中国国情的调查研究,努力探索中国社会的特殊复杂性,并给以理论概括,提出革命运动的路线、方针、政策。相反,他在革命队伍中的反对者的一个共同点,就是无视中国革命的特殊复杂性,把马列主义当成教条,把共产国际的意见当成圣旨,遇事总想作简单化处理,被毛泽东批评为"刻板地抄用""死用原则",却自视为"百分之百布尔什维克化",盛气凌人。那时的毛泽东不可能意识到他从事的是复杂性探索,但事实上与同一时期西方学者在不同社会历史环境中、沿着不同思路进行的复杂性探索遥相呼应,并行不悖,开始形成具有中国特色的关于复杂性的科学和哲学思想。这既表现出系统化之后世界思潮的共同性,复杂性研究兴起的自发性，也表现了东西方文化发展的实时性差异。

概言之，世界范围的复杂性研究存在两条不同进路，西方从科学技术走向复杂性研究，中国从社会变革走向复杂性研究，表明复杂性研究是一种世界性的思想文化运动。毛泽东是中国复杂性研究的开拓者，他的探索开始于五四时期，稍晚于西方学界，但与西方复杂性研究大体在同一时期达到同一思想高度，且各擅胜场。毛泽东的复杂性研究发生在世界系统一个重要分系统——中国社会大变革的实践过程，是此一过程特殊复杂性的观念形态表现。他的复杂性理论首先是复杂性研究的哲学理论、社会学理论，提供了世界观、认识论、方法论和思维方式，以及大量具有可操作性、行之有效的工作方法。毛泽东复杂性探索的显著特点是，始终紧密结合中国社会变革的实践，包含着有关社会历史复杂性的具体理论成果。如极富特色的军事理论、文艺理论、历史观点、地缘政治思想等，特别是对社会主义建设的复杂性探索，既富含对中国社会本质特征的真知灼见，又贴近现代科学思想，即使失败的探索也有巨大的启发意义。这两方面共同为中国复杂性科学奠定了文化基础。

12.2　毛泽东与复杂性研究的认识论

我们说过，西方的复杂性研究有一个认识论转向问题①，因为它是从扩展简单性科学应用范围起步的，上路之后才发现还需要转变认识论。对于简单性科学而言，有了机械唯物论，确立了从观察客观现象出发、一切结论都要经过实验室可控性实验的检验这一原则，认识论问题就基本解决了。困难主要在于方法论，强调的是如何对感性知识作逻辑加工。在转向复杂性研究之初，科学家仍然习惯于这样做，一再碰钉子后才意识到认识论的重要性，自觉着手清算机械唯物论。

同一时期中国革命队伍也经历着类似的认识论转变过程，反映出世界系统不同分系统的另一个共时性特点。以简单化思维方式对待马克思主义理论和苏联经验，看不到异常复杂的中国国情，是中国共产党早期领导人的通病。背后隐藏着的也是机械唯物论的认识论，不懂得要实事求是地面对中国的特殊国情，

---

① 苗东升. 开来学于今：复杂性科学纵横论［M］. 光明日报出版社，2009：348.

不懂得外国的间接经验即使完全正确，也需要用自己的直接经验去检验和补充。由于哲学认识论的不当，他们不自觉地把极度复杂的社会问题简单化，因而一再招致重大挫折。客观实践迫使中国革命者转而从认识论上寻找根源。最先领悟到这一点的是毛泽东，从他在大革命和土地革命战争时期的著作中可以看出，正是同党内"机械地运用"马列著作的教条主义倾向作激烈斗争，促使他越来越重视研究中国国情，并从理论上提出马克思主义普遍真理与中国革命具体实践相结合的方法论原则（同时也是认识论原则）。在此过程中，毛泽东越来越自觉地上升到哲学高度看问题，首先是从认识论上对革命经验进行总结，寻找出路。他的两篇早期名作《中国社会各阶级的分析》和《湖南农民运动考察报告》表明，大革命时期的毛泽东已深知正确认识来自实践，注重社会调查，反对主观主义。他提出为什么对于同一件事、同一个人会有相反的两种看法，已属于认识论的思考。毛泽东认为，面对农民运动"糟得很"还是"好得很"的争论，"你若是一个确定了革命观点的人，而且是跑到乡村里去看过一遍的，你必定觉到一种从来未有的痛快"（一卷本，17）。提高到认识论来看，毛泽东告诉人们：欲对复杂事物获得正确认识，一是要有正确的立场观点，二是必须到变革现实的实践现场去直接感受和考察，从火热的现场实践中寻找解决问题之道。

十年土地革命战争期间，共产党内激烈的思想斗争始终贯穿着两种认识论的对立，核心是如何对待马列原著和苏联经验，如何对待中国革命的实际情况和实践经验。关键是理论与实际、普遍真理与具体实践、间接经验与直接经验的关系问题，以及真理的检验标准问题，都是典型的认识论问题。毛泽东在这个时期发表的文章大多都包含有关认识论的思考，如探讨"红色政权所以发生和存在的正确解释"，"四军党内各种非无产阶级思想的表现、来源及其纠正的方法"，关于经济工作的方法，等等，不时提出一些颇富智慧的认识论观点。著名的《反对本本主义》一文已经是认识论著作，标题直指教条主义的典型表现——本本主义。"主义"原本是高度抽象的概念，加上限制词"本本"就变得颇具针对性、战斗性、形象性。开口闭口"拿本本来"这句口头禅，活脱脱地显示出教条主义者识见浅薄却自命不凡的学理形象。在认识论上，此文的主要贡献是概括出"没有调查，没有发言权"这个著名的唯物主义原理，成为日后中国革命实践中克服教条主义的锐利武器。就认识主体的感受而论，"容易"连通着简单性，"困难"连通着复杂性。文章提及完成革命任务"不是简单容易的"这一说法①，不经意间触及革命队伍面对复杂性的一种认识论错误：对复杂性做简单化处理。

这一阶段末期写的《中国革命战争的战略问题》不仅是军事著作，也是认识论著作，是《实践论》的准备。后篇的一些基本思想和最具独创性的精彩观点，已在前篇中结合中国革命战争战略问题给出深入浅出的论述。例如，对于已有的科学理论，他强调"还有一件事，即是从自己经验中考证这些结论，吸收那些用得着的东西，拒绝那些用不着的东西，增加那些自己所特有的东西"。又如，"干就是学习"，"从战争中学习战争"（一卷本，174）；孙子"知己知彼"的名言"包括学习和使用两个阶段"（一卷本，175），等等。如此精彩而实用的认识论观点，只有在毛泽东那里可以读到。有人硬说《实践论》是抄袭苏联人的著作，读读《中国革命战争的战略问题》就会明白，这不仅是无知的狂言，而且是学术殖民地心态在作怪。

《实践论》和《矛盾论》是以世界已经完成了系统化为背景写成的，它的问世标志着经过百年的屈辱和抗争，中华民族已经从哲学高度把握了系统化后世界的历史走向，站在世界的思想高峰。作为哲学著作，《实践论》不是对科学从研究简单性转变到研究复杂性这一历史进程的认识论概括，而是基于复杂艰巨的中国革命实践经验对马克思主义认识论的解读和发展，是同教条主义简单化思维方式十多年尖锐复杂斗争的认识论总结。无论是从科学技术走向复杂性研究，还是从社会变革走向复杂性研究，哲学认识论的变革是相同的，这也是东西方已经属于同一系统的共时性特征，一种系统同一性。首先在社会变革的实践中制定复杂性研究需要的认识论，经受社会革命的实践检验，待人民掌握国家命运后，再用这种理论指导科技工作中的复杂性研究，乃是中国复杂性科学特殊的发展路径。

新中国建立后，长期的和平环境，特别是处于执政地位，使不少干部淡忘了马克思主义认识论，重新捡起教条主义。进入 1960 年代的毛泽东发现了这种情况，"不厌其烦地宣传"学习马克思主义认识论和辩证法，强调这样做"是非常必要的"。（《毛泽东著作选读》编者注释，842）这促使他继续进行认识论探索，在不同场合、针对不同问题发表了许多零金碎玉式的新观点。最具代表性的是《人的正确思想是从哪里来的？》这篇短文，尖锐地提出认识的来源问题。

---

① 毛泽东. 毛泽东著作选读［M］. 人民出版社，1986：54.

其经验基础是共产党执政十多年这种新的社会环境和实践过程。执政条件下的教条主义有新的表现，不再是本本主义，而是官僚主义、脱离群众、自以为是，都是产生错误认识的沃土。一种具体表现为"问他的思想、意见、政策、方法、计划、结论、滔滔不绝的演说、大块的文章是从哪里得来的，他觉得是个怪问题，回答不出来"（《选读》，840）。针对这种情况，毛泽东以高度凝练的文字概述了《实践论》的基本观点，重温了认识过程两次飞跃的辩证法。此文的一个重要新思想是从本体论高度审视认识运动，把从实践到认识、再从认识到实践的辩证运动，表述为"由物质到精神，由精神到物质"多次反复的辩证运动，沟通了认识论和本体论。这在某种程度上表明，对于正在来临的信息时代，哲人毛泽东已从认识论上有所察觉。

12.3　毛泽东与复杂性研究的辩证法

简单性科学本质上是关于存在的科学，除了重大科学新思想的孕育、新假说的提出，科研工作中一般用不着分析矛盾，不必求助于辩证法。恩格斯早就指出："对于日常应用，对于科学的小买卖，形而上学的范畴仍然是有效的。"①复杂性科学本质上是关于演化的科学，演化的本质、动因、方向、途径、机制、规律，以及存在与演化的关系等，已属于复杂性问题，科学推理方法、形而上学的范畴仍然不可或缺，但成败的关键是应用辩证法，需要做矛盾分析，以辩证思维确定大思路之后，才是科学推理方法的用武之地。

在西方，演化的科学是随着存在的科学深入发展而逐步孕育出来的，如康德星云假设，赖尔地质学，达尔文进化论等，以及马克思的五种社会形态理论，都是特殊的演化理论。这些新发展在恩格斯生前还不是科学的主流，但他已从这里看出自然科学开始"向辩证思维复归"，断言"辩证法是唯一的、最高度地适合于自然观的这一阶段的思维方法"（同上，535 页），即研究演化现象的思维方法。事情到 20 世纪中期有了根本的变化，演化的科学逐渐进入科学主流，越来越多的科学家自觉或不自觉地采用恩格斯的观点。如大力倡导演化科学的

---

① 马克思恩格斯选集（第三卷）[M]．人民出版社，1972：536.

普利高津在晚年说："我们需要一个更加辩证的自然观。"① 这是他毕生在科学前沿探索的经验总结，道出复杂性科学家共同的心声。同自然科学相比，人文社会科学更需要辩证思维，需要更加辩证的社会观、历史观、文化观。恩格斯如果健在，我们相信他会赞同这种观点，给出新的哲学概括。

向辩证思维复归同样出现在 20 世纪的中国，也同样具有中国特色。五四精英大力引进的赛先生仅仅是简单性科学，他们对于西方刚刚开始孕育的复杂性研究一无所知，既不真正理解西方科学数百年来形成的自然观，更看不到新的自然观及其思维方式开始萌发。这是历史局限性使然，因为就连开创复杂性研究的西方科学家当时也未上升到自觉意识。这种历史局限性带来的负面影响，就是他们在中国传播了形而上学思维、还原论和简单性原则。由于中国的特殊国情和所处的时代背景，国人还不能把简单性科学成功地引进来，却在解决中国社会主要矛盾的社会革命中以科学的旗号传播了形而上学，拒斥辩证法。除了以胡适为代表的文人学者，共产党内那些大喊山沟里出不了马克思主义的教条主义者，奉行的也是形而上学。而中国人的当务之急是实现社会变革，这已不是科学的"小买卖"，形而上学范畴远远不够用。大革命的失败，土地革命的挫折，主观原因都同革命队伍中教条主义者以科学的旗号搞形而上学密不可分。中国社会变革需要的正面拉动，形而上学思维造成的失误从反面推动（刺激、压迫），共同造就了中华民族沿独特道路探索复杂性，在思维方式上则是向辩证思维复归。

高举这一复归大旗的也是毛泽东，他经历了革命高潮和低潮的多次转换，通过和教条主义激烈的斗争，越来越认识到形而上学的危害，真切地把握了辩证法的真髓，努力做出理论概括。大革命时期中共领导表现出来的形而上学，毛泽东对辩证思维的把握，两者之间的严重分歧，从《毛泽东选集》头两篇文章已可看出端倪。中国革命的特点是武装的革命反对武装的反革命，军事斗争成为土地革命阶段的中心任务，也就成为革命队伍内部辩证法与形而上学激烈较量的主战场。这一点贯穿于那个时期毛泽东的大部分文章中，最突出的是《中国革命的战略问题》《论反对日本帝国主义的策略》和《中国共产党在抗日时期的任务》。后两篇就抗日战争这个具体事物进行矛盾分析，论述了中国社会的两个基本矛盾、它们的发展变化、当前的主要矛盾、中日矛盾变动导致的种

---

① I. 普利高津. 确定性的终结［M］. 湛敏译，上海科技教育出版社，1998：145.

种变化等，属于矛盾哲学的具体运用。可贵的是，此时的毛泽东已经意识到矛盾性与复杂性的联系，如说民族资产阶级"是一个复杂的问题"，复杂在两种对立倾向同时存在于民族资产阶级身上："他们一方面不喜欢帝国主义，一方面又怕革命的彻底性。"（一卷本，140）前一篇的理论性更强，基于十年土地革命战争的经验，以对战争规律的矛盾分析为切入点，区分了一般战争的规律、革命战争的规律、中国革命战争的规律三个层次，精细地分析了矛盾普遍性与特殊性、主要矛盾与次要矛盾等问题，阐发了矛盾贯穿于过程的始终、差异就是矛盾等观点，批判了形而上学在此问题上的种种表现。在说明学习战争全局指导规律"不容易"、必须"用心去想"时，毛泽东一口气列举了战争作为系统的30多对矛盾（一卷本，170）。用今天的语言表述：存在诸多矛盾导致认识的"不容易"，不容易反映的是认识论意义上的复杂性，以及战争过程的客观复杂性（本体论复杂性）。但只要认真把握这些矛盾，就可以把握战争全局的规律这种复杂性。质言之，战争复杂性就是战争中的种种对立统一性。读了这三篇文章，你就会有一种《矛盾论》呼之欲出的感觉。

　　毛泽东革命年代对辩证法的理论贡献主要体现在《实践论》和《矛盾论》，应视为新民主主义革命前20年实践经验的哲学概括。《实践论》是认识论著作，专题论述认识运动中矛盾运动的辩证法。《矛盾论》是宇宙观、认识论、方法论三位一体的著作，核心是阐述对立统一规律。《矛盾论》问世标志着毛泽东关于向辩证思维复归的理论认识达到一个全新的高度，我们不打算评析文章的具体内容，只考察他对矛盾性与复杂性相互关系的体悟。此文篇幅不长，却9次使用"复杂"一词，区分了简单事物和复杂事物、简单运动形式和复杂运动形式、简单运动过程和复杂运动过程等，表明他已经注意到简单性与复杂性这对矛盾的客观性和广泛性。文章提及"无数复杂的现实矛盾"，肯定中国革命的"情形是非常复杂的"，明确把主要矛盾和主要矛盾方面放在"复杂的事物的发展过程中"讨论，等等。如何解读这些行文？从客观上看，这表明在20世纪30年代的中国，讲矛盾辩证法必然联系到复杂性，应对现实生活中的复杂性不能撇开矛盾辩证法。就毛泽东的主观认识看，表明他已经意识到一切复杂性都需要通过运用对立统一规律来把握。撰写此文时抗日战争刚刚开始，身为政治家的毛泽东对国共两党关系的复杂性尤其敏感。作为矛盾特殊性的实例，他特别提到国共合作中存在两党"又联合又斗争的复杂的情况"（一卷本，305）。若用哲学语言表达，毛泽东意在告诉人们：国共两党联合与斗争的对立统一造就出当时中国政治的复杂性。更一般地说，政治复杂性就是政治生活中的对立统一性。

《矛盾论》的直接经验基础来自第一次和第二次国内革命战争，特别是其中的军事和政治斗争。十四年抗战艰巨、复杂、曲折的历程，一百年来中华民族反抗侵略的第一场胜利，无疑使毛泽东对矛盾学说有了更全面、更深入的理解。战后复杂多变的国际、国内形势，即将来临的中国两种命运决战的种种端倪，国共两党复杂关系的新走向，进一步使毛泽东对客观世界的复杂性和中国社会向辩证思维复归的认识又有新的飞跃。1945 年亲赴重庆与国民党进行了长达 43 天的谈判，这一特殊经历使毛泽东对中国社会战后即将展开的复杂性有了新的认识，做出这样的判断："中国的问题是复杂的，我们的脑子也要复杂点。"（一卷本，1158）世界反法西斯战争胜利后的一年中，昔日的同盟国阵线迅速分裂，美苏在世界范围的激烈较量即将展开，又使毛泽东看到："世界上的事情是复杂的，是由各方面的因素决定的。看问题要从各方面去看，不能只从单方面去看。"（一卷本，1156）这是两个历史意义重大的命题，且具有相同的逻辑结构：前面讲的是对客观现实的判断，断定复杂性是这两个系统固有的特性；后面讲"要从各方面去看问题"，"脑子要复杂点"，说的是应对客观复杂性的正确思维方式。用学术语言讲，就是 40 年后迈因策所说的"复杂性中的思维"[1]，或称为复杂性思维。深入理解这些论述还需要注意当时的世界大势。二战后的五年是复杂性科学孕育中极为关键的时期，不仅出现系统论、控制论、信息论这些为复杂性研究开山拓路的新学科，而且韦弗发表了可以称为"复杂性研究宣言书"[2] 的《科学与复杂性》一文（1948），明确宣布复杂性将成为科学研究新的主题，跟毛泽东的观点遥相呼应。这再次表明东西方在同一时期领悟到把握复杂性思维的必要性，对复杂性的认识上升到一个新高度，不同之处在于西方学者仍然是从科学技术层面上实现的，中国人则是从社会变革和哲学层面达到的。

随着新中国建立，毛泽东从农村根据地走进北京，需要处理整个中国社会的问题，涉及经济、政治、文化、科学、国防各方面，都是钱学森所说的开放复杂巨系统。面对这种复杂局面，他坚持把辩证法应用于社会主义改造和建设，通过矛盾分析去把握其复杂性，这反映在他的许多文章、讲话中。社会主义改造和建设呈现出显著不同于革命年代的现象和问题，大量矛盾在根据地时期不

---

① 克劳斯·迈因策尔. 复杂性中的思维 [M]. 曾国屏译，中央编译出版社，1999.
② 苗东升. 开来学于今——复杂性科学纵横论 [M]. 光明日报出版社，2009.

明显、甚至是全新的，如集体所有制与全民所有制的矛盾，企业之间的平衡与不平衡，红与专的对立统一，等等。毛泽东对这些矛盾都有所论述，有助于人们深化对辩证法的理解，其中讲辩证法最突出的是《论十大关系》。此文的立论前提是承认中国国情的复杂性："我们的国家这样大，人口这样多，情况这样复杂。"（《选读》，729）复杂性表现在哪里？他把有关中国社会主义建设和社会主义改造的问题归结为十大关系，关系就是矛盾，"十种关系，都是矛盾"（《选读》，744），十大关系就是十大矛盾。他写此文的目的是通过分析十大矛盾，引导国人把握社会主义经济建设的复杂性。

毛泽东意识到，新的国情、新的矛盾、新的实践经验，需要而且能够给出新的哲学概括，发展《矛盾论》。他及时地实现了这一理论创新，写出《关于正确处理人民内部矛盾的问题》一文（以下简称《正处》）。《矛盾论》是纯哲学著作，《正处》主要是社会科学著作，给出的是实证科学层面的论证，从头到尾贯穿着矛盾分析。文章提出人民内部矛盾的新概念和两类社会矛盾的新观点，抓住了社会主义社会新的复杂性的一个重大表现。以此为理论根据，从 12 个方面剖析社会主义改造完成后中国社会的复杂性，寻找对策。基于对复杂性的这种认识，思考所谓苏联已建成社会主义的流行看法，毛泽东对社会主义事业的复杂性有了新认识，给出这样的定性："在社会主义事业中，要想不经过艰难曲折，不付出极大的努力，总是一帆风顺，容易得到成功，这种想法，只是幻想。"（《选读》，774）从哲学上看，此文的一大贡献是批判苏联学界宣称社会主义社会没有矛盾的观点，有力地捍卫了矛盾普遍性原理。在社会主义理论的发展史上，此乃一项重大创新。

中华人民共和国成立后毛泽东对矛盾学说的重大新贡献，是提出第一章所说的矛盾复杂性原理，其学术思想走在世界复杂性研究的前面（不妨对照莫兰的著作①）。令人遗憾的是，中国学术界、特别是哲学界至今没有对这个原理表态。在本人接触的范围内，只有控制论专家王飞跃研究员表示认同（在 2011 年的一次香山科学会议上的发言）。看来哲学界不接受毛泽东的命题，至少有所保留。鉴于此命题对复杂性研究的极端重要性，这里给以简略辨析。

不接受此命题的哲学家可能有个顾虑，以为它有违《矛盾论》对矛盾普遍性的论述。他们的态度是严谨的，但理解是表面的。《矛盾论》讲，无论简单事

---

① 埃德加·莫兰. 复杂性思想导论［M］. 陈一壮译，华东师范大学出版社，2008.

物、简单过程、简单运动形式，还是复杂事物、复杂过程、复杂运动形式，都存在矛盾。这里说的是矛盾的普遍性，但不等于说其间没有质的差别。毛泽东写道："矛盾是简单的运动形式（例如机械性的运动）的基础，更是复杂的运动形式的基础。"这个通常不为人注意的"更"字用得有讲究，透露出一条信息：毛泽东意识到矛盾在简单事物和复杂事物中的作用不对等，存在物理学讲的对称破缺。有人从字面上理解，可能认为"更"字的使用表明毛泽东相信简单性与复杂性只有量的差别。这仍然是误解。《矛盾论》在列举中国民主革命的一系列矛盾后说："一个大的事物，在其发展过程中，包含许多矛盾……情形是非常复杂的。"他的意思是，复杂与存在多个矛盾相联系。这样说已不限于量的差别。还有更明确的说法："在复杂的事物的发展过程中，有许多的矛盾存在"，"存在着两个以上矛盾的复杂过程"，"单纯的过程只有一对矛盾，复杂的过程则有一对以上的矛盾"。这些说法意在强调只有一对矛盾，还是存在两个以上矛盾，两者之间并非是量的不同，而是质的差异。用开放复杂巨系统理论讲，两者表明系统内在异质性有显著的不同。

"所谓复杂，就是对立统一"，短短十个字，说透了复杂性的根本哲学内涵。1957年提出的这个命题，是对《矛盾论》的进一步提炼和升华，凝结了他其后20年哲学思考的精华。《正处》一文恰巧也出现在这一年，作者本人无疑自觉到两件事之间的联系，以及它们同《矛盾论》的联系。哲学专门家不接受这个命题，跟他们没有深究《矛盾论》讲矛盾普遍性的引文有关，也跟毛泽东知识结构的缺陷有深层联系。那时的毛泽东关于哲学问题的思考全部以实际社会现象为客观依据，没有独立地对自然科学和数学做过哲学概括。在说明矛盾普遍性时，他引用了恩格斯和列宁关于数学和自然科学的论断，没有给出自己的发挥和引申。如此做是实事求是的，毛泽东在这方面没有足够的知识基础，但他相信恩格斯和列宁论断的科学性。人们只要认真读读恩格斯的有关论述，问题就清楚了。

对于刚刚开始孕育的关于世界演化性研究的哲学含义，恩格斯生前已有所洞察。面对以达尔文为代表的科学新思潮，极具前瞻性的恩格斯从哲学和思维方式上认识到："'非此即彼！'是愈来愈不够了……辩证法不知道什么绝对分明的和固定不变的界限，不知道什么无条件的普遍有效的'非此即彼！'，它使固定的形而上学的差异互相过渡，除了'非此即彼'，又在适当的地方承认'亦此亦彼！'"（《马恩选集》，535）恩格斯把科学研究领域划分为两大块，一是"非此即彼"足够有效的地方，奉行"是即是，非即非，除此之外，一切都是鬼话"的逻辑原则，相应的哲学原则是允许把矛盾对立面做单极化处理，肯定其中的一极，否定另一极。这就是今天讲的简单性科学，初等数学是其典型。整数系已经充满矛盾，数的正负就是矛盾，符合矛盾普遍性原理。但数学对这对矛盾做了单极化处理，数系中除了 0 这个例外，要么是正数，要么是负数，非此即彼。而科学的另一个领域是"非此即彼"原则失效的"地方"，逻辑上必须采取"亦此亦彼"的原则，哲学上必须拒绝对矛盾做单极化处理，坚持把对立统一当成对立统一。这正是今天讲的复杂性科学研究的领域。

细读《矛盾论》和《正处》可以感知，毛泽东与恩格斯在思想上是一致的。《正处》一文的思路是通过对社会主义社会的矛盾分析论证它的复杂性，他关于矛盾复杂性的新命题表露得更鲜明。文章指出，中国社会这个复杂巨系统存在的种种矛盾，如民主与集中、自由与纪律等，"这些都是一个统一体的两个矛盾着的侧面，它们是矛盾的，又是统一的，我们不应当片面地强调某一个侧面而否定另一个侧面"（《选读》，762）。此话说得很明白：存在矛盾是简单事物与复杂事物的共性，它们的不同在于矛盾可否作单极化处理，可以否定其中一极、对矛盾做单极化处理的是简单事物；对于复杂事物、复杂过程、复杂运动形式，则"不应当片面地强调某一个侧面而否定另一个侧面"，也就是"不应当"作单极化处理。

我们从这里又一次看到东西方走向复杂性研究的不同路径。恩格斯在西方社会文化环境中思考，直接感受到科学技术刚刚萌发的历史形态转变之芽，基于科学技术发展的新趋势为复杂性研究的兴起锻造哲学武器。毛泽东在中国的社会文化环境中思考，无法感受到科学技术的历史形态转变，他深切感受到的是社会历史的空前巨变，运用马克思列宁主义这个"矢"去射中国社会变革这个"的"，深刻地理解了复杂就是对立统一，从而开拓出一条不同于西方的复杂性研究路径。

12.4　毛泽东与复杂性研究的方法论

从哲学上说，科学方法的本质是按照事物的本来面目去认识事物，亦即实事求是。西方科学头几百年发展中遇到的复杂性，基本上属于事物的表面现象，有办法消除之，通过向低层次还原即可把研究对象化为简单事物。由此形成一种方法论思想，认为客观世界本质上是简单的，所谓复杂性都是可以消除的表面现象，科学方法的功能就是消除复杂性。科学哲学称这种方法论信念为科学的简单性原则，奉之为科学方法论的最高信条。但20世纪在经济管理和战争问题中遇到的难题，开始促使西方学术精英们质疑这种方法论的普遍有效性。特别是演化科学发展到出现物理学自组织理论之后，科学界开始从世界观和方法论上同时质疑所谓科学的简单性原则。普利高津走在前面，明确提出"结束现实世界简单性"假设，告诫人们客观世界存在这样的复杂性，不可能把它们约化为简单性，这个领域科学研究方法论的最高原则，是把复杂性当复杂性对待。①

在确立复杂性研究的方法论上，中国同样不可能、事实上也没有走西方的路。中国革命要解决的问题具有本质上的复杂性，不可能约化为简单性去处理，还原论无济于事。因为无论还原到经济人，或者还原到政治人、文化人、科技人，都不能认识三座大山的本质，无助于掌握中国革命的规律。然而，在请进赛先生的旗号下，简单化的方法论思想也进入中国。历史的吊诡之处在于，赛先生尚未在中国扎根，简单性科学的方法论却在中国思想文化界扎了根。其突出表现有二，一是许多五四精英全盘否定传统文化，主张全盘西化，在学术文化界产生很大影响；二是掌握革命队伍领导权的人把马列原著当作教条，简单照搬苏联经验，不愿意下工夫去研究极其复杂的中国国情。抵制这种简单化思潮的旗手，先有鲁迅，后有毛泽东。前一节所说二战后头几年毛泽东和韦弗各自独立取得对复杂性的全新认识，表明对于把握复杂性、开拓复杂性研究，东西方通过不同路径在方法论思想上达到同样的高度，这种时间上的"巧合"反映了世界系统的统一性达到的新高度。进一步比较还会发现，毛泽东的方法论思想更为高超，他从中国传统文化中挖掘出"实事求是"这个命题，据马克思主义哲学给以新的阐释："'实事'就是客观存在的一切事物，'是'就是客观事物的内部联系，'求'就是我们去研究。"（一卷本，801）用之于复杂性问题，就是实事求是地把复杂性当成复杂性，找出认识和处理复杂性的科学方法，而不是移用简单性科学的方法。反过来说，把复杂问题做简单化处理意味着不实事求是，主观地把复杂事物当成简单事物对待。

---

① I.普利高津.从存在到演化［J］.1980年第2期.

学生时代深受湖湘文化务实精神的熏陶，而立之年确立了辩证唯物主义世界观，又长期身处中国革命的漩涡中心，使毛泽东十分重视革命的方法问题，并上升到哲学高度来考察。在第二次国内革命战争年代就写出《关心群众生活，注意工作方法》这样的作品，精辟地阐释了任务和方法的关系。他形象而准确地指出："我们的任务是过河，但是没有桥或没有船就不能过。不解决桥或船的问题，过河就是一句空话。不解决方法问题，任务也只是瞎说一顿。"（一卷本，134）毛泽东的大多数文章都或多或少涉及方法问题，他一生创建许多极具科学性的工作方法，如调查研究的方法、民主集中制的方法、群众路线的方法、统一战线的方法等等，对于把握中国社会特殊的复杂性十分有效。

方法论连通着思维方式。从简单性科学向复杂性科学的转变，历史地需要、也确实催生了思维方式和方法论的转变，东西方均如此。"复杂性思维"的提法太笼统，难以界定其具体内涵。学界普遍认可的说法是从非系统思维向系统思维转变，对应的是从还原论方法向系统论方法转变。西方现代科学是在运用基于还原论的分析思维建立起来的，这同它崇尚简单性原则完全一致。简单性科学长期推行还原分析方法，养成了轻整体重局部、轻宏观重微观、轻综合重分析的思维方式和方法论。用贝塔朗菲的说法，"系统问题实质上是科学中分析程序的局限性问题"，"按照'系统'去思考"的思维方式，就是系统思维，它是适应从工业企业、武器装备到纯科学领域新的广泛需要而发展起来的。① 西方学界发生的这种变化并未及时反映到中国学术界，因为对于20世纪上半期的中国来说，发展科学还不是最紧迫的历史任务，简单性科学尚未建立起来，更不用说复杂性的科学研究。但中国人在系统化了的世界整体态势中搞社会革命，最能够感受到运用系统思维和系统方法的必要。系统论的基本观点可以归结为整体性观点、全面性观点、开放性观点（环境观点）、过程性观点、有序性观点、组织化观点、演化性观点等，用这些观点识物想事就是系统思维，反映在方法论上就是系统方法。而毛泽东的著作对这些观点都有深入的论述，同系统科学大家相比，他的系统论思想不仅毫不逊色，而且颇有独到之处，只是还没有一套专用的科学语言来表述。毛泽东当年发动的延安整风既是政治思想运动，也是以系统思维取代非系统思维的思想运动，其基本观点集中反映在《改造我

---

① 冯·贝塔朗菲. 一般系统论：基础、发展和应用［M］. 清华大学出版社，1987：16，1.

们的学习》《整顿党的作风》《反对党八股》等文章中。新中国建立前写的《党
委会的工作方法》给出更精彩的总结，丰富了系统思维。如：（1）依靠党委
"一班人"、当好班长、学会弹钢琴的方法，强调系统的整体性、协同性、有序
性；（2）信息论观点：强调互通情报，力求党内语言统一，安民告示；（3）强
调要有基本的数量分析，做到胸中有数。新中国成立后又有诸多新发展。系统
地梳理、论述这方面的思想需要一篇大文章，非本书应该承担的任务。

　　这里有必要讲讲定性方法和定量方法的关系问题。毛泽东关于社会变革的
理论主要是定性认识，这既同他知识结构的偏性有关，更与中国社会变革的极
端复杂性有关，在这个领域人类尚未创造出可行的数学工具。但实践的需要和
启示让毛泽东深深地懂得，没有对实际事物定量方面最初步的了解，便无法解
决实际问题。从有关调查研究的论述中看到，毛泽东已经注意到掌握调查对象
的数量特性，要求搞调查研究的人不可忽视。到写《党委会的工作方法》时，
这一认识已经提升为方法论的基本原则之一，显然包含了定性定量相结合的思
想。联系《实践论》关于实践、认识、再实践、再认识的循环往复运动的论述，
可以认定，毛泽东实际上已萌发了定性与定量相结合、从定性到定量综合集成
法的思想。在说明为何要把定性与定量相结合综合集成法改变为从定性到定量
综合集成法时，钱学森实事求是地指出自己思想的这一源头。

　　简单性科学思维方式的另一突出特点，是崇尚线性思维，方法论上相应的
是线性化方法。在简单性科学当旺的时代，科学界力求用线性模型描述对象系
统；如果不得不建立非线性模型，就把非线性模型线性化，以线性化加微扰的
方法处理问题。由于这种方法取得巨大成就，线性思维在西方科学界长期居主
导地位，以至于在复杂性研究兴起的过程中成为严重阻力，学界花费很大精力
用于清除线性思维，倡导非线性思维。混沌学家表现得很突出，圣吉则专就企
业管理多方面地阐释了非线性思维①。在这方面中国也走出不同路径，我们不
是在科学技术中线性思维过度发展后再向非线性思维转变，而是在社会变革的
实践中发展非线性思维，克服线性思维。完成这一转变的"首席思想家"仍然
是毛泽东，他没有接受过简单性科学的系统训练是一大缺憾，但也没有因此而
养成线性思维的惯性。面对中国革命实践极其强劲的非线性特点，他运用唯物
辩证法去观察、思考，独立地形成自己的非线性思维方式，概括出这样一个总

---

① 彼得·圣吉. 第五项修炼［M］. 郭进隆译，上海三联书店，1999.

概念："中国革命的曲线运动"（一卷本，696）。毛泽东一生反复强调革命行程的曲折复杂，指的就是系统的非线性特点；揭露人们偏向于运用线性思维的心理基础是"贪便宜"，告诫革命者要准备走曲折的路，即把非线性当非线性对待。这里引用他在民主革命时期的几段论述，无须逐条评析，毛泽东对非线性思维的重视和准确把握便突现在你的面前。

- 任何事物的内部都有其新旧两个方面的矛盾，形成一系列的曲折的斗争。（一卷本，311）
- 事物是往返曲折的，不是径情直遂的。（一卷本，498）
- 道路是曲折的。在革命的道路上还有许多障碍物，还有许多困难……世界上没有直路，要准备走曲折的路，不要贪便宜。（一卷本，1162）

当然，理论上认识到"要准备走曲折的路"是一回事，实践中能否时时、事事都做到又是一回事。现实生活极其复杂，有时主客观特殊条件的机缘巧合实时地可能造就出一条捷径，抓住抓紧就可能避免走曲折的路。这种情况难免诱使人们出现找捷径的心理偏好，特别是在取得巨大成功之后，总想用过去的成功经验解决新问题，就可能犯"贪便宜"的错误。中国社会主义改造的巨大成功使毛泽东对社会主义建设强烈的非线性特征估计不足，线性思维一时占据上风，出现了1950年代超英赶美的狂热，其错误至今还让人们难以忘怀。

12.5　社会主义建设时期毛泽东对复杂性的探索

毛泽东在新中国成立后的27年也是他探索复杂性的27年，大约分三个时期：1949到1955，1956到1965，1966到1976，时长分别为6年、10年、11年。三个时期相互联系，前一时期为后一时期的探索做准备，难以截然划分。总的特点是既有很高的自觉性，又有不容忽视的盲目性；既有精当的理论创新，巨大的实践成果，又没有从根本上解决问题，留下许多疑虑和困惑，还有沉痛的教训。对于社会主义革命和建设的复杂性探索，毛泽东在经济、政治、文化各方面都做出巨大努力，无论成败都是宝贵的财富。

（1）探索社会主义经济建设的复杂性。《论十大关系》是基于对中国社会"情况这样复杂"这种国情的新认识而写作的，充分体现出毛泽东系统思想的全面和深刻，而且有新的发展。系统思维的多样性观点、全面性观点、整体性观点、过程性观点在此文中表现得很鲜明。如提出过程整体观（或大时间尺度看问题），反对只顾眼前，提出要考虑"几十年后算总账"是否划得来的问题。从那时到现在已过了近70年，中国能够取得今天这样的成就，得力于毛泽东的这种过程整体观，他生前早已为后继者算过总账，并以他们那一代人的努力（成功和失误）给后继者打下必要的基础，今人不可忘记这一点。结构概念在毛泽东生前的中国学界尚不流行，关系是社会科学家谈论系统结构的基本概念，此文标题说明毛泽东具有明确的结构观点。文章反复提到调整关系、调整布局，接近于系统科学的专业术语，表明他重视改进中国社会的系统结构，懂得通过优化系统结构能够优化系统属性和功能这一系统论原理。更突出的是关于社会发展中自组织与他组织相结合的观点，其丰富性、深刻性、"接地气性"是迄今系统科学著述难以比拟的。系统科学是以西方科学技术成就为背景发展起来的，用于分析社会系统尚有许多隔阂。毛泽东的系统思想是在辩证唯物主义指导下，以社会变革为背景、吸收中国传统文化之精华而发展起来的，难以用来分析科技问题（没有定量化模型），却是研究社会系统的锐利武器。对十大关系的论述都涉及自组织与他组织的矛盾，体现最充分的是"国家、生产单位和生产者个人的关系"及"中央和地方的关系"两节。毛泽东主张国家与单位、单位与个人要"利益兼顾"，反对"把什么都集中到中央，把地方卡得死死的"，提倡"要有统一性，也要有独立性"（可见把过度集中完全归罪于毛泽东是不公平的）。他还肯定地方"从全国整体利益出发的争权"，鼓励地方去争"正当的独立性，正当的权利"，倡导中央与地方、上级与下极"商量办事的作风"，等等。其着眼点是协调社会自组织和他组织的关系，建立合理的互动模式，调动自组织与他组织"两个积极性"，以产生协同效应。一个国家要科学而高效地管理，解决好中央与地方分权和互动很重要，但如何分权、如何互动才是合理高效的，需要中央和地方在相互信任的基础上反复互动、逐步摸索才能做好。毛泽东此处阐发的观点在今天的中国仍然适用，我们在许多方面仍然没有达到他的要求。

　　大跃进的失误，三年困难时期的经历，苏联发展的停滞，促使毛泽东从基本经济理论上探索社会主义建设的规律性，寻找完善社会主义经济制度的办法。从1959到1960年初，他组织党内专家研读苏联《政治经济学教科书》，探索商品经济和价值规律。作为学习和研究的成果，毛泽东明确肯定商品经济存在的必要性。他说："商品生产和资本主义相联系，是资本主义商品生产；商品生产和社会主义相联系，是社会主义商品生产。"① 毛泽东承认价值法则是客观存在的，断言"这个法则是一个伟大的学校，只有利用它，才有可能教会我们几千万干部和几万万人民，才有可能建设我们的社会主义和共产主义。"（同上，61）这些事实表明，第二阶段中后期的毛泽东已经在思考社会主义经济发展与市场运作的关系。可以把他的话改为：市场经济和资本主义相联系，是资本主义市场经济；市场经济和社会主义相联系，是社会主义市场经济。如果沿此思路走下去，有可能出现毛泽东版本的社会主义市场经济理论。作为中国共产党第二代领导的核心，邓小平30年后提出社会主义市场经济，其思想渊源可以追溯到这里。但毛泽东在这个方向的探索不久便止步了，究其原因，归根结底是社会历史固有的复杂性造成的。套用毛泽东自己说过的话：中国社会主义建设的"道路是曲折的"。在社会主义社会经济制度和发展模式的探索中，中国共产党不自觉地走了一条曲折的路，客观上表明社会主义建设是一种非线性动力学系统。

（2）探索社会主义政治建设的复杂性。《论十大关系》主要谈的是经济建设，《正处》讨论的是社会建设的一般问题，包括经济、政治、文化、科技、国防，对社会系统各个方面进行矛盾分析，政治方面更突出。他把社会矛盾区分为两大类，以如何认识和处理人民内部矛盾为主线，分析社会生活各个领域的对立统一，从而揭示社会系统特殊的矛盾复杂性。同时指出，现实生活中碰到的问题、困境常常来源于人们割裂了矛盾两方面的对立统一，只讲其中一方（即把对立统一作单极化处理），把复杂问题人为地简单化。文章同样运用系统方法分析问题，自组织与他组织相结合的思想颇为突出。新的观点有：①考察自由与领导、民主与集中的矛盾，即社会自组织与社会他组织的矛盾，主张社会主义的"自由是有领导的自由"，"民主是集中指导下的民主"，也就是自组织与他组织相结合；②强调把握好国家利益、集体利益同个人利益的矛盾，处理好领导同被领导、官员同群众的矛盾。国家与集体、集体与个人、领导与被领导、官员与群众的关系，前者是他组织，后者是自组织，围绕利益分配形成矛盾，必须辩证地统一起来；③承认非政府组织的积极作用，认为"许多人，许多事，可以由社会团体想办法"，肯定非政府组织（属于社会巨系统的自组织因素）对社会发展的积极作用；④一个特别容易引起兴趣之处是对"群众闹事"

---

① 中华人民共和国国史学会，毛泽东读社会主义政治经济学批注和谈话，1997，50。

（一种自觉对抗社会他组织的社会自组织趋势）的态度，指出闹事"主要原因也是领导上的官僚主义和对于群众缺乏教育"，明确两种因素中"更重要的"是"领导上的官僚主义"，不赞同把闹事只视为有损于社会稳定的消极因素，主张"把闹事的群众引向正确的道路，利用闹事来作为改善工作、教育干部和群众的一种特殊手段，解决平日所没有解决的问题"，实际上指出社会主义民主建设的一条重要路径。《正处》一文是以马克思主义哲学论述社会主义社会复杂性的开山之作，在世界范围关于社会主义建设的理论研究中具有崇高地位。

从新中国成立前夕的《论人民民主专政》到 1957 年的《正处》，再到 1962 年《在扩大的中央工作会议上的讲话》，反映了毛泽东对社会主义社会民主建设一以贯之的理论探讨。《正处》一文基本是正面宣传民主集中制，相信依靠新中国已建立的制度能够行得通。《讲话》一文则包含了不少对新中国成立后违背或不愿意执行民主集中制的社会现象的批评，流露出作者对问题严重性的某种警觉。60 年代的毛泽东一直在思考这个问题，寻找对策，发动了多次教育运动，但都没有真正解决问题。到 1965 年，毛泽东的思想发生重要变化。在重上井冈山期间，他谈到井冈山精神的三个支点，有意点明其中的两点"是从制度方面想"，流露出他政治思考的新方向。毛泽东对当时国内现状做出这样的检讨："自觉接受群众监督，实行政治民主，保证我们党不脱离群众，比井冈山士兵委员会就要差多了。全国性的政治民主更没有形成为一种制度。"[①] 这后一句话十分关键，表明毛泽东开始意识到社会主义中国还存在制度缺陷，要在中国形成他所期盼的民主政治局面，光靠人民代表大会制度和政治协商会议制度加上思想教育、整风运动，还难以防止党政干部官僚主义化和腐败。关键是形成一整套完善的国家制度，以制度化的形式来实施人民大众对党政机关实时的、系统的监督。这样的认识使已过古稀之年的毛泽东觉得不能再等待，为了实现"在怎样防止特权阶层方面要有一整套好制度"（同上）这一历史性承诺，他觉得有必要在有生之年搏一把，由此而发动了震惊世界的"文化大革命"。

全面考察毛泽东新中国成立前后有关民主问题的论述，以及相关的政策和行动，总结其经验教训，据我的理解加以归纳，毛泽东心目中一整套社会主义民主制度的要点是：

---

① 张昭国. 毛泽东 1965 年重谈井冈山精神的历史反思 [J]. 井冈山大学学报，2010 年第 5 期.

第一，定期（他有七八年搞一次的说法，看来有点太长）在法治框架内搞短期停产闹革命（印象中他当时设想搞三个月），让全体公民有序地大鸣大放，全面地审查、评价国家干部和党政机关的工作，批评错误，褒扬优秀。同时坚决制止借鸣放之机造谣生事的不法行为，打击敌对势力的破坏活动。

第二，在共产党领导下，组织三结合班子对群众揭发出来的问题展开调查，核实材料，做出结论。

第三，在此基础上，以协商方式确定候选人，通过不同行政区域的全民选举组建新的老中青相结合的各级政府，完成政府换届，同时制度性地解决培养接班人问题。

第四，新政府从一开始就接受民众实时的、经常性的、全方位的监督，直到再换届。官员应该像学生期待老师阅卷打分那样期待民众的监督、审查，视接受监督为自然的、必然的、天经地义的事。民众应该明确监督官员不是为了夺权，不是为了斗当权派，而是把监督官员当成自己在政权建设中必须承担的义务、责任。社会主义国家管理中的官员与民众如同硬币的两面，要做到同心同德，珠联璧合。

第五，在整个执政期间，政府决策要走群众路线，让民众参与决策和管理，从群众中集中起来，到群众中坚持下去。

这些设想无疑都十分合理，如果能够实现，华夏大地将出现人类历史上最科学、最有效的民主模式，即社会主义的民主模式。但如何实现是一个巨大的复杂性问题，需要长期反复地实践，毛泽东想得过分简单化，结果以失败告终，却也留下值得深思的经验教训，不可简单地一概否定。

（3）探索社会主义文化、科技发展的复杂性。毛泽东既有深厚的中国传统文化功底，又掌握了西方人文文化中最具科学性和前瞻性的马克思列宁主义，以空前复杂的中国社会变革实践为中介将两者结合起来，融会贯通，终于修炼成罕见的文化巨人，对文化有极为深邃独到的理解。新中国成立前的一系列著述中，特别是《新民主主义论》和指导整延安风运动的几篇文章，已经相当系统地阐述了他的文化观、学术观，其基本点也适用于社会主义建设阶段的中国，至少还有重大参考价值。如：

- 一定的文化是一定社会的政治和经济在观念形态上的反映。
- 要把中国的新文化放在世界系统的整体演化过程中考察。
- 新文化必须兼具民族性、科学学和大众性。

● 无论是中国传统文化，还是外国文化，都不能无批判地兼收并蓄，而必须取其精华，弃其糟粕。

● 新文化的创建和发展是一种曲折前进的非线性动态过程，要充分认识它的复杂性。

等等。

充分展现毛泽东文化观的另一篇宏文，是《在延安文艺座谈会上的讲话》，特点是聚焦于文学艺术问题。笔者赞同莫言的评价："《讲话》阐述的很多观点，都是值得今天借鉴的。"他列举了三点：生活是一切艺术的源泉，文艺作品源于生活、高于生活，普及和提高并重①。延安整风运动，文艺座谈会的召开，是中国新文化史上的重大事件，属于文艺发展的他组织行为，影响极其正面而深远。"《讲话》对于中国文艺的发展，乃至对于中国革命胜利的推动，都有着重大的历史意义。"（莫言，同上）当然，一切历史地发生的事件都有特定历史背景造成的局限性，在当时看不到，其影响常常也无所谓，在新的历史条件下就会显示其不合理的一面。在经历两次残酷的国内阶级斗争后，在抗日战争炮火连天的实时环境中，《讲话》难免过多强调文艺的阶级性和评价的政治标准，却并未实时地产生负面效果。如果在战后的和平环境中过多强调阶级性和政治标准，就会导致"左"的偏差。

文艺对政治和经济的观念形态反映不是径情直遂的，而是非线性的、复杂的，加上文艺家独特的文化个性，偶然性、模糊性、灰色性等不确定性以此为媒介大量进入文艺创造中。就一个国家文学艺术的整体来看，它的发展也是自组织与他组织对立统一的结果，两者缺一不可，实际上也无法取消其中任一个。没有一个国家的政府不对文学艺术施加影响，没有一个文艺家能够摆脱社会环境、甚至自然环境的影响这种他组织作用。诺贝尔文学奖对文学发展起的也是一种他组织作用，按照现代西方文艺观、价值观引导作家，今天的文艺家无法不受到影响。但更重要的是文艺的自组织因素，文艺发展的生命力在于自组织。这表现在两个层次上：一是广大人民群众自由自在的、丰富复杂的文化生活、文化行为，为文艺家创作提供取之不尽的原材料；二是文艺家自由自在地生活，自主地选择主题，自主地确定表现形式，自由地表达自己的思想。这种自由当然也不是绝对的，如果文艺家不去感受时代大背景的召唤，不为人民大众的生

---

① 莫言，文学创作漫谈，宣传家网站 www·71·cn，第9期。

存发展呐喊（这也是一种他组织力），而是无病呻吟、顾影自怜，甚至反其道而行之，他（她）也不会有真正的作为。今天回头看去，《讲话》对文艺发展中的自组织与他组织的辩证关系已有很深刻的认识，其基本精神同样适用于新中国成立以后，却不可照搬，必须清除特定历史环境造成的那些局限性。若全面而径直地应用于空前复杂的今日社会，势必把复杂问题简单化，这是有教训需要铭记的。

新中国成立后的毛泽东十分重视科学文化建设，试图运用政权力量他组织地推动之。1956年关于向科学进军的部署是一大行动，产生了深远的正面影响。开拓航天科技是另一项重大行动，中国航天科技能有今日的骄人成就和诱人的发展前景，功劳簿上首先要写上毛泽东。毛泽东也试图运用政权力量推动人文社会科学发展，采取了诸多实际步骤。实事求是地说，这样做既取得很大成就，对巩固新中国的制度、确立马克思主义主导地位发挥了不可忽视的作用，对今日中国社会稳定运行有重要的支撑作用，后来的改革开放深受其惠。但也产生诸多过火行为，对许多人造成伤害，其消极后果也不可忽视。众所周知，鲁迅曾经赞扬第一个吃螃蟹者的勇敢。如果从历史唯物主义的原则看，对于社会主义建设这种无比复杂艰巨的历史过程如何组织管理，人类迄今所知甚少。毛泽东是一个敢试吃螃蟹者，他进行了勇敢的探索和试错，招致诸多失误。许多受害者无法原谅他，社会主义的反对者绝不会放过他，后者深知全盘否定毛泽东是把中国引向资本主义的一大着力点。但从百年的大历史尺度看，这些探索极具正面价值，失误总体上属于需要付出的历史代价。今天的人们见仁见智、说三道四属于正常现象，到社会主义在世界范围取代资本主义的大局确定之时，毛泽东的世界历史地位就会充分地显示出来，今人不应该人为地放大他的错误。

从学理上看，毛泽东对文化、学术、科技发展的理论贡献也是多方面的，最富创造性的有两条。一是关于建立科学技术和学术研究的中国学派问题，集中体现这种思想的是1956年《同音乐工作者的谈话》，所阐发的思想不仅极富历史感和辩证性，而且有一定的可操作性。其历史依据是这样一个判断："现在世界的注意力正在逐渐转向东方，东方国家不发展自己的东西还行吗？"（《选读》，747）对历史走向的这种洞察力，60年后的今天才充分显示出来。谈话提出一系列重大判断，如"近代文化，外国比我们高，要承认这一点"，肯定"中国的东西有它自己的规律"，反对"在中国艺术中硬搬西洋的东西"，提倡搞"为群众所欢迎的标新立异"，主张"外国有用的东西，都要学到，用来改进和发扬中国的东西，创造中国独特的新东西"，等等，对于发展中国的文化、学术、科技都是颠扑不破的真理。

另一项贡献是在文艺和学术领域提出"百花齐放，百家争鸣"的方针。作为国家的一种指导方针，当然属于他组织作用，但其功能在于调动和保护文学艺术和学术研究领域的自组织因素，是在这些领域把自组织与他组织结合起来、实现辩证统一必不可少的指导原则。令人遗憾的是，毛泽东自己未能贯彻好这个方针，留下不少教训。这既表现了这些领域异常的复杂性，也反映出毛泽东本人对于此种复杂性认识还不够，他采取过多、过强的他组织行动，对自组织造成不应有的伤害，值得后人警惕。但这个方针所内蕴的科学性、真理性、普适性、有效性是不容轻视的，其贯彻过程中的复杂性有待后人把握。

12.6　钱学森与复杂性科学的中国学派

毛泽东的复杂性探索毕竟还不属于复杂性科学，在中国开辟同世界接轨的复杂性研究、创建复杂性科学中国学派的是钱学森。他率先试图把世界复杂性研究的两条进路结合起来，既将中国的复杂性研究提升到科学层次，又继承了毛泽东复杂性研究的根本精神。

在科学技术领域，青年时代的钱学森就雄心勃勃，豪气干云。在美国的20年他已成为世界一流的技术科学家，却没有成为新学说、新理论、新学派的创立者。钱学森自然不会甘心于此。1955年回归祖国后，全国人民建设主义的冲天干劲，最高当局的高度信任，中华民族复兴的美好前景，强烈地激励着钱学森，他决心大干一场。一年后毛泽东对音乐工作者的谈话提出建立中国学派的号召，点燃了钱学森心中的创造性欲火。从那时到他谢世，钱学森始终把毛泽东的期望铭记心中，努力寻找着力点。但国家民族紧迫需要钱学森组织、领导火箭导弹研制，这里亟须解决的并非创新问题，而是中国航天事业从无到有的问题。钱学森服从国家需要，全身心地投入这项科学技术谈不上多少创新的工作，始终无怨无悔。

作为一种社会行为，创立新学派也是自组织与他组织的对立统一。当社会有了创立新学派的学术文化大环境之时，只要心中创立新学派的思想火种不灭，加上足够的创新能力，天无绝人之路，就会在不知不觉中积累能量（自发过程），机遇一到，一条新路将呈现在视野中。这叫作无心插柳柳成荫，科学技术、文化学术领域常见的自组织现象。火箭导弹虽然早已为外国人创造出来，我们主要是"拿过来"。但在中国这种科技、经济极端落后的条件下研制火箭、导弹，西方那一套组织管理的理论、技术、方法总地来说用不上，必须在战略思想和组织管理上有大的创新。自然科学家钱学森原本无意在管理科学上有所创新，但实际需要把他引向航天工程的管理实践，拥有中国航天工程技术上的最终决定权，为他提供了完全出乎意料的创新机会，只是当时的他并不自觉。用他自己的话说，当时的钱学森为了组织管理好那支队伍，需要什么就赶紧学点什么，并未着眼于创新。钱学森在美国期间已经对系统工程和运筹学有所了解，特别是创立工程控制论，使他很容易掌握西方管理科学最先进的思想和方法。此其一。直接在毛泽东、周恩来影响和领导下工作，近距离感受这些大成智慧者超常的智慧，同在革命战争中成长起来的一大批擅长管理军事和组织群众运动的干部长期共事，加上认真学习毛泽东著作，使钱学森深刻地理解了毛泽东思想独特的管理理论和方法，无意中走近毛泽东的复杂性探索。此其二。这两方面相结合，为钱学森日后发现毛泽东开辟的复杂性研究中国路径做了必要的铺垫，尽管完全不自觉。先有不自觉的实践积累，再上升为自觉的努力，乃是创建新学派的常规。

这一时段钱学森学术思想的发展，第一项成果是创建有中国特色的航天系统工程，并由此而把他引向系统科学，不知不觉中走出创建系统科学中国学派的独特路径。到20世纪70-80年代之交，钱学森终于开始有了创立中国学派的自觉意识。标志就是1978年发表的《组织管理的技术——系统工程》（与许国志、王寿云合作），这篇被誉为中国系统科学发展里程碑的文章，也是钱学森把复杂性研究两条路径从理论上结合起来的起点，中国系统科学的特色和路径在文章中已经初步而清晰地呈现出来。回国初毛泽东的嘱咐激发出他创立中国学派的雄心壮志，在钱学森心里埋藏了近40年，1994年终于大声喊了出来："我们都在做毛主席要我们做的事：形成中国自己的学派！"并且自豪地问道："我们中国人在系统科学不是这样干的吗？"① 创建系统科学的中国学派为第一步，标志是厘清系统科学的结构体系，探讨建立它的基础科学——系统学，开展系统科学哲学概括——系统论的研究，后两方面都做出奠基性的工作。建立系统

---

① 钱学森. 钱学森书信集（第8卷）[M]. 国防工业出版社，2007：468.

学的实践进而又把钱学森引向复杂性科学，初步开拓出有中国特色的复杂性科学，其贡献可归纳如下：

（1）在中国科技界第一个注意到国际上刚刚兴起的复杂性研究，迅速组织起以他为核心的复杂性研究团队，结合中国国情独立地开展复杂性探索。

（2）提出以开放复杂巨系统为核心的独特概念体系，从方法论角度给出复杂性的定义，制订了从定性到定量综合集成法，初步形成复杂性科学中国学派的核心理念。

（3）构建现代科学技术体系，实际是复杂性科学兴起后的科学技术体系，有助于人们整体地把握科技发展趋势，从不同领域开拓复杂性研究。

（4）打通了复杂性研究的东西方两条路径。尽管东西方复杂性研究的两条路径并行前进半个多世纪，其间有什么联系长期以来无人提出此问题，更没有给出回答。西方人自信世界一切重大新创造的知识产权都属于他们，复杂性科学也不例外。中国科技界、学术界主流实际上也持有类似的认识，相信复杂性研究同样发源于西方发达国家，中国只能从西方引进，然后再作跟进式研究。这种观念直到20世纪80年代末才有所改变，钱学森第一个提出和思考这个问题，决心创建中国自己的学派。主要得力于钱学森的努力，中国在复杂性科学诞生初期就同国外学界站在同一条起跑线上，这在近代以来世界科学史上是第一次，意义深远。从这个角度看，复杂性科学的中国学派就是钱学森学派。

仅仅这样评价钱学森对复杂性科学的贡献还很不够，不能真正理解复杂性科学中国学派的基本文化特性，也就难以准确把握它的发展方向。搞不好，复杂性科学的钱学森学派将随钱学森谢世而"人亡学息"，止步于他生前的工作。这种可能性是现实存在的。

在学术思想的深层次上，钱学森对复杂性科学中国学派的重要贡献，在于他对毛泽东的复杂性探索做出科学的评价，揭示出中国复杂性研究的源头、独特路径和指导思想。在中国学术思想界，从复杂性科学的角度评价毛泽东思想，是钱学森首开先河的。他的总评价是："中国革命所取得的这样一个巨大的成绩确实是了不起的。我们这些经验，经过老一代革命家的总结，集中成为毛泽东思想。这就是我们最宝贵的财富。而这样一个哲学思想恰恰正是指导我们研究复杂性问题所必需的。"（《创建》，184）对于毛泽东，此乃知音之语。古人讲，知音难觅。在20世纪末有了钱学森这位知音，地下有知的毛泽东应感到欣慰。遗憾的是，钱翁的这一评价至今未被国人真正接受，应者寥寥，故有必要对他的论断做点论证。国人至今没有认识到，复杂性研究使钱学森对毛泽东有了新的认识，悟出毛泽东思想与复杂性科学之间有历史的和逻辑的深刻联系。

从西方国家的情况看，开展复杂性研究，建立超越简单性科学的复杂性科学，需要实现认识论转向。中国学术界最先体认到这一点的是钱学森，是他最先肯定毛泽东在这方面的开创性工作的。恰好在《实践论》问世（1937）半个世纪后（1987），钱学森从创建系统学走向复杂性研究，思维、人体、社会等复杂巨系统推动他反复研读《实践论》，努力从认识论上寻找研究复杂性的路径。这一过程的曲折与成功使钱翁体认到，在简单性科学中难以发挥威力的《实践论》，原来是研究复杂性的锐利武器。读读钱翁这一时期对《实践论》的评语，他那发现宝藏般的喜悦心情便跃然纸上①。在自己学术活动的最后十几年中，钱翁一直坚持学习和运用《实践论》。钱学森复杂性研究有多方面的成果，他自己最为得意的是提出从定性到定量综合集成法。钱翁坦承："我们的从定性到定量综合集成法是建筑在《实践论》的基础上的。"（《创建》，421）

最先理解《矛盾论》对复杂性研究有重要指导作用的，也是钱学森。钱翁说得好："毛泽东思想的核心部分就是……抓问题的本质，矛盾的主要方面，注意情况的变化等等。这就教导我们怎样看一个复杂问题，怎样看一个复杂巨系统。"（同上，225）他申言"从定性到定量综合集成法的工作过程是以《矛盾论》为指导思想的"（同上，421），"这部分思维方法就是《矛盾论》，因此要完善提高从定性到定量综合集成技术要引用《矛盾论》"，"我们的中心观点是事物的矛盾及矛盾的不断发展变化"（同上，420）。基于这一认识，耄耋之年的钱翁反复阅读《矛盾论》，还写信与同道交流心得。一些学者讨论复杂性研究的哲学问题而不提《矛盾论》，受到他的批评。钱翁对矛盾学说的理解是否足够准确、深刻可以讨论，他看重矛盾哲学的态度则无可怀疑。钱翁还提出，在给复杂系统"建立数学模型的曲折过程中，要发现主要矛盾和矛盾的主要方面，而且要千万记住：矛盾是一个发展运动，会转化的。我们的许多失误都在于未跟上实际，思想僵化，不知道矛盾已经转化，出现新矛盾了"（同上，421）。这实际上是把现代科学的动态性概念引入哲学的矛盾学说，有新意。

钱学森也颇赏识毛泽东的方法论思想，特别重视在复杂性研究中坚持实事求是原则，从多个方面加以论述。例如，钱翁认为福瑞斯特、普利高津、哈肯

---

① 苗东升. 钱学森与《实践论》[J]. 西安交通大学学报，2010年第1期.

等人的理论用于简单系统、简单巨系统有效，若用于人体、社会、思维之类复杂巨系统，"他们的这些理论，还是太简单"（同上，43）。他的理由是：开放复杂巨系统的问题"那么复杂，你把它一分解，要紧的东西都跑了，没有了"（同上，182页）。还原分析方法何以不适用于复杂性问题，钱学森的这句话可谓一针见血。民主集中制也是一种方法论，毛泽东一生大力提倡，并从政治、军事、社会管理角度给以理论阐释。钱学森则力主把民主集中制引入科学技术工作，填补了毛泽东的一个空白，使这种方法论思想臻于完善。

作为系统科学大家，钱学森对毛泽东丰富独特的系统思想尤为敏感和赞赏，并给出他自己的发挥，反映出他们两人在学术思想深处是相通的。仔细研读钱学森有关系统科学的论述不难发现，他有意把西方基于科学技术发展而提出的系统科学，与毛泽东基于中国革命实践和文化传统而形成的系统思想结合起来，形成有别于贝塔朗菲、哈肯等人的系统思想。还有，新中国成立后毛泽东反复提出社会主义建设必须调动一切积极因素的方针，提倡集中各方面的智慧，其学术价值从未受到学界关注。钱学森30多年后提出的综合集成法，最终走向大成智慧，无疑吸收了毛泽东的这些思想。这也体现出他们两位的学术之心是相通的。毛泽东尚未进入复杂性科学的境地，却给钱学森复杂性研究提供了有力的思想启迪。所谓复杂性科学的中国学派，完整的提法应该是：复杂性科学的毛泽东－钱学森学派。

对于毛泽东在新中国建立后的哲学著作，钱学森同样高度重视，认真领会和运用，以此加深他对社会复杂性的理解。钱学森特别重视《论十大关系》和《正处》两篇文章，多次提到它们。钱翁把社会定性为特殊的复杂巨系统，90年代把他的团队引向研究社会系统，无疑深受这两篇文章的影响，试图把毛泽东开始的探索推向深入。当然，理论上认识与实际上做到还不是一回事。无论毛泽东，或者钱学森，以及所有当代中国人，"我们都曾经头脑简单过，曾经想用简单的方法来处理，但结果不行，碰了钉子"（《创建》，29）。碰钉子并不可怕，只要坚持辩证唯物主义的态度，这些教训都是发展复杂性科学的宝贵财富。钱学森走向复杂性研究，初步形成复杂性科学的中国学派，就证明了这一点。相反，如果把这些探索和挫折当成"罪恶"去谴责，甚至辱骂他们，那就大错特错了，势必转化为中国发展复杂性科学的阻力。同胞们，切忌这样做！

12.7　复杂性科学中国学派展望

毛泽东与钱学森均已仙逝，中国复杂性研究新的领军人物尚未出现，目前似乎一盘散沙，令人担忧。如此看问题既反映了现状，又略嫌肤浅。笔者以为，中国的复杂性研究既有强大的推动力量，又有毛泽东与钱学森打下的良好基础，还有数不清的中国梦追逐者共同奋进所营造的文化环境，加上世界系统演进所造就的历史机遇，前途是光明的。

科学发展的动力主要来自社会需要，科学认识的唯一来源是社会实践，科学成就之质性优劣和丰度大小的唯一检验标准是社会实践。在毛泽东所说的三大社会实践中，简单性科学极大地依赖于实验室实验，生产实践只起间接的、辅助的作用。实践基础的这种单一性，同简单性科学追求问题解的唯一性、精确性、最优性的科学精神是一致的。复杂性科学则不同，它的实践基础多样化，七种实践形式缺一不可，最根本的是社会生活的各种现场实践①，即经济的、政治的、军事的、科技的、文化的、社会生活各领域的实际发展过程，以广大民众为主体的实践过程。中国社会正在经历着全方位的变革，乃人类历史上前所未有的复杂过程，面临着数不胜数的复杂难解的问题，如可持续发展、环境生态化、国民健康、城镇化、老龄化、消除腐败等；在世界范围则是挫败霸权主义的围堵和遏制，推动国际关系的民主化。对于解决这些必须解决的大问题，西方赖以完成现代化的全部科学技术虽有重要参考价值，却原则上不能满足中国的需要，实现中国和平崛起必须提出一整套有中国特色的科学理论、技术、方法。中国解决这些难题、完成现代化的过程，其观念形态的反映就是中国特色的复杂性科学。那么，如何去做呢？窃以为要注意以下几方面。

其一，树立在科学前沿创新的理论勇气，像毛泽东当年那样，敢于走中国自己的路。

其二，以解决中国面临的实际问题为导向，在科学理论与中国具体国情相结合的过程中发展复杂性科学。

其三，承认和尊重毛泽东和钱学森的奠基性工作，坚持他们开创的道路，

---

① 苗东升. 开来学于今——复杂性科学纵横论［M］. 光明日报出版社，2009：343.

坚持马克思主义、毛泽东思想的指导。

其四，把世界复杂性研究的两条进路进一步结合起来。毛泽东说："要把外国的好东西都学到……但是要中国化，要学到一套以后来研究中国的东西，把学的东西中国化。"（《选读》，751）钱学森说："西方与东方科学思想的结合是奥妙无穷的。我们要的是西方与东方科学思想的结合。"① 中国复杂性研究两大开山祖师都教导我们：西方复杂性研究的一切新动向都要注意，尽可能地吸收、消化，彻底把握复杂性研究西方路径的精神底蕴；但不可忘记结合中国的实际，解决中国自己的问题，研究中国自己的东西，全方位地走有中国特色的路。只要我们努力把两条路径结合起来，就占据了世界复杂性研究的制高点。西方至今看不到、不承认复杂性研究的中国路径，是他们的严重文化缺失，改正这一点尚需时日。

其五，努力发扬中国古今文化的一切精华，从老子、孔子到毛泽东，包含大量有利于把握复杂性的好东西，都要认真总结，挖掘一切有助于把握复杂性的东西。简单性科学500年的发展对人类进步发挥了空前巨大的推动作用，同时也暴露出严重的弊病；相比之下，中国文化包含大量有助于克服这种弊病的资源。国学正在复兴，此乃大好消息，但国人对它的理解有片面性。国学并非仅仅是古人之学，它也需要与时俱进，代代薪火相传。随着20世纪革命硝烟的逐渐远去，被残酷的阶级斗争造成的敌对意识逐渐消失，受伤者的伤口逐渐愈合，国人终将发现，毛泽东思想已成为国学新内容的核心部分。不择手段地肢解、丑化、歪曲、反对毛泽东思想，就不会有国学复兴，只能遂亡华之心不死者之意。

其六，从世界系统未来演化的全局认识和部署中国的复杂性研究。为少数发达国家现代化服务的工业－机械文明已经过时，取代它的、为全人类现代化服务的新文明正在艰难中兴起，复杂性科学就是建设新文明必需的智力武器。我们创建和发展复杂性科学中国学派的目的不是以西方（包括日本）之道还治西方之身，去傲视他们，报一箭之仇，而是要彻底改变资本帝国主义造就的这个极不公平、极不公正、极不民主、贫富悬殊的世界社会，抛弃不可持续的发展模式，创建新的可持续发展模式。

欲发展复杂性科学的中国学派，必须是把握这样一个大方向："以世界社会

---

① 钱学森. 人体科学与现代科技发展纵横观［M］. 人民出版社，1996：153.

形态培育世界大同，即共产主义。"（《创建》，466）以世界社会培育世界大同是全人类范围内自组织与他组织互动互应的长期过程，也是社会主义力量学习如何以世界社会培育世界大同的过程。须知这种培育既有正面的塑造作用，即提供资源和时空条件，又有负面的塑造作用，即约束、限制、压迫，甚至力图消灭之。两方面共同形成对世界社会主义运动如何发展演变的他组织作用，作为行动主体的社会主义运动必须自觉地、科学地去解读这种他组织作用，科学地转化为自我组织的指令，不断地进行自学习、自尝试、自纠错、自修复、自适应、自改革、自创新，总称为社会主义的自组织。重要的是，作为行动主体的社会主义，要自觉地利用世界社会的正面塑造作用，自觉地抵制世界社会的负面塑造作用。这一过程同时也是改造世界社会的过程，社会主义的自组织过程，不论成功还是失误，都会引起世界社会的变化，核心是去资本主义化。

世界社会本身是一个非线性动态系统，在历史的不同阶段呈现不同的发展态势；它对社会主义的培育自然也是一种非线性动态过程，呈现不同的发展态势。他组织与自组织的对立统一，使这种培育过程书写出来的也是一部"走着曲折道路的历史"（毛泽东）。同一百年前相比，无论整个世界社会，还是他的分系统社会主义运动，都发生了极大的变化，近乎面目全非。但总的说来，社会主义仍然没有最终找到一条向共产主义过渡的完整道路，尚需不懈地探索，继续新的自学习、自尝试、自纠错、自改革、自适应、自创新。这一历史进程是复杂性科学未来发展的动力之源、新创意之源、新概念之源、新方法之源，社会主义建设近百年的历史实践为发展复杂性科学提供了前所未有的有利条件，等待人们高度自觉地去亲身经而验之，给以科学的概括，形成新的知识体系。这将是一幕伟大的历史剧，世界历史正在把中华民族推上第一主角的位置。系统而周密地解读今天的和今后的世界社会从正反两方面培育大同世界的他组织作用，系统而科学地转化为一整套理论、方针、政策，以及具体实行的计划、方法和程序，去指导社会主义的自学习、自尝试、自纠错、自改革、自适应、自创新。把这种努力坚持到底，中国实行和平崛起之时，也是成熟的复杂性科学创建之日。